21世纪高等学校计算机教育实用规划教材

SQL Server 2008 数据库应用与开发

姜桂洪　主编
孙福振　曹雁锋　编著

清华大学出版社
北京

内容提要

本书系统地介绍数据库系统的基本组成、SQL Server 2008 的运行环境、数据库及各种常用数据库对象的创建和管理、Transact-SQL 语言及其应用、数据库的备份与恢复、数据转换、安全管理、自动化管理任务、复制与性能监视等。详细阐述数据库操作中较为常用的数据检索、数据完整性、视图、存储过程、触发器、并发控制等，并给出利用 Visual C# 2008 与 SQL Server 2008 开发的数据库应用系统案例。

全书体系完整、结构合理、内容翔实、例题丰富、可操作性强，涵盖了数据库相关的主要知识。

本书适合作为高等院校本科、专科计算机及相关专业的学生学习数据库应用系统开发技术的教材，也可作为从事数据库管理与开发的科技工作者的参考书。另外，本书还配有辅导教材《SQL Server 2008 数据库应用与开发习题解答与上机指导》，以便帮助读者进一步巩固所学 SQL Server 数据库的知识。

图书在版编目(CIP)数据

SQL Server 2008 数据库应用与开发/姜桂洪主编. --北京：清华大学出版社，2015(2023.1重印)
21 世纪高等学校计算机教育实用规划教材
ISBN 978-7-302-38464-9

Ⅰ. ①S… Ⅱ. ①姜… Ⅲ. ①关系数据库系统 Ⅳ. ①TP311.138

中国版本图书馆 CIP 数据核字(2014)第 260812 号

责任编辑：魏江江 赵晓宁
封面设计：常雪影
责任校对：李建庄
责任印制：丛怀宇

出版发行：清华大学出版社
网 址：http://www.tup.com.cn，http://www.wqbook.com
地 址：北京清华大学学研大厦 A 座 **邮 编**：100084
社 总 机：010-83470000 **邮 购**：010-62786544
投稿与读者服务：010-62776969，c-service@tup.tsinghua.edu.cn
质量反馈：010-62772015，zhiliang@tup.tsinghua.edu.cn
课件下载：http://www.tup.com.cn，010-62775954
印 装 者：三河市少明印务有限公司
经 销：全国新华书店
开 本：185mm×260mm **印 张**：25 **字 数**：618 千字
版 次：2015 年 1 月第 1 版 **印 次**：2023 年 1 月第16 次印刷
印 数：42501～44000
定 价：44.50 元

产品编号：059862-01

出版说明

随着我国高等教育规模的扩大以及产业结构调整的进一步完善，社会对高层次应用型人才的需求将更加迫切。各地高校紧密结合地方经济建设发展需要，科学运用市场调节机制，合理调整和配置教育资源，在改革和改造传统学科专业的基础上，加强工程型和应用型学科专业建设，积极设置主要面向地方支柱产业、高新技术产业、服务业的工程型和应用型学科专业，积极为地方经济建设输送各类应用型人才。各高校加大了使用信息科学等现代科学技术提升、改造传统学科专业的力度，从而实现传统学科专业向工程型和应用型学科专业的发展与转变。在发挥传统学科专业师资力量强、办学经验丰富、教学资源充裕等优势的同时，不断更新教学内容、改革课程体系，使工程型和应用型学科专业教育与经济建设相适应。计算机课程教学在从传统学科向工程型和应用型学科转变中起着至关重要的作用，工程型和应用型学科专业中的计算机课程设置、内容体系和教学手段及方法等也具有不同于传统学科的鲜明特点。

为了配合高校工程型和应用型学科专业的建设和发展，急需出版一批内容新、体系新、方法新、手段新的高水平计算机课程教材。目前，工程型和应用型学科专业计算机课程教材的建设工作仍滞后于教学改革的实践，如现有的计算机教材中有不少内容陈旧(依然用传统专业计算机教材代替工程型和应用型学科专业教材)，重理论、轻实践，不能满足新的教学计划、课程设置的需要；一些课程的教材可供选择的品种太少；一些基础课的教材虽然品种较多，但低水平重复严重；有些教材内容庞杂，书越编越厚；专业课教材、教学辅助教材及教学参考书短缺，等等，都不利于学生能力的提高和素质的培养。为此，在教育部相关教学指导委员会专家的指导和建议下，清华大学出版社组织出版本系列教材，以满足工程型和应用型学科专业计算机课程教学的需要。本系列教材在规划过程中体现了如下一些基本原则和特点。

(1) 面向工程型与应用型学科专业，强调计算机在各专业中的应用。教材内容坚持基本理论适度，反映基本理论和原理的综合应用，强调实践和应用环节。

(2) 反映教学需要，促进教学发展。教材规划以新的工程型和应用型专业目录为依据。教材要适应多样化的教学需要，正确把握教学内容和课程体系的改革方向，在选择教材内容和编写体系时注意体现素质教育、创新能力与实践能力的培养，为学生知识、能力、素质协调发展创造条件。

(3) 实施精品战略，突出重点，保证质量。规划教材建设仍然把重点放在公共基础课和专业基础课的教材建设上；特别注意选择并安排一部分原来基础比较好的优秀教材或讲义修订再版，逐步形成精品教材；提倡并鼓励编写体现工程型和应用型专业教学内容和课程体系改革成果的教材。

(4) 主张一纲多本，合理配套。基础课和专业基础课教材要配套，同一门课程可以有多本具有不同内容特点的教材。处理好教材统一性与多样化，基本教材与辅助教材，教学参考书，文字教材与软件教材的关系，实现教材系列资源配套。

(5) 依靠专家，择优选用。在制订教材规划时要依靠各课程专家在调查研究本课程教材建设现状的基础上提出规划选题。在落实主编人选时，要引入竞争机制，通过申报、评审确定主编。书稿完成后要认真实行审稿程序，确保出书质量。

繁荣教材出版事业，提高教材质量的关键是教师。建立一支高水平的以老带新的教材编写队伍才能保证教材的编写质量和建设力度，希望有志于教材建设的教师能够加入到我们的编写队伍中来。

21 世纪高等学校计算机教育实用规划教材编委会
联系人：魏江江 weijj@tup.tsinghua.edu.cn

前　言

人类所能够收集的数据随着大数据时代的来临而急剧增加，已经达到 PB 级别甚至是 EB 级别的大数据量，使得大数据分析应运而生。而依托大数据获取隐含知识或决策依据的系统和技术的基础就是数据库开发，大数据更是将数据库的应用平台推上一个新的高度。

Microsoft 公司的 SQL Server 2008 是一个功能完备的数据库管理系统，SQL Server 2008 作为 Microsoft 公司在 Windows 系列平台上开发的数据库，已大量部署到大中型企业和高校的教学平台。

本书从教学实际需求出发，结合初学者的认知规律，由浅入深、循序渐进地讲解 SQL Server 2008 数据库管理与开发过程中的知识。全书体系完整、可操作性强，以大量例题对常用知识点操作进行示范，所有例题全部通过调试，内容涵盖了设计一个数据库应用系统要用到的主要知识。

本书共分 15 章，现将本书的主要内容简单介绍如下：

第 1 章　有关数据库系统的基础知识和关系型数据库理论。

第 2 章　SQL Server 2008 基础知识和运行环境的基本操作。

第 3 章　SQL Server 2008 数据库的创建与管理、数据库文件和文件组、数据库快照等。

第 4 章　数据类型、表的基本操作、数据完整性和数据转换等。

第 5 章　Transact-SQL 的语法规则及使用。

第 6 章　利用 SELECT 语句进行数据检索。

第 7 章　多表连接、子查询、游标和管理大对象类型数据的操作。

第 8 章　索引与视图的创建、管理、删除方法及统计信息的操作与应用等。

第 9 章　存储过程与触发器的基本特点、创建、修改、删除等操作。

第 10 章　事务和并发控制的基本特点、创建、管理和应用等基本操作。

第 11 章　SQL Server 2008 的安全架构，包括服务器、数据库和权限的安全架构设计，以及登录名、架构、用户、角色、权限方面安全性管理等。

第 12 章　数据库的备份和还原，主要包括备份和还原的类型、还原前的准备、备份和还原的操作过程和策略等。

第 13 章　系统自动化任务管理的基本工作原理，作业、操作员、警报创建和使用等。

第 14 章　复制与性能监视。主要内容包括复制的创建、管理与应用。系统监视和调整的目标、系统性能因素、监视策略和主要监视工具的使用等。

第 15 章　数据库应用程序的开发过程，通过案例讲解如何使用 Visual C# 2008 及 ASP 访问 SQL Server 数据库，开发数据库应用程序等。

本书能够顺利编写完成，首先要对清华大学出版社的编辑给予的指导和帮助深表谢意。

在本书编写过程中，孙福振编写第 7 章，曹雁锋编写第 9 章，其他章节由姜桂洪编写，全书由姜桂洪统稿。张冬梅、苏晶也参加了编写工作，在此深表感谢。

另外，本书还配有辅导教材《SQL Server 2008 数据库应用与开发习题解答与上机指导》，内容包括了本书所有习题的详尽参考答案、模拟试题、SQL Server 2008 软件安装配置的常见操作、按本书章节顺序配备的实验及实验指导等。

由于作者水平有限，书中存在错误与纰漏之处在所难免，恳请读者批评指正。

编　者

2014 年 12 月

目　录

第1章 数据库系统概论

数据库技术是计算机科学的重要组成部分，是信息技术的核心和基础，主要用于研究如何向用户提供具有共享性、安全性和可靠性数据的方法。数据库技术解决了计算机信息处理过程中有效地组织和存储海量数据的问题。数据库的建设规模、数据库信息量的大小和使用频度已成为衡量一个国家信息化程度的重要标志。

信息技术的发展极大地促进了数据库技术向各行各业的渗透，数据库与其他学科技术结合先后出现了诸如演绎数据库、统计数据库、实时数据库、模糊数据库、分布式数据库、并行数据库、面向对象数据库、空间数据库、多媒体数据库、人工智能数据库等各种形式的数据库系统分支。由此可知，数据库技术的发展有着十分广阔的前景。

本章主要介绍数据的基本概念及数据库系统的基本知识。

1.1 数据库系统的基本概念

数据库技术经过长期的发展已经形成了系统的科学理论，数据管理和信息处理是数据库技术的主要内容。本节将介绍数据和数据库系统的基本概念。

1.1.1 信息与数据库

1. 数据和信息

数据(Data)是描述事物的符号记录，它有多种表现形式，可以是文本、图表、图形、图像、声音、语言、视频等。

信息(Information)是具有特定意义的数据。信息不仅具有能够感知、存储、加工、传播、可再生等自然属性，同时也是具有重要价值的社会资源。信息是用一定的规则或算法筛选的数据集合。

2. 数据库

数据库(Database，DB)是长期存储在计算机内、有组织、可共享的大量数据的集合。数据库中的数据需要创建数据模型来描述，如网络、层次、关系模型。在数据库中的数据具有冗余度小、独立性高和易扩展的特点。

例如创建一个教学管理数据库 teaching，将学生的基本信息(学号、姓名、性别、出生日期、入学成绩、手机号、E-mail 等)存放在一起，就可以创建 teaching 数据库中的一个学生信息表 student，如表 1-1 所示。将(学号、课程号、平时成绩、期末成绩)等学生成绩信息存放在一起，就可以创建 teaching 数据库中的学生成绩表 score，如表 1-2 所示。数据库中的数据除了其本身外，还包含着数据库对数据的描述语义。例如，表 1-1 中数据 17112345678 经过 studentno 语义描述就成为学号，而数据 13198765432 经过 phone 语义描述就成为一个手机号。而数据不经过语义描述，其本身的意义不完整，只表示一个常量值。

表 1-1 student

studentno	sname	sex	birthday	phone
17112345678	刘倩华	男	1999.09.09	13198765432
16187654321	曲一章	女	2000.12.12	18278965439
…	…	…	…	…

表 1-2 score

studentno	courseno	usually	final
17112345678	38010101	89	98
16187654321	38010201	95	96
…	…	…	…

1.1.2 数据库管理系统

数据库管理系统(Database Management System，DBMS)位于用户和操作系统之间，是一种操纵和管理数据库的大型软件，用于建立、使用和维护数据库。DBMS 可以对数据库进行统一的管理和控制，以保证数据的安全性和完整性，是数据库系统的核心。数据库中数据的插入、修改和检索均要通过数据库管理系统进行。像 Oracle、SQL Server 和 DB2 都是常用的数据库管理系统软件。

用户通过 DBMS 访问数据库中的数据，数据库管理员(Database Administrator，DBA)也通过 DBMS 进行数据库的维护工作。它可使多个应用程序和用户采用不同的方法在同一时刻或不同时刻去建立、修改和查询数据库。如图 1-1 所示，DBMS 提供了数据定义语言(Data Definition Language，DDL)、数据操作语言(Data Manipulation Language，DML)和应

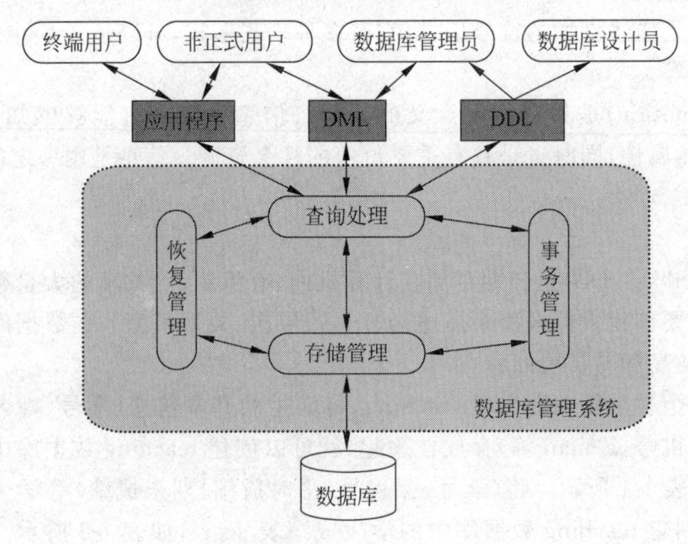

图 1-1 数据库管理系统架构

用程序，可以提供用户定义数据库的模式结构与权限约束，实现对数据的追加、删除等操作。数据库管理系统是由多种不同的程序模块组成，基本数据库管理系统的系统架构包括4部分。

(1) 存储管理(Storage Manager)。数据库管理系统通常会自行配置磁盘空间，将数据存入存储装置的数据库。

(2) 查询处理(Query Processor)。负责处理用户下达的查询语言命令语句，可以再细分成多个模块负责检查语法、优化查询命令的处理程序。

(3) 事务管理(Transaction Manager)。负责处理数据库的事务，保障数据库商业事务的操作需要，及并发控制管理(Concurrency-Control Manager)的资源锁定等。

(4) 恢复管理(Recovery Manager)。恢复管理主要是日志管理(Log Manager)，负责记录数据库的所有操作，可以恢复数据库系统存储的数据到指定的时间点。

1.1.3 数据库系统

1. 数据库系统的组成

数据库系统(Database System，DBS)通常由硬件、软件、数据库和用户组成，管理的对象是数据。其中软件主要包括操作系统、各种宿主语言、实用程序及数据库管理系统。数据库系统的架构如图1-2所示，数据库系统包括用户、数据、软件和硬件4大组件。

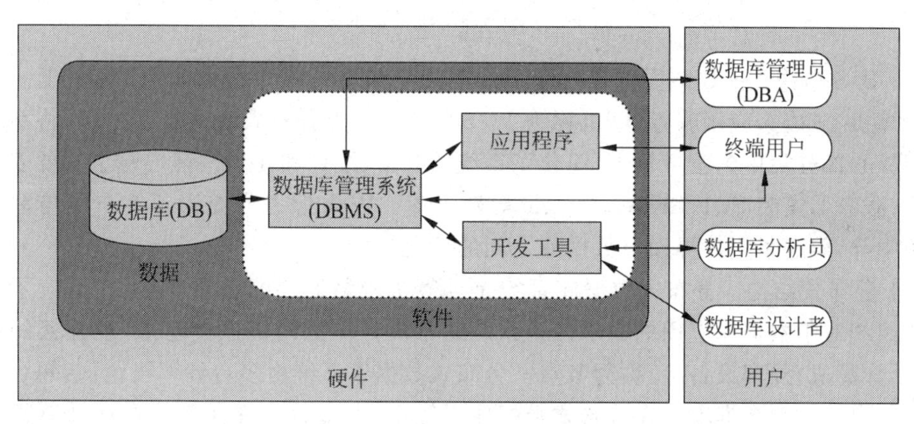

图1-2 数据库系统结构

(1) 用户(Users)。用户执行DDL语言定义数据库架构，使用DML语言新增、删除、更新和查询数据库的数据，通过操作系统访问数据库的数据。按不同角色划分，用户可以分为多种，如终端用户(End Users)、数据库设计者(Database Designers)、系统分析师(System Analyst，SA)、应用程序设计师(Application Programmer)和数据库管理员等。数据库管理员负责创建、监控和维护整个数据库，一般是由业务水平较高、资历较深的人员担任。

(2) 数据(Data)。数据库系统中的数据种类包括永久性数据(Persistent Data)、索引数据(Indexes)、数据字典(Data Dictionary)和事务日志(Transaction Log)等。

(3) 软件(Software)。指在数据库环境中使用的软件，包括数据库管理系统、应用程序、开发工具(Development Tools)等。

(4) 硬件(Hardware)。安装数据库相关软件的硬件设备，包含主机(CPU、内存、网卡等)、磁盘阵列、光驱、备份装置等。

2. 数据库系统的体系结构

数据库系统的体系结构主要包括如下几种结构：集中式、客户端/服务器式(Client/Server,C/S)、浏览器/服务器式(Browser/Server,B/S)、分布式等。

(1) 集中式结构。集中式系统是指运行在一台计算机上，不与其他计算机系统交互的数据库系统，如运行在个人计算机上的单用户数据库系统和运行在大型主机上的高性能数据库系统。

(2) C/S结构。C/S结构可将数据库功能大致分为前台客户端系统和后台服务器系统。客户端系统主要包括图形用户界面工具、表格及报表生成和书写工具等；服务器系统负责数据的存取和控制，包括故障恢复和并发控制等。客户端与服务器的关系如图 1-3 所示。客户端通过网络将要求传递给服务器，服务器按照客户端的要求返回结果。

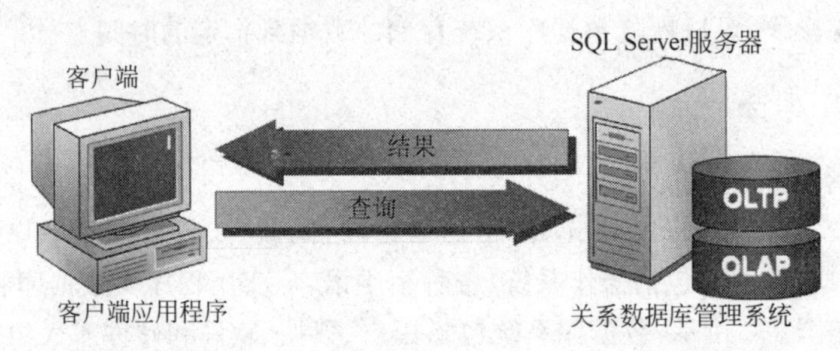

图 1-3　客户端与服务器的关系

(3) B/S结构。B/S结构将客户端上的应用层从客户端中分离出来，集中于一台高性能的计算机上，成为应用服务器，也称为 Web 服务器。这种模式统一了客户端，将系统功能实现的核心部分集中到服务器上，简化了系统的开发、维护和使用。客户端上只要安装一个浏览器，服务器安装 SQL Server、Oracle 等数据库。Web 服务器充当了客户端与数据库服务器的中介，架起了用户界面与数据库之间的桥梁。

(4) 分布式结构。分布式数据库系统是计算机网络发展的必然产物，它适应了地理上分散的组织对于数据库应用的需求。该系统通常由计算机网络连接起来，被连接的逻辑单位(包括计算机、外部设备等)称为节点。分布式数据库系统由多台计算机组成，每台计算机都配有各自的本地数据库。在分布式数据库系统中，大多数处理任务由本地计算机访问本地数据库完成局部应用。对于少量本地计算机不能胜任的处理任务，可以通过网络同时存取和处理多个异地数据库中的数据。

1.2　关系型数据库理论

关系数据库(Relational Database,RDB)是基于关系模型的数据库，是应用数学理论处理和组织数据的一种方法。

1.2.1　概念模型及其表示方法

概念模型是现实世界信息的抽象反映，不依赖于具体的计算机系统，是现实世界到计算机世界的一个中间层次。

1. 实体的概念

(1) 实体(Entity)。客观存在并可以相互区分的事物叫实体。从具体的人、物、事件到抽象的状态与概念都可以用实体抽象地表示。例如在学校里,一名学生、一名教师、一门课程等都称为实体。

(2) 属性(Attribute)。属性是实体所具有的某些特性,通过属性对实体进行描述。实体是由属性组成的。一个实体本身具有许多属性,能够唯一标识实体的属性称为该实体的主键。例如,学号是学生实体的主键,每个学生都有一个属于自己的学号,通过学号可以唯一确定是哪位学生,在同一个学校里,不允许有两个学生具有相同的学号。

(3) 主键(Primary Key)。一个实体往往有多个属性,这些属性之间是有关系的,它们构成该实体的属性集合。如果其中有一个属性或者多个属性构成的子集能够唯一标识整个属性集合,则称该属性子集为属性集合的主键。

(4) 实体型(Entity Type)。具有相同属性的实体必然具有共同的特征和性质。用实体名及其属性名集合来抽象和刻画同类实体,称为实体型。例如,学生(学号,姓名,性别,出生日期,班级,入学成绩)就是一个实体型。

(5) 实体集(Entity Set)。同型实体的集合称为实体集。例如,全体学生就是一个实体集。

(6) 联系(Relationship)。现实世界的事物之间是有联系的,这些联系必然要在信息世界中加以反映。例如,教师实体与学生实体之间存在着教和学的联系。

2. 实体之间的联系

实体间的联系是错综复杂的,但就两个实体型的联系来说,如图 1-4 所示,主要有以下三种类型:

(1) 一对一的联系(1∶1)。对于实体集 A 中的每一个实体,实体集 B 中至多有一个实体与之联系,反之亦然,则称实体集 A 与实体集 B 具有一对一联系,记为 1∶1。例如,通常一个班内都只有一个班长,班级和班长之间具有一对一联系。

(2) 一对多联系(1∶M)。对于实体集 A 中的每一个实体,实体集 B 中有 M 个实体($M \geqslant 2$)与之联系;反过来,对于实体集 B 中的每一个实体,实体集 A 中至多有一个实体与之联系,则称实体集 A 与实体集 B 具有一对多联系,记为 1∶M。例如,一个班内有多名同学,一名同学只能属于一个班,即班级与同学之间具有一对多联系。

(3) 多对多联系(M∶N)。对于实体集 A 中的每一个实体,实体集 B 中有 N 个实体($N \geqslant 0$)与之联系;反过来,对于实体集 B 中的每一个实体,实体集 A 中也有 M 个实体($M \geqslant 0$)与之联系,则称实体集 A 与实体集 B 具有多对多联系,记为 M∶N。例如,学生在

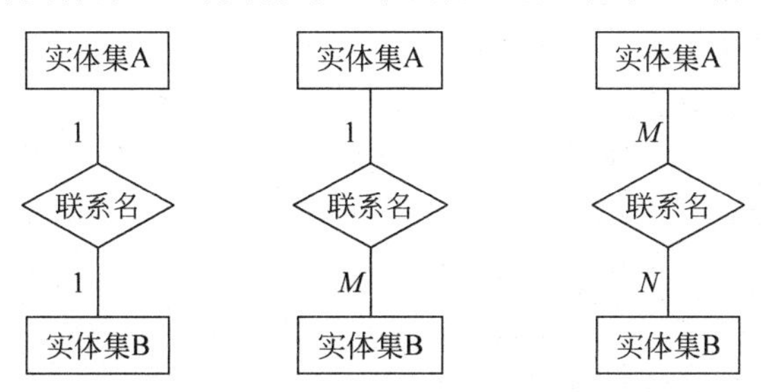

图 1-4　两个实体集之间的联系

选课时，一个学生可以选多门课程，一门课程也可以被多个学生选取，则学生和课程之间具有多对多联系。

3. 概念模型的表示方法

概念模型的表示方法很多，其中最常用的是实体-联系模型（Entity-Relationship Model，E-R 模型）。在 E-R 概念模型中，信息由实体型、实体属性和实体间的联系三种概念单元来表示。

(1) 实体型表示建立概念模型的对象，用长方框表示，在框内写上实体名。如学生、课程等。

(2) 实体属性是实体的说明。用椭圆框表示实体的属性，并用无向边把实体与其属性连接起来。例如，学生实体有学号、姓名、性别、年龄、手机号等属性。

(3) 实体间的联系是两个或两个以上实体类型之间有名称的关联。实体间的联系用菱形框表示，菱形框内要有联系名，并用无向边把菱形框分别与有关实体相连接，在无向边的旁边标上联系的类型。例如，可以用 E-R 图来表示某学校学生选课情况的概念模型，如图 1-5 所示。一个学生可以选修多门课程，一门课程也可以被多个学生选修，因此学生和课程之间具有多对多的联系。

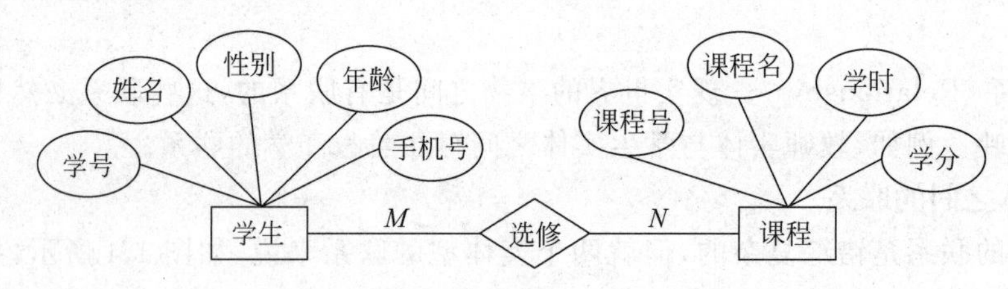

图 1-5　实体、实体属性及实体联系模型

1.2.2 数据模型

在概念模型基础上建立的适用于数据库层的模型称为数据模型。一般而言，数据模型是一组严格定义的概念集合。这些概念精确地描述了系统的静态特征、动态特征和完整性约束条件。

1. 数据模型的三要素

数据模型由数据结构、数据操作和完整性约束三个要素组成。

(1) 数据结构。数据结构是对象和对象间联系的表达和实现，是所研究对象类型的集合，用于描述数据库系统的静态特性。数据结构所研究的是数据本身的类型、内容和性质，以及数据之间的关系。例如关系模型中的主键、外键等。

(2) 数据操作。数据操作用于描述数据库系统的动态特征，是对数据库中对象实例允许执行的操作集合，主要指检索和更新（插入、删除、修改）两类操作。数据模型必须定义这些操作的确切含义、操作符号、操作规则（如优先级）及实现操作的语言。

(3) 完整性约束条件。数据完整性约束是一组完整性规则的集合，它规定数据库状态及状态变化所应满足的条件，以保证数据的正确性、有效性和相容性。完整性规则是给定的数据模型中数据及其联系所具有的制约和存储规则，用以限定符合数据模型的数据库状态及状态的变化，以保证数据的正确、有效和相容。在关系模型中，一般关系必须满足实体完整性和参照完整性两个条件。

2. 常用数据模型

(1) 层次模型(Hierarchical Model)。层次数据库用树型结构表示实体之间联系的模型叫层次模型,它的数据结构类似一颗倒置的树,每个节点表示一个记录类型,记录之间的联系是一对多的联系,现实世界中很多事物是按层次组织起来的。

层次模型的优点是结构清晰,表示各节点之间的联系简单;容易表示现实世界的层次结构的事物及其之间的联系。缺点是不能表示两个以上实体之间的复杂联系和实体之间的多对多联系;严格的层次顺序使数据插入和删除操作变得复杂。

(2) 网状模型(Network Model)。网状数据库是用来处理以记录类型为节点的网状数据模型的数据库。网状模型采用网状结构表示实体及其之间的联系。网状结构的每一个节点代表一个记录类型,记录类型可包含若干字段,联系用链接指针表示,去掉了层次模型的限制。由于网状模型比较复杂,一般实际的网状数据库管理系统对网状都有一些具体的限制。

网状模型的优点是能够表示实体之间的多种复杂联系。缺点是网状模型比较复杂,需要程序员熟悉数据库的逻辑结构;在重新组织数据库时,容易失去数据独立性。

(3) 关系模型(Relational Model)。关系数据库是目前流行的数据库。它是建立在关系数据库模型基础上的数据库,借助于集合代数等概念和方法来处理数据库中的数据,是用户看到的二维表格集合形式的数据库。关系模型是目前最重要的一种数据模型,关系型数据库系统采用关系模型作为数据的组织方式,SQL Server 2008 数据库就是基于关系模型建立的。

(4) 面向对象模型(Object Oriented Model)。面向对象模型采用面向对象的方法来设计数据库。面向对象的数据库存储对象是以对象为单位,每个对象包含对象的属性和方法,具有类和继承等特点。Computer Associates 的 Jasmine 就是面向对象模型的数据库系统。

对象模型也可以用二维表来表示,称为对象表。但对象表是用一个类(对象类型)表定义的。一个对象表用来存储这个类的一组对象。对象表的每一行存储该类的一个对象(对象的一个实例),对象表的列则与对象的各个属性相对应。因此,在面向对象数据库中,表分为关系表和对象表,虽然都是二维表的结构,但却是基于两种不同的数据模型。

1.2.3 关系运算

关系数据操作就是关系运算,即从一个关系中找出所需要的数据。

1. 关系模型中的基本运算

在关系中访问所需的数据时,需要对关系进行一定的关系运算。关系数据库主要支持选择、投影和连接关系运算,它们源于关系代数中并、交、差、选择、投影、连接等运算。

(1) 选择。从一个表中找出满足指定条件的记录行形成一个新表的操作称为选择。选择是从行的角度进行运算得到新的表,新表的关系模式不变,其记录是原表的一个子集。选择关系运算如图 1-6 所示。

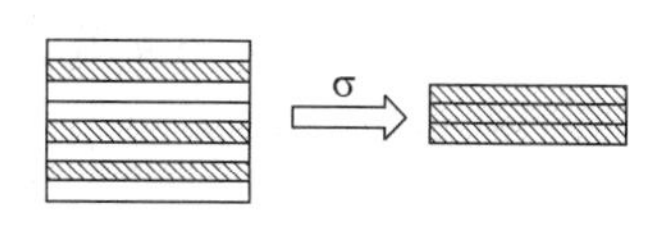

图 1-6 选择关系

例如,在 student 关系中查询所有 sex 为“女”的学生。

(2) 投影。从一个表中找出若干字段形成一个新表的操作称为投影。投影是从列的角度进行的运算,通过对表中的字段进行选择或重组得到新的表。新表的关系模式所包含的字段个数一般比原表少，或者字段的排列顺序与原表不同，其内容是原表的一个子集。投影关系运算如图 1-7 所示。

例如，在 student 关系中查询所有学生的 studentno 和 birthday。

(3) 连接。选择和投影都是对单表进行的运算。在通常情况下，需要从两个表中选择满足条件的记录。连接就是这样的运算方式，它是将两个表中的行按一定的条件横向结合，形成一个新的表。连接关系运算如图 1-8 所示。

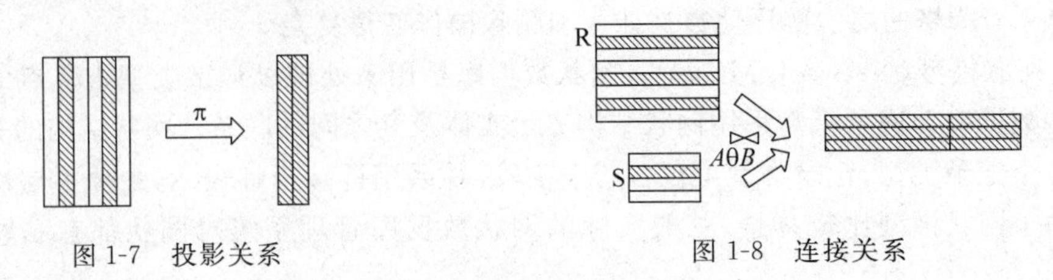

图 1-7 投影关系　　图 1-8 连接关系

例如，查询学生的 sname 和 final，两个数据项分别来自 student 关系和 score 关系，需要在两个关系连接之后，再从中按照一定条件筛选出 sname 和 final 的数据。

2. 数据完整性

确保持久化数据检索不出错对于数据管理来说非常关键，也是数据库面临的最主要问题。没有数据完整性，则不能保证查询结果的正确性，那么可用性也就无从谈起了。

(1) 实体完整性。实体完整性是指关系的主关键字不能取“空值”。一个关系对应现实世界中的一个实体集。现实世界中的实体是可以相互区分、相互识别的，即它们应具有某种唯一性标识。在关系模式中，以主关键字作为唯一性标识，而主关键字中的属性(称为主属性)不能取空值，否则表明关系模式中存在着不可标识的实体(因为空值是“不确定”的)。这与现实世界的实际情况相矛盾，这样的实体就不是一个完整实体。按实体完整性规则要求，主属性不得取空值，如果主关键字是多个属性的组合，那么所有主属性均不得取空值。

例如，表 1-1 中的 studentno 作为主关键字，该列不得有空值，否则无法对应某个具体的学生。如果存在空值，则该表不完整，对应关系不符合实体完整性规则的约束条件。在物理数据库中，表的主键强制执行实体完整性。

(2) 域完整性确保属性中只允许一个有效数据。域是属性可能值的范围，如整数、日期或字符。是否可以是空值也是域完整性的一部分。在物理数据库中，可以利用表中的数据类型和行可空性强制执行域完整性。

(3) 参照完整性。参照完整性是定义建立关系之间联系的主关键字与外部关键字引用的约束条件。关系数据库中通常包含多个存在相互联系的关系，关系与关系之间的联系是通过公共属性来实现的。

例如，在 teaching 数据库中，将 score 关系作为参照关系，将 student 关系作为被参照关系，以 studentno 作为两个关系进行关联的属性，则 studentno 是 student 关系的主键，是 score 关系的外键。score 关系通过外键 studentno 参照 student 关系。其中，公共属性 studentno 是一个关系 student(称为被参照关系)的主键，同时又是 score 关系(称为参照关系)的外键。

(4) 事务完整性。事务可以确保每个逻辑单元的工作(如插入 100 行或更新 1000 行数据)作为单个事务执行。事务可通过其 4 个基本属性检测数据库产品的质量，即原子性(全部执行或全部不执行)、一致性(数据库必须在一致的状态下开始及结束事务)、隔离性(一项事务不应该影响其他事务)和持久性(一旦提交,始终提交)。

(5) 用户定义完整性。对于数据完整性,除了前面4个普遍接受的定义外,还添加了用户定义数据完整性。用户定义完整性则是根据应用环境的要求和实际的需要,对某一具体应用所涉及的数据提出约束性条件。这一约束机制一般不应由应用程序提供,而应由关系模型提供定义并检验,用户定义完整性主要包括字段有效性约束和记录有效性。

1.3 设计数据库

数据库是开发应用程序的基础,数据库设计的质量优劣是决定应用程序能否开发成功的最关键环节之一。数据库的设计是从用户的数据需求、处理要求和建立数据库的环境条件,如硬件特性、操作系统和DBMS特性及其他限制等出发,把给定的应用环境内存在的数据合理地组织起来,逐步抽象成已经选定的某个DBMS能够定义和描述的具体数据结构的过程。根据这一数据结构能够建立既能反映现实世界中信息间的联系,满足用户的数据需求和处理要求,又能被某个DBMS所接受的,能够实现系统目标的数据库。

1.3.1 数据库设计的规范化

数据库应用程序的性质和复杂性可以使得数据库的设计过程变化很大。一个简单的数据库的设计可以依赖于设计者的技巧和经验,采用直接设计数据库的方式进行。而对于为成千上万的客户处理事务的数据库,数据库设计可能是长达数百页的正式文档,其中需要包含有关数据库的各种可能细节。必须遵守数据库设计规范化规则(Normalization Rules),并按照软件工程提供的规范才能进行复杂的数据库设计。

1. 数据库设计的范式

按照规范化规则设计数据库,可以将数据冗余降至最低,使得应用程序软件可以在此数据库中轻松实现强制完整性,且很少包括执行涉及4个以上表的查询。规范化理论就是为了设计好的基本关系,使每个基本关系独立表示一个实体,并且尽量减少数据冗余。满足一定条件的关系模式称为范式(Normal Form,NF),一个低级范式的关系模式通过分解(投影)方法可转换成多个高一级范式的关系模式的集合,这个过程称为规范化。

(1) 第一范式(1NF)。如果一个关系模式,它的每一个数据项是不可分的,即其域为简单域,则此关系模式为第一范式。第一范式易出现的问题是数据冗余和更新数据的遗漏。

第一范式是最低的规范化要求包括:

① 数据表不能存在重复的记录,即存在一个关键字。且主关键字应满足唯一性、非空性等的条件。

② 每个字段都不可再分,即已经分到最小。

(2) 第二范式(2NF)。如果一个关系属于1NF,且所有的非主关键字段都完全地依赖于主关键字,则称之为第二范式。例如零件关系中,仓库地址和主键(零件号)不存在依赖关系。

零件(零件号,仓库号,数量,仓库地址)

那么,该关系按照第二范式的要求,就应该拆分为零件和仓库两个关系。

① 零件(零件号,仓库号,数量)。

② 仓库(仓库号,仓库地址)。

(3) 第三范式(3NF)。如果一个关系属于 2NF,且每个非关键字不传递依赖于主键,这种关系就是 3NF。例如,常见的关系中的数据项年龄和出生日期、期末成绩和总评成绩等就存在传递依赖,需要消除。

2. 数据库设计的方法

设计数据库是创建数据库的第一步,此设计本身还可以作为数据库实现后用作数据库的功能说明。数据库设计的复杂性和细节由数据库应用程序的复杂性和大小及用户数决定。经过长期的探索与调研,人们提出了对各类数据库设计的一系列设计准则和规范化方案,常见的有 E-R 模型、视图概念、分步设计法等数据库设计方法。

(1) 实体关系(E-R)的数据库设计方法。基于实体关系的数据库设计方法的基本思想是在需求分析的基础上,用 E-R 图构造一个纯粹反映现实世界实体之间内在关系的企业模式,然后再将此企业模式转换成选定的 DBMS 上的概念模式。每个实体或联系将来就映射为一个数据表。

(2) 视图概念的数据库设计方法。基于视图概念的数据库设计方法先从分析各个应用的数据着手,为每个应用建立各自的视图,然后再把这些视图汇总起来合并成整个数据库的概念模式。合并时必须注意解决下列问题:

① 消除命名冲突。

② 消除冗余的实体和关系。

③ 进行模式重构。

④ 对整个汇总模式进行调整,使其满足全部完整性约束条件。

在实际的设计过程中,各种方法可以结合起来使用,例如在基于视图概念的设计方法中可用 E-R 图的方法来表示各个视图。

另外,分步设计法已在数据库设计中得到广泛的应用并获得较好的效果。此方法遵循自顶向下、逐步求精的原则,将数据库的设计过程分解为若干相互独立又相互依存的阶段,每一阶段采用不同的技术与工具,解决不同的问题,从而将问题局部化,减少了局部问题对整体设计的影响。

1.3.2 数据库设计的主要内容

设计数据库时要及时听取用户的意见,与数据库用户多交换意见,并根据用户提出的需求和数据库本身的功能特点改进数据库的设计方案。要充分考虑数据库的扩充与动态性,提高数据库应用时的灵活性,从而保证所建应用程序具有较高的性能。

(1) 静态特性设计。根据给定的应用环境、用户的数据需求,设计数据库的数据模型。静态特性设计包括数据库的概念结构设计和逻辑结构设计两个方面。

(2) 动态特性设计。根据应用处理要求,设计数据库的查询、事务处理和报表处理等应用程序。动态特性设计反映了数据库在处理上的要求,所以又称为数据库的行为特性设计。

(3) 物理设计。根据动态特性,即应用处理要求,在选定的 DBMS 环境下把静态特性设计中得到的数据库模式加以物理实现,即设计数据库的存储模式和存取方法。

1.3.3 数据库设计的过程

一般来说,按照目前分步设计法要求进行数据库设计的步骤分为需求分析、概念设计、逻辑设计和物理设计4个阶段,如图1-9所示。

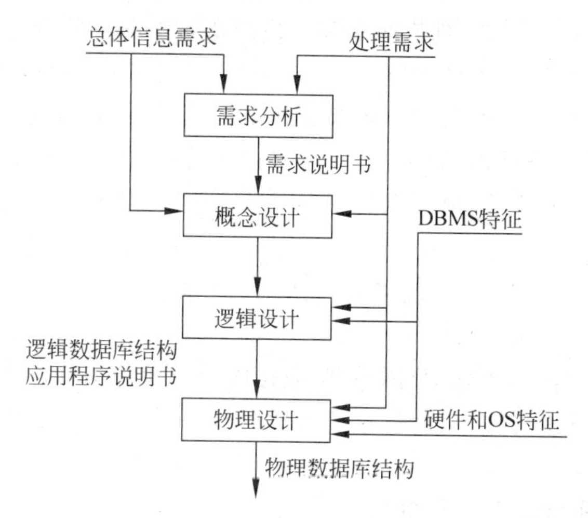

图1-9 数据库设计的步骤

1. 数据库设计的步骤

(1) 需求分析。需求分析的目标是通过调查研究,了解用户的数据要求和处理要求,并按一定的格式整理形成需求说明书。需求说明书是需求分析阶段的成果,也是以后设计的依据,它包括数据库所涉及的数据、数据的特征、数据量、使用频率的估计等。如数据名、属性及其类型、主关键字属性、保密要求、完整性约束条件、使用频率、更改要求、数据量估计等。

(2) 概念设计。概念设计是数据库设计的第二阶段,其目标是对需求说明书提供的所有数据和处理要求进行抽象与综合处理,按一定的方法构造反映用户环境的数据及其相互联系的概念模型。这种概念数据模型与DBMS无关,是面向现实世界的数据模型,极易为用户所理解。为保证所设计的概念数据模型能正确、完全地反映用户(单位)的数据及其相互关系,便于进行所要求的各种处理,在本阶段设计中可吸收用户参与和评议设计。

(3) 逻辑设计。逻辑设计阶段的设计目标是把上一阶段得到的与DBMS无关的概念数据模型转换成等价的,并为某个特定的DBMS所接受的逻辑模型所表示的概念模式,同时将概念设计阶段得到的应用视图转换成特定DBMS下的应用视图。在转换过程中要进一步落实需求说明,并满足DBMS的各种限制。逻辑设计阶段的结果是DBMS提供的数据定义语言(DDL)写成的数据模式。

(4) 物理设计。物理设计阶段的任务是把逻辑设计阶段得到的逻辑数据库在物理上加以实现,其主要内容是根据DBMS提供的各种手段设计数据的存储形式和存取路径,如文件结构、索引设计等,即设计数据库的内模式或存储模式。数据库的内模式对数据库的性能影响很大,应根据处理需求及DBMS、操作系统和硬件的性能进行精心设计。

2. 数据库表列的信息类型

确定数据库中需要的表是数据库设计过程中技巧性最强的一步。数据库表中的列包含下面几个常见的信息类型：

(1) 原始数据列。用于存储有形信息(例如名称)，由数据库外部的源确定。

(2) 分类列。用于对数据进行分类或分组，并存储限定选择范围的数据(例如真/假、已婚/单身和副总裁/主管/组长)。

(3) 标识符列。用于提供一种机制来标识存储在表中的每个项。

(4) 引用列。用于建立一个表中的信息与另一个表中相关信息之间的链接。

在数据库设计的基本过程中，每一阶段设计基本完成后，都要进行认真地检查，看看是否满足应用需求，是否符合前面已执行步骤的要求和满足后续步骤的需要，并分析设计结果的合理性。数据库设计完成后，就可以利用DBMS创建数据库了。

1.4 小 结

本章介绍了数据的基本概念、数据模型、数据库分类及关系数据库的基本概念。还介绍了有关数据库设计的基本方法，为后续章节的学习打下基础。学习本章需要重点掌握如下内容：

(1) 数据库管理系统的功能和组成。

(2) 关系数据库的基本理论。

(3) 数据库系统的基本组成。

习 题 1

1. 选择题

(1) 数据模型的三要素不包括________。

A. 数据结构　　B. 数据操作　　C. 数据类型　　D. 完整性约束

(2) 关系运算不包括________。

A. 连接　　B. 投影　　C. 选择　　D. 查询

(3) 表1-1所示的学生信息表中的主键为________。

A. studentno　　B. sex　　C. birthday　　D. sname

(4) 下面的数据库产品中不是关系数据库的是________。

A. Oracle　　B. SQL Server　　C. DBTG　　D. DB2

(5) E-R概念模型中，信息的三种概念单元不包括________。

A. 实体型　　B. 实体值　　C. 实体属性　　D. 实体间联系

2. 简答题

(1) 什么是数据库、数据库系统和数据库管理系统？并且举出日常生活中一些数据库的实际范例。

(2) 说明数据库管理系统基本系统架构拥有哪4大模块。

(3) 简单说明数据库系统的组件。

(4) 举例说明三种关系运算的特点。

第2章 SQL Server 2008 的运行环境

SQL Server 是目前最流行的数据库开发平台之一，Microsoft 公司的 SQL Server 2008 能够在多个平台、程序和设备之间共享数据，更易于与内部和外部系统连接，大幅降低了系统运行、维护风险和 IT 管理成本。掌握 SQL Server 数据库的管理与开发技术将为 IT 技术人员提供更多的发展机会和空间，使其在激烈的市场竞争中更具竞争力。

本章主要介绍 SQL Server 2008 数据库系统的管理平台、服务器管理和新特性等运行环境的基本操作，以及 SQL Server 2008 联机丛书与教程的使用。

2.1 SQL Server 数据库简介

SQL Server 2008 数据库不仅具有良好的安全性、稳定性、可靠性、可编程性及对日常任务的自动化管理等方面的特点，还能够有效地执行大规模联机事务处理、完成数据仓库、电子商务应用、智能开发等许多具有挑战性的工作，为不同规模的企业提供了一个完整的数据解决方案。

2.1.1 SQL Server 数据库的发展历程

Microsoft 公司于 2008 年年底发布的 Microsoft SQL Server 2008 数据库平台产品是为适应日益激烈的市场竞争的重要举措。该产品的发布为各类用户提供了完整的数据库解决方案，可以帮助用户建立自己的电子商务体系，增强用户对外界变化的敏捷反应能力，提高用户的市场竞争力。

SQL Server 最初是由 Microsoft、Sybase 和 Aston-Tate 三家公司共同开发的。

1995 年，完全由 Microsoft 公司自主开发的第一个版本 SQL Server 6.0 版发布。

2000 年，Microsoft 公司发布 SQL Server 2000 版本，包括企业版、标准版、开发版和个人版 4 个版本。凭借其优秀的数据处理能力和简单易用的操作使得 SQL Server 跻身世界三大数据库之列(另外两个是 Oracle 和 DB2)。

2005 年，Microsoft 公司发布 SQL Server 2005，将企业管理器、查询分析器等集成在一个界面，更多地考虑了数据库的扩展及其编程能力。

SQL Server 2008 在原有 SQL Server 2005 的架构上做了进一步更改，增加了基于策略的管理、数据压缩、资源调控器及关系数据类型之外的新功能，删除了通知服务。Transact-SQL 中增加了日期和时间数据类型和表值参数，恢复了调试器，并且在管理平台 Management Studio 中增加了 IntelliSense 功能。

本书为适应当前的教学需要，选择性能完备、普及性较强的 SQL Server 2008 为操作软件。

2.1.2 SQL Server 2008的新特性

SQL Server 2008是Microsoft公司的新一代数据管理和分析解决方案。下面简单了解微软数据平台上的SQL Server 2008增加了哪些新功能。

1. 数据库引擎增强功能表

(1) 可用性增强。通过增强数据库镜像功能，Microsoft SQL Server 2008数据库的可用性得到了改进。可以使用数据库镜像创建热备用服务器，从而提供快速故障转移且已提交的事务不会丢失数据。

(2) 易管理性增强。通过增强工具和监视功能，SQL Server 2008数据库引擎的易管理性得到简化。

(3) 可编程性增强。数据库引擎中针对可编程性的增强功能包括新数据存储功能、新数据类型、新全文搜索体系结构及对Transact-SQL所做的许多改进和添加。

(4) 可扩展性增强。数据库引擎中针对可扩展性和性能的增强功能包括筛选索引和统计信息、新表和查询提示、新查询性能和查询处理功能。

(5) 安全性增强。数据库引擎中针对安全性的增强功能包括新加密函数、透明数据加密和可扩展密钥管理功能及针对DES算法的澄清。

2. 保护用户信息

SQL Server 2008在SQL Server 2005的基础上做了以下方面的增强来扩展安全性以保护用户信息。

(1) 简单的数据加密。SQL Server 2008可以对整个数据库、数据文件和日志文件进行加密，而不需要改动应用程序。简单的数据加密的好处包括使用任何范围或模糊查询搜索加密的数据、加强数据安全性以防止未授权的用户访问和数据加密。

(2) 外键管理。SQL Server 2008通过支持第三方密钥管理和硬件安全模块产品为这个需求提供了很好的支持。

(3) 增强审查。SQL Server 2008允许用户审查自己对数据的操作，从而提高了遵从性和安全性。审查不只包括对数据修改的所有信息，还包括读取数据的时间信息。SQL Server 2008具有加强审查的配置和管理功能，这使得公司可以满足各种规范需求。

3. 确保可持续性

SQL Server 2008使公司具有简化管理和提高可靠性的应用能力，提供了更可靠的加强了的数据库镜像平台。这主要包括：

(1) 页面自动修复。SQL Server 2008通过请求获得一个从镜像合作机器上得到的出错页面的复制页面，使主要的和镜像的计算机可以透明地修复数据页面上的823和824错误。

(2) 提高性能。SQL Server 2008压缩了输出日志流，以便使数据库镜像所要求的网络带宽达到最小。

(3) 加强可支持性。SQL Server 2008包括新增加的执行计数器、动态管理视图和对现有视图的扩展，使数据库功能更加强大。

4. 即插即用 CPU

为了即时添加内存资源而扩展 SQL Server 中的已有支持，即插即用 CPU 使数据库可以按需扩展。事实上，CPU 资源可以添加到 SQL Server 2008 所在的硬件平台上而不需要停止应用程序。

5. 改进的安装和开发过程

SQL Server 2008 对 SQL Server 的服务生命周期提供了显著改进，对安装、建立和配置架构进行了重新设计。这些改进将计算机上的各个安装与 SQL Server 软件的配置分离开来，这使得公司和软件合作伙伴可以提供推荐的安装配置。

6. 报表功能

SQL Server 2008 提供了一个可扩展的商业智能基础设施，使公司可以有效地以用户想要的格式和地址发送相应报表。SQL Server 2008 可以通过下面的报表改进之处来制作、管理和使用报表。

(1) 企业报表引擎。有了简化的部署和配置，可以在企业内部更简单地发送报表，使用户能够轻松地创建和共享所有规模和复杂度的报表。

(2) 新的报表设计器。改进的报表设计器独特的显示能力使报表可以被设计为任何结构，同时增强的可视化功能进一步丰富了用户体验。

(3) 强大的可视化。SQL Server 2008 扩展了报表中可用的可视化组件，可视化工具，如地图、量表和图表等，使报表更加友好和易懂。

(4) Microsoft Office 渲染。用户可以从 Word 里直接访问报表。用户可以维护显示保真度和改进 Microsoft Office 应用中所创建的报表的全面可用性。

(5) Microsoft SharePoint 集成。SQL Server 2008 报表服务将 Microsoft Office SharePoint Server 2007 和 Microsoft SharePoint Services 深度集成，使用户可以访问包含了与其直接在商业门户中所作的决策相关的结构化和非结构化信息的报表。

另外，在 Analysis Services、Service Broker、复制、Integration Services 服务中也增加了许多新的功能，如 Analysis Services 中增加了多维数据库和数据挖掘方面的内容。

2.2 SQL Server 2008 的系统要求

安装是选择 SQL Server 2008 系统参数并将该系统安装在生产环境中的过程，配置则是选择、设置、调整系统功能和参数的过程，安装和配置的目的都是使系统在生产环境中充分发挥作用。正确地安装和配置系统是使 SQL Server 2008 安全、健壮、高效运行的基础。

SQL Server 2008 系统的需求是指对产品运行所必需的硬件、软件、网络等环境的要求。安装 SQL Server 2008 对系统硬件和软件都有一定的要求，软件和硬件的不可兼容性或不符合要求都有可能导致安装的失败。所以在安装之前必须弄清楚 SQL Server 2008 的环境要求。

本节将简单介绍安装 SQL Server 2008 系统的基本要求，详细的安装过程可以参看与本书配套使用的辅导书《SQL Server 2008 数据库应用与开发习题解答与上机指导》中第 16 章的相关内容。

2.2.1 SQL Server 2008 版本

SQL Server 2008 是一个全面的数据库平台，它使用集成的商业智能工具提供了企业级的数据管理。SQL Server 2008 系统提供了 6 种不同的版本。

(1) 企业版(Enterprise)。该版本支持超大型企业进行联机事务处理、高度复杂的数据分析、数据仓库系统和网站所需的性能水平。它具有全面商业智能和分析能力及其高可用性功能(如故障转移群集)，使其可以承受处理大多数企业关键业务工作负荷。

企业版是功能最齐全、性能最优的数据库系统，具有高级性能和可用性功能(例如表分区及数据压缩)，支持数千个连接和数兆兆字节的数据库。

(2) 开发版(Developer)。开发版本是独立软件供应商、咨询人员、系统集成商、解决方案供应商及创建和测试应用程序的企业开发人员的理想选择，和企业版本一样，但它授权用于开发和测试并且可以在 Windows 工作站版本上运行。

(3) 标准版(Standard)。该版本适合中小型企业的数据管理和分析平台。它包括电子商务、数据仓库和业务流解决方案所需的基本功能。SQL Server 2008 标准版可以满足大多数大型生产数据库的需要，是 SQL Server 的主打版本。这个版本包括所有适宜的功能，包括集成服务、分析服务、Web 服务、数据库镜像和故障转移群集。

(4) 工作组版(Workgroup)。工作组版是理想的入门级数据库管理系统，具有可靠、功能强大且易于管理的特点。工作组版包括完美的功能组合，是针对连接到标准版或企业版的小型事务数据库的。它拥有 SQL Server 产品系列的核心数据库功能，并且很容易升级到标准版或企业版，用户可以在 Web 服务器或者部门分支机构中应用它。

(5) 网络版(Web)。网络版是 SQL Server 2008 的新产品，授权用于网站托管。SQL Server 2008 网络版主要运行于 Windows 服务器和面向 Internet Web 服务的环境中。该版本在 Web 应用和客户托管解决方案中具有实现成本低、规模大、可用性高等特点，为用户提供了必要的支持工具。

(6) 精简版(Express)。SQL Server 免费版(无前期费用、版税及再发行费用)并非简单的 Access Jet 数据库引擎的插件替代版本，它是 SQL Server 数据库引擎的完整版，用于应用程序内的嵌入式数据库。Express 版还有一些限制：最大数据库容量限于 4GB，只有一个 CPU 插孔及 1GB 内存。

在 SQL Server 2008 的上述版本中，可以方便地从低级版本向高级版本升级。例如，可以从 SQL Server 2008 的标准版升级到 SQL Server 2008 的企业版。

2.2.2 SQL Server 2008 安装环境要求

1. 硬件需求

对硬件的要求包括对处理器类型、处理器速度、内存、硬盘空间等的要求。安装 SQL Server 2008 在硬件上有一定的要求，具体如下：

(1) CPU 要求：Pentium Ⅲ兼容处理器或性能更好的处理器，主频不低于 1GHz，最好使用 2.0GHz。

(2) 内存要求：企业版、标准版、工作组版、开发者版和网络版所需内存不小于 1GB，最好使用 2GB 以上内存；学习版需内存不小于 512MB，最好使用 1GB 以上内存。

(3) 硬盘空间需求：根据安装需要，需硬盘容量 2GB 以上。

(4) 显示器：1024×768 像素或以上。

2. 软件需求

SQL Server 2008 可安装于 Windows Server 2003 及更高版本系列，如 Windows Vista、Windows 7 和 Windows 8 等操作系统上，Web 环境下需要 IE 6.0 及以上版本，.NET 框架 3.5 以上，Windows Installer 4.5 以上和 Microsoft 数据访问组件 2.8SP1 以上。

支持的操作系统都具有内置网络软件。独立的命名实例和默认实例支持以下网络协议：Shared memory、Named Pipes、TCP/IP 和 VIA。请注意故障转移群集不支持 Shared memory 和 VIA。

3. SQL Server 2008 安装注意事项

在开始安装 SQL Server 2008 之前，应完成如下操作：

(1) 使用具有本地管理员权限的用户账户或适当权限的域用户账户登录系统。

(2) 关闭所有依赖于 SQL Server 的应用。

(3) 关闭 Windows 操作系统的 Event Viewer 和 Regedit.exe。

(4) 如果系统上存在 Visual Studio 2008，应先安装 SQL Server 2008 再安装 Visual Studio 2008。

(5) 建议在 NTFS 格式的磁盘上安装 SQL Server 2008。

2.3 SQL Server 2008 的管理平台

在使用 SQL Server 2008 软件的过程中，首先要理解客户端与服务器的关系。一般来说，客户端(Client)通常是指一些适合家庭、实验室、办公环境下使用的安装了一些享用网络服务的 PC，这些 PC 上网的目的是享受各种网络服务。服务器(Server)是指具有适应大容量的数据存储和频繁的客户端访问操作的计算机，这类计算机一般配置大容量硬盘、24 小时不间断的 UPS 电源、具备可热插拔功能、安装服务器操作系统下的 IIS 软件等，能够在计算机网络中提供各种网络服务。

在 SQL Server 2008 的系统中，数据库引擎是服务器的核心部件，SQL Server Management Studio 是 SQL Server 2008 最重要的管理工具，也是 SQL Server 2008 的可视化集成环境，用于访问、配置和管理 SQL Server 2008 的组件。

通过 SQL Server Management Studio 图形界面，数据库管理员可以调用其他管理工具来完成日常管理操作。并与 Visual Studio 开发平台集成在一起，形成了一个集数据库的管理与应用开发风格一致的界面环境。

下面介绍 SQL Server 2008 软件的基本组成和常见操作。

2.3.1 数据库引擎及 Management Studio 的使用

SQL Server 2008 的数据库引擎是 SQL Server 的核心，也是处理关系数据库的所有工作的组件，主要用于存储、处理和保护数据的核心服务。利用数据库引擎可控制访问权限并快速处理事务，从而满足企业内要求极高而且需要处理大量数据的应用需要。

使用数据库引擎创建用于联机事务处理或联机分析处理数据的关系数据库，包括创建用于存储数据的表和用于查看、管理和保护数据安全的数据库对象。

1. 数据库引擎主要完成的工作

(1) 设计并创建数据库以保存系统所需的关系表或XML文档。

(2) 提供日常管理支持以优化数据库性能。

(3) 为单位或客户部署实现的系统。

(4) 提供访问和更改数据库中存储数据的途径,如网站、处理数据的应用程序和一些实用软件工具。

2. 数据库引擎的主要组成

(1) 网络接口。SQL Server为了适用各种网络环境,在接口部分提供了各种网络库。可以通过不同协议的客户端,在网络库的支持下访问同一台SQL Server 2008服务器。

(2) 用户模式调度器。SQL Server对于CPU的使用是以分配调度线程任务为单位进行,该任务由用户模式调度器实现。某些版本还能以线程模式进行,并由用户模式调度器实现。

(3) 关系引擎。关系引擎负责对SQL命令进行语法分析、编译、优化处理、查询执行等,并对客户端的查询进行处理。

(4) 存储引擎。存储引擎完成对硬盘数据的更新和访问等操作。

(5) 关系引擎和存储引擎接口。关系引擎完成语句的编译和优化,存储引擎对数据进行管理。存储引擎提取的数据最终要送到内存中由关系引擎调度执行。两者的接口主要有OLE DB和非OLE DB接口。典型的SELECT语句使用OLE DB接口处理数据。

(6) 存储引擎和操作系统接口。SQL Server的存储引擎是通过调用Windows操作系统提供的底层API(应用编程接口)来完成存储空间的管理。该存储引擎与Windows操作系统的接口称为I/O管理器。

(7) 操作系统API。SQL Server的存储引擎调用Windows API来完成存储空间的分配和管理。

3. SQL Server Management Studio的启动与退出

在正确安装完成SQL Server 2008系统后,就可以进入启动SQL Server 2008 Management Studio的过程,具体步骤如下:

(1) 开始启动。在Windows界面下选择"开始"→"所有程序"→Microsoft SQL Server 2008→SQL Server Management Studio命令,便可进入SQL Server 2008 Management Studio的启动过程。

(2) 连接服务器。接着需要连接的服务器类型是数据库引擎,而服务器的名称就是安装运行了数据库服务的计算机的机器名或IP,该名称由系统自动查找并显示。

如果在安装数据库时使用的是默认实例,服务器名称就是默认的实例名。比如服务器名称PGIG1MIWMYPOFBS就是连接本机的PGIG1MIWMYPOFBS实例,如图2-1所示。

如果在安装数据库时使用的是命名实例,那么服务器名称中还要包括实例名。比如服务器名称PGIG1MIWMYPOFBS\JIANGGH就是连接本机的命名实例JIANGGH。

(3) 连接服务器的属性设置。单击图2-1中的"选项"按钮,可以对要连接的服务器进行属性设置,如网络协议、数据包大小、连接超时值、默认数据库等,如图2-2所示。

(4) 身份验证。如果在安装数据库时设置了Windows身份验证,可以使用Windows

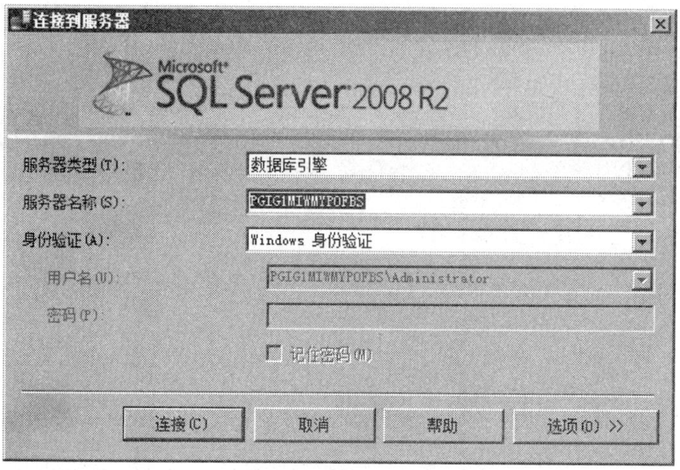

图 2-1　连接数据库界面

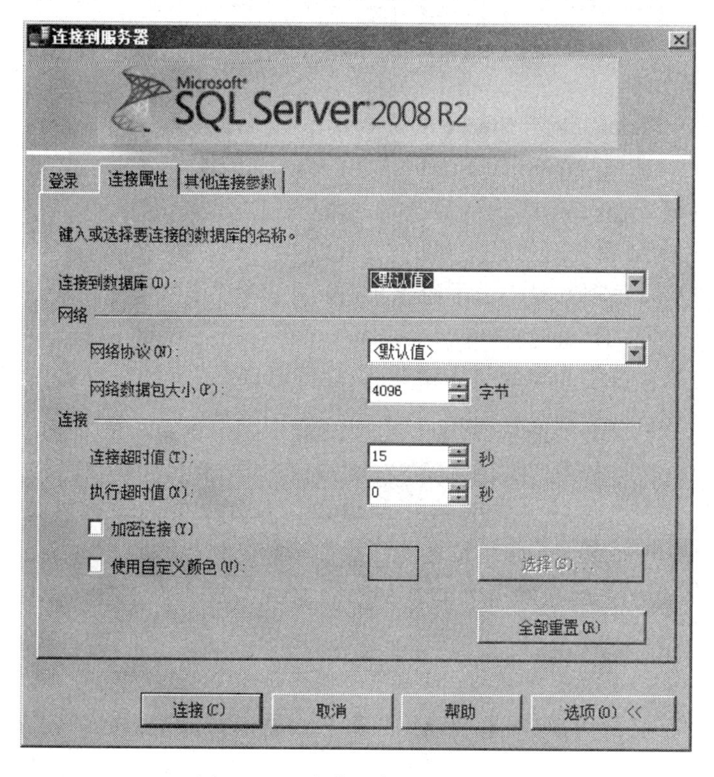

图 2-2　连接数据库的属性设置

身份验证。如果在安装数据库时配置了 sa 的登录密码，那么可以选择 SQL Server 身份认证，在用户名中输入 sa 后，再输入设置的密码。

(5) 单击“连接”按钮后，SQL Server 2008 将连接到指定的服务器。连接到服务器后，SQL Server Management Studio 的初始界面如图 2-3 所示。

(6) 退出。Management Studio 界面属于多窗体界面，退出该系统常见的方法有两种：单击界面右上角的“关闭”按钮或在菜单栏中选择“文件”→“退出”命令。

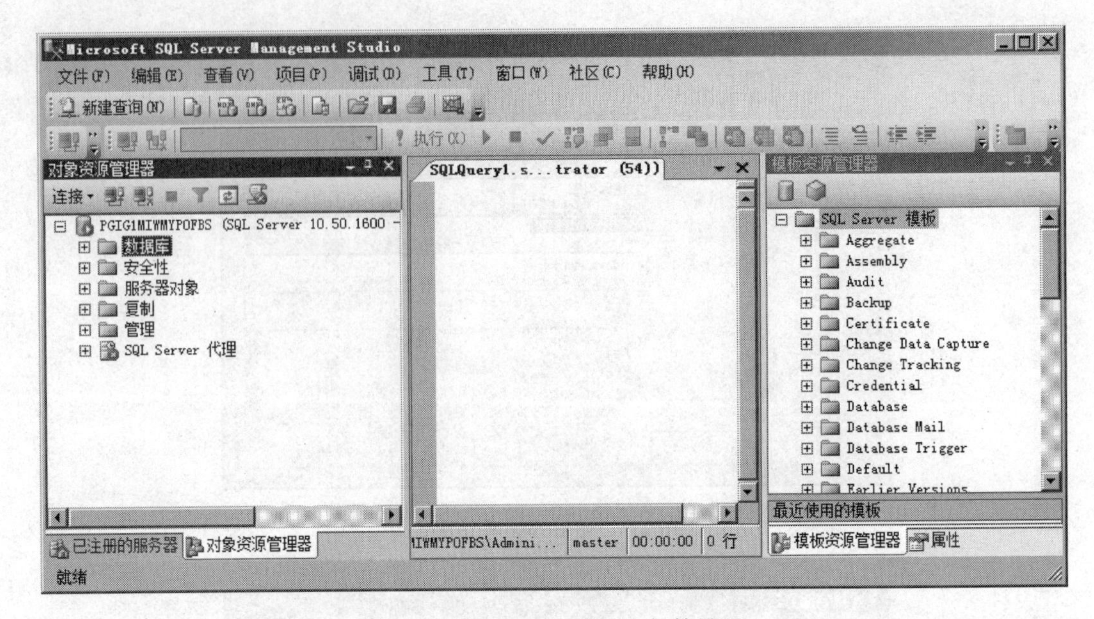

图 2-3　Management Studio 初始界面

4. SQL Server Management Studio 的基本操作

SQL Server 2008 Management Studio 采用 Microsoft 公司统一的界面风格。下面介绍一些关于 Management Studio 界面的最基本的操作。

(1) 菜单栏。窗口最上面的是菜单栏，主要包括“文件”、“编辑”、“查看”、“项目”、“工具”、“窗口”等菜单项，每项都是一个下拉菜单，包含一组常用的操作。各菜单项的操作方法与一般 Microsoft 公司的产品，如 Office 等，基本一样。

例如，要改变工作区中内容的字体和颜色，就可以选择“工具”→“选项”命令，在弹出的对话框中进行设置即可，如图 2-4 所示。

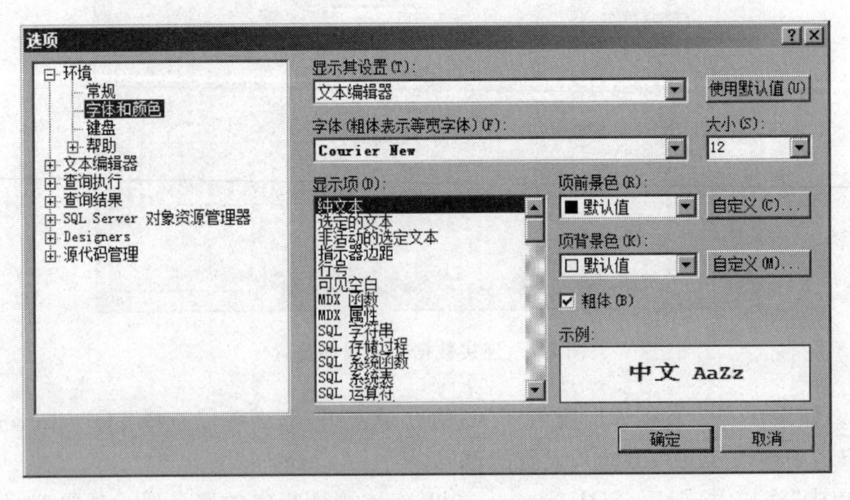

图 2-4　设置字体和颜色

(2) 工具栏。菜单栏的下面是工具栏。工具栏主要是将一些常用操作图形化，如“新建查询”、“打开文件”、“保存”、“已注册的服务器”、“对象资源管理器”、“模板资源管理器”、“属性窗口”等功能。只要单击某个图标，就可以让系统执行相应的操作。例如单击“打开文件”按钮，“打开文件”窗口就会出现在主工作区中。对其他按钮的操作都是一样的。

(3)“已注册的服务器”窗口。列出经常管理的服务器，也可在此窗口中添加或删除服务器。

(4)“对象资源管理器”窗口。主窗体左侧是“对象资源管理器”窗口，所有已经连接的数据库服务器及其对象以树状结构显示在该窗口中。查看或操作时，只要单击选项前面的“＋”号就可以展开其包含的对象，例如展开“数据库”项下的系统数据库 Master，如图 2-5 所示。

图 2-5　展开对象资源管理器

执行 SQL Server Management Studio 后，若在 SQL Server Management Studio 环境内没有看到“对象资源管理器”窗口，可以通过在菜单栏选择“查看”→“对象资源管理器”命令打开该窗口。可注册的服务实例并不仅止于 SQL Server 2008，同时还能够注册其他类型的服务实例。

(5)“文档”窗口。中间区域是 SQL Server Management Studio 的文档窗口，SQL 语句的编写、表的创建、数据表的展示和报表展示等都在该区域完成。主区域采用选项卡的方式在同一区域实现多项功能。

(6) 属性窗口。主窗体的右侧可以是属性窗口，主要用于查看、修改对象的属性。

(7) 模板资源管理器。主窗体的右侧也可以是模板资源管理器，主要用于查看和调用模板等操作。有时，属性区域与模板资源管理器区域自动隐藏到窗口最右侧，用鼠标移动到属性选项卡上则其会自动显示出来。

SQL Server Management Studio 附带了用于许多常见任务的模板，模板的真正作用在于它能为必须频繁创建的复杂脚本创建自定义模板。这些模板是包含必要表达式的基本结构的文件，以便在数据库中新建对象。

通过执行主菜单中的“查看”→“模板资源管理器”命令打开“模板资源管理器”窗口，如图 2-6 所示。若要查看不同类型服务的语法模板，可以通过“模板资源管理器”窗口最上方的工具行切换三种不同的语法模板：SQL Server 模板、Analysis Services 模板和 SQL Server Compact Edition 模板。三种模板可以通过“模板资源管理器”下的按钮实现转换。

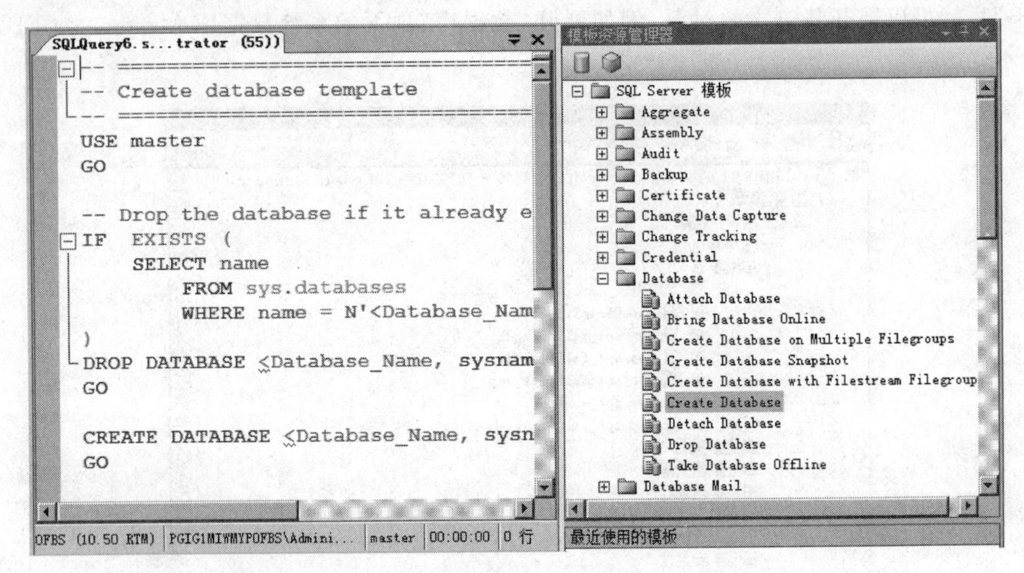

图 2-6 模板资源管理器

若不熟悉如何通过相关语言完成某项任务，可以查找预先提供的模板，通过修改部分内容来完成任务。

SQL Server 2008 提供了各种丰富的模板，解决方案、项目和各类型的程序代码编辑环境都可以使用模板。利用模板创建数据库、表、视图、索引、存储过程、触发器、统计数据、函数等数据库对象，还有一些模板可创建 Analysis Services 等扩充属性、连接服务器、登录、角色、用户等。

另外，在各窗体中的不同对象上右击，还可以随时进行弹出菜单中规划好的操作。在学习过程中通过不断地练习，可逐步掌握其中的重要操作。

2.3.2 SQL Server 2008 的实例

1. 什么是实例

SQL Server 的实例(Instance)实际上就是虚拟的 SQL Server 服务器。每个实例都包括一组私有的程序和数据文件，同时也可以和其他实例共用一组共享程序或文件。

在一台计算机上，每一个实例都独立于其他实例运行。例如，在“连接到服务器”窗口中选择“服务器名称”下拉列表中的“浏览更多”选项，在弹出的“查找服务器”对话框中可以查找到本地实例的类型和名称，如图 2-7 所示。

2. SQL Server 2008 的实例数目

SQL Server 2008 支持的实例参考数目如表 2-1 所示。

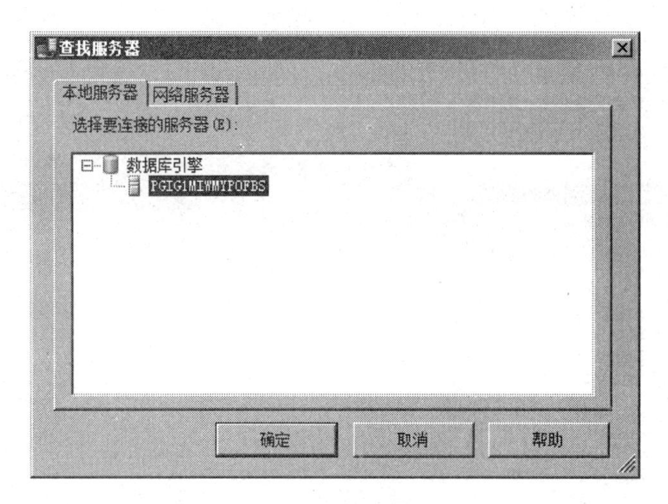

图 2-7　查看实例

表 2-1　SQL Server 2008 支持的实例数目

SQL Server 2008 版本	数据库引擎实例	分析服务实例	报表服务实例
企业版	50	50	50
开发版	50	50	50
标准版	16	16	16
工作组版	16	16	16
精简版	16	16	16

3. SQL Server 2008 的实例类型

(1) 默认实例。默认情况下,系统可以通过计算机的网络名称识别 SQL Server 2008 数据库的实例。SQL Server 服务的默认实例名称是 MSSQLSERVER。每台计算机上只能有一个 SQL Server 2008 默认实例。

(2) 命名实例。按照用户在安装时指定的名称命名的 SQL Server 2008 实例。这种命名方式用于识别 SQL Server 的数据库实例,具体格式为"计算机名称\实例名称"。

实例的名称可以在操作系统的"服务"程序中查看。不同实例的目录结构、注册表结构、服务名称等都是以实例的名称来区分的。

2.3.3　新建查询

SQL Server Management Studio 是一个集成开发环境,其中就包括用于编写 Transact-SQL 语句的查询编辑器。在 SQL Server Management Studio 中单击工具栏上的"新建查询"按钮,在右边打开查询编辑器代码窗口,输入 SQL 语句,执行的结果显示在查询结果窗口,如图 2-8 所示。

1. 利用查询编辑器编写代码

在开发数据库应用系统时,经常要在 SQL Server 2008 的查询分析器中编写代码。编写代码是在查询编辑器中实现的。

下面对查询编辑器中工具栏中的常用按钮做一些说明。

(1) ：依次为新建、打开、保存、活动监视器。

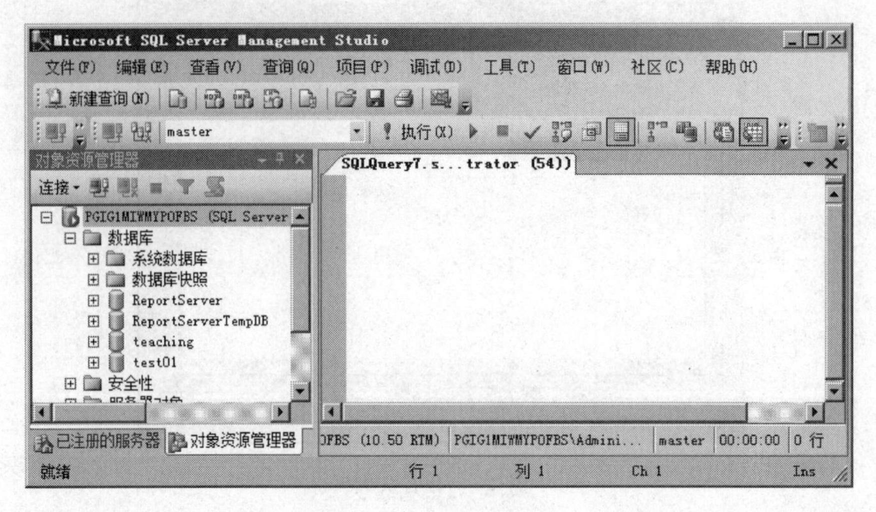

图 2-8　查询编辑器窗口

(2) master ▾ ! 执行(X)：依次为选择当前数据库和运行当前代码。

2. 脚本代码的查看与执行

Management Studio 允许与服务器断开连接时编写或编辑代码。当服务器不可用或要节省短缺的服务器或网络资源时这一点很有用。也可以更改查询编辑器与 SQL Server 新实例的连接，而无需打开新的查询编辑器或重新输入代码。

(1) 在 Management Studio 工具栏上单击"新建查询"按钮以打开查询编辑器，同时查询编辑器的标题栏将提示当前没有连接到 SQL Server 实例。

(2) 在查询编辑器中输入如下代码并执行，结果如图 2-9 所示。

```
SELECT * FROM teaching.dbo.student
GO
```

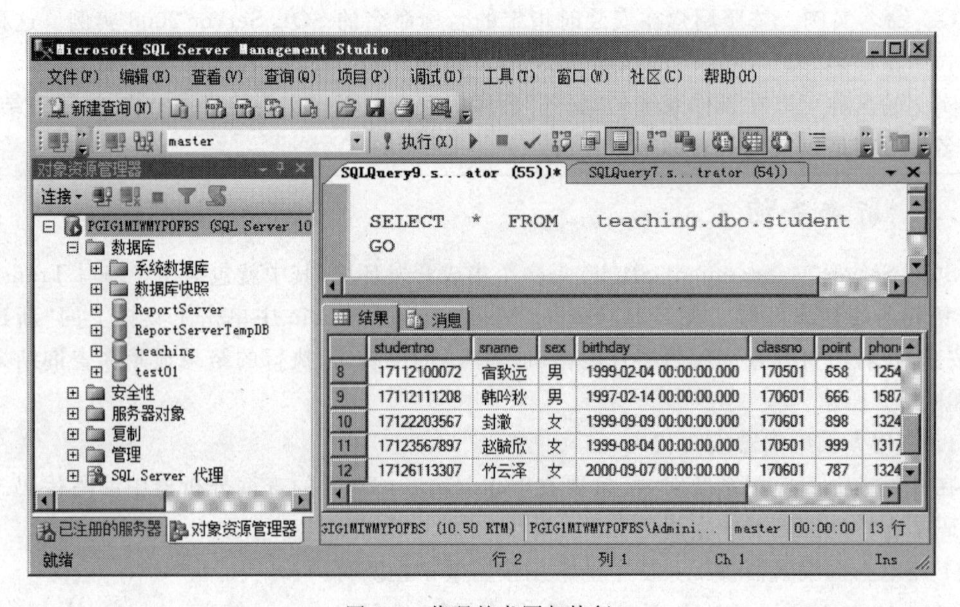

图 2-9　代码的书写与执行

(3) 分析代码。分析代码主要是检查代码中的语法错误。

(4) 执行代码。按 F5 键或单击工具栏中的执行按钮就可以执行脚本代码。另外,如果选中多行代码的话,则只执行选中部分的代码。

3. 查询编辑器的颜色方案

查询编辑器中输入的文本按类别显示为不同颜色。表 2-2 列出了最常用的颜色方案。

表 2-2 查询编辑器的颜色方案

颜　色	类　别	颜　色	类　别
红色	字符串	蓝色	关键字
暗绿色	注释	青色	行号或模板参数
黑色、银色背景	SQLCMD 命令	褐紫红色	SQL Server 存储过程
洋红色	系统函数	深灰色	运算符
绿色	系统表		

2.3.4 SQL Server 2008 的服务项目

1. 集成服务

集成服务(Integration Services,IS)几乎可以在任何类型的数据源之间移动数据,它是 SQL Server 的数据提取-转换-加载(ETL)工具。IS 采用图形化工具来说明数据如何从一个连接移动到另一个连接。无论是复制数据列或执行复杂的数据转换、查找还是数据移动过程中的异常处理,使用集成服务都非常方便。数据转换、收集来自许多不同数据源的数据或搜集可用分析服务进行分析的数据仓库数据,集成服务在这些操作中非常有用。对于移动及转换数据,集成服务比自定义编程或 Transact-SQL 具有更多优势。

2. SQL Server Agent

SQL Server 代理(Agent)是一个可选进程,运行时执行 SQL 作业并处理其他自动任务。系统启动时可以配置为自动运行,或者可以从 SQL Server 配置管理器或 Management Studio 的 Object Explorer(对象资源管理器)中启动。

3. 分析服务

分析服务(Analysis Services)的主要作用是通过服务器和客户端技术的组合提供联机分析处理(Online Analytical Processing,OLAP)和数据挖掘功能。使用分析服务,用户可以设计、创建和管理包含来自于其他数据源的多维结构,通过对多维数据进行多角度的分析,可以使管理人员对业务数据有更全面的理解。

4. 报表服务

SQL Server 2005 的报表服务(Reporting Services,RS)是一项功能全面、基于 Web 的托管报表解决方案。只需要单击 RS 报表即可输出 PDF、Excel 或其他格式文件,并且构建及定制都非常简单。报表通过图形方式或编程生成,以.rdl 文件格式存储在 SQL Server 的报表服务数据库。这些文件可以预先创建并缓存,通过电子邮件发送给用户,或者由用户利用参数即时生成。报表服务捆绑了 SQL Server,所以不存在最终用户授权问题,很多 DBA 为了获得更好的性能将它安装在自己专用的数据库中。

在 SQL Server 2008 中,报表服务焕然一新:最新而便捷的 Dundas 控件、最新的

Tablix 控件、重写的内存管理系统，以及直接 HTTP.sys 访问等。

5. 服务中介

服务中介(Service Broker)是 SQL Server 2008 提供的新技术之一，该功能可以帮助开发人员生成可伸缩的、安全的数据库应用程序，提供一个基于消息的通信平台，使独立的应用程序组件可以作为一个整体来运行。服务中介包含用于异步编程的基础结构，可用于单个数据库或单个实例中的应用程序，也可用于分布式应用程序。

Service Broker 提供了生成分布式应用程序所需的大部分基础结构，从而减少了应用程序的开发时间。利用服务中介还可以轻松缩放应用程序，以容纳应用程序接收的通信流量。

6. 复制

复制可用于数据分发或移动数据处理应用程序、系统高可用性、企业报表解决方案后备数据的可伸缩并发、与异构系统(包括已有的 Oracle 数据库)的集成等。使用复制可以将数据通过局域网、广域网、拨号连接、无线连接和 Internet 分发到不同位置，包括远程用户或移动用户，并在企业范围内保持数据同步。复制服务可以通过发布服务器-分发服务器-订阅服务器的拓扑结构单向转移事务，或合并来自多个位点的更新数据。

7. 全文搜索

SQL Server 包含对 SQL Server 数据表中基于纯字符的数据进行全文搜索的功能。全文搜索可以包括字词和短语，或者一个字词或短语的多种形式。

使用全文搜索可以快速、灵活地为存储在 SQL Server 数据库中的文本数据的基于关键字的查询创建索引。在 SQL Server 2008 中，全文搜索用于提供企业级搜索功能。由于在性能、可管理性和功能方面的显著增强，全文搜索可为任意大小的应用程序提供强大的搜索功能。对大量非结构化的文本数据进行查询时，使用全文搜索获得的性能优势会得到充分的表现。

8. 开发工具

SQL Server 为数据库引擎、数据抽取、转换和装载(ETL)、数据挖掘、OLAP 和报表提供了和 Microsoft Visual Studio 相集成的开发工具，以实现端到端的应用程序开发能力。SQL Server 中每个主要的子系统都有自己的对象模型和应用程序接口(API)，能够将数据系统扩展到任何独特的商业环境中。

2.3.5 系统数据库

SQL Server 2008 包含 5 个系统数据库，下面分别对系统数据库进行介绍。

(1) master 数据库。该数据库是 SQL Server 系统最重要的数据库，它记录了 SQL Server 系统的所有系统信息。master 数据库还记录了所有其他数据库的存在、数据库文件的位置及 SQL Server 的初始化信息。因此，如果 master 数据库不可用，则 SQL Server 无法启动。

(2) model 数据库。该数据库用于在 SQL Server 实例上创建所有数据库的模板。当创建用户数据库时，系统将通过复制 model 数据库中的内容来创建数据库的第一部分，然后用空页填充新数据库的剩余部分。model 数据库中的所有用户定义对象都将复制到所有新创建的数据库中。

(3) msdb 数据库。该数据库是代理服务数据库，为其报警、任务调度和记录操作员的操作提供存储空间。

(4) resource(资源)系统数据库。该数据库是隐形只读数据库，它包含了 SQL Server 2008 中的所有系统对象。在逻辑上，系统对象出现在每个数据库的 sys 架构中，资源系统数据库不包含用户数据或用户元数据。

资源系统数据库的物理文件名是 mssqlsystemresource.mdf。每个 SQL Server 2008 实例都具有唯一的一个关联的 mssqlsystemresource.mdf 文件，并且实例间不能共享此文件，即每个 SQL Server 2008 实例都具有唯一一个系统资源数据库。资源系统数据库依赖于 master 数据库的位置。如果移动了 master 数据库，则必须也将 resource 数据库移动到相同的位置。

(5) tempdb 数据库。该数据库是一个为所有的临时表、临时存储过程及其他临时操作提供存储空间的临时数据库。tempdb 数据库是一个全局资源，可供连接到 SQL Server 实例的所有用户使用。SQL Server 每次启动时，tempdb 数据库被重新建立。当用户与 SQL Server 断开连接时，其临时表和存储过程自动被删除。

tempdb 数据库由整个系统的所有数据库使用，不管用户使用哪个数据库，所建立的所有临时表和存储过程都存储在 tempdb 中。

2.4 SQL Server 2008 的服务器管理

SQL Server 2008 服务器的组成主要包括数据库引擎和数据库两部分。数据库引擎是服务器的核心部分，数据库是存储数据的单元。SQL Server 2008 服务器的管理主要包括服务器的注册、暂停、关闭、启动、配置等。

服务器是指 SQL Server 2008 数据库引擎存放的地方，在实际引用时用实例名来指代，如前述的 PGIG1MIWMYPOFBS。服务器可分为本地服务器、链接服务器和远程服务器。

2.4.1 注册服务器

在安装 SQL Server Management Studio 之后首次启动它时，系统将自动注册 SQL Server 的本地实例，用户也可以使用 SQL Server Management Studio 自己注册服务器。

用户自己注册服务器的步骤如下：

(1) 在 SQL Server Management Studio 的工具栏中单击“已注册的服务器”按钮或选择“查看”→“已注册的服务器”命令，在窗体左侧出现“已注册的服务器”窗口。

(2) 右击“中央管理服务器”，在弹出的快捷菜单中选择“注册中央管理服务器”命令，如图 2-10 所示。

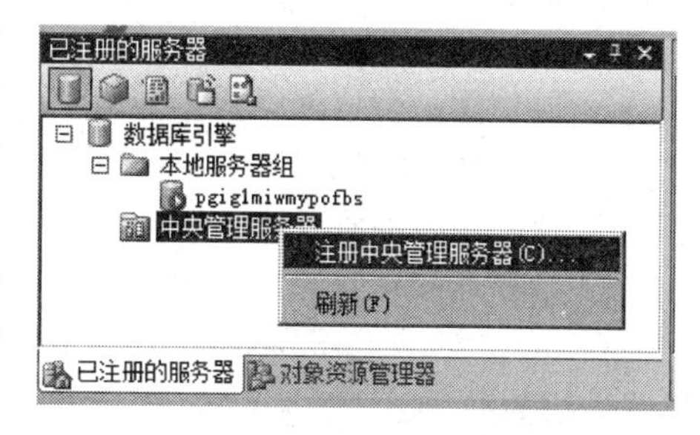

图 2-10 选择“注册中央管理服务器”命令

(3) 在弹出的“新建服务器注册”对话框中选择下列选项，如图 2-11 所示。

① 服务器类型。在 SQL Server 2008 中，可以注册的服务器类型有数据库引擎、Analysis Services、Reporting Service 等。

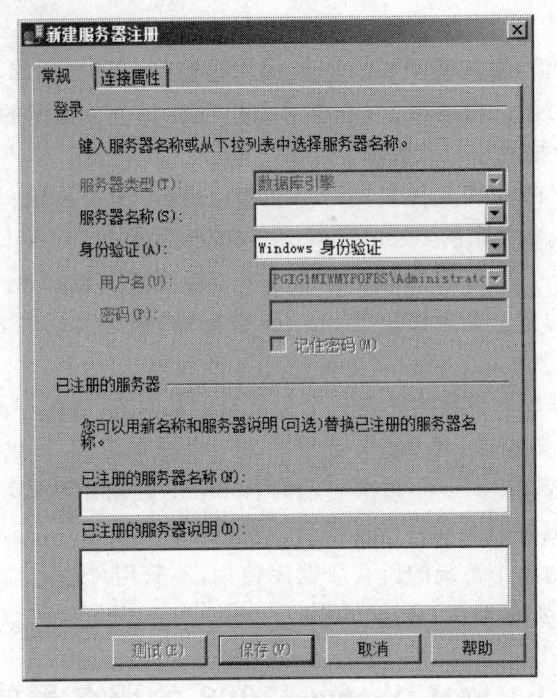

图 2-11 “新建服务器注册”对话框

② 服务器名称。在“服务器名称”下拉列表框中输入新建的服务器名称。

③ 登录到服务器时使用的身份验证的类型。应尽可能使用 Windows 身份验证。

④ 用户名和密码。当使用 SQL Server 验证机制时，SQL Server 系统管理员必须定义 SQL Server 登录账户和密码，当用户要连接到 SQL Server 实例时，必须提供 SQL Server 登录账户和密码。

⑤ 已注册的服务器名称。输入新名称可以替换已注册的服务器名称。

⑥ 已注册的服务器的描述信息。在“已注册的服务器说明”文本框中输入服务器组的描述信息。

(4) 用户还可以为正在注册的服务器选择连接属性。在“连接属性”选项卡中可以指定下列连接选项：

① 服务器默认情况下连接到的数据库。

② 连接到服务器时所使用的网络协议。

③ 要使用的默认网络数据包大小。

④ 连接超时设置。

⑤ 执行超时设置。

⑥ 加密连接信息。

在 SQL Server Management Studio 中注册了服务器之后，还可以取消该服务器的注册。方法为在 SQL Server Management Studio 中右击某个服务器名，从弹出的快捷菜单中选择“删除”命令。

2.4.2 启动、暂停和关闭服务器

SQL Server 2008 的启动、停止、暂停和重新启动服务器是一组基本操作。启动是指在

服务器关闭的状态下让服务器重新工作的操作。

停止就是关闭服务器，让服务器停止工作，并从内存中清除所有与 SQL Server 2008 服务器有关的进程。暂停仅仅是指对数据库的登录请求和对数据的操作，并不从内存中清除所有与 SQL Server 2008 服务器有关的进程。各项操作的操作过程和步骤基本一样，通常可通过下面三种方式来实现。

1. 使用 SQL Server 配置管理器

利用 SQL Server 配置管理器，可以启动、停止、暂停和重新启动 SQL Server 服务，具体步骤如下：

(1) 选择"开始"→"所有程序"→Microsoft SQL Server 2008→"配置工具"→"SQL Server 配置管理器"命令，打开 SQL Server 配置管理器界面，如图 2-12 所示。

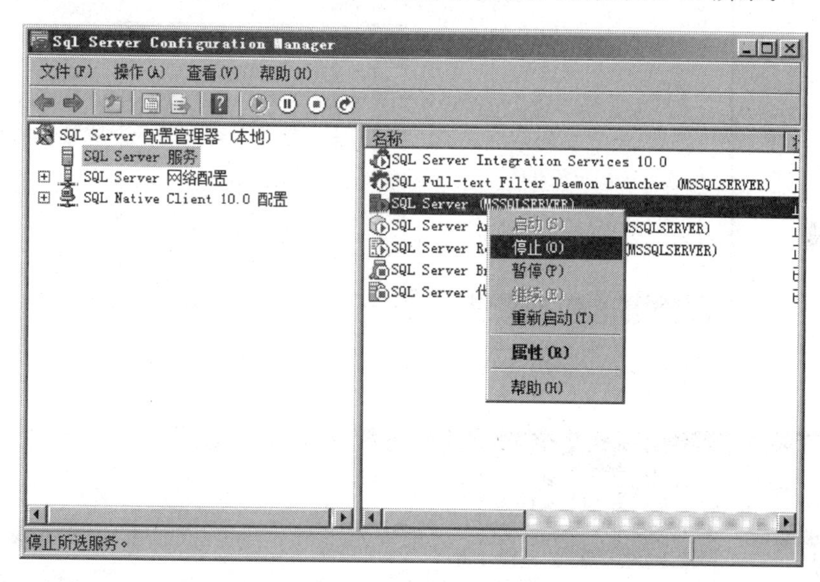

图 2-12　SQL Server 服务选项

(2) 单击"SQL Server 服务"，在右边的窗格里可以看到本地所有的 SQL Server 服务，包括不同实例的服务。

(3) 如果要启动、停止、暂停或重新启动 SQL Server 服务，右击服务名称，从弹出的快捷菜单中选择"启动"、"停止"、"暂停"、"继续"或"重新启动"命令即可。

2. 使用 SQL Server Management Studio 配置服务器

利用 SQL Server Management Studio 也可以完成与上述相同的操作，具体步骤如下：

(1) 启动 SQL Server Management Studio，连接到 SQL Server 服务器。

(2) 如图 2-13 所示，右击服务器名，从弹出的快捷菜单中选择"启动"、"停止"、"暂停"或"重新启动"命令即可。

3. 使用 SQL Server 服务

由于 SQL Server 服务是以"服务"的方式在后台运行的，因此可以在"服务"窗口中进行启动、停止、暂停和重新启动的操作。

(1) 选择"开始"→"控制面板"→"系统和安全"→"管理工具"→"服务"命令。

(2) 在"服务"窗口中右击 SQL Server(MSSQLSERVER)，在弹出的快捷菜单中选择

"启动"、"停止"、"暂停"、"恢复"或"重新启动"命令即可，如图 2-14 所示。

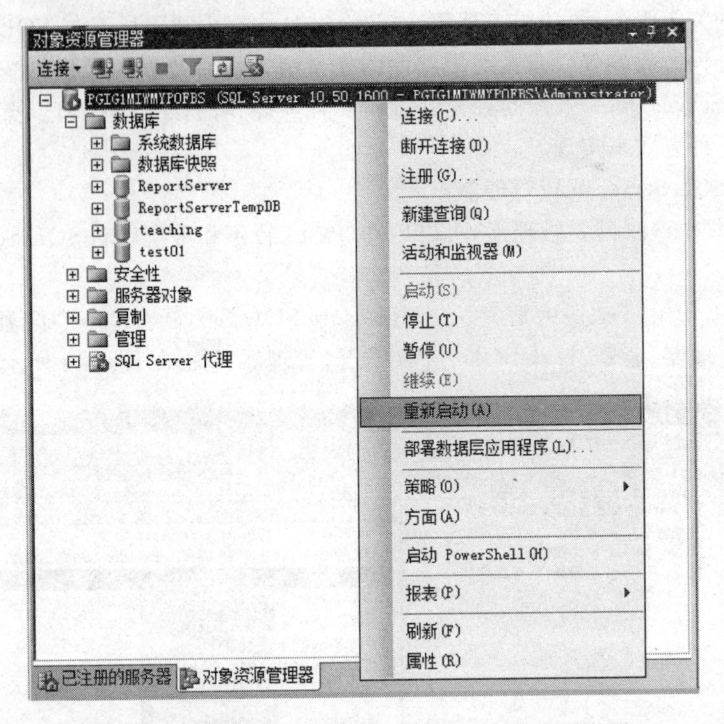

图 2-13 SQL Server Management Studio 配置服务器

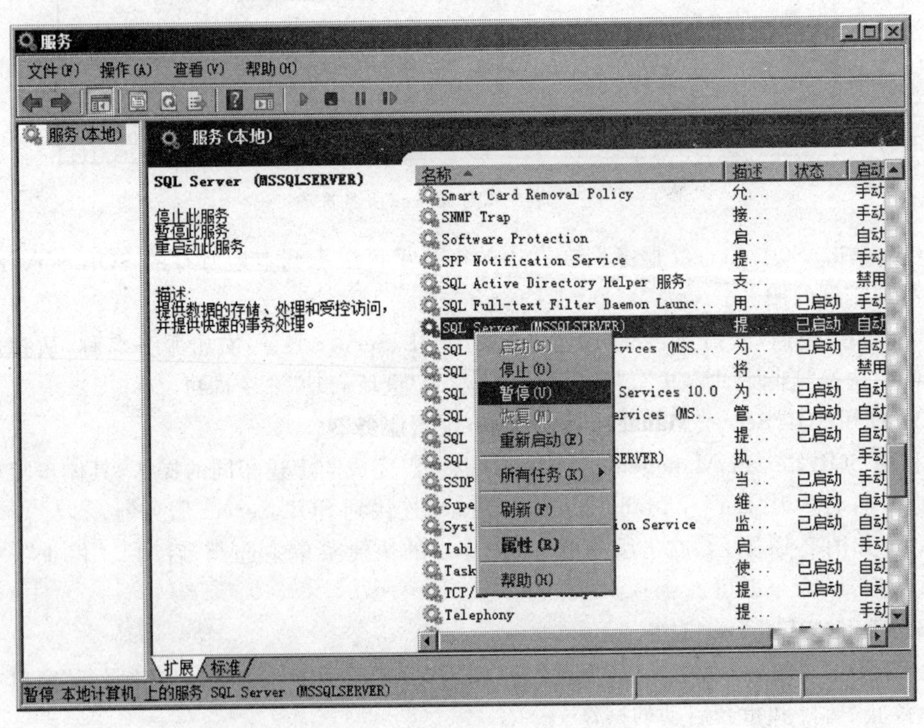

图 2-14 使用 SQL Server 服务

2.4.3 配置服务器

在完成安装后，可以使用图形工具等进一步配置 SQL Server 2008。具体步骤是在 SQL Server Management Studio 界面的“对象资源管理器”中右击实例名 PGIG1MIWMYPOFBS，从弹出的快捷菜单中选择“属性”命令。

在弹出的图 2-15 所示“服务器属性”窗口中，SQL Server 2008 的服务器配置主要通过图中各个选项卡的设置实现。这里仅作简单介绍，详细内容可以参看与本书配套的指导书《SQL 2008 数据库应用与开发习题解答与上机指导》中第 16 章的相关内容。

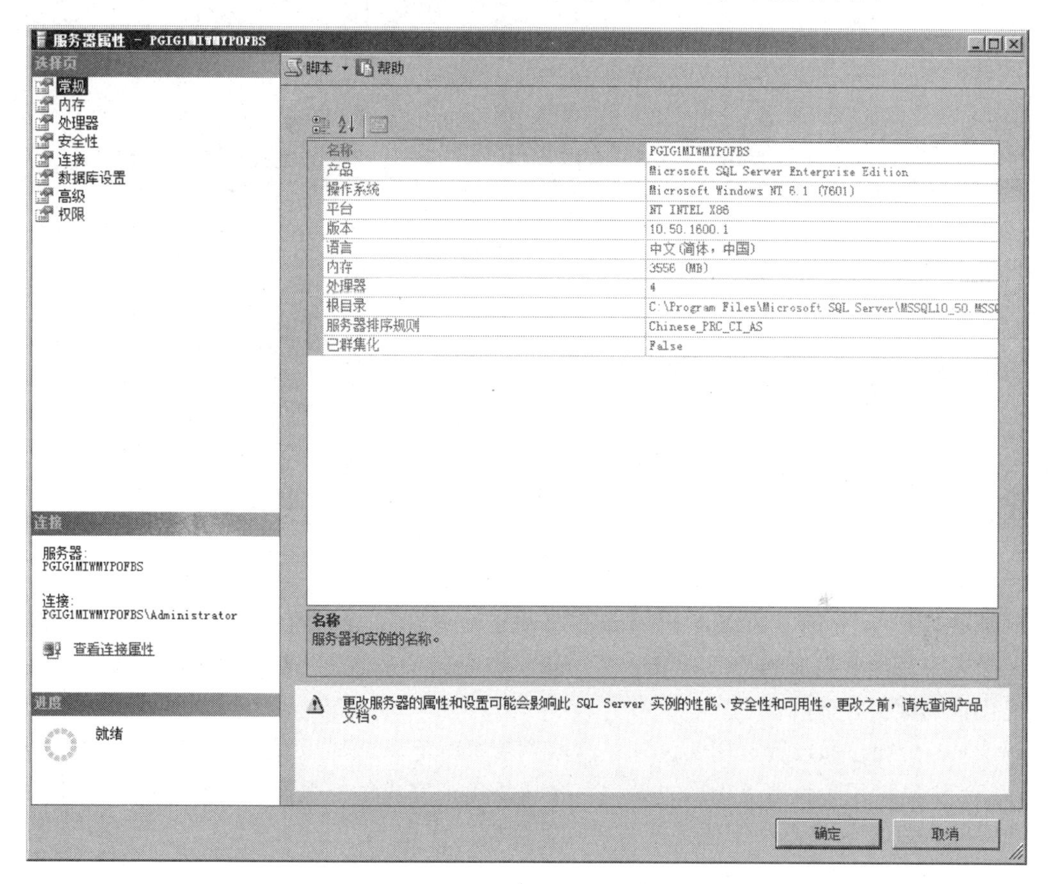

图 2-15 “常规”选项卡配置

1. “常规”选项卡的配置

“常规”选项卡主要配置服务器的环境信息部分，包括服务器名称、SQL Server 2008 的版本、操作系统版本、SQL Server 2008 运行平台的处理器、在 Microsoft 公司内部的版本控制中是 10.50.1600.1、默认语言、操作系统可以使用的内存大小、CPU 数量、软件安装路径、排序规则及是否安装了服务器群集等。

2. “数据库设置”选项卡的配置

在“数据库设置”选项卡中可进行有关数据库部分的设置，如图 2-16 所示。

(1) 设置“默认索引填充因子”。索引填充因子是指当创建或重新生成索引时，可确定每个叶级页上要填充数据的空间百分比，以便保留一定百分比的可用空间供以后扩展索引。

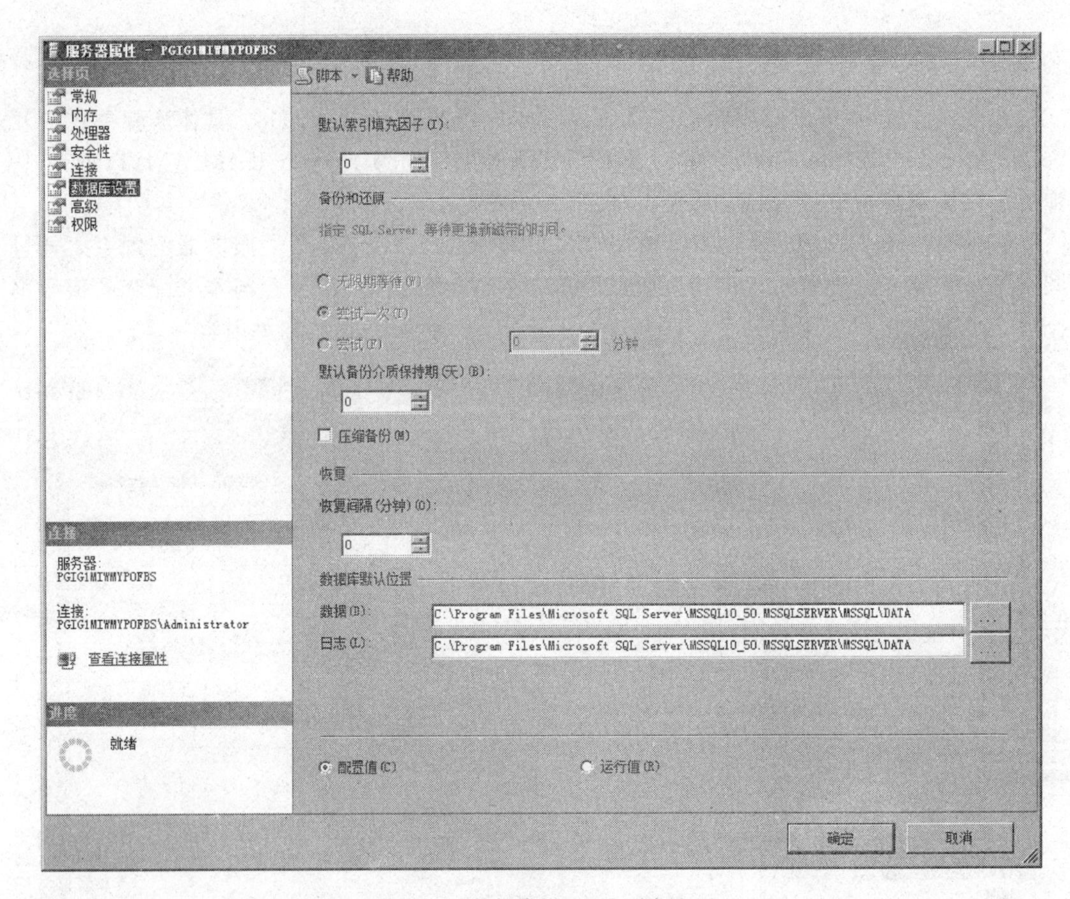

图 2-16 “数据库设置”选项卡配置

例如，指定填充因子的值为 60 表示每个叶级页上将有 40%的空间保留为空，以便随着在基础表中添加数据而为扩展索引提供空间。填充因子值在 1～100 之间。该项设置是为了优化索引数据存储和性能。

(2) 备份和还原设置。用于设置在读取磁带机时等待的时间、备份保持的天数等。

(3) 恢复。用于设置 SQL Server 2008 需要用来完成每个数据库的恢复过程的最大分钟数。默认值为 0，这是用于快速恢复的自动配置。

(4) 设置数据库文件的默认位置。数据库文件中的数据文件和日志文件在磁盘上存储时，可以在此设置其默认存储路径，如 D:\sqlprogram。

在硬盘充足的情况下，可以考虑将数据文件和日志文件分别存储到不同的物理硬盘上，从而增加安全性，提高 SQL Server 2008 数据库的性能。

3. 其他选项卡的配置

单击服务器属性的其他选项卡，可以依次设置“内存”、“处理器”、“安全性”、“连接”、“高级”、“权限”等选项卡的参数。需要注意的是，更改服务器的属性和设置会影响本实例的性能、安全性和可用性。

更改前一定要了解清楚所做更改的结果，否则会造成不必要的损失或麻烦。

2.5 SQL Server 2008 的联机丛书和教程

2.5.1 联机丛书的使用

联机丛书是 SQL Server 2008 的文档集，涵盖有效使用 SQL Server 2008 所需的概念和操作过程。联机丛书还包括使用 SQL Server 存储、检索、报告和修改数据时所使用的语言和编程接口的参考资料。

SQL Server 2008 提供联机丛书，用户可以通过联机丛书了解 SQL Server 2008 的基本操作、功能及特性。用户也可以很好地来学习使用 SQL Server 2008 系统，如图 2-17 所示。

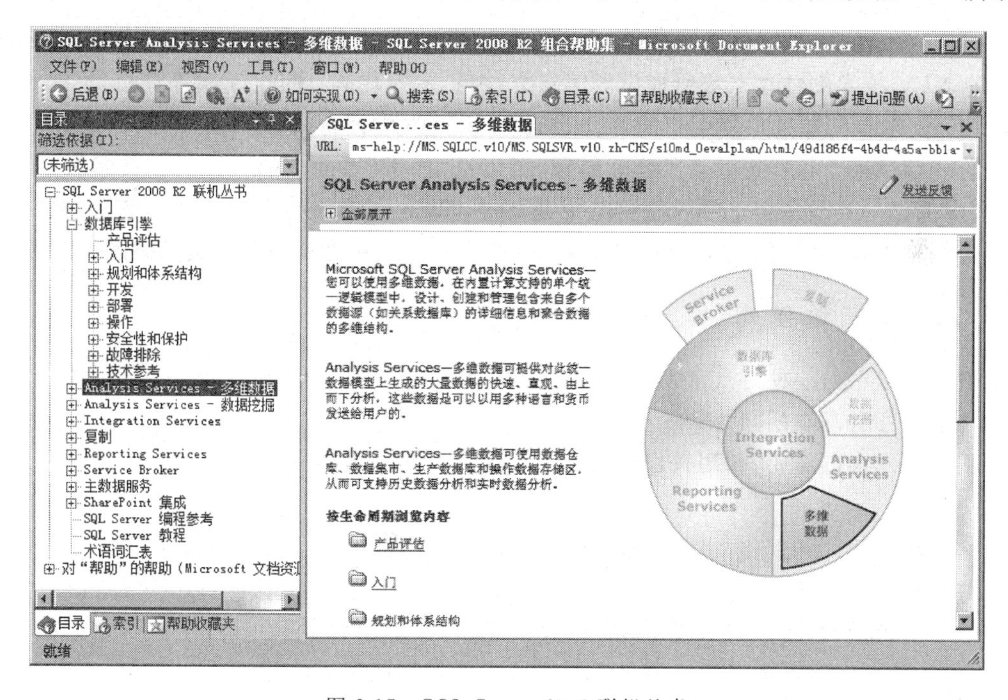

图 2-17 SQL Server 2008 联机丛书

1. 访问联机丛书

访问 SQL Server 2008 联机丛书的常用方法如下：

(1) 选择"开始"→"所有程序"→Microsoft SQL Server 2008→"文档和教程"→"SQL Server 联机丛书"命令。

(2) 在 SQL Server Management Studio 的菜单栏中的"帮助"下，单击"如何实现"、"搜索"、"索引"、"目录"等按钮。

(3) 按 F1 键或在用户界面中单击"帮助"按钮。

2. 联机丛书的常用选项的含义

联机丛书的常用选项的含义如下：

(1) 目录：为了便于浏览，根据相应的情况，将主题按技术、组件和任务进行逻辑分组。

(2) 索引：按字母顺序通过关键字或任务搜索 SQL Server 主题。

(3) 搜索：用于对主题执行筛选或未筛选的关键字搜索的搜索引擎。将包含有关常见

SQL Server 任务主题的页面按技术进行分组的层次结构。

(4) 如何实现：保存主题和搜索结果以便于检索。

3. 使用搜索来定位帮助主题

可以在联机丛书中搜索帮助的本地来源和联机来源。为"搜索"页面提供结果的资源有4个：本地帮助、MSDN Online、Codezone社区和问题。

(1) 本地帮助。本地帮助是从SQL Server 2008安装介质上与联机丛书一起安装的主题集。

(2) MSDN Online。MSDN是专为帮助开发人员使用Microsoft产品和技术编写应用程序而设计的一套服务。MSDN为使用Microsoft产品的软件开发人员提供了知识库文章、白皮书、访谈和示例代码。

(3) Codezone社区。Codezone社区站点收集了精通SQL Server、.NET Framework和VS.NET技术的独立专家所提供的第三方技巧、示例代码、建议、新闻等资源。

(4) 问题。问题选项使用户能够在MSDN Forum中搜索内容。

若要筛选来自这些提供者的搜索结果，可以从"搜索"页面上的"语言"、"技术"或"内容类型"中选择一个或多个选项。联机丛书是SQL Server 2008的主要文档。更新的联机丛书包含新增内容，并且修复了SQL Server 2008发行之后由客户报告的文档问题。

2.5.2 教程的使用

教程可以用另一种方式帮助用户了解SQL Server 2008中的新功能。访问教程与访问联机丛书的方法基本相同。

用户可以根据需要，利用教程查找基本操作及其相关内容。

2.6 小　　结

学习SQL Server 2008数据库，首先要熟悉系统的运行环境。通过学习理解一些基本概念，熟悉环境中的基本操作。通过学习本章主要应掌握如下内容：

(1) SQL Server 2008系统的组成及与Visual Studio 2008开发平台的关系。

(2) 安装运行SQL Server 2008系统的硬件、软件要求。

(3) SQL Server Management Studio集成环境的构成和基本操作。

(4) 服务器管理的基本操作。

(5) 联机丛书与教程的使用。

习　题　2

1. 选择题

(1) SQL Server 2008系统的示例数据库有________。

A. 1个　　B. 3个　　C. 多个　　D. 无数个

(2) 下面系统数据库中，________数据库不允许进行备份操作。

A. master　　B. msdb　　C. model　　D. tempdb

(3) 下列关于 SQL Server 2008 实例的说法中，正确的是________。

A. 不同版本的默认实例数可能不一样多

B. 不同版本的命名实例数一定一样多

C. 不同版本的默认实例只有一个，命名实例数不一样多

D. 不同版本的命名实例只有一个，默认实例数不一样多

(4) 下列________数据库是 SQL Server 2008 在创建数据库时可以使用的模板。

A. master　　B. msdb

C. model　　D. mssqlsystemresourc

(5) 默认情况下，SQL Server 2008 的系统数据库有________个。

A. 1　　B. 5　　C. 4　　D. 6

2. 思考题

(1) 什么是 SQL Server 2008 实例？它的主要功能有哪些？

(2) 简述 SQL Server 2008 的服务器与客户端的关系。

(3) SQL Server 2008 Management Studio 集成环境有哪些主要功能？

(4) 简述 SQL Server 2008 的主要服务项目的功能。

(5) 简述系统数据库 master、msdb、model 及 tempdb 的功能。

3. 上机练习题

(1) 练习启动、暂停和停止 SQL Server 2008 服务管理器的基本步骤。

(2) 练习注册服务器的主要步骤。

(3) 练习利用联机丛书搜索 SELECT 关键词。

(4) 练习模板资源管理器的使用方法和脚本的使用方法。

第3章 创建与管理数据库

SQL Server 2008 将数据保存于数据库中，并为用户提供访问这些数据的接口。数据库所存储的信息能否正确地反映现实世界，能否在系统运行过程中及时、准确地为各个应用程序提供所需的数据，关系到以此数据库为基础的应用系统的性能。

本章主要介绍数据库的基本概念及数据库的创建、修改、附加、分离、删除等基本操作，以及数据库快照的创建和数据库的分区管理等。

3.1 数据库对象和数据库文件

3.1.1 基本概念

1. 数据库对象

SQL Server 2008 将数据库映射为一组磁盘文件，并将数据与日志信息分别保存于不同的磁盘文件中，每个文件仅在与之相关的数据库中使用。因此，从物理角度看，数据库包括数据文件和日志文件。从逻辑角度看，数据库中的表、索引、触发器、视图、键、约束、默认值、规则、用户定义数据类型或存储过程及数据库本身都可以理解为数据库对象。

2. 数据库所有者

数据库所有者(DBO)就是有权限访问数据库的用户，即登录数据库的网络用户。数据库所有者是唯一的，拥有该数据库中的全部权限，并能够提供给其他用户访问权限和功能。

3. 架构

架构是形成单个命名空间的数据库实体的集合。命名空间是一个集合，其内部的每个元素的名称都是唯一的。在 SQL Server 2008 中的默认架构是 DBO。如果用户创建数据库时没有指定架构，系统将使用默认架构。

4. 数据库文件

每个 SQL Server 2008 数据库至少具有两个操作系统文件：一个主数据文件和一个日志文件。数据文件包含数据和数据库对象，日志文件包含恢复数据库中所有事务所需的信息。

SQL Server 2008 数据库具有三种类型的文件。

(1) 主数据文件。主数据文件包含数据库的启动信息，并指向数据库中的其他文件。用户数据和对象可存储在此文件中，也可以存储在次要数据文件中。每个数据库有一个主要数据文件，建议文件扩展名是. mdf。

(2) 次要数据文件。次要数据文件是可选的，由用户定义并存储用户数据。通过将每个文件放在不同的磁盘驱动器上，次要文件可用于将数据分散到多个磁盘上，建议文件扩展名是.ndf。

(3) 事务日志文件。事务日志文件保存用于恢复数据库的日志信息。每个数据库必须至少有一个日志文件，建议文件扩展名是.ldf。

默认情况下，数据和事务日志被放在同一个驱动器的同一个路径下。这是为处理单磁盘系统而采用的方法。但是在生产环境中，建议将数据和日志文件放在不同的磁盘上。

3.1.2 创建数据库的规范

1. 创建规范数据库的原则

一个数据库中的表是由许多行组成的，每个行又由多个列组成，表中要存储的信息决定该表所包含列的属性。这些列既包括描述主题信息，又包括建立表间关系的主键。为了保证数据的规范化，确定列时应遵循以下规则：

(1) 列的唯一性。每个列直接描述表的主题，表中不能存在与表内容无关的列。

(2) 列的无关性。为防止对表中数据修改时出错，必须保证能对所有列进行修改。一些能够通过其他列的计算得到的数据，就不能以列的形式存储到表中。例如，学生的年龄可以根据出生日期计算出，就不必设计学生的年龄列。

(3) 使用主键。主键可以由表中一个或多个列构成，利用主键既可以唯一确定存储在表中每个行的一个或一组列，又能够迅速关联多个表中的数据，并把数据组合在一起。

(4) 外键。创建某个数据库表时，应该保留与其他表相互连接的少量公用信息。利用这些列可以在数据库的不同表间建立一种数据连接关系，方便应用程序同时处理表间数据。

(5) 收集所需的全部信息。设计数据库时，应该认真核查和分析所需数据，防止遗漏信息。一旦发现遗漏信息，就必须返回到分析需求阶段。

(6) 以最小的逻辑单位存储信息。如果把多条信息存放在一个列中，在应用程序中获取单独的信息就会变得非常困难。应尽量把信息分解成最小的逻辑单位，这是设计列。

2. 如何检查数据库的规范化

一个数据库是否规范化，可以从以下几个方面进行检查和修改：

(1) 列信息。是否遗忘了必要的列？是否有需要的信息没包括进去？

(2) 主键。是否为每个表选择了合适的主键？在使用该主键查找具体行的数据时，它是否很容易记忆和输入？

(3) 重复信息。是否在某个表中重复输入了同样的信息？

(4) 是否存在一个列很多而行却很少的表，而且许多行中的列值为空？如果有，就要考虑重新设计该表。

确定了要做的修改之后，就可以修改表的信息，改进设计方案。

3.1.3 数据库的存储

SQL Server 2008 数据库是以文件的方式存储到磁盘中，其中数据文件和日志文件的文件结构不同，存储方式也不一样，如图 3-1 所示。

1. 数据文件的存储结构

从 SQL Server 2008 数据库的物理架构上来看，SQL Server 用于存储数据的基本单位

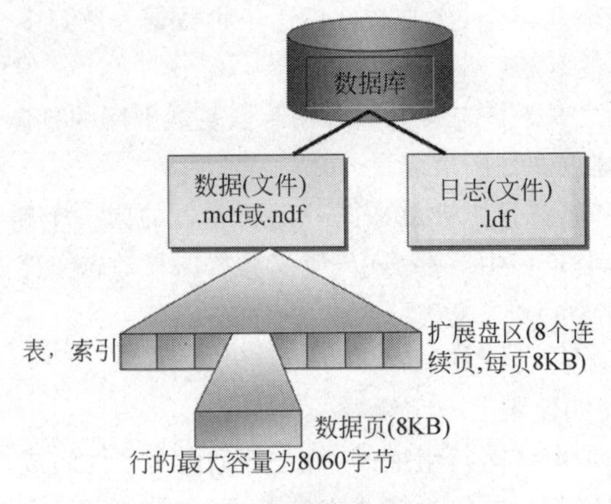

图 3-1 数据的存储方式

是页，每页容量为 8KB。也就是说数据库对应磁盘文件在逻辑上可以被划分为多个页。通常页码是由 $0\sim n$ 的一组连续号码组成。实际上，SQL Server 2008 在执行底层的磁盘 I/O 时也是以页级为单位的。SQL Server 将 8 个物理上连续的页组成一个区，以此可以更加有效地管理数据页。

(1) 数据页。SQL Server 将 8KB 的数据划分为一页。即在 SQL Server 数据库中的 1MB 数据中包含 128 页。

SQL Server 2008 的页类型共有包括数据页、索引页、文本/图像页等 8 种。每个页的开头为 96 字节的系统信息，此信息包括页码、页类型、页的可用空间及拥有该页的对象的分配单元 ID。其中页类型用于指明该页存储的数据类型，以及使用状态等信息。数据区占有 8060 个字节，页尾的行偏移数组占有 36 个字节。

(2) 扩展盘区(Extents)。数据页是 SQL Server 数据库读写数据的基本单位，扩展盘区就是管理存储空间的基本单位。一个扩展盘区由 8 个物理上连续的页(64KB)组成，即 SQL Server 数据库中每 1MB 包含 16 个区。

为了提高空间利用率，SQL Server 2008 在为数据库中的某个数据表分配存储区时采取两种不同的策略。

① 将扩展盘区中所有 8 个存储页全部分配给一个数据库对象(例如数据表)，采用这种方法分配的区也被称为“统一区”。统一区中的所有 8 个存储页只能供所属对象使用。

② 允许扩展盘区中的存储页由 1～8 个数据对象共同使用。这种分区方式也被称为“混合区”。采用这种方式的分区，区中的每 1 页(共 8 页)都可由不同的对象拥有。

2. 日志文件的存储结构

SQL Server 数据库提供的日志功能可以记录数据行从数据库创建到当前时刻对数据库所做的全部更改。针对数据库中任何一行执行的操作都将被作为一个日志行，并在事务提交时写入日志文件中。SQL Server 2008 中的事物日志功能一般用于恢复指定事务，还原的数据库、文件、文件组或页前滚至故障点，支持事务性复制和备份服务器解决方案，实现在 SQL Server 启动时恢复所有未完成的事务。

(1) SQL Server 数据库日志的物理结构。日志文件并不包括在文件组内，SQL Server 2008 的日志文件中包含着一系列日志行。日志行按照顺序存储到实现事务日志的物理文件集中。

(2) SQL Server 数据库日志的逻辑结构。SQL Server 2008 数据库中的事务日志以日志行为单位。每条日志行是由一个日志序列号(Log Sequence Num,LSN)标识。每条新日志行均写入日志的逻辑结尾处,并使用一个比前一行 LSN 大的 LSN。LSN 唯一标识一条日志行。每一日志行中都包含该日志行所属的事务 ID。

(3) SQL Server 2008 将数据库的回滚操作也放到日志中。SQL Server 数据库在事务日志中为每个事务都预留了空间,以确保存有足够的日志空间行由回滚语句或错误引起的回滚操作。事务完成后将释放此保留空间。

数据库日志文件中,用于确保数据库成功回滚的首日志行与最后一条日志行之间的部分称为日志的活动部分,即“活动日志”。这是进行数据库完整恢复所需的日志部分。需要注意的是,永远不能截断活动日志的任何部分。

3.2 用户数据库创建与修改

一个 SQL Server 实例可以创建 32 000 多个用户数据库。在创建数据库之前,首先用户应该清楚是否有相关的权限。要创建数据库,必须至少拥有 CREATE DATABASE、CREATE ANY DATABASE 或 ALTER ANY DATABASE 等语句的权限。其次,创建数据库的用户将成为该数据库的所有者。

3.2.1 用户数据库的创建

在 SQL Server 中,用户要创建数据库,必须确定数据库的名称、所有者、大小及存储该数据库的文件和文件组。数据库名称必须遵循为标识符指定的规则。这些规则主要包括如下几点:

(1) 数据库名称长度为 1～128 个字符。

(2) 名称首字符必须是一个英文字母或 _、# 和 @ 中的任意字符。

(3) 在中文版 SQL Server 2008 中,可以直接使用汉字为数据库命名。

(4) 名称中不能出现空格,不允许使用 SQL Server 2008 的保留字。

每个 SQL Server 数据库至少具有两个操作系统文件:数据文件和日志文件。数据文件包含数据库对象,日志文件包含恢复数据库中的所有事务所需的信息。为了便于分配和管理,可以将数据文件集合起来放到文件组中。

在 SQL Server 2008 中创建用户数据库主要有以下两种形式。

1. 在 SQL Server Management Studio 中创建数据库

(1) 启动 SQL Server Management Studio,在“对象资源管理器”窗口中右击“数据库”选项,从弹出的快捷菜单中选择“新建数据库”命令,如图 3-2 所示,打开“新建数据库”窗口。

在“新建数据库”窗口中的“常规”选项卡中有以下几个可选项,如图 3-3 所示。

① 在“数据库名称”文本框中输入数据库名称,如 test01。

② 若要通过接受所有的默认值来创建数据库,则单击“确定”按钮;否则,继续后面可选项目的选择。

③ 若要更改所有者名称,单击“所有者”文本框后的“…”按钮选择其他所有者。

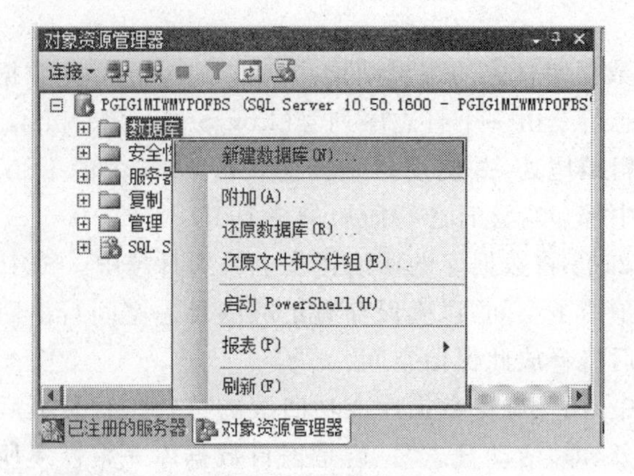

图 3-2　新建数据库

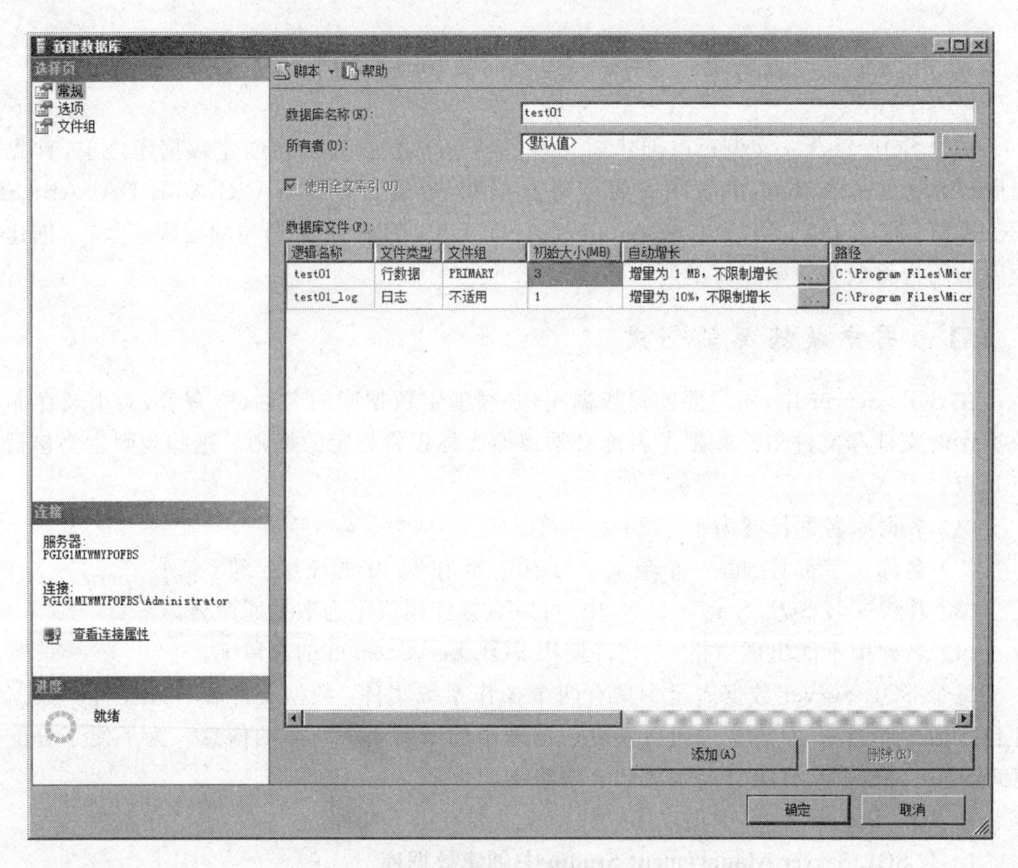

图 3-3　设置“常规”选项卡

④ 若要启用数据库的全文搜索，选中“使用全文索引”复选框。

⑤ 若要更改主数据文件和事务日志文件的默认值，在“数据库文件”列表框中单击相应的单元格，并输入新值。各项的具体含义如下：

- 逻辑名称：默认的逻辑数据文件和日志文件的名称。
- 文件类型：数据库文件的类型。在 SQL Server 2008 中，默认情况下数据库包含一个主数据文件和一个日志文件。

• 文件组：数据库中的数据文件所属的文件组，日志文件没有文件组的概念。
• 初始大小：默认的数据文件初始大小为 3MB，日志文件为 1MB。
• 自动增长：显示默认设置的数据文件和日志文件的增长方式。
• 位置：显示数据库物理文件的存放路径和名称。
• 路径：显示数据库物理文件存放的物理路径。
• 文件名：显示数据文件和日志文件的物理名称。

(2) 切换到“选项”选项卡，其中有以下几个可选项，如图 3-4 所示。

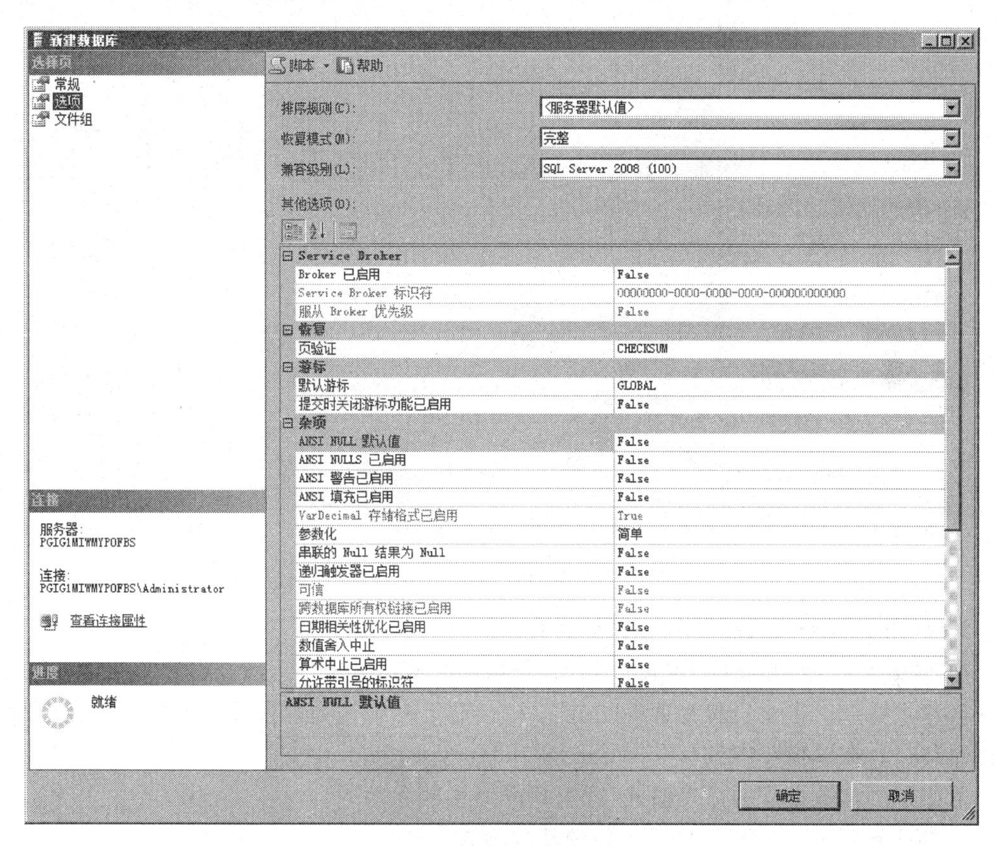

图 3-4　设置“选项”选项卡

① 若要更改数据库的排序规则，从“排序规则”下拉列表中选择一个排序规则。

② 若要更改恢复模式，从“恢复模式”下拉列表中选择一个恢复模式。

③ 若要更改数据库的其他选项，从下面的列表框中根据需要修改选项值。

(3) 切换到“文件组”选项卡进行设置，如图 3-5 所示。

(4) 如果要添加文件组，可以单击“添加”按钮，然后输入文件组的名称。所有参数设置完毕后，单击“确定”按钮，新的数据库就创建成功。

展开“对象资源管理器”中的“数据库”项，就可以观察到 test01 数据库已经创建成功。

需要说明的是，SQL Server 2008 将同一类型的文件以组的形式组织起来。其中将主数据文件和任何没有明确分配给其他文件组的文件命名为主文件组 PRIMARY。如果查看一下 SQL Server 2008 自带的系统数据表就会发现，其所有页均分配在主文件组中。

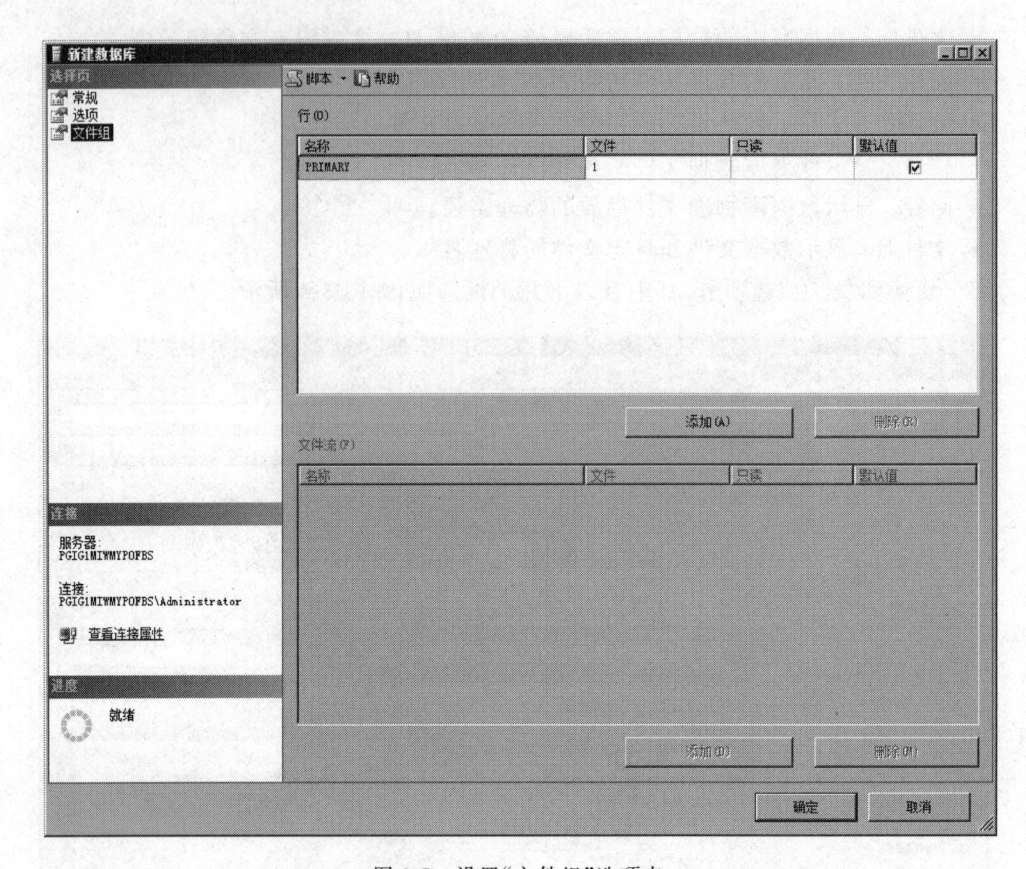

图 3-5　设置“文件组”选项卡

2. 利用 Transact-SQL 语句创建数据库

在 SQL Server 2008 中,也可以利用 Transact-SQL 提供的 CREATE DATABASE 语句来创建数据库。创建步骤为选择“文件”→“新建”→“使用当前连接查询”命令,弹出“查询设计器”窗口,在该窗口中编写 Transact-SQL 语句。

下面是创建数据库的命令格式,这里只介绍主要参数内容。

(1) CREATE DATABASE 语句的基本格式

```
CREATE  DATABASE  database_name                    -- 设置数据库名称
[ ON                                               -- 设置数据文件
[ PRIMARY ] [ <filespec> [ ,…n ]
  [ , <filegroup> [ ,…n ] ]                        -- 设置文件组
  [ LOG ON { <filespec> [ ,…n ] } ]                -- 设置日志文件
  [ COLLATE collation_name ]                       -- 设置排序规则名称
  [ WITH  <external_access_option> ]               -- 设置外部访问
]
[;]
```

上述格式的主要参数说明:

- database_name: 新建数据库的名称,同一个 SQL Server 的实例中数据库名称必须唯一,且最多可以包含 128 个字符。
- ON: 显式定义用来存储数据库数据部分的数据文件。当后面是以逗号分隔的、用

以定义主文件组的数据文件的<filespec>项列表时，需要使用 ON。

- <filespec>：控制文件属性。详细定义数据文件或日志文件属性。
- PRIMARY：指定关联的<filespec>列表定义主文件。在主文件组的<filespec>项中指定的第一个文件将成为主文件，一个数据库只能有一个主文件。
- <filegroup>：控制文件组属性。
- LOG ON：显式定义数据库的日志文件。LOG ON 后跟以逗号分隔的用以定义日志文件的<filespec>项列表。
- COLLATE collation_name：指定数据库的默认排序规则。
- WITH <external_access_option>：控制外部与数据库之间的双向访问。

(2) filespec 的定义格式

```
<filespec> ::=                                    --<filespec>语法格式
{
(
    NAME = logical_file_name ,
    FILENAME = 'os_file_name'
        [ , SIZE = size [ KB|MB|GB|TB ] ]
        [ , MAXSIZE = { maxsize [KB|MB|GB|TB ] | UNLIMITED } ]
        [ , FILEGROWTH = growth_increment [KB|MB|GB|TB| % ] ]
)[ ,…n ]
}
```

上述格式的主要参数说明：

- <filespec>：控制文件属性。
- NAME＝logical_file_name：指定文件的逻辑名称。
- FILENAME＝'os_file_name'：指定操作系统（物理）文件名称。os_file_name 是创建文件时由操作系统使用的路径和文件名。
- SIZE＝size：指定文件的大小。如果没有为主文件提供 size，则数据库引擎将使用 model 数据库中的主文件大小，默认值为 MB。
- MAXSIZE＝max_size：指定文件可增大到的最大大小。
- FILEGROWTH＝growth_increment：指定文件的自动增量。growth_increment 为每次需要新空间时为文件添加的空间量，该值可以固定值或百分比（%）为单位指定。
- UNLIMITED：指定文件将增长到磁盘充满。

(3) filegroup 的定义

```
<filegroup> ::=                                   --<filegroup>语法格式
{
FILEGROUP filegroup_name [ DEFAULT ]
    <filespec> [ ,…n ]
}
```

上述格式的主要参数说明：

- FILEGROUP filegroup_name：文件组的逻辑名称。
- DEFAULT：指定命名文件组为数据库中的默认文件组。

(4) external_access_option 的定义

```
<external_access_option>::=                          --外部访问选项的语法格式
{
    DB_CHAINING { ON | OFF }
  | TRUSTWORTHY { ON | OFF }
}
```

上述格式的主要参数说明：

- DB_CHAINING { ON | OFF }：当指定为 ON 时，数据库可以为跨数据库所有权链接的源或目标。当为 OFF 时，数据库不能参与跨数据库所有权链接。默认值为 OFF。
- TRUSTWORTHY { ON | OFF }：当指定 ON 时，使用模拟上下文的数据库模块可以访问数据库以外的资源。默认值为 OFF。只要附加数据库，TRUSTWORTHY 就会设置为 OFF。

下面举例说明一下实际的应用。

【例 3.1】 创建数据库 student，并指定数据库的数据文件所在位置、初始容量、最大容量和文件增长量。

程序代码如下：

```
CREATE DATABASE student
ON
(
    NAME = 'student',
    FILENAME = 'D:\sqlprogram\student.mdf',
    SIZE = 5MB,
    MAXSIZE = 10MB,
    FILEGROWTH = 5%
)
GO
```

在查询设计器中输入上述程序后，单击"！执行"按钮，数据库 student 就创建成功。

本例中仅指定数据库 student 的数据文件的相关属性，而日志文件的属性则以 model 数据库中日志文件为模板建成。在"对象资源管理器"窗口的"数据库"选项中可观察到 student 数据库。

【例 3.2】 创建数据库 teaching，并指定数据库的数据文件和日志文件的所在位置、初始容量、最大容量和文件增长量。

程序代码如下：

```
CREATE DATABASE teaching
ON  PRIMARY
( NAME = 'teaching',
FILENAME = 'D:\sqlprogram\teaching.mdf',
SIZE = 4MB,
MAXSIZE = 30MB,
FILEGROWTH = 1MB )
 LOG ON
```

```
( NAME = 'teaching_log',
 FILENAME = 'D:\sqlprogram\teaching_log.ldf',
 SIZE = 2MB ,
 MAXSIZE = 10MB,
 FILEGROWTH = 10 % )
 COLLATE Chinese_PRC_CI_AS
GO
```

本例创建一个大小为 6MB 的教务数据库 teaching，其数据文件为 4MB，日志文件为 2MB。在以后的章节中，如不特别指明，本书例题将以 teaching 为默认数据库介绍相关内容。

3.2.2 修改数据库

创建完数据库后，若需要修改，可以使用 SQL Server Management Studio 与 Transact-SQL 语句两种方法。

1. 使用 SQL Server Management Studio 修改数据库

利用 SQL Server Management Studio 修改数据库，其主要步骤如下：

(1) 启动 SQL Server Management Studio，在“对象资源管理器”窗口中，用户可以右击所选择的数据库 test01，从弹出的快捷菜单中选择“属性”命令，打开“数据库属性”窗口，如图 3-6 所示。在“数据库属性”窗口的“常规”选项卡中显示的是数据库的基本信息，这些信息不能修改。

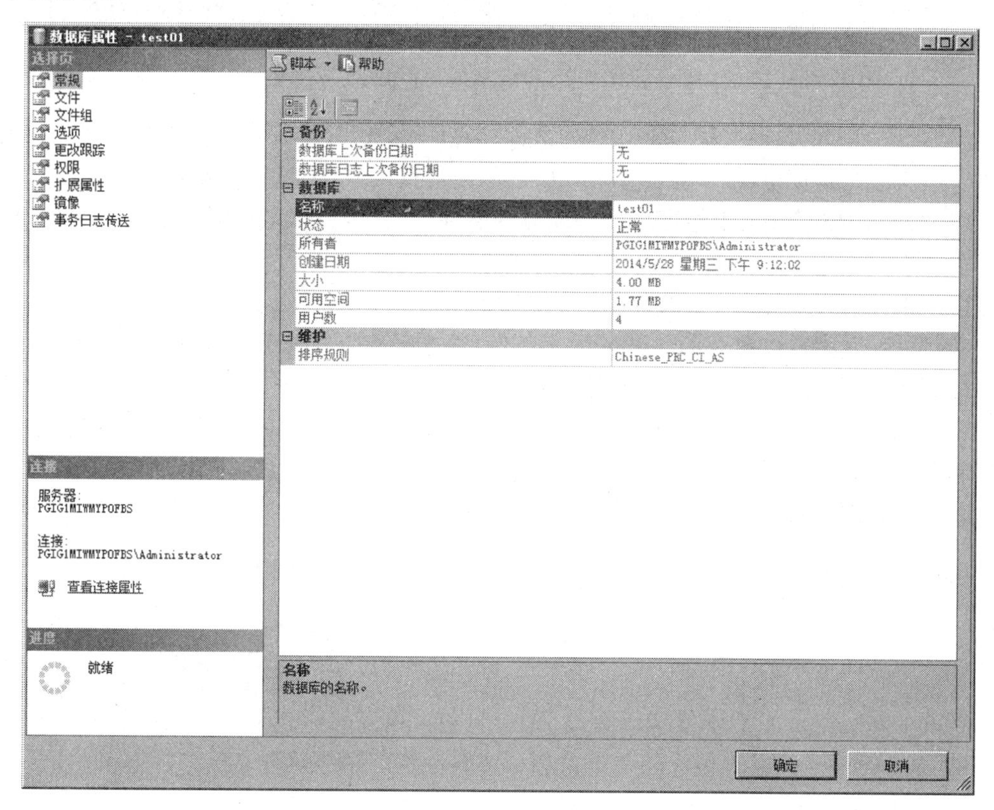

图 3-6 “数据库属性”窗口

(2) 单击“文件”选项卡，如图 3-7 所示，可以修改数据库的逻辑名称、初始大小、自动增长等属性，也可以根据需要添加数据文件和日志文件，还可以更改数据库的所有者。

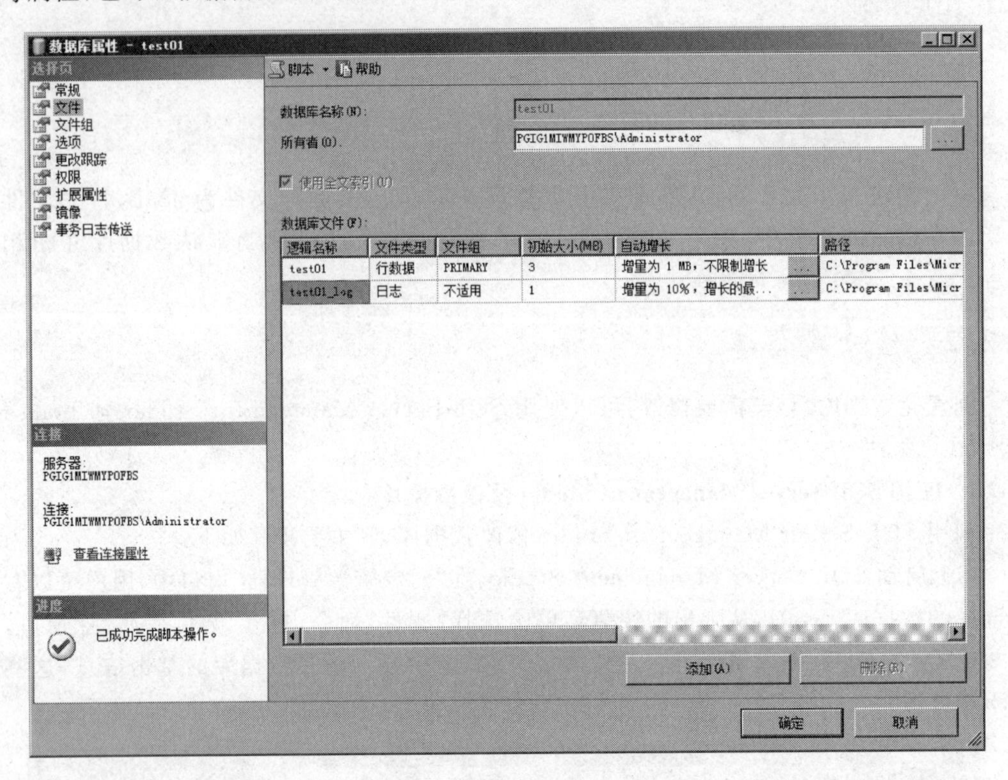

图 3-7　修改数据库属性

例如，添加一个数据文件 test011，一个日志文件 test011_log，并分别设置其增长方式和大小。单击“添加”按钮，依次按照图 3-8 所示的内容输入，单击“确定”按钮即可。

(3) 在“文件组”选项卡中可以修改现有的文件组，也可以指定数据库的默认文件组、添加新文件组。

(4) 在“选项”选项卡中修改数据库的排序规则。

“数据库属性”窗口包含的各种属性，可以通过选择相应的选项卡来修改。

2. 使用 Transact-SQL 语句修改数据库

Transact-SQL 提供了修改数据库的语句 ALTER DATABASE。这里只介绍基本格式说明和主要参数。

(1) ALTER DATABASE 语句的语法

```
ALTER DATABASE database_name                    --需修改的数据库名
{
    <add_or_modify_files>                       --增加或修改数据库文件
   |<add_or_modify_filegroups>                  --增加或修改数据库文件组
   |<set_database_options>                      --设置数据库选项
   | MODIFY NAME = new_database_name            --数据库重命名
   | COLLATE collation_name                     --更改排序规则
}
[;]
```

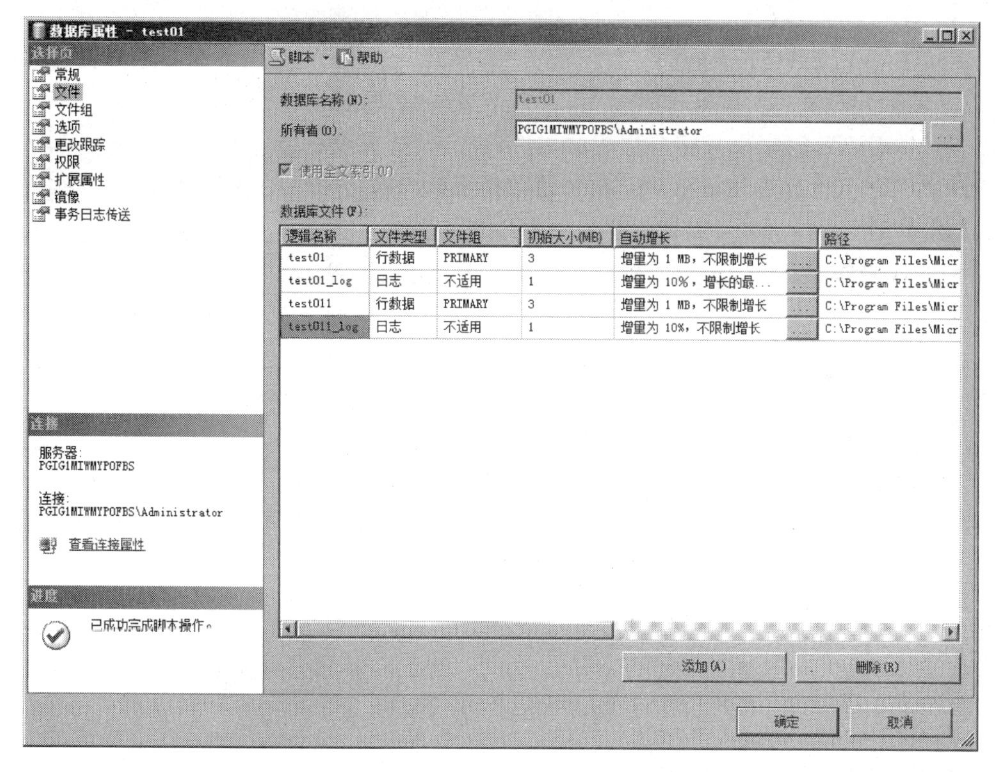

图 3-8　添加数据库文件

上述格式的主要参数说明：

- database_name：要修改的数据库的名称。
- <add_or_modify_files>::=：指定要添加或修改的文件。
- <add_or_modify_filegroups>::=：在数据库中添加或删除文件组。
- <set_database_options>：设置数据库选项。
- MODIFY NAME = new_database_name：使用指定的名称重命名数据库。
- COLLATE collation_name：指定数据库的排序规则。

(2) <add_or_modify_files>子句的语法

```
<add_or_modify_files>::=                              --增加或修改数据库文件语法块
{
    ADD FILE <filespec> [ ,…n ]                       --文件属性修改
        [ TO FILEGROUP { filegroup_name | DEFAULT } ]
  | ADD LOG FILE <filespec> [ ,…n ]
  | REMOVE FILE logical_file_name
  | MODIFY FILE <filespec>
}
```

上述格式的主要参数说明：

- ADD FILE：将文件添加到数据库。
- TO FILEGROUP { filegroup_name | DEFAULT }：指定要将指定文件添加到的文件组。

- ADD LOG FILE：将要添加的日志文件添加到指定的数据库。
- REMOVE FILE logical_file_name：从 SQL Server 的实例中删除逻辑文件说明并删除物理文件。除非文件为空，否则无法删除文件。
- MODIFY FILE：指定应修改的文件，一次只能更改一个<filespec>属性。

下面通过几个例题来进一步介绍修改数据库的内容。

【例 3.3】 为 student 数据库增加一个日志文件。

程序代码如下：

```
ALTER DATABASE student
ADD LOG FILE
(
NAME = stud_log,
FILENAME = 'D:\sqlprogram\stud_log.LDF',
SIZE = 2MB,
MAXSIZE = 6MB,
FILEGROWTH = 1MB
)
```

【例 3.4】 修改 student 数据库的排序规则。

程序代码如下：

```
ALTER DATABASE student
COLLATE Chinese_PRC_CI_AS_KS
```

【例 3.5】 给 student 数据库添加文件组 studentfgrp，再添加数据文件 studentfile.ndf 到文件组 studentfgrp 中。

程序代码如下：

```
ALTER DATABASE student
ADD FILEGROUP studentfgrp
GO
ALTER DATABASE student
ADD FILE
(
  NAME = 'studentfile',
  FILENAME = 'D:\sqlprogram\studentfile.ndf ')
TO FILEGROUP studentfgrp
GO
```

3.2.3 数据库文件的脚本生成

1. 创建对象的脚本代码

在 SQL Server 中要对数据库对象执行基本操作时，通常需要编写 SQL 脚本。对于常见数据库对象的基本操作，SQL Server 提供了快速生成操作脚本的功能。如要创建 test01 数据库的脚本，可按如下步骤完成：

(1) 在“对象资源管理器”中依次展开服务器→“数据库”→test01 子目录。

(2) 右击 test01，从弹出的快捷菜单中选择“编写数据库脚本为”→“CREATE 到”→“新查询编辑器窗口”命令，如图 3-9 所示。

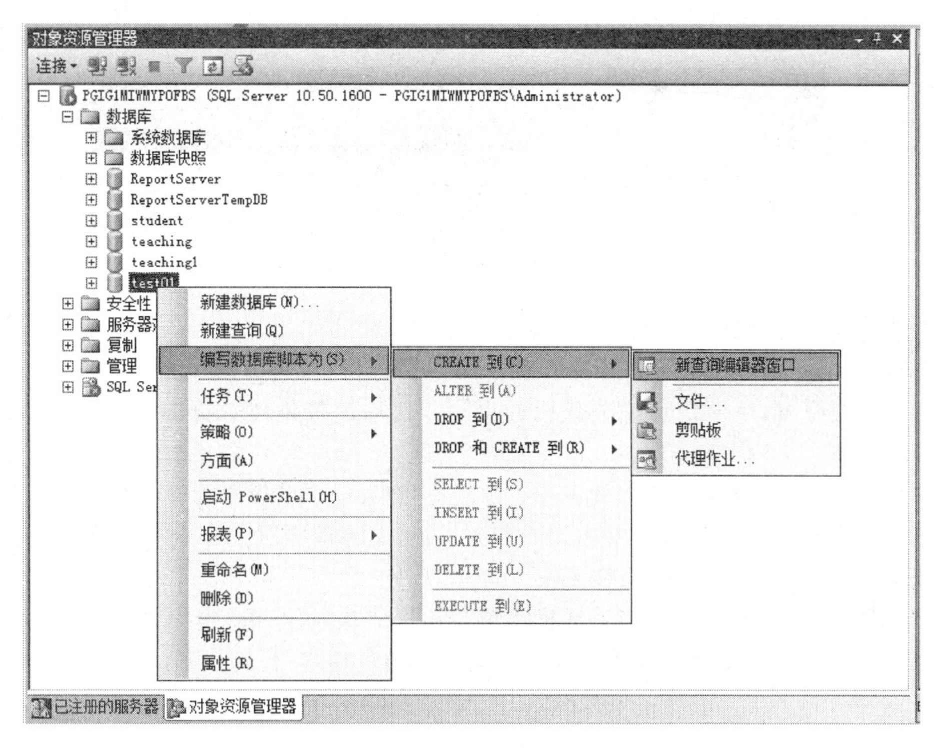

图 3-9　创建脚本代码

(3) 系统将打开一个新查询编辑器窗口，执行连接并显示完整 CREATE DATABASE 的语句，结果如图 3-10 所示。

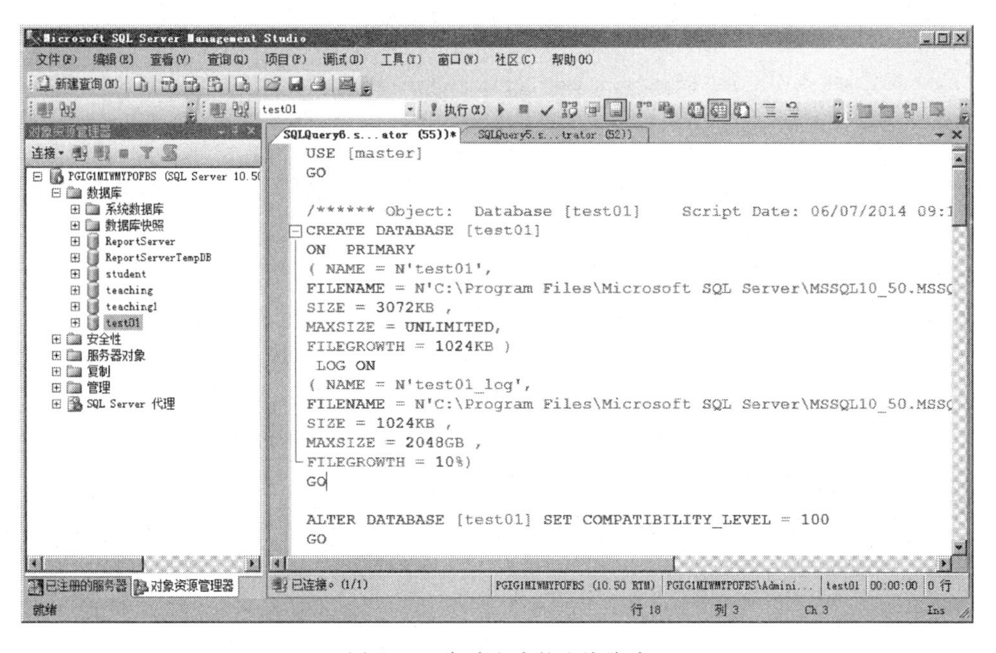

图 3-10　自动生成的查询脚本

另外,在数据库及其对象的许多对话框的操作过程中,通过单击“脚本”按钮也可以得到当前操作的脚本,具体操作如图 3-11 所示。

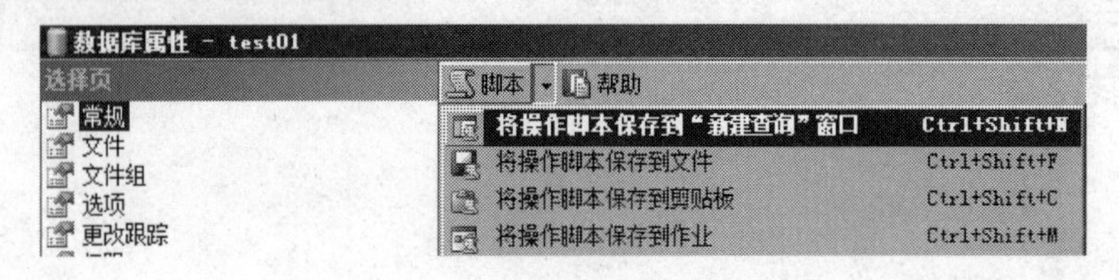

图 3-11 “脚本”按钮的使用

2. 使用模板创建脚本代码

SQL Server 2008 中为许多任务提供了脚本模板,只需要为模板指定相应参数就可以自动生成相应模板,从而快速完成代码的书写。使用模板创建数据库 test01 脚本的步骤如下:

(1) 在 Management Studio 的菜单栏中选择“查看”→“模板资源管理器”命令。

(2) “模板资源管理器”中的模板是分组列出的,先展开“SQL Server 模板”→DATABASE 子目录,再双击 CREATE DATABASE。

(3) 在“连接到数据库引擎”对话框中填写连接信息,再单击“连接”按钮。此时将打开一个新查询编辑器窗口,其中包含“创建数据库”模板的内容,代码如下:

```
USE master
GO
-- Drop the database if it already exists
IF  EXISTS (
  SELECT name
  FROM sys.databases
  WHERE name = N'<Database_Name, sysname, Database_Name>'
)
DROP DATABASE <Database_Name, sysname, Database_Name>
GO
CREATE DATABASE <Database_Name, sysname, Database_Name>
GO
```

在模板代码中,多处出现了<Database_Name, sysname, Database_Name>,这就是模板参数。它指明了有一个参数名为 Database_Name,其类型为 sysname,其默认值为 Database_Name。此时不能执行该代码,需要为该模板参数指定其具体数值。

(4) 选择“查询”→“指定模板参数的值”命令,弹出“指定模板参数的值”对话框,如图 3-12 所示。

(5) 在“指定模板参数的值”对话框中,“值”列包含一个 Database_Name 参数的建议值。在“值”参数框中输入 test02,再单击“确定”按钮。

(6) 系统自动用输入的 test02 替代了上述参数值<Database_Name, sysname, Database_Name>,代码变为:

```
-- =============================================
-- Create database template
-- =============================================
```

```
USE master
GO
-- Drop the database if it already exists
IF  EXISTS (
SELECT name
FROM sys.databases
WHERE name = N'test02'
)
DROP DATABASE test02
GO
CREATE DATABASE test02
GO
```

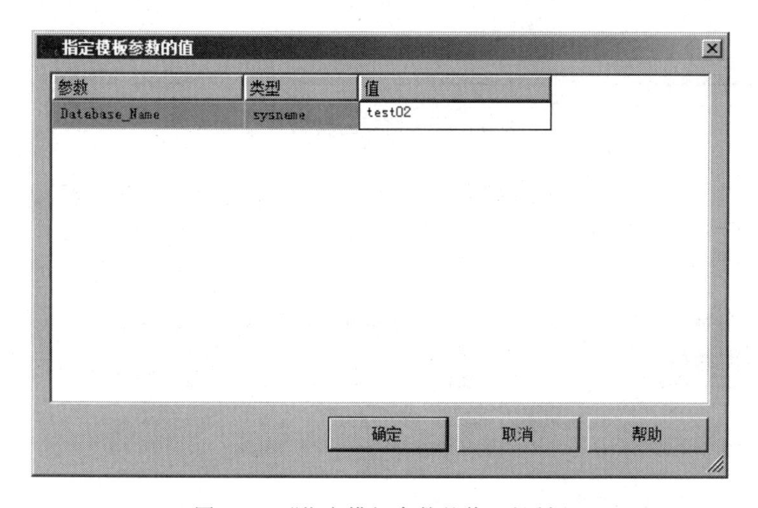

图 3-12 “指定模板参数的值”对话框

(7) 执行代码,即可创建数据库 test02。

可以看出,利用模板使得创建脚本更容易、更快捷,不需要记忆复杂的命令,无需书写长长的代码,就可以完成大多数脚本的书写。

3.3 管理数据库

3.3.1 查看数据库状态信息

在实际生产过程中的数据库总是处于一个特定的状态中,若要确认数据库的当前状态,除了通过“数据库属性”窗口的“常规”选项卡查看数据库属性以外,还可以选择 sys.databases 目录视图中的 state_desc 列。在查询设计器窗口中输入如下代码并执行,如图 3-13 所示。

```
Select name, state, state_desc From sys.databases
```

在 SQL Server 2008 中,数据库文件的状态独立于数据库的状态。文件始终处于一个特定状态,若要查看文件的当前状态,则使用 sys.master_files 或 sys.database_files 目录视图。如果数据库处于离线状态,则可以从 sys.master_files 目录视图中查看文件的状态,如图 3-14 所示。

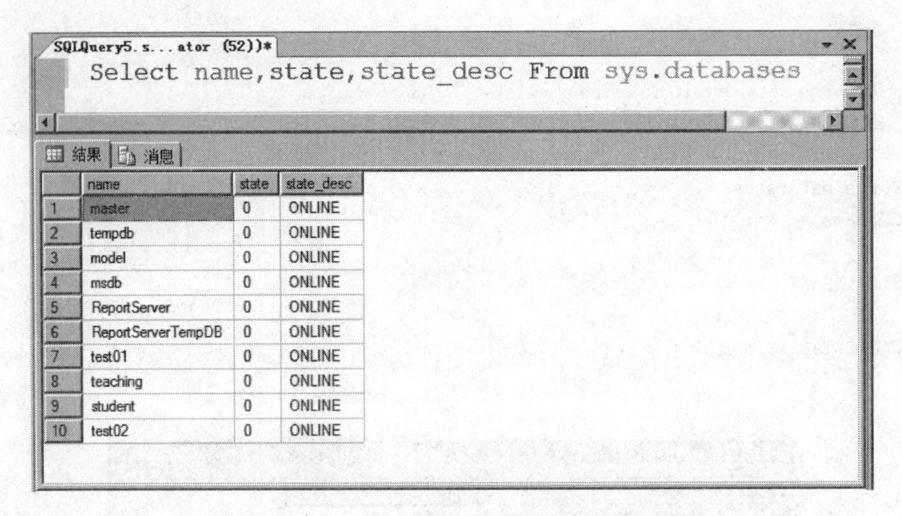

	name	state	state_desc
1	master	0	ONLINE
2	tempdb	0	ONLINE
3	model	0	ONLINE
4	msdb	0	ONLINE
5	ReportServer	0	ONLINE
6	ReportServerTempDB	0	ONLINE
7	test01	0	ONLINE
8	teaching	0	ONLINE
9	student	0	ONLINE
10	test02	0	ONLINE

图 3-13　数据库的状态信息

SQLQuery8.s...ator (55))*　SQLQuery5.s...ator (52))*

```
Select name,physical_name,type,type_desc,state, state_
From sys.master_files
```

结果　消息

	name	physical_name	type	type_desc	state	state_desc
7	MSDBData	C:\Program Files\Microsoft SQL Server\MSSQL10_50....	0	ROWS	0	ONLINE
8	MSDBLog	C:\Program Files\Microsoft SQL Server\MSSQL10_50....	1	LOG	0	ONLINE
9	ReportSe...	C:\Program Files\Microsoft SQL Server\MSSQL10_50....	0	ROWS	0	ONLINE
10	ReportSe...	C:\Program Files\Microsoft SQL Server\MSSQL10_50....	1	LOG	0	ONLINE
11	ReportSe...	C:\Program Files\Microsoft SQL Server\MSSQL10_50....	0	ROWS	0	ONLINE
12	ReportSe...	C:\Program Files\Microsoft SQL Server\MSSQL10_50....	1	LOG	0	ONLINE
13	test01	C:\Program Files\Microsoft SQL Server\MSSQL10_50....	0	ROWS	0	ONLINE
14	test01_log	C:\Program Files\Microsoft SQL Server\MSSQL10_50....	1	LOG	0	ONLINE
15	teaching	C:\Program Files\Microsoft SQL Server\MSSQL10_50....	0	ROWS	0	ONLINE
16	teaching_...	C:\Program Files\Microsoft SQL Server\MSSQL10_50....	1	LOG	0	ONLINE
17	student	d:\sqlprogram\student.mdf	0	ROWS	0	ONLINE
18	student_log	d:\sqlprogram\student_log.LDF	1	LOG	0	ONLINE
19	stud_log	d:\sqlprogram\stud_log.LDF	1	LOG	0	ONLINE
20	studentfile	d:\sqlprogram\studentfile.ndf	0	ROWS	0	ONLINE

图 3-14　数据库文件的状态信息

可以在查询设计器窗口中输入如下代码并执行，即可查看到相关数据文件的状态信息。

```
Select name,physical_name,type,type_desc,state, state_desc
From sys.master_files
```

1. 数据库状态含义

ONLINE 表示可以对数据库进行访问。即使可能尚未完成恢复的撤销阶段，主文件组仍处于在线状态。

OFFLINE 表示数据库无法使用。数据库由于显式的用户操作而处于离线状态，并保持离线状态直至执行了其他的用户操作。

RESTORING 表示正在还原主文件组的一个或多个文件，或正在离线还原一个或多个辅助文件，此时数据库不可用。

RECOVERING 表示正在恢复数据库。恢复进程是一个暂时性状态，恢复成功后数据库将自动处于在线状态。如果恢复失败，数据库将处于可疑状态，此时数据库不可用。

RECOVERY PENDING 表示 SQL Server 在恢复过程中遇到了与资源相关的错误，数据库未损坏，但是可能缺少文件，或系统资源限制可能导致无法启动数据库，此时数据库不可用。需要用户另外执行操作来解决问题，并让恢复进程完成。

SUSPECT 表示至少主文件组可疑或可能已损坏。在 SQL Server 启动过程中无法恢复数据库，此时数据库不可用。需要用户另外执行操作来解决问题。

EMERGENCY 表示用户更改了数据库，并将其状态设置为 EMERGENCY。数据库处于单用户模式，可以修复或还原。数据库标记为 READ_ONLY，禁用日志行，并且仅限 sysadmin 固定服务器角色的成员访问。EMERGENCY 主要用于故障排除。

2. 数据库文件状态含义

ONLINE 表示文件可用于所有操作。如果数据库本身处于在线状态，则主文件组中的文件始终处于在线状态。如果主文件组中的文件处于离线状态，则数据库将处于离线状态，并且辅助文件的状态未定义。

OFFLINE 表示文件不可访问，并且可能不显示在磁盘中。文件通过显式用户操作变为离线，并在执行其他用户操作之前保持离线状态。注意：当文件已损坏时，该文件仅应设置为离线，但可以进行还原。设置为离线的文件只能通过从备份还原才能设置为在线。

RESTORING 表示正在还原文件。文件处于还原状态，并且在还原完成及文件恢复之前一直保持此状态。

RECOVERY PENDING 表示文件恢复被推迟。由于在段落还原过程中未还原和恢复文件，因此文件将自动进入此状态。需要用户执行其他操作来解决该错误，并允许完成恢复过程。

SUSPECT 表示在线还原过程中恢复文件失败。如果文件位于主文件组，则数据库还将标记为可疑。否则，仅文件处于可疑状态，而数据库仍处于在线状态。

DEFUNCT 表示当文件不处于在线状态时被删除。删除离线文件组后，文件组中的所有文件都将失效。

3.3.2 数据库的属性设置

通过 SQL Server Management Studio 可以查看数据库文件的物理文件及相关属性。从 3.2.2 节的例题可知，利用命令修改了部分数据库属性，下面再对其他一些数据库属性做进一步的设置。

1. 数据库更名

更改数据库的名称可以采用两种方法：一种方法是在 SQL Server Management Studio 中选中此数据库，右击鼠标，从弹出的快捷菜单中选择“重命名”命令。或者直接利用 ALTER DATABASE 命令来实现。

另一种方法是使用系统存储过程 sp_renamedb 更改数据库的名称。在重命名数据库之前，应该确保没有用户正在使用该数据库。

系统存储过程 sp_renamedb 语法如下：

```
sp_renamedb [@dbname = ]'old_name',[@newname = ]'new_name'
```

【例 3.6】 将名为 student 的数据库改名为 STUDENTDB。

程序代码如下：

```
ALTER DATABASE student
MODIFY NAME = STUDENTDB
```

2. 限制用户对数据库的访问

在 SQL Server 2008 的运行过程中，有时需要限制用户的访问，例如管理员要维护数据库，系统需要升级等。这时可以设置限定只能由特定用户访问数据库。

在数据库 test01 的“数据库属性”对话框中选择“选项”选项卡，如图 3-15 所示。选择“状态”下的“限制访问”下拉列表，出现三个选项：

- Multiple：数据库处于正常生产状态，允许多个用户同时访问数据库。
- Single：指定一次只能一个用户访问，其他用户的连接被中断。
- Restricted：限制除 db_ower（数据库所有者）、dbcreator（数据库创建者）和 sysadmin（系统管理员）以外的角色成员访问数据库，但对数据库的连接不加限制。一般在维护数据库时将数据库设置为该状态。

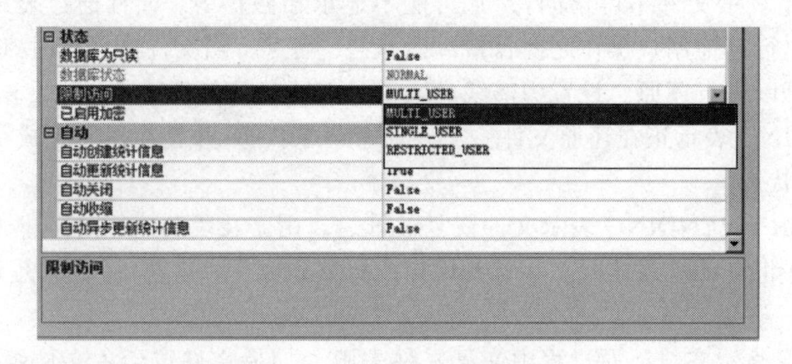

图 3-15 限制用户访问数据库

3. 修改数据库的排序规则

前面的例 3.4 是利用命令方式更改数据库的排序规则，下面介绍如何利用可视化方式修改排序规则。同样是在图 3-15 所示的“选项”选项卡内，利用“排序规则”下拉列表可以设置数据库采用的排序规则，如图 3-16 所示。

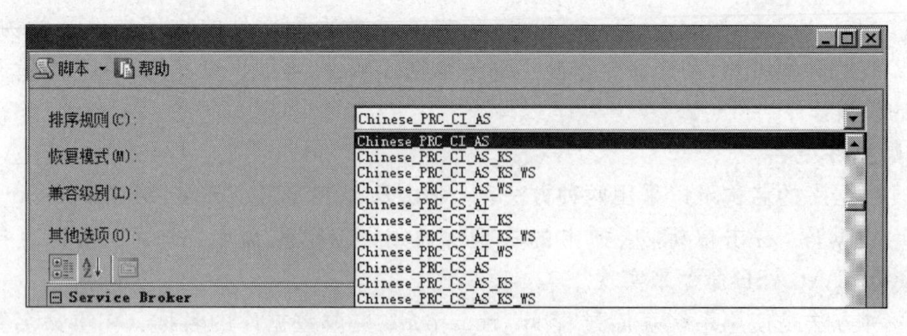

图 3-16 修改数据库排序规则

（1）了解排序规则的含义。SQL Server 2008 的排序规则指定了字符的物理存储模式，以及存储和比较字符的规则。以 Chinese_PRC_CS_AI_WS 为例，该规则可以分成两部分来理解。前半部分指排序规则所支持的字符集，如 Chinese_PRC_表示对简体字 UNICODE 的排序规则，而后半部分常见的组合的含义如下：

① _BIN：二进制排序。

② _CI(CS)：是否区分大小写，CI 不区分，CS 区分。

③ _AI(AS)：是否区分重音，AI 不区分，AS 区分。

④ _KI(KS)：是否区分假名类型，KI 不区分，KS 区分。

⑤ _WI(WS)：是否区分宽度，WI 不区分，WS 区分。

(2) 排序规则的层次。SQL Server 2008 的排序规则分为三个层次：服务器排序规则、数据库排序规则和表的排序规则。

当排序规则在层次之间发生冲突时，以低层次、细粒度为准。假如服务器的排序规则和数据库的排序规则不一致，在数据库中自然以数据库的排序规则为准。

4. 更改数据库所有者

(1) 在"数据库属性"窗口中选择"文件"选项卡，然后单击"所有者"文本框后面的"…"按钮，则会弹出"选择数据库所有者"对话框，如图 3-17 所示。

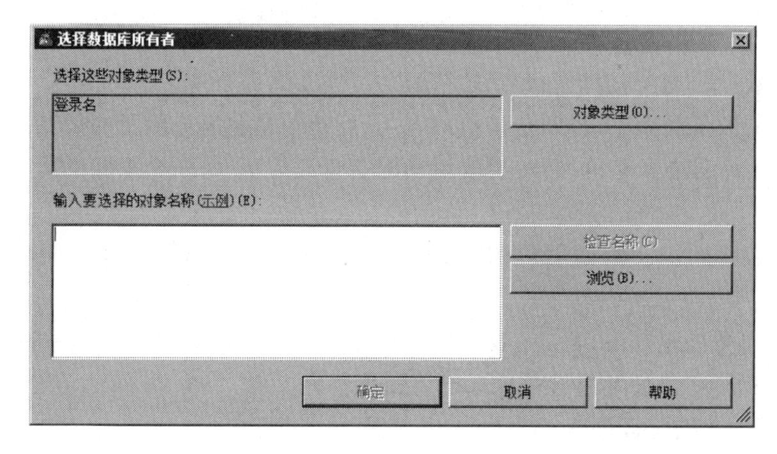

图 3-17　选择数据库所有者

(2) 单击"浏览"按钮，则会弹出"查找对象"对话框，如图 3-18 所示。

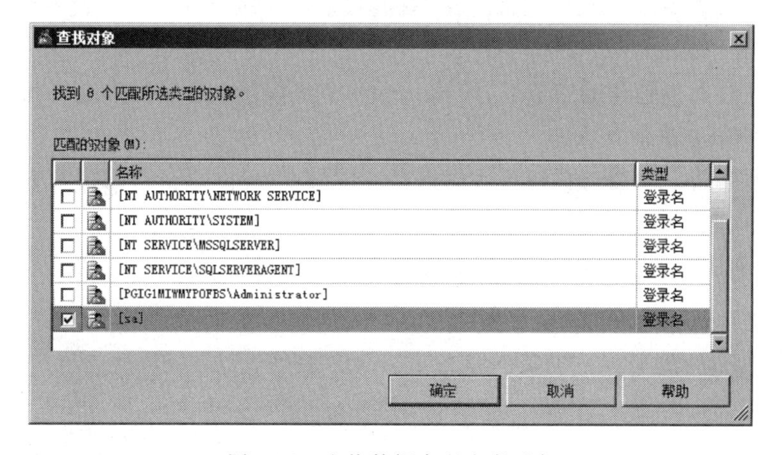

图 3-18　查找数据库所有者对象

(3) 在"匹配的对象"列表框中选择数据库所有者,单击"确定"按钮即可实现更改数据库所有者的操作。

3.3.3 估算数据库大小

SQL Server 2008 文件可以从它们最初指定的大小开始自动增长。如果文件组中有多个文件,则它们在所有文件被填满之前不会自动增长。填满后,这些文件会循环增长。

如果 SQL Server 作为数据库嵌入某应用程序,而该应用程序的用户无法迅速与系统管理员联系,则此功能就特别有用。用户可以使文件根据需要自动增长,以减轻监视数据库中的可用空间和手动分配额外空间的管理负担。

1. 影响数据库大小的因素

创建一个数据库时,SQL Server 会创建一份包括系统表的 model 数据库的拷贝。系统表包含文件、对象、权限和限制的相关信息。在数据库中新建对象时,这些系统表会有所增长。每创建一个对象,就有一个新行生成并插入到一个或多个系统表中。因此,要估计数据库的大小,需要考虑如下一些因素:

(1) model 数据库和系统表的大小,包括预测到的增长。

(2) 表中数据的总量,包括预测到的增长。

(3) 索引的数量和大小,特别是键值的大小、行的数量和填充因子的设置。

(4) 影响事务日志大小的因素,更改活动的总量和频率,每一个事务的大小及备份日志的频率。

(5) 系统表的大小。例如用户和对象的数量等,不过这不是影响数据库大小的主要因素。

对于联机事务处理(OLTP),一般要为事务日志分配数据库 10%~25%的空间,而主要用于查询的数据库可以设置的事务日志空间较小些。

2. 估计表中数据的总量

在确定分配给数据库的空间大小后,应该估计表中数据的总量,包括预测到的增长。可以通过计算行的总数、大小、一个空间页中合适的行数,及数据库中表的页数得到结果。如果知道每行的字符数和表中行的近似数量,就能够估计表所需的页数和表占用的磁盘空间。具体可以采用如下方法:

(1) 通过统计每列包含的字节数,计算一行的字节数量。对于列中定义为可变长度,可以采用取平均值的方法估算。

(2) 确定平均每一个数据页包含行的数目。即用 8060 除以一行的字节数,取整即可得到结果。

(3) 表中行的近似数目除以一个数据页包含的行数,结果就是需要存储到表中的页数。

3.3.4 收缩数据库

在 SQL Server 2008 中,当为数据库分配的磁盘空间过大时,可以收缩数据库,以节省存储空间。数据文件和事务日志文件都可以进行收缩。数据库也可设置为按给定的时间间隔自动收缩。该活动在后台进行，不影响数据库内的用户活动。

1. 设置自动收缩数据库

设置数据库的自动收缩，可以在“数据库的属性”窗口的“选项”选项卡中设置，只要将“自动收缩”设为 True 即可。

2. 手动收缩数据库

手动收缩用户数据库的步骤如下：

（1）在 SQL Server Management Studio 中右击相应的数据库，如 test01，从弹出的快捷菜单中选择“任务”→“收缩”→“数据库”命令。

（2）在弹出的“收缩数据库”对话框中进行设置，如图 3-19 所示。数据库 test01 的当前分配空间为 17MB，设置收缩后的最大空间为 47%，单击“确定”按钮即可完成操作。系统将根据数据库的具体情况对数据库进行收缩。

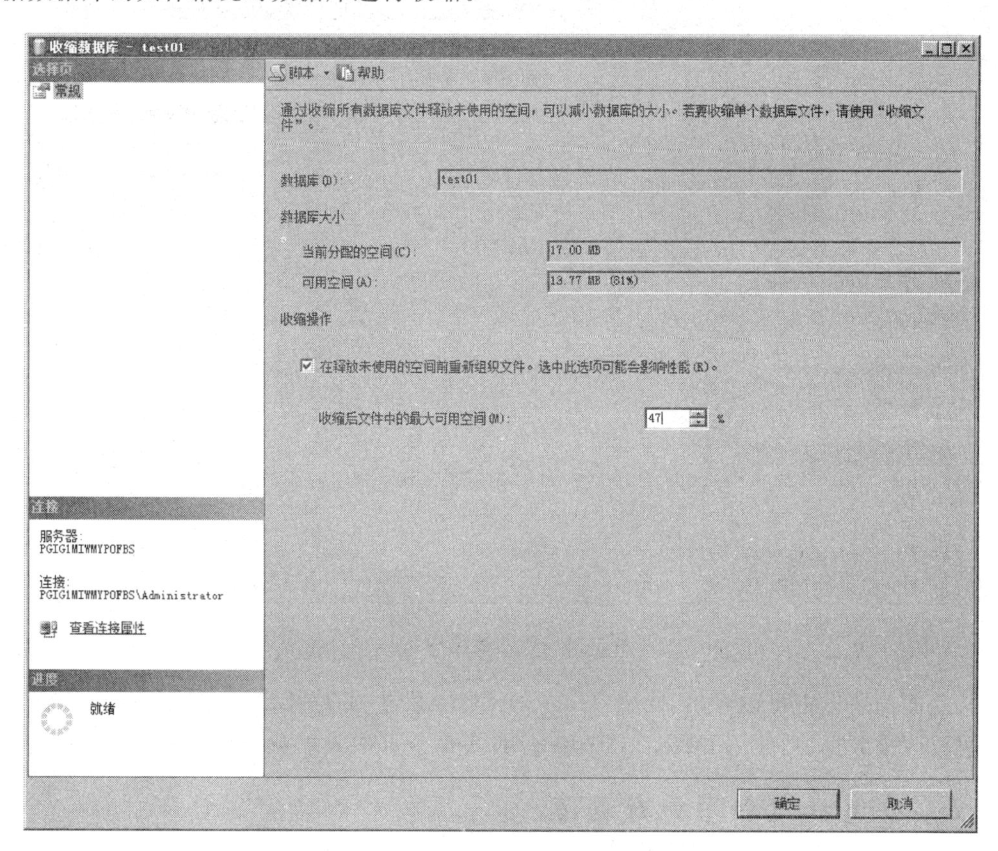

图 3-19　设置收缩数据库

（3）如果单击“脚本”按钮，系统还能够将收缩操作的脚本显示到“新建查询”界面中，结果如下：

```
USE [test01]
GO
DBCC SHRINKDATABASE(N'test01', 47)
GO
```

3. 手动收缩数据库文件

手动收缩用户数据库文件的步骤如下：

(1) 在 SQL Server Management Studio 中右击相应的数据库，如 test01，从弹出的快捷菜单中选择"任务"→"收缩"→"文件"命令。

(2) 在弹出的"收缩文件"对话框中进行设置，如图 3-20 所示。数据库 test01 的数据文件当前分配空间为 15MB，设置收缩数据库文件参数，单击"确定"按钮即可完成操作。

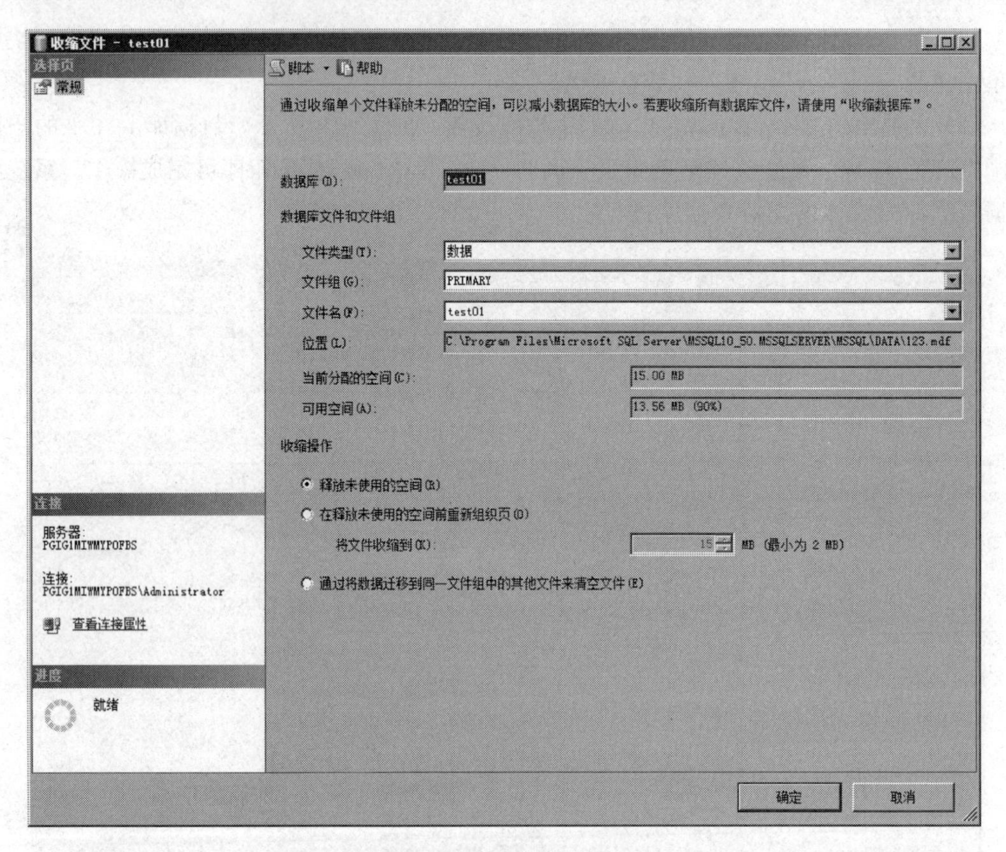

图 3-20　收缩数据库文件

从前面的操作中可以看出，使用 Transact-SQL 语句中的 DBCC SHRINKDATABASE 命令可以收缩数据库，使用 DBCC SHRINKFILE 命令可以收缩数据库文件。

3.3.5　分离和附加用户数据库

在 SQL Server 2008 中，除了系统数据库外，其他数据库都可以从服务器的管理中进行分离，以脱离服务器的管理，同时保持数据文件与日志文件的完整性和一致性。而分离出来的数据库可以附加到其他 SQL Server 服务器上，构成完整的数据库。分离和附加是系统开发过程中的重要操作。

1. 分离用户数据库

(1) 在 SQL Server Management Studio 中右击相应的数据库，如 test02，从弹出的快捷菜单中选择"任务"→"分离"命令。

(2) 在弹出的“分离数据库”对话框中进行设置，如图 3-21 所示。设置数据库 test02 的分离参数，单击“确定”按钮即可完成操作。

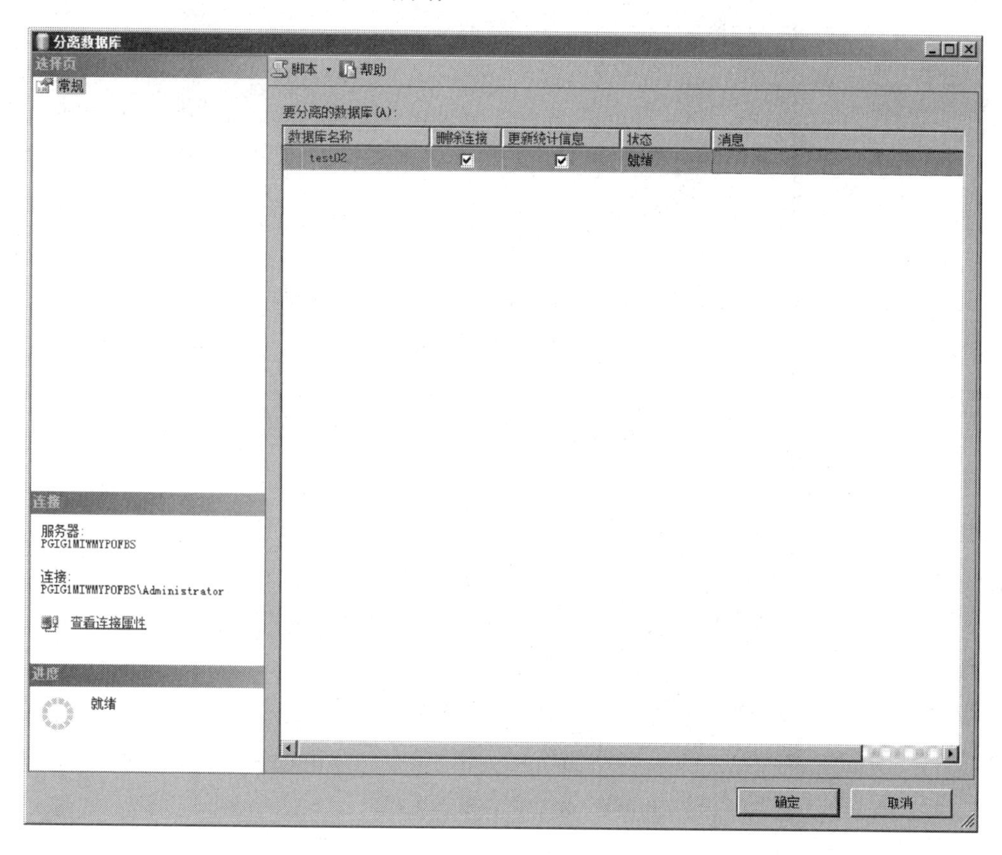

图 3-21　分离数据库

其中的主要参数项含义如下：

- 删除连接：是否断开与指定服务器的连接。
- 更新统计信息：选择在分离数据库之前是否更新过时的优化统计信息。
- 状态：显示数据库分离前是否“就绪”或“未就绪”。
- 消息：是否成功的消息。

2. 附加数据库

附加数据库可以将已经分离的数据库重新附加到当前或其他 SQL Server 2008 的实例。

(1) 在 SQL Server Management Studio 中右击“对象资源管理器”中的“数据库”，从弹出的快捷菜单中选择“附加”命令。

(2) 在弹出的“附加数据库”对话框中单击“添加”按钮，目的是将要附加数据库的主数据文件添加到实例。在弹出的“定位数据库文件”窗口中选择要添加的数据库的主数据文件，如图 3-22 所示。数据库 test02 的主数据文件为 test02. mdf。

(3) 单击“确定”按钮，返回“附加数据库”窗口，如图 3-23 所示。单击“确定”按钮，数据库 test02 就附加到当前的实例中了。

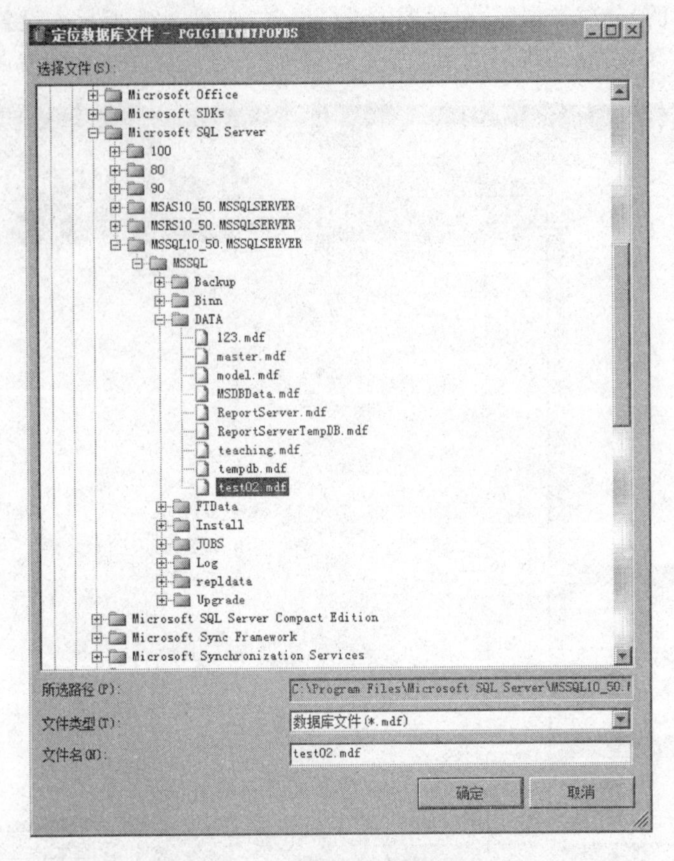

图 3-22　定位附加数据库数据文件

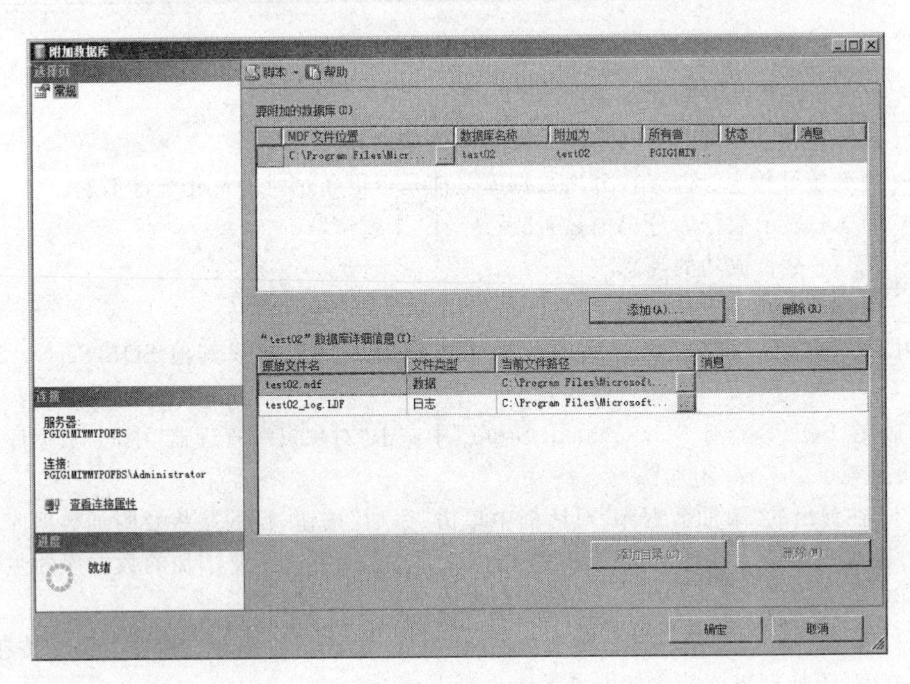

图 3-23　附加数据库

3.3.6 联机和脱机用户数据库

脱机操作可以使某个用户数据库暂停服务，联机可以使某个用户数据库提供服务。

1. 脱机用户数据库

(1) 在 SQL Server Management Studio 中右击相应的数据库，如 test02，从弹出的快捷菜单中选择"任务"→"脱机"命令，弹出如图 3-24 所示"使数据库脱机"窗口。

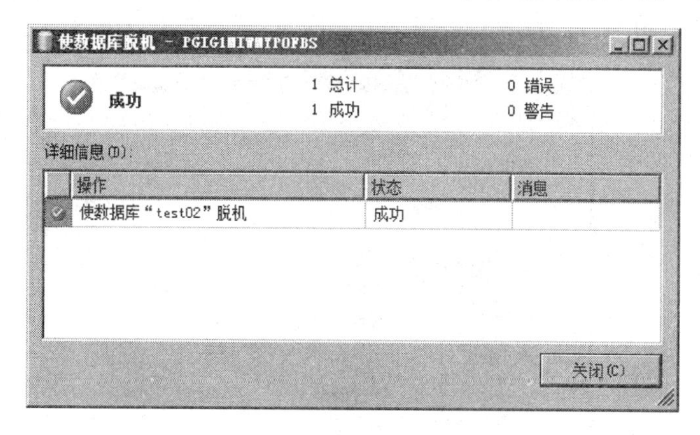

图 3-24　脱机数据库

(2) 完成脱机过程后，单击"关闭"按钮，系统中将数据库标注为 test02(脱机)。

2. 联机用户数据库

(1) 在 SQL Server Management Studio 中右击已经脱机的数据库 test02(脱机)，从弹出的快捷菜单中选择"任务"→"联机"命令，弹出如图 3-25 所示"使数据库联机"窗口。

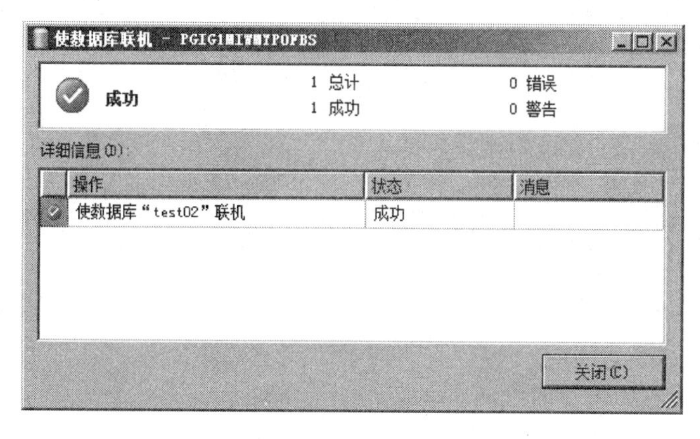

图 3-25　联机数据库

(2) 完成联机过程后，单击"关闭"按钮，系统中将数据库恢复原样。

3.3.7 删除数据库

当系统中有不再需要的用户数据库，用户可根据自己的权限选择将其删除。数据库删除之后，数据库的文件及其数据都从服务器上的磁盘中删除。数据库的删除是永久性的，并且如果不使用以前的备份，则无法检索该数据库。

在 SQL Server 2008 中，可以使用 SQL Server Management Studio 与 Transact-SQL 语句来删除数据库。

1. 使用 SQL Server Management Studio 删除数据库

启动 SQL Server Management Studio 界面，连接到本地数据库默认实例。在“对象资源管理器”窗口中展开树形目录，定位到要删除的数据库，右击该数据库，从弹出的快捷菜单中选择“删除”命令，如图 3-26 所示为删除数据库 student。确认选择了正确的数据库，在弹出的对话框中再单击“确定”按钮。若删除了数据库，则不能恢复内容。

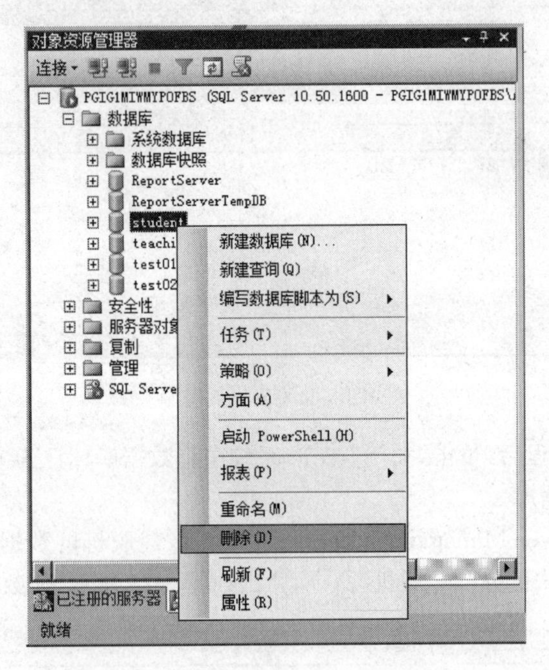

图 3-26 删除数据库操作

2. 使用 Transact-SQL 语句删除数据库

Transact-SQL 提供了数据库修改语句 DROP DATABASE。具体格式如下：

```
DROP DATABASE { database_name } [ ,…n ] [;]
```

其中，database_name 指定要删除的数据库的名称。该命令可以一次删除一个或多个数据库。

【例 3.7】 删除已创建的数据库 student。

程序代码如下：

```
DROP DATABASE student
GO
```

若要执行 DROP DATABASE 操作，用户至少须对数据库具有 CONTROL 权限。执行删除数据库操作会从 SQL Server 实例中删除数据库，并删除该数据库使用的物理磁盘文件。

3.4 文件组的创建

文件组是指将数据库相关的一组磁盘文件组成的集合。SQL Server 2008 在创建数据库时会自动创建一个主文件组，用户也可根据自己的需要自定义一个文件组。

1. 文件组的类型

为便于分配和管理，可以将数据库对象和文件一起分成文件组。有两种类型的文件组：

(1) 主文件组。主文件组包含主数据文件和任何没有明确分配给其他文件组的其他文件。系统表的所有页均分配在主文件组中。

(2) 用户定义文件组。用户定义文件组是通过在 CREATE DATABASE 或 ALTER DATABASE 语句中使用 FILEGROUP 关键字指定的任何文件组。

一个文件不可以是多个文件组的成员。表、索引和大型对象数据可以与指定的文件组相关联，它们的所有页将被分配到该文件组。

2. 创建文件组的必要性

(1) 对于大型数据库，如果硬件设置上需要多个磁盘驱动器，就可以把特定的对象或文件分配到不同的磁盘上，将数据库文件组织成用户文件组。

(2) 文件组可以帮助数据库管理人员执行相应的数据布局，以及某些管理任务。例如，在数据库的备份和恢复过程中，系统管理员可以通过备份和恢复独立的文件组或文件代替整个数据库的备份和恢复，这也是需要具有有效备份和恢复策略的大型数据库的必备选择。

(3) 利用文件组，可以在特定的文件中定位特定的对象，从而将频繁查询和频繁修改的文件分离出来，以提高磁盘驱动器的效率，减少磁盘驱动器的争用。

(4) 通过创建用户文件组，可以将数据文件集合起来，以便于管理、数据分配和放置。

例如，可以分别在三个磁盘驱动器上创建三个次要数据文件 Data1.ndf、Data2.ndf 和 Data3.ndf，然后将它们分配给文件组 filegroup1。然后，可以明确地在文件组 filegroup1 上创建一个表。对表中数据的查询将分散到三个磁盘上，从而提高性能。通过使用在 RAID(独立磁盘冗余阵列)条带集上创建的单个文件也能获得同样的性能提高。文件和文件组也可以更方便地在新磁盘上添加新文件。

3. 创建用户文件组

每个数据库都有一个主要文件组，此文件组包含主要数据文件和未放入其他文件组的所有次要文件。可以创建用户定义的文件组，用于将数据文件集合起来，以便于管理、数据分配和放置。所有系统表都被分配到主要文件组中。用户定义文件组是用户首次创建数据库或以后修改数据库时明确创建的任何文件组。如果在数据库中创建对象时没有指定对象所属的文件组，对象将被分配给默认文件组。一个数据库只能将一个文件组指定为默认文件组。

用户自定义文件组的两种方法如下：

(1) 在 SQL Server Management Studio 中创建用户文件组。例如，为数据库 test01 添加了一个名为 userdefined01 的文件组。具体步骤如下：

① 在 SQL Server Management Studio 中右击“对象资源管理器”窗口中“数据库”子目录下的 test01，从弹出的快捷菜单中选择“属性”命令。

② 在弹出的“数据库属性”窗口中选择“文件组”选项卡，然后单击“添加”按钮。

③ 在 PRIMARY 组后添加一个新的文件组。即在新出现的“名称”单元格下输入文件组名 userdefined01，如图 3-27 所示。

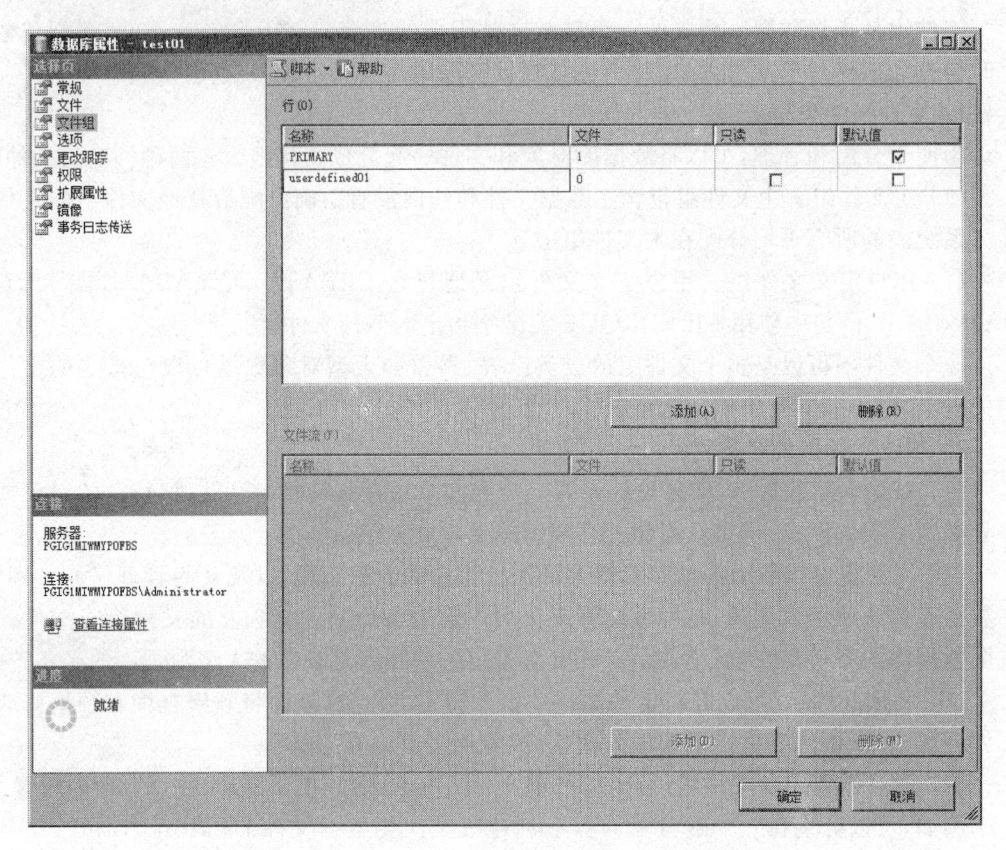

图 3-27 添加一个名为 userdefined01 的文件组

④ 单击“确定”按钮，即可创建一个新的用户文件组 userdefined01。

(2) 使用相应的 Transact-SQL 命令。在查询编辑器窗口中输入下面的 Transact-SQL 脚本，同样可以创建一个名为 userdefined02 的文件组。

```
USE test01
GO
ALTER DATABASE test01 ADD FILEGROUP userdefined02
GO
```

4. 设置默认文件组

在数据库中创建对象时，PRIMARY 文件组就是默认文件组。若没有指定对象所属的文件组，对象将被分配给默认文件组。无论默认文件组如何更改，系统对象和表仍然分配给 PRIMARY 文件组，而不是新的默认文件组。

默认文件组中的文件必须足够大，能够容纳未分配给其他文件组的所有新对象。不管何时，一次只能有一个文件组作为默认文件组。

设置默认文件组有两种方法：

(1) 如图 3-27 所示，在“数据库属性”窗口的“默认值”下的复选框中可以指定默认文件组，然后单击“确定”按钮。

(2) 使用 ALTER DATABASE 语句更改默认文件组。具体方法可以参考下面例 3.8 的内容。

【例 3.8】 文件和文件组示例。在 SQL Server 2008 实例上创建一个数据库，该数据库包括一个主数据文件、一个用户定义文件组和一个日志文件。主数据文件在主文件组中，而用户定义文件组包含两个次要数据文件。ALTER DATABASE 语句将用户定义文件组指定为默认文件组。

程序代码如下：

```
USE master
GO
CREATE DATABASE testDB
ON PRIMARY
  ( NAME = 'testDB_Prm',
    FILENAME = 'D:\sqlprogram\TestDB_Prm.mdf',
    SIZE = 5MB,
    MAXSIZE = 10MB,
    FILEGROWTH - 1MB),
    FILEGROUP  TestDB_FG1
  ( NAME = 'TestDB_FG1_Dat1',
    FILENAME = 'D:\sqlprogram\TestDB_FG1_1.ndf',
    SIZE = 1MB,
    MAXSIZE = 10MB,
    FILEGROWTH = 1MB),
  ( NAME = 'TestDB_FG1_Dat2',
    FILENAME = 'D:\sqlprogram\TestDB_FG1_2.ndf',
    SIZE = 1MB,
    MAXSIZE = 10MB,
    FILEGROWTH = 1MB)
LOG ON
  ( NAME = 'TestDB_log',
    FILENAME = 'D:\sqlprogram\TestDB.ldf',
    SIZE = 1MB,
    MAXSIZE = 10MB,
    FILEGROWTH = 1MB);
GO
ALTER DATABASE TestDB                              --指定为默认文件组
MODIFY  FILEGROUP TestDB_FG1 DEFAULT;
GO
```

3.5 数据库快照和数据分区管理

3.5.1 数据库快照

数据库快照(Snapshot)是 Microsoft SQL Server 2008 中的新增功能，是源数据库的只读、静态视图。多个快照可以位于一个源数据库中，并且可以作为数据库始终驻留在同一服务器实例上。

1. 数据库快照的工作方式

数据库快照为数据库用户提供了一种保存某一历史时刻的数据库中数据的机制。例如,在某一天的 12：00 时对数据库 test01 创建快照,该数据库用户就可以在以后的任何时间访问那一刻 test01 数据库中的数据。

下面介绍一下数据库快照的工作方式,例如为数据库 test01 创建快照。假设现在时间为 9：00 时整,用户对数据库 test01 创建一个数据库快照 test01Snap0900,此时数据库快照 test01Snap0900 并不记录任何信息。而在此之后,数据库中的文件(准确地说是数据页)发生任何变化,如数据的删除、修改等,快照 test01Snap0900 将记录在数据页变化前的原始数据,仅将修改部分的原始信息复制到数据库快照。即数据库快照将保留原始页,保存快照创建时的数据记录。

要访问快照数据,系统将以如下原则读取数据：

(1) 数据未变化,查询源数据库的信息。

(2) 数据发生变化,则查询存储在数据库快照中的信息。

每个数据库快照在事务上与源数据库一致。在被数据库所有者显式删除之前,快照始终存在。

2. 数据库快照的用途

(1) 维护历史数据以生成报表。由于数据库快照可提供数据库的静态视图,因而可以通过快照访问特定时间点的数据。

(2) 可以避免由于用户失误造成的数据损失。定期创建数据库快照,在源数据库出现用户错误,还可将源数据库恢复到创建快照时的状态,丢失的数据仅限于创建快照后数据库更新的数据。例如,考虑 test01 数据库的一系列快照。在每天 8：00 时和 20：00 时,以 12 个小时作为间隔创建两个每日快照 test01Snap0800 和 test01Snap2000。每个每日快照保持 24 小时后才被删除并被同一名称的新快照替换。

(3) 可以避免由于管理失误造成的数据损失。在进行大容量更新数据之前,可以先创建一个数据库快照。一旦出现失误,可以利用数据库快照恢复数据库。

(4) 利用快照中的信息,手动重新创建删除的表或其他丢失的数据。例如,可以将快照中的数据大容量复制到数据库中,然后手动将数据合并回数据库中。

3. 创建数据库快照

任何能创建数据库的用户都可以创建数据库快照。Transact-SQL 语句是创建数据库快照的唯一方式。Transact-SQL 语法格式如下：

```
CREATE DATABASE database_snapshot_name
  ON
  (
    NAME = logical_file_name,
    FILENAME = 'os_file_name'
    ) [ ,…n ]
  AS SNAPSHOT OF source_database_name
[;]
```

上述格式的主要参数说明：

- database_snapshot_name：新数据库快照的名称。
- ON(NAME = logical_file_name, FILENAME = 'os_file_name')：创建数据库快照，必须在源数据库中指定文件列表。若要使快照工作，必须分别指定所有数据文件。
- AS SNAPSHOT OF source_database_name：用于指定要创建数据库快照的原数据库名为 source_database_name。快照和源数据库必须位于同一实例中。

【例 3.9】 为 test01 创建数据库快照。

程序代码如下：

```
USE master
GO
create database test01snapshot
on
(
name = 'test01',
filename = 'F:\sqlprogram\test01_1200.ss')
AS SNAPSHOT OF test01
```

程序执行后，展开"数据库"→"数据库快照"子目录，即可发现数据库快照 test01snapshot 已经创建成功，如图 3-28 所示。

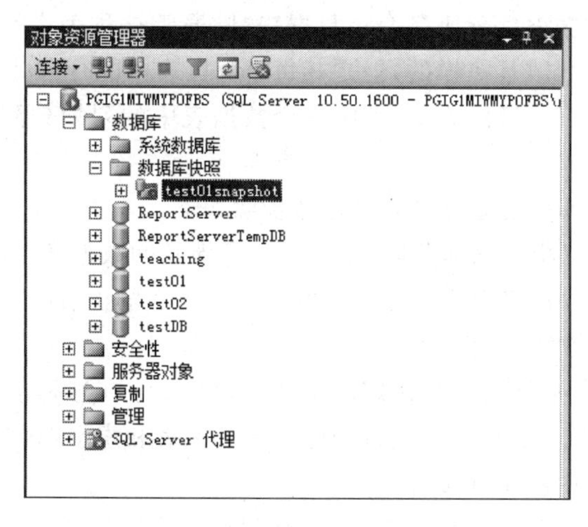

图 3-28 数据库快照

右击数据库快照 test01snapshot，在弹出的快捷菜单中选择"属性"命令，还可以观察到与数据库属性窗口近似的"数据库属性-test01snapshot"对话框。

4. 删除数据库快照

具有 DROP DATABASE 权限的任何数据库用户都可以通过删除操作来删除数据库快照。删除数据库快照的方法与删除数据库相同。

删除快照的方法有以下两种：

(1) 在 SQL Server Management Studio 中查看数据库快照，然后右击，从弹出的快捷菜单中选择"删除"命令。

(2) 使用 DROP DATABASE 语句。如在查询窗口中输入如下命令并执行即可删除数据库快照 test01snapshot。

```
USE master
GO
DROP DATABASE test01snapshot
GO
```

关于数据库快照的其他内容可以参考联机丛书的内容。

3.5.2 数据分区管理

数据分区，即将一个原本的大数据表拆分成较小的多个数据表，由于需要查询的数据局限于空间的局部性，即查询的行往往位于同一分区中。通过分区可以将在大量数据集中进行查询的操作转换为在小部分数据中进行查询的操作，从而获得更快、更高的查询效率。除此之外，将数据分区也有利于数据库的维护操作。例如，重新生成索引或备份表也可以更快地运行。

实际操作过程中，也可以不拆分数据表，而是将数据表安排到不同磁盘驱动器上来实现分区。例如，将数据表放在某个物理驱动器上并将相关的表放在不同的驱动器上，同样可以提高查询性能，因为在运行涉及表间连接的查询时，多个磁头可以同时读取数据。可以使用 SQL Server 2008 文件组来指定放置表的磁盘。

如果将原有的大数据表拆分成多个小数据表，则通常被称为水平分区。水平分区的特点是每个分区中包含的列数是一样的，但是其每个分区表中的行数减少了。而与之对应地，还存在着一种被称为垂直分区的方案，即将一个数据表中的列划分到多个结构较为简单的数据表中。

在 SQL Server 2008 中创建分区表的参考步骤如下：

(1) 创建分区函数以指定如何分区，以及分区所涉及的数据表。

(2) 创建分区方案以指定分区函数的分区在文件组上的位置。

(3) 创建使用分区方案的表。

表、索引和大型对象数据可以与指定的文件组相关联。在这种情况下，它们的所有页将被分配到该文件组，或者对表和索引进行分区。已分区表和索引的数据被分割为单元，每个单元可以放置在数据库中的单独文件组中。

有关分区的详细介绍请读者参见 Microsoft 提供的联机丛书。

3.6 小结

在 SQL Server 2008 中，数据库的创建和管理是所有操作的核心，也是生产领域内应用程序开发的基础。可以使用 SQL Server Management Studio 的功能和命令，也可在查询编辑器中使用 Transact-SQL 语句来完成对数据库的相关操作。

在本章的学习过程中，应该重点掌握下面几个知识点：

(1) 数据库的基本概念：数据库对象、数据库文件、文件组、数据库所有者等。

(2) 数据库的基本操作：创建、修改、管理、删除、添加文件等。

(3) 数据库的存储方式：数据文件和日志文件的存储。

(4) 查看操作数据库文件的脚本。

(5) 文件组的创建与管理。

(6) 数据库快照的创建与用途。

习 题 3

1. 选择题

(1) 创建 SQL Server 2008 的用户数据库时,最多不能超过________个。

A. 100　　B. 40 000　　C. 20　　D. 30 000

(2) SQL Server 2008 数据库文件有三类,其中主数据文件的后缀为________。

A. .ndf　　B. .ldf　　C. .mdf　　D. .idf

(3) SQL Server 2008 每个数据文件的基本存储单位的大小是________。

A. 8KB　　B. 8060B　　C. 64KB　　D. 512B

(4) 从逻辑角度看,数据库对象不包括________。

A. 表　　B. 数据库　　C. 视图　　D. 日志文件

(5) 以下关于数据存储的描述,错误的是________。

A. 所有数据库都有一个主要数据库文件(.mdf)

B. 创建数据库时,会将 model 数据库复制到新数据库

C. 同一行的数据可以随意存储在不同的页上

D. 一个数据库中每 1 兆字节的空间能存储 128 个页

2. 思考题

(1) 简述 SQL Server 2008 中文件组的作用和分类。

(2) 简述如何在 SQL Server Management Studio 中修改数据库的属性。

(3) 简述如何在 SQL Server Management Studio 中分离和附加数据库。

(4) 简述收缩数据库的作用及在 SQL Server Management Studio 中收缩数据库的步骤。

(5) 说明数据库中事务日志文件与数据文件分别存放的优点。

3. 上机练习题

(1) 使用 SQL Server Management Studio 创建名为 test03 的数据库,并设置数据库主文件名为 test03_data,大小为 10MB;日志文件名为 test03_log,大小为 2MB。

(2) 创建一个名称为 student1 的数据库,该数据库的主文件逻辑名称为 student1_data,物理文件名为 student1.mdf,初始大小为 3MB,最大尺寸为无限大,增长速度为 15%;数据库的日志文件逻辑名称为 student1_log,物理文件名为 student1.ldf,初始大小为 2MB,最大尺寸为 30MB,增长速度为 2MB。要求数据库文件和日志文件的物理文件都存放在 E:\DATA 文件夹下。

(3) 创建一个指定多个数据文件和日志文件的数据库。该数据库名称为 students,有一个 5MB 和一个 10MB 的数据文件及两个 5MB 的事务日志文件。数据文件逻辑名称为 students1 和 students2,物理文件名为 students1.mdf 和 students2.ndf。主文件是 students1,由 PRIMARY 指定,两个数据文件的最大尺寸分别为无限大和 75MB,增长速度

分别为 10%和 1MB。事务日志文件的逻辑名为 studentslog1 和 studentslog2,物理文件名为 studentslog1. ldf 和 studentslog2. ldf,最大尺寸均为 30MB,文件增长速度为 1MB。要求数据库文件和日志文件的物理文件都存放在 E:\DATA 文件夹下。

(4) 删除已创建的数据库 students。

(5) 将已存在的数据库 student1 重命名为 student_BACK。

第4章 表和数据完整性

表是 SQL Server 数据库中最重要的数据对象，也是构建高性能数据库的基础。在程序开发与应用过程中，创建数据库的目的是存储、管理和返回数据，而表是存储数据最重要的数据库对象。数据表设计的优劣将影响磁盘空间使用效率、数据处理时内存的利用率及数据的查询效率。而数据完整性则是保证表中数据正确与完整的关键。

本章将介绍各种数据类型的特点和用途，数据表的创建、修改、管理与数据格式转换，以及实现数据完整性的方法和基本操作。

4.1 SQL Server 2008 的数据类型

数据库中的所有数据都存放在数据表中，数据表按行与列的格式组织。在创建列时，要为列指定列名、数据类型等属性。数据类型是数据的一种属性，决定数据存储的空间和格式。正确选择数据类型可以为数据库的设计和管理奠定良好的基础，对数据的存储、查询等操作有着重要的影响。本节将对 SQL Server 2008 中的数据类型作简单说明。

为数据库对象选择数据类型时，可以为对象定义 4 个属性：

(1) 对象包含的数据种类。

(2) 所存储值占有的空间(字节数)和数值范围。

(3) 数值的精度(仅适用于数值类型)。

(4) 数值的小数位数(仅适用于数值类型)。

SQL server 2008 提供的多种数据类型可以归纳为下列类别：数值类型、字符类型、日期时间类型、货币类型和其他数据类型。

4.1.1 数值类型

数值类型根据其所存储数据的精确与否，分为精确数值类型和近似数值类型。

1. 精确数值类型

精确数值类型用来存储没有小数位的整数或定点小数。使用任何算术运算符都可以操作这些数据类型中存储的数值，而不需要任何特殊处理。表 4-1 列出了 SQL Server 支持的精确数值类型。

定点小数数据类型用于存储小数，可具体分为 numeric 与 decimal。二者的存储长度与精度有关，使用时必须指明小数位数和精确度，如 numeric(7, 2)表示精确度为 7，小数位数为 2。在这组数据类型中，int 和 decimal 是最常用的数据类型。

表 4-1 精确数值类型

类 别	数据类型	字节数	取值范围	作 用
Integer	bigint	8	－2E63～2E63－1	存储非常大的正负整数
	int	4	－2E31～2E31－1	存储正负整数
	smallint	2	－32 768～32 767	存储正负整数
	tinyint	1	0～255	存储小范围的正整数
Exact	decimal(p,s)	5～17	－10E38＋1～10E38－1	最大可存储 38 位十进制数
numeric	numeric(p,s)	5～17	－10E38＋1～10E38－1	可以与 decimal 交换使用

2. 近似数值类型

近似数字数据类型可以存储十进制值,用于表示浮点数据。由于浮点数据是近似值,此类型的数据不一定有精确的表示,可具体分为 float 和 real 两种。而 float 或 real 数据类型中存储的数据只能精确到数据类型定义中指定的精度,不能保证小数点右边的所有数字都被正确存储。例如,如果把 1.000 908 077 存储在一个定义为 float(8)的数据类型中,则该列只能保证精确地返回 1.000 908。SQL Server 2008 存储数据时对小数点右边的数进行四舍五入。

因此,在涉及该数据类型的计算时会出现舍入误差。只有在精确数据类型不够大,不能存储数值时才可以考虑使用 float。表 4-2 列出了 SQL Server 支持的近似数字数据类型。

表 4-2 近似数字数据类型

数据类型	字节数	取值范围	作 用
float(p)	4/8	－2.23E308～2.23E308	存储大型浮点数,超过十进制数据类型的容量
real	4	－3.4E38～3.4E38	仍有效,为满足 SQL-92 标准,已经被 float 替换了

4.1.2 字符类型

字符类型用于存储字符型数据。每种字符数据类型使用一个或两个字节存储每个字符,具体取决于该数据类型使用 ASCII 编码还是 Unicode 编码。

ASCII 编码要求用 8 个二进制位来表示字母的范围。ASCII 字符串可以用来存储一个字符型数据序列,可具体分为 char、varchar 和 text 三种。其中 char 为固定长度,varchar 为可变长度,text 可用于存储大量字符。

Unicode 标准使用两个字节来表示每个字符。Unicode 字符串可以用来存储一个字符型数据序列。在 Unicode 标准中包括了以各种字符集定义的全部字符。在 SQL Server 中,Unicode 数据以 nchar、nvarchar 和 ntext 数据类型存储。定义一个字符数据类型时,指定该列允许存储的最大字节数。

例如,char(10)最多可以存储 10 个字符,因为每个字符要求 1 个字节的存储空间;而 nchar(10)最多可以存储 10 个字符,而每个 Unicode 字符要求使用两个字节的存储空间。表 4-3 列出了 SQL Server 支持的字符数据类型。

varchar(max)和 nvarchar(max)数据类型同时结合了 text/ntext 数据类型和 varchar/nvarch 数据类型的功能,最多可以存储 2GB 数据,并且对操作或者使用它们的函数没有任何限制。

表 4-3 字符数据类型

数据类型	字节数	字 符 数	作 用
char(n)	1～8000	最多 8000 个字符	固定宽度的 ASCII 数据类型
varchar(n)	1～8000	最多 8000 个字符	固定宽度的 ASCII 数据类型
varchar(max)	最大 2G	最多 1 073 741 824 个字符	可变宽度的 ASCII 数据类型
text	最大 2G	最多 1 073 741 824 个字符	可变宽度的 ASCII 数据类型
nchar(n)	2～8000	最多 4000 个字符	固定宽度的 Unicode 数据类型
nvarchar(n)	2～8000	最多 4000 个字符	可变宽度的 Unicode 数据类型
nvarchar(max)	最大 2G	最多 536 870 912 个字符	可变宽度的 Unicode 数据类型
ntext	最大 2G	最多 536 870 912 个字符	可变宽度的 Unicode 数据类型

4.1.3 日期时间类型

日期时间类型用于存储日期和时间数据，可具体分为 date、time、datetime、datetime2、smalldatetime 和 datetimeoffset 6 种类型。datetime 数据类型存储为一对 4 字节整数，它们一起表示自 1753 年 1 月 1 日午夜 12 点钟经过的毫秒数。smalldatetime 数据类型存储为一对 2 字节整数，它们一起表示自 1900 年 1 月 1 日午夜 12 点钟经过的分钟数。

表 4-4 列出了 SQL Server 2008 支持的日期和时间数据类型。

表 4-4 日期和时间数据类型

日期时间类型	字节数	取 值 范 围	作 用
date	10	0001 年 1 月 1 日～9999 年 12 月 31 日	只存日期，不存时间
datetime	8	1753 年 1 月 1 日～9999 年 12 月 31 日，精度为 3.33 毫秒	存大型日期时间值
Datetime2(n)	8	1753 年 1 月 1 日～9999 年 12 月 31 日，精度为 0.0001 毫秒	存大型日期时间值
smalldatetime	4	1900 年 1 月 1 日～2079 年 6 月 6 日，精度为 1 分钟	存小范围日期时间值
datetimeoffset(n)	26～34	1753 年 1 月 1 日～9999 年 12 月 31 日，精度为 0.0001 毫秒	转换为 UTC 时间
time(n)	3～5	00:00:00～24:00:00，精度为 0.0001 毫秒	只存时间，不存日期

例如，有效的日期和时间数据包括 4/01/98 12:15:00:00:00 pm 和 1:28:29:15:01am 8/17/98。前一个数据类型是日期在前，时间在后；后一个数据类型是时间在前，日期在后。在 SQL Server 2008 中日期的格式可以自己设定。

4.1.4 货币类型

货币数据类型旨在存储精确到 4 个小数位的货币值。表 4-5 列出了 SQL Server 支持的货币数据类型。

表 4-5 货币数据类型

数据类型	字节数	取 值 范 围	作 用
money	8	－922 337 203 685 477.5808～922 337 203 685 477.5807	存储大型货币值
smallmoney	4	－214 748.3648～214 748.3647	存储小型货币值

4.1.5 其他数据类型

1. 二进制数据类型

有很多时候需要存储二进制数据。因此，SQL Server 2008 提供了三种二进制数据类型，允许在一个表中存储各种数量的二进制数据。表 4-6 列出了 SQL Server 支持的二进制数据类型。

表 4-6 二进制数据类型

数据类型	字节数	作用
binary(n)	1～8000	存储固定大小的二进制数据
varbinary(n)	1～8000	存储可变大小的二进制数据
varbinary(max)	最多 2G	存储可变大小的二进制数据
image	最多 2G	存储可变大小的二进制数据

二进制数据类型基本上用来存储 SQL Server 2008 中的文件。binary/varbinary 数据类型用来存储小文件，诸如一组 4KB 或 6KB 文件的数据。

varbinary(max)数据类型可以存储与 image 数据类型相同大小的数据，并且可以使用它执行所有可以用 binary/varbinary 数据类型执行的操作和函数。

2. 特殊数据类型

SQL Server 2008 还提供了多种特殊数据类型，包括 hierarchyid、geometry、geography、rowversion、cursor、sql_variant、timestamp、table、uniqueidentifier 与 xml。timestamp 用于表示 SQL Server 活动的先后顺序，以二进制投影的格式表示。timestamp 数据与插入数据或者日期和时间没有关系。bit 由 1 或 0 组成，当表示真或假、on 或 off 时，使用 bit 数据类型。uniqueidentifier 由 16 字节的十六进制数字组成，表示全局唯一的。当表的记录行要求唯一时，guid 是非常有用的。例如，在客户标识号列使用这种数据类型可以区别不同的客户。表 4-7 描述了这些特殊数据类型。

表 4-7 特殊数据类型

数据类型	作用
bit	存储 0、1 或 null。用于基本“标记”值。TRUE 被转换为 1，而 FALSE 被转换为 0
timestamp	一个自动生成的值。一个表只能有一个 timestamp 列，并在插入或修改行时被设置到数据库时间戳
uniqueidentifier	一个 16 位 GUID，用来全局标识数据库、实例和服务器中的一行
sql_variant	可以根据其中存储的数据改变数据类型。最多存储 8000 字节
cursor	供声明游标的应用程序使用，包含一个可用于操作的游标的引用，不能在表中使用
table	用来存储随后进行的处理的结果集。该数据类型不能用于列。该数据类型的唯一使用时机是在触发器、存储过程和函数中声明表变量时
hierarchyid	存储层次化结构型数据
geometry	存储平面几何对象数据，如点、多边形、曲线等 11 种
geography	存储 GPS 等全球定位类型的地理数据，以经纬度为度量方式存储
rowversion	存储 SQL Server 产生的可标注数据行唯一性的二进制数据
XML	存储一个 XML 文档，最大容量为 2GB

需要说明的是，hierarchyid、geometry、geography、rowversion 等数据类型是 SQL Server 2008 新增的数据类型。

3. 用户自定义数据类型

SQL Server 2008 允许用户根据自己的需要自定义数据类型(UDT)，并可以用此数据类型来声明变量或列。自定义类型提供了一种可以将更能清楚地说明对象中值的类型的名称应用于数据类型的机制，这使程序员或数据库管理员更容易理解用该数据类型定义的对象的用途。

用户定义的数据类型基于在 SQL Server 2008 中提供的数据类型。在 SQL Server 2008 的实践过程中，基本数据类型已经能够满足需要了，除非特别需要，否则不必使用用户自定义数据类型。

4.2　表的创建与维护

4.2.1　表的类型

在 SQL Server 2008 的系统中，可以按照不同的标准对表进行分类。

1. 按照表的用途分类

(1) 系统表。用于维护 SQL Server 2008 服务器和数据库正常工作的只读数据表。系统表存在于各个数据库中，由 DBMS 系统自动维护。

(2) 用户表。由用户自己创建的、用于各种数据库应用系统开发的表。

(3) 已分区表。已分区表是将数据水平划分为多个单元的表，这些单元可以分布到数据库中的多个文件组中。在维护整个集合的完整性时，使用分区可以快速而有效地访问或管理数据子集，从而使大型表或索引更易于管理。

2. 按照表的存储时间分类

(1) 永久表。包括 SQL Server 的系统表和用户数据库中创建的数据表。该类表除非人工删除，否则一直存储在介质中。

(2) 临时表。临时表是临时使用的表结构。临时表分为全局的临时表和局部临时表，并且可以由任何用户创建。所有临时表都是在 tempdb 数据库中创建的。

局部临时表只有创建该表的用户在用来创建该表的连接中可见。局部临时表关联的连接被关闭时，局部临时表自动地被删除。全局临时表在创建后，对于任何连接都是可见的，当引用该表的用户都与 SQL Server 实例断开时，该全局临时表自动删除。

如果服务器关闭，则所有临时表会被清空、关闭。

通过使用 CREATE TABLE 命令并在表名前添加一个字符(#)，可以创建局部临时表。

4.2.2　表的创建

创建数据表有两种方法：一种是在 SQL Server Management Studio 中创建数据表；另一种是利用 Transact-SQL 语句创建数据表。下面以前面创建的教务管理数据库 teaching 中的表为例，介绍表的创建方法和步骤。

1. 在 SQL Server Management Studio 中创建数据表

首先以创建表 4-8 所示的学生信息表 student 表结构为例，说明如何利用 SQL Server Management Studio 为数据库 teaching 创建 SQL Server 2008 的表，具体步骤如下：

表 4-8　student 表结构

列序号	列名	类型	取值说明	列含义
1	studentno	nchar(11)	主键	学生学号
2	sname	nchar(8)	否	学生姓名
3	sex	nchar(1)	否	性别
4	birthday	datetime	否	出生日期
5	classno	nchar(7)	否	班级编号
6	point	smallint	否	入学成绩
7	phone	nchar(12)	否	电话
8	Email	nvarchar(20)	否	电子信箱

(1) 启动 SQL Server Management Studio，在“对象资源管理器”中展开要新建表的数据库 teaching 子目录。

(2) 右击“表”项，从弹出的快捷菜单中选择“新建表”命令，如图 4-1 所示。

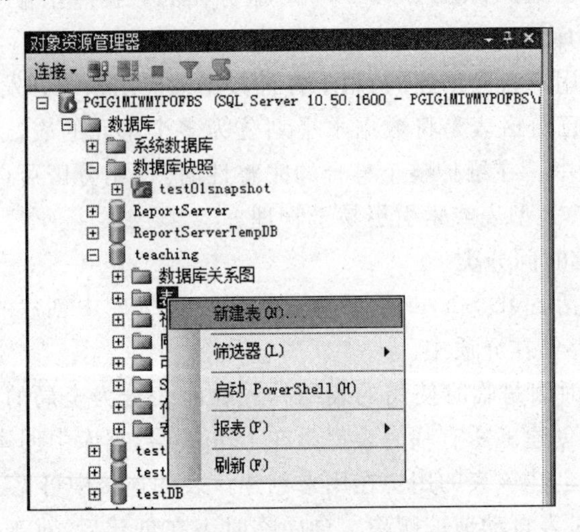

图 4-1　选择新建表

(3) 在弹出的如图 4-2 所示的“表设计器”窗口中依次输入列名、数据类型及允许空否等选项。

- 列名：输入学生学号名 studentno。
- 数据类型与列长度：在下拉列表中选择 nchar(11)，如果默认列长度不合适，还可以修改列长度。
- 允许 Null 值：不选择，表示将来表中的 studentno 列值不允许空值出现。

(4) 依此类推，设置其他列的名称、数据类型、列长度和允许 Null 值等选项，并单击“保存”按钮，如图 4-3 所示。

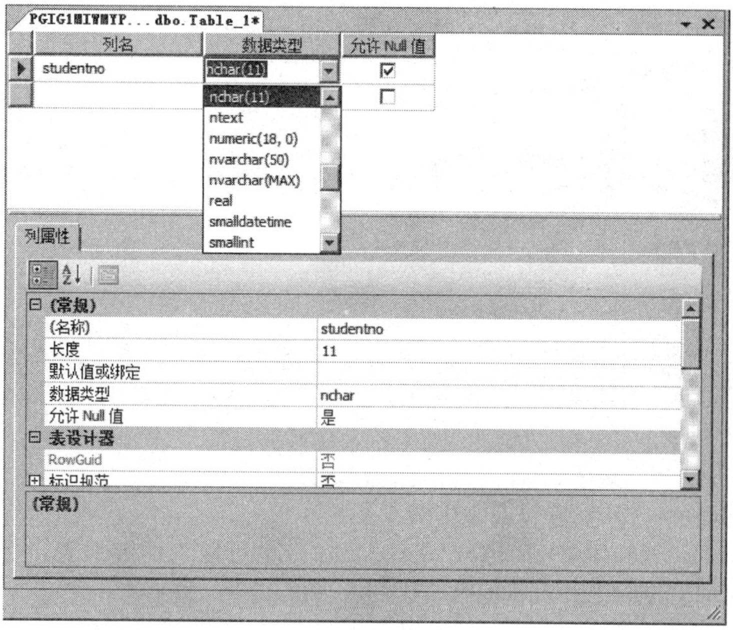

图 4-2 创建表

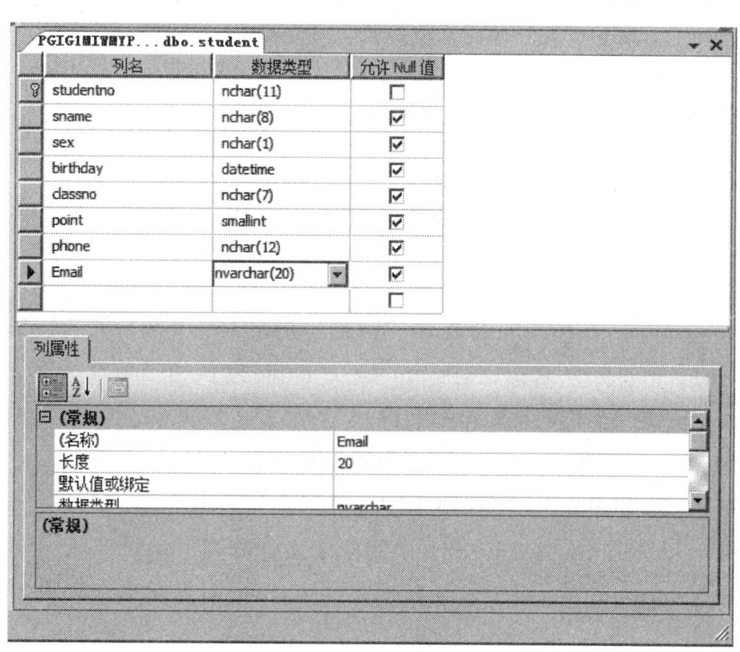

图 4-3 设置完成的表结构

(5) 右击 studentno 列，从弹出的快捷菜单中选择“设置主键”命令，或者使用“设置主键”按钮来设置主键，如图 4-4 所示，设置主键为 studentno。

(6) 设置完毕后，单击“保存”按钮。在弹出的对话框中输入表名 student 后，单击“确定”按钮，即完成了创建表的操作。

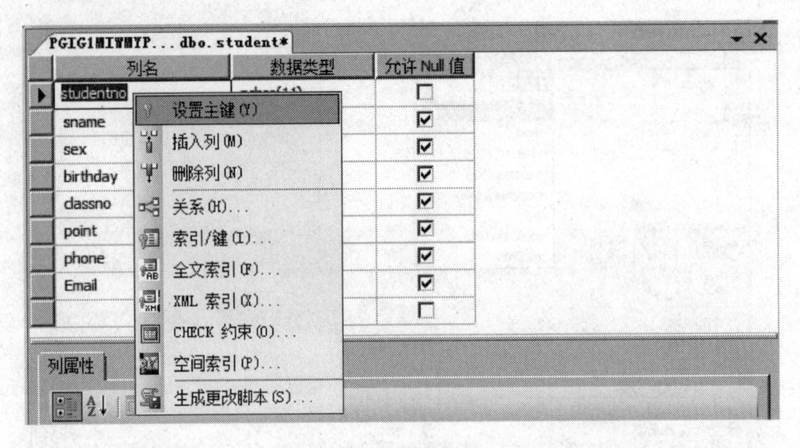

图 4-4　设置主键

2. 利用 Transact-SQL 语句创建数据表

使用 Transact-SQL 语句 CREATE　TABLE 命令也可以创建数据表。CREATE　TABLE 的语法格式如下：

```
CREATE TABLE
    [ database_name.[schema_name].|schema_name.] table_name
    ({<column_definition> | <computed_column_definition>}
         [ <table_constraint> ] [ ,…n ] )
    [ON{ partition_scheme_name( partition_column_name )
         | filegroup  | "default" } ]
    [{TEXTIMAGE_ON { filegroup |"default" } }
 [ ; ]
```

其中，各参数的含义如下：

- database_name：为在其中创建表的数据库的名称。database_name 必须指定现有数据库的名称。如果未指定，则 database_name 默认为当前数据库。
- schema_name：新表所属架构的名称。
- table_name：新表的名称。表名必须遵循标识符规则。
- <column_definition>：主要用于设置数据表列的属性。
- <computed_column_definition>：用于定义计算列。
- <table_constraint>：用于设置数据表约束，指同时针对多个列设置约束。
- ON { <partition_scheme> | filegroup | "default" }：指定存储表的分区架构或文件组。
- TEXTIMAGE_ON { filegroup | "default" }：用于指示 text、ntext、image、xml、varchar(max)、nvarchar(max)或 varbinary(max)列存储在指定文件组的关键字。

下面通过几个例题进一步解释利用 CREATE TABLE 命令创建表的相关选项的含义。

【例 4.1】 利用 CREATE TABLE 命令建立课程信息表 course，表结构如表 4-9 所示。

表 4-9　course 表结构

列 序 号	列　名	类　型	取值说明	列 含 义
1	courseno	nchar(6)	主键	课程编号
2	cname	nchar(20)	否	课程名称
3	type	nchar(8)	否	类别
4	period	tinyint	否	学时
5	credit	numeric(4,1)	否	学分

利用 CREATE TABLE 语句在数据库 teaching 中建立课程信息表 course 的程序代码如下：

```
CREATE TABLE teaching.dbo.course(
    courseno nchar(6) NOT NULL,
    cname nchar(20) NULL,
    type nchar(8) NULL,
    period tinyint NULL,
    credit numeric(4, 1) NULL,
    CONSTRAINT PK_course PRIMARY KEY CLUSTERED (
    Courseno   ASC )
) ON [PRIMARY]
```

程序中，在创建 course 时还为表设置了主键，由此可以看出利用命令方式创建表与可视化方式是一致的。其中：

- PK_course：表示创建主键时的索引名称，可以是任意标识符。
- CLUSTERED：表示聚集索引类型。
- ASC：表示按 courseno 值升序方式排列数据，若是 DESC 则表示降序。

【例 4.2】 利用 CREATE TABLE 命令建立学生分数表 score，表结构如表 4-10 所示。该表中主键由两个列构成。

表 4-10　score 表结构

列 序 号	列　名	类　型	取值说明	列 含 义
1	studentno	nchar(11)	主键	学号
2	courseno	nchar(6)		课程编号
3	usually	numeric(6,2)	否	平时成绩
4	final	numeric(6,2)	否	期末成绩

利用 CREATE TABLE 语句在数据库 teaching 中建立学生分数表 score 的程序代码如下：

```
CREATE TABLE dbo.score(
    studentno nchar(11)  NOT NULL,
    courseno  nchar(6)  NOT NULL,
    usually numeric(6, 2) NULL,
    final numeric(6, 2) NULL,
   CONSTRAINT PK_score PRIMARY KEY CLUSTERED
  (
```

```
        studentno ASC,courseno ASC  )
    )
```

其中：

(1) 没有指定表所在的文件组,系统会将表创建到默认文件组。

(2) 主键由两个列构成,数据将按照 studentno＋courseno 的方式排列。即先排序 studentno 项数据,studentno 项数据相同的再按值排序。其形式如图 4-5 所示。

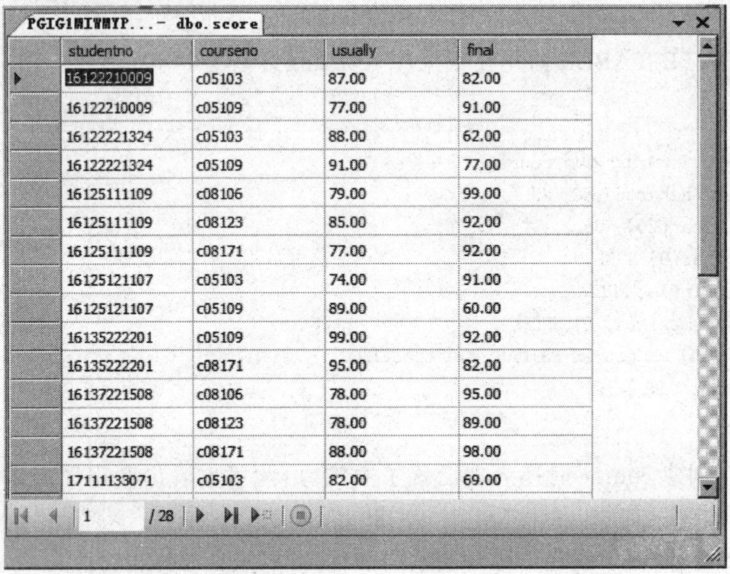

PGIG1MIWMYP...- dbo.score

studentno	courseno	usually	final
16122210009	c05103	87.00	82.00
16122210009	c05109	77.00	91.00
16122221324	c05103	88.00	62.00
16122221324	c05109	91.00	77.00
16125111109	c08106	79.00	99.00
16125111109	c08123	85.00	92.00
16125111109	c08171	77.00	92.00
16125121107	c05103	74.00	91.00
16125121107	c05109	89.00	60.00
16135222201	c05109	99.00	92.00
16135222201	c08171	95.00	82.00
16137221508	c08106	78.00	95.00
16137221508	c08123	78.00	89.00
16137221508	c08171	88.00	98.00
17111133071	c05103	82.00	69.00

1 /28

图 4-5 数据排序示例

【例 4.3】 利用 CREATE TABLE 命令建立教师信息表 teacher,表结构如表 4-11 所示。

表 4-11 teacher 表结构

列序号	列名	类型	取值说明	列含义
1	teacherno	nchar(6)	主键	教师编号
2	tname	nchar(8)	否	教师姓名
3	major	nchar(10)	否	专业
4	prof	nchar(10)	是	职称
5	department	nchar(12)	否	院系部门

利用 CREATE TABLE 语句在数据库 teaching 中建立教师信息表 teacher 的程序代码如下：

```
CREATE TABLE dbo.teacher(
    teacherno nchar(6) NOT NULL,
    tname nchar(8) NULL,
    major nchar(10) NULL,
    prof nchar(10) NOT NULL,
    department nchar(12)  NULL,
```

```
    CONSTRAINT PK_teacher PRIMARY KEY CLUSTERED
(     teacherno ASC )
)
```

其中：

- NULL(空值)：表示数值未知，并不是数字 0 或字符“空格”。比较两个空值或空值与其他任何类型值的结果为空值。
- NOT NULL(不允许空值)：表示数据列中不允许空值出现。这样可以确保数据列中必须包含有意义的值。对于数据列中设置“不允许空值”，在向表中输入数据时就必须输入一个值，否则该行数据将不会被收入表中。

3. 创建数据表的脚本代码

利用 CREATE TABLE 命令创建表和利用可视化方式创建表实现的功能基本是一样的。只要表结构创建完成，就可以查看表的脚本代码。

【例 4.4】 创建表结构如表 4-12 所示的班级信息表 class，然后查看该表的有关 CREATE TABLE 命令脚本信息。

表 4-12 class 表结构

列序号	列名	类型	取值说明	列含义
1	classno	nchar(7)	主键	班级编号
2	classname	nchar(12)	否	班级名称
3	department	nchar(12)	否	院系部门
4	monitor	nchar(8)	否	联系人

按照前面介绍的可视化方式创建表 class，如图 4-6 所示，然后在 SQL Server Management Studio 中右击“资源管理器”窗口中“数据库”下的 teaching→class 子目录，在弹出的快捷菜单中选择“编写表脚本为”→“CREATE 到”→“新查询编辑器”窗口命令，即可

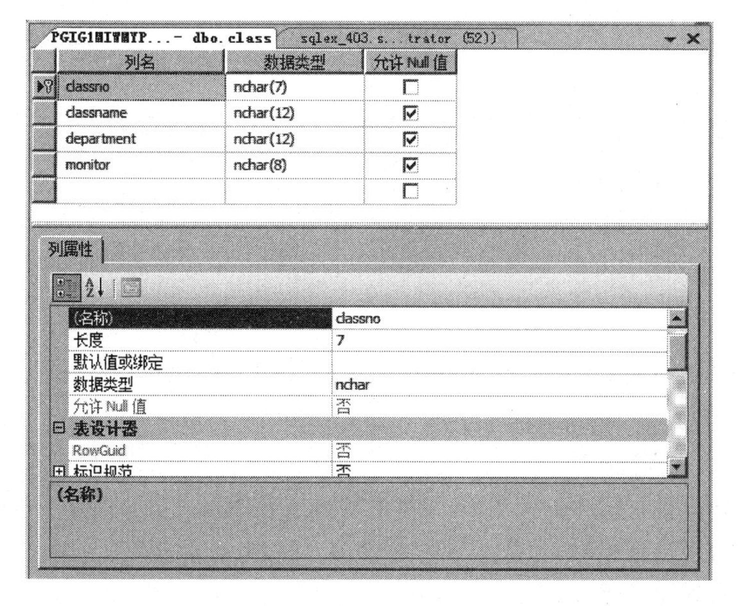

图 4-6 创建表 class

在“查询编辑器”窗口中显示如下代码：

```
SET ANSI_NULLS ON
GO
SET QUOTED_IDENTIFIER ON
GO
CREATE TABLE [dbo].[class](
    [classno] [nchar](7) COLLATE Chinese_PRC_CI_AS NOT NULL,
    [classname] [nchar](12) COLLATE Chinese_PRC_CI_AS NULL,
    [department] [nchar](12) COLLATE Chinese_PRC_CI_AS NULL,
    [monitor] [nchar](8) COLLATE Chinese_PRC_CI_AS NULL,
 CONSTRAINT [PK_class] PRIMARY KEY CLUSTERED
(
    [classno] ASC
)WITH (IGNORE_DUP_KEY = OFF) ON [PRIMARY]
) ON [PRIMARY]
```

【例 4.5】 为了完善 teaching 数据库的表间联系，创建表结构如表 4-13 所示的纽带表 teach_class，然后查看该表的有关 CREATE TABLE 命令脚本信息。

表 4-13 teach_class 表结构

列 序 号	列 名	类 型	取值说明	列 含 义
1	teacherno	nchar(6)	主键	教师编号
2	classno	nchar(7)		班级编号
3	courseno	nchar(6)		课程编号

程序代码如下：

```
SET ANSI_NULLS ON
GO
SET QUOTED_IDENTIFIER ON
GO
CREATE TABLE [dbo].[teach_class](
    [teacherno] [nchar](6) COLLATE Chinese_PRC_CI_AS NOT NULL,
    [classno] [nchar](7) COLLATE Chinese_PRC_CI_AS NOT NULL,
    [courseno] [nchar](6) COLLATE Chinese_PRC_CI_AS NOT NULL,
 CONSTRAINT [PK_teach_class] PRIMARY KEY CLUSTERED
(
    [teacherno] ASC,
    [classno] ASC,
    [courseno] ASC
)WITH (IGNORE_DUP_KEY = OFF) ON [PRIMARY]
) ON [PRIMARY]
```

4. 为数据表输入数据

为数据表输入数据的方式有多种，常见的有通过命令方式添加行数据，也可以通过程序实现表数据的添加。这里以 student 表为例介绍直接在可视化方式下录入表数据的步骤，可供其他表的数据录入参考。

为 student 表输入数据的步骤如下：

(1) 启动 SQL Server Management Studio，展开“资源管理器”窗口中“数据库”下的 teaching 子目录，右击 student 表，从弹出的快捷菜单中选择“编辑前 200 行”命令。

(2) 进入图 4-7 所示数据输入界面，依次按照表结构的要求为每一列输入数据。每输入完一行，系统会自动进入下一行的输入状态。在输入过程中，要针对不同的数据类型输入合法的数据。如果输入不合规则的数据，系统不接受，需要重新输入该行数据。

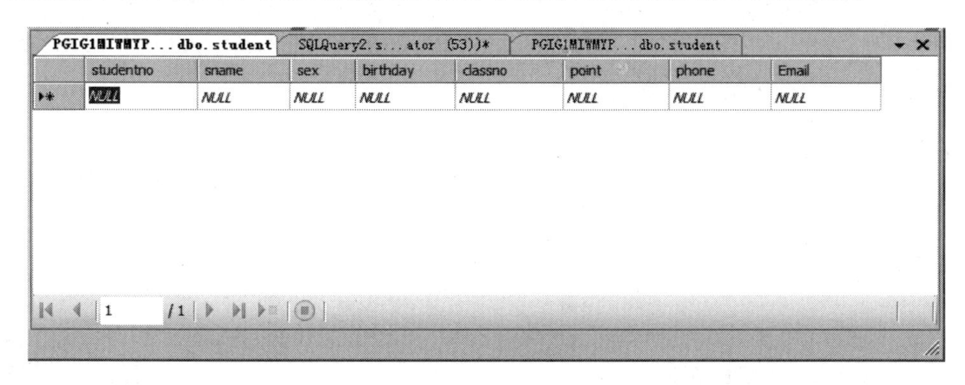

图 4-7 输入数据

例如，日期时间型数据必须是现实中使用的数据，而不能输入像 2016-02-30 这样的数据。数值型数据不能输入字母等。

(3) 对 student 表输入数据完毕，则界面如图 4-8 所示。单击“保存”按钮，即可完成数据的输入过程。

PGIG1MIWMYP... dbo. student

studentno	sname	sex	birthday	classno	point	phone	Email
16122210009	许海冰	男	1996-11-05 00:...	160501	789	13623456778	qwe@163.com
16122221324	何影	女	1997-12-04 00:...	160501	879	13178978999	aaa@sina.com
16125111109	敬秉辰	男	1998-03-01 00:...	160801	789	15678945623	jing@sina.com
16125121107	梁欣	女	1996-09-03 00:...	160502	777	13145678921	bing@126.com
16135222201	夏文斐	女	1997-10-06 00:...	160502	867	15978945645	tang@163.com
16137221508	赵望舒	女	1997-02-13 00:...	160802	789	12367823453	ping@163.com
17111133071	崔岩坚	男	1998-06-06 00:...	170601	787	15556845645	cui@126.com
17112100072	宿致远	男	1999-02-04 00:...	170501	658	12545678998	su12@163.com
17112111208	韩吟秋	男	1997-02-14 00:...	170601	666	15878945612	han@163.com
17122203567	封澈	女	1999-09-09 00:...	170601	898	13245674564	jiao@126.com
17123567897	赵骁欣	女	1999-08-04 00:...	170501	999	13175689345	pingan@163.com
17126113307	竹云泽	女	2000-09-07 00:...	170601	787	13245678543	zhu@163.com
17127893457	风格	男	2000-09-09 00:...	170601	789	15134576788	yan@126.com
NULL	NULL	NULL	NULL	NULL	NULL	NULL	NULL

14 / 14

图 4-8 输入数据结束

(4) 如果需要添加数据，重复上述过程即可。其他表的数据输入可依此类推。

4.2.3 数据浏览

如果需要查看数据库中表的数据，可以通过查询窗口和命令等多种方式实现。

现以 teacher 表为例介绍在查询窗口中浏览表数据的步骤，具体步骤如下：

(1) 启动 SQL Server Management Studio,展开“资源管理器”窗口中“数据库”下的 teaching 子目录,右击 teacher 表,从弹出的快捷菜单中选择“选择前 1000 行”命令。

(2) 进入图 4-9 所示的代码窗口和浏览数据窗口,可以在代码窗口修改代码,数据输出窗口就会重新按新修改代码在浏览数据窗口显示数据。例如修改输出为前 5 行,窗口就会显示前 5 行数据。

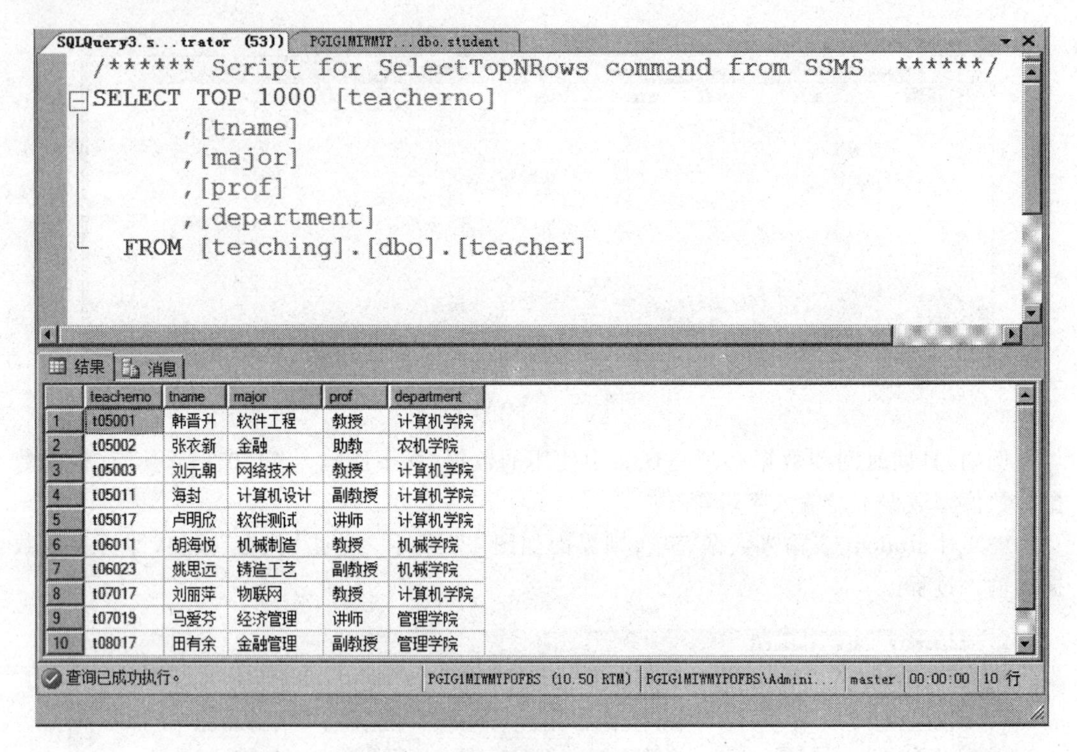

图 4-9 浏览数据表 teacher

4.2.4 表结构的修改

在数据表创建完成后,有时需要对表结构进行修改。在 SQL Server Management Studio 中可以修改表结构,利用 Transact-SQL 语句也可以修改表结构。

1. 在 SQL Server Management Studio 中修改表结构

(1) 启动 SQL Server Management Studio 后,在“对象资源管理器”中展开树形目录,找到要修改结构的数据表。

(2) 若要修改数据表名,可右击数据表,从弹出的快捷菜单中选择“重命名”命令。

(3) 若要对表中的列进行插入、删除等操作,同样右击数据表,从弹出的快捷菜单中选择“设计”命令,此时会出现“表设计器”窗口。若想在某一列前插入另一列,则右击此列,从弹出的快捷菜单中选择“插入列”命令,如图 4-10 所示,并输入要插入的列名与类型。若要删除某个列,只需在弹出的快捷菜单中选择“删除列”命令即可。

(4) 若要修改列数据类型,在“表设计器”窗口中直接单击“数据类型”项修改。同样,可修改数据表的索引、约束。

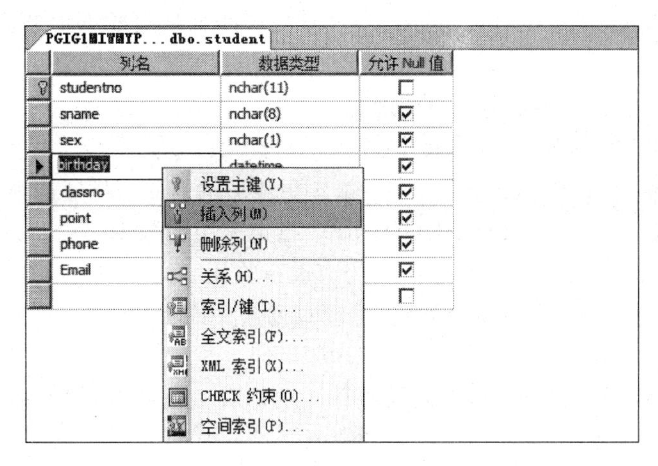

图 4-10　修改表结构

2. 利用 Transact-SQL 语句修改表结构

利用 Transact-SQL 语句的 ALTER TABLE 命令，可以更改、添加或删除列和约束，从而修改表的定义。

ALTER TABLE 的语法格式如下：

```
ALTER TABLE [database_name.[schema_name].
        |schema_name.]table_name
      {
      ALTER COLUMN column_name                              -- 要修改的列名
      {
        [type_schema_name.] type_name [({precision[,scale]
        [COLLATE collation_name ]                           -- 设置排序规则
          [ NULL|NOT NULL ]
    |[WITH{CHECK|NOCHECK}]
    ADD
      {  <column_definition>
        |<computed_column_definition>
        |<table_constraint>
        }[,…n ]
      |DROP                                                 -- 删除
      { [CONSTRAINT ] constraint_name                       -- 删除约束
        |COLUMN column_name                                 -- 删除列
       }[,…n]
  }
[;]
```

上述格式的主要参数说明如下：

- database_name：要在其中创建表的数据库的名称。
- schema_name：表所属架构的名称。
- table_name：要更改的表的名称。
- ALTER COLUMN：指定要更改命名列的命令。
- column_name：要更改、添加或删除的列的名称。

- [type_schema_name.] type_name：更改后的列的新数据类型或添加的列的数据类型。
- precision：指定的数据类型的精度。
- scale：是指定数据类型的小数位数。
- COLLATE < collation_name >：指定更改后的列的新排序规则。
- WITH CHECK | WITH NOCHECK：指定表中的数据是否用新添加的或重新启用的 FOREIGN KEY 或 CHECK 约束进行验证。
- ADD：指定添加一个或多个列定义、计算列定义或者表约束。
- DROP：指定从表中删除多个列或约束。

列是修改表结构的主要对象，数据表的每一列都有一组属性，如名称、长度、数据类型、精度、小数位数等。列的所有属性构成列的定义。

【例 4.6】 在 test01 数据库中创建一个新表 student1，然后修改其列属性。

程序代码如下：

```
CREATE TABLE student1 (column_grade   int)                -- 创建新表
GO
EXEC sp_help student1                                     -- 查看表的信息
GO
ALTER TABLE student1
ADD column_class VARCHAR(20) NULL                         -- 添加列
GO
EXEC sp_help student1
GO
ALTER TABLE student1
DROP COLUMN column_grade                                  -- 删除列
GO
EXEC sp_help student1
GO
```

该程序中先创建了表 student1，其中含有列 column_grade(年级)，然后添加一个允许空值且没有通过 DEFAULT 定义的列 column_class(班级)，新列中各行的值均为 NULL，最后又删除了列 column_class，在每个修改后都要用 sp_help 语句查询表 student。

【例 4.7】 修改 test01 中表 student1 的列 column_class 数据类型和名称。

程序代码如下：

```
Use test01
GO
ALTER TABLE student1
ALTER COLUMN column_class   char(20) NOT NULL             -- 修改数据类型
GO
EXEC sp_rename 'student1.column_class','st_class'         -- 修改列名
GO
```

其中，sp_rename 函数可以更改当前数据库中用户创建对象的名称。

4.2.5 表数据的修改

表的数据输入后，可以直接展开"数据库"→"表"子目录，选择要修改数据的表，右击该

表,从弹出的快捷菜单中选择“编辑前 200 行”命令,然后在窗体中直接修改表的数据即可。

还可以通过三种 Transact-SQL 语句:INSERT、UPDATE 和 DELETE 进行数据的添加、更新和删除操作,利用这三种语句维护和修改表的数据。下面介绍这三种语句的部分内容。

1. 利用 INSERT 语句输入数据

INSERT 语句的基本语法格式如下:

```
INSERT
  [ TOP (expression)[PERCENT]]
  [INTO]
  {<object>}
  {[(column_list)] [<OUTPUT Clause>]
   {VALUES ({DEFAULT|NULL|expression}[,…n ]) }
  }
 [;]
```

上述格式的主要参数说明如下:

- TOP (expression) [PERCENT]:指定将插入的随机行的数目或百分比。
- INTO:一个可选的关键字,可以将它用在 INSERT 和目标表之间。
- <object>:通常是表或视图的名称。
- (column_list):要在其中插入数据的一列或多列的列表。必须用括号将 column_list 括起来,并且用逗号进行分隔。
- <OUTPUT Clause>:将插入行作为插入操作的一部分返回。
- VALUES:引入要插入的数据值的列表。对于 column_list 或表中的每个列,都必须有一个数据值。

【例 4.8】 向 teaching 数据库中的 score 表中添加数据。

程序代码如下:

```
INSERT INTO score (usually,courseno,final,studentno)
VALUES (79, 'c05109',91,'16137221508')
INSERT INTO score
VALUES('17124113307','c05127',93,78)
```

程序中第一种方式列出了表的列名,顺序与表结构不一致,添加值也按指定列对应的顺序添加。第二种方式没有列出表列名,值顺序与表结构一致,同样可以为表插入数据。

2. 利用 UPDATE 语句更新表数据

UPDATE 语句的基本语法格式如下:

```
UPDATE
  [TOP(expression)[PERCENT]]
  {<object>}
  SET
  { column_name = { expression | DEFAULT | NULL }
  }[,…n ]
   [<OUTPUT Clause>]
   [FROM{ <table_source>} [,…n ] ]
```

```
[WHERE{<search_condition>}]
[ ; ]
```

上述格式的主要参数说明如下：

- TOP (expression) [PERCENT]：指定将要更新的行数或行百分比。
- SET：指定要更新的列或变量名称的列表。
- column_name：包含要更改的数据的列。column_name 必须已存在于 table_or view _name 中。
- expression：返回单个值的变量、文字值、表达式或嵌套 select 语句(加括号)。expression 返回的值替换 column_name 或@variable 中的现有值。
- DEFAULT：指定用为列定义的默认值替换列中的现有值。
- <OUTPUT_Clause>：在 UPDATE 操作中返回更新后的数据或基于更新后的数据的表达式。
- FROM <table_source>：指定将表、视图或派生表源用于为更新操作提供条件。
- WHERE <search_condition>：指定条件来限定所更新的行和为要更新的行指定需满足的条件。

UPDATE 可以更改表或视图中单行、行组或所有行的数据值。引用某个表或视图的 UPDATE 语句每次只能更改一个基表中的数据。

【例 4.9】 将 teaching 数据库中 score 表中的学号为 17124113307、课程号为 c05127 的期末成绩修改为 87。

程序代码如下：

```
UPDATE  score
SET final = 87
WHERE studentno = '17124113307' AND courseno = 'c05127'
```

其中 UPDATE 语句只修改了一行，因为列 studentno 和 courseno 的组合建立了表的主键。

【例 4.10】 为数据库 test01 中的表 student1 输入三行数据，然后将列 st_class 的值全部改为 jsj1812。

程序代码如下：

```
INSERT INTO student1 VALUES('jixie1709')
INSERT INTO student1 VALUES('huag1602')
INSERT INTO student1 VALUES('txun1612')
GO
UPDATE  student1
SET  st_class = 'jsj1812'
GO
```

程序中，由于 UPDATE 语句中没有设定 WHERE 条件，运行时将表 student1 中的列 st_class 的值全部更新为 jsj1812。

3. 利用 DELETE 语句删除表中数据

DELETE 语句的基本语法格式如下：

```
DELETE
```

```
 [ TOP(expression)[PERCENT]]
  [FROM] {<object>}
  [ <OUTPUT Clause> ]
  [ FROM <table_source> [ ,…n ] ]
  [ WHERE { <search_condition>}
  ]
[;]
```

上述格式的主要参数说明如下：

- FROM：可选的关键字，可用在 DELETE 关键字与目标 table_or_view_name。
- <OUTPUT_Clause>：将已删除行或这些行表达式作为 DELETE 操作的一部分返回。
- FROM <table_source>：指定附加的 FROM 子句。
- WHERE<search_condition>：指定用于限制删除行数的条件。如果没有提供 WHERE 子句，则 DELETE 删除表中的所有行。

【例 4.11】 删除数据库 test01 中表 student1 的列 st_class 的值为 jsj1812 的行。

程序代码如下：

```
DELETE  FROM  student1
WHERE  st_class = 'jsj1812'
```

程序执行后，删除了列 st_class 的值为 jsj1812 的所有行。

4. 利用 Truncate Table 语句删除表中数据

Transact-SQL 语言也支持利用 Truncate Table 语句删除表中数据。Truncate Table 语句从一个表中删除所有行的速度要快于 DELETE。Truncate Table 语句的格式为：

```
Truncate Table table_name
```

若要删除表中的所有行，则 Truncate Table 语句是一种快速、无日志记录的方法。Truncate Table 语句只记录整个数据页的释放。

4.2.6 删除表

若不再需要使用某个数据表时，可考虑将其删除。可以在 SQL Server Management Studio 中删除数据表，也可以利用 Transact-SQL 语句删除数据表。

1. 在 SQL Server Management Studio 中删除数据表

在 SQL Server Management Studio 中删除表的步骤如下：

(1) 启动 SQL Server Management Studio，连接到本地数据库实例。

(2) 在“对象资源管理器”中展开树形目录，选取要删除的数据表。右击该表名，从弹出的快捷菜单中选择“删除”命令。在弹出的“删除对象”对话框中会出现要删除的表，单击“确定”按钮。

(3) 如果出现“删除失败”的消息，那表示目前不能删除该数据表，原因可能是该数据表正在被使用，或与其他表存在约束关系。此时可在“删除对象”对话框中单击“显示依赖关系”按钮，在弹出的“依赖关系”对话框中可看到该表的依赖关系。若存在依赖关系，则数据表不能被删除，除非先删除依赖于该数据表的关系。

2. 利用 Transact-SQL 语句删除数据表

利用 Transact-SQL 语句 DROP TABLE 就可删除数据表定义及表的所有数据、索引、触发器、约束和指定的权限，其语法格式如下：

```
DROP TABLE[ database_name. [ schema name].
   |schema_name. ]table_name [ ,…n ]
 [;]
```

其中：

- database_name：要在其中创建表的数据库的名称。
- schema_name：表所属架构的名称。
- table_name：要删除的表的名称。

需要注意的是，不能使用 DROP TABLE 删除被 FOREIGN KEY 约束引用的表，必须先删除引用 FOREIGN KEY 约束或引用表。如果要在同一个 DROP TABLE 语句中删除引用表及包含主键的表，则必须先列出引用表。

可以在任何数据库中删除多个表。如果一个要删除的表引用了另一个也要删除的表的主键，则必须先列出包含该外键的引用表，然后再列出包含要引用的主键的表。

下面通过例题对本节内容进一步加深理解。

【例 4.12】 在数据库 test01 中创建表 stud，为表添加、删除列和行，再删除该表。

程序代码如下：

```
USE test01
GO
--创建表 stud
CREATE TABLE stud (
    Studentno nchar (10)   NOT NULL,
    Sname nchar (8)   NULL,
    Sex nchar (1)   NULL,
    Age int  NULL,
    Classno nchar (6)  NULL
)
--向表 stud 中添加数据
insert into stud (Studentno, Sname, Sex, Age, Classno)
values('1622130018','李文平','女',19,'16 计本 01')
insert into stud
values('1622130028','王海平','男',19,'16 计本 02')
insert into stud
values('1622130038','邓文平','女',18,'16 计本 01')
--向表中添加和删除列
alter table stud add department char(20)
alter table stud add unit char(20)
alter table stud drop column unit
--更新表中的数据
update stud set Sname = '华银峰' where Sname = '王海'
update stud set department = '计算机学院'
--删除表中的所有数据
Truncate  Table stud
```

```
-- 删除表
Drop table stud
```

【例 4.13】 局部临时表的创建与数据输入。

程序代码如下：

```
use tempdb
go
CREATE TABLE ＃TempTable (
   studentID int,
   FullName nchar(10),
   telephone nchar(12)
)
INSERT INTO ＃TempTable  VALUES(1,'张何仁','13113689545')
INSERT INTO ＃TempTable  VALUES(2,'卢彬笋','13962562901')
INSERT INTO ＃TempTable  VALUES(3,'和冰','15782695447')
-- 利用 select 语句浏览临时表
select * from  ＃temptable
```

程序运行结果如下：

```
studentID     FullName     telephone
-------------------------------------
  1          张何仁       13113689545
  2          卢彬笋       13962562901
  3          和冰         15782695447
(3 行受影响)
-- 查看局部临时表的有关信息
use tempdb
GO
EXEC sp_help ＃temptable
```

其中：

- EXEC：用于执行存储过程的命令，在此可以省略。
- sp_help：最常用的查看数据库对象信息的存储过程。

4.3 数据的完整性与约束

管理数据库及其对象是 SQL Server 的主要任务之一。在使用数据库的过程中，数据的正确与完整直接影响数据库使用质量。例如在 student 表中，性别列 sex 的值应该是“男”或者“女”，学号列 studentno 的值长度应该为 11 位，如果在实际的录入数据的过程中没有一些约束与检测机制，用户就可能录入不符合要求的数据，那么将导致数据不正确。数据不正确，程序功能无论怎样完善，也无法得到正确的结果。在创建数据库时，利用数据完整性是解决这些问题的重要方法。

数据完整性是指数据的精确性和可靠性，是为防止数据库中存在不符合语义规定的数据，防止因错误信息的输入、输出而造成无效的操作或错误信息而提出的。数据完整性在数据库管理系统中是十分重要的。

4.3.1 数据完整性的类型

数据完整性对于数据来说有两个方面的含义，即正确和相容。根据数据完整性所作用的数据库对象和范围不同，可以将其分为以下几类：

(1) 域(Domain)完整性。域就是指表中的列，域完整性要求列的数值具有正确的类型、格式和有效值范围，并确定是否允许有空值。通常使用有效性检查强制域完整性，也可以通过限定列中允许的数据类型、格式或有效值范围来强制数据完整性。域完整性的常见实现机制有默认值(Default)、检查(Check)、外键(Foreign Key)、数据类型(Data Type)和规则(Rule)。

(2) 实体(Entity)完整性。实体对应的是行，实体完整性是要求表中的每一行具有唯一的标识。现实中，如人的指纹、身份证号等都是用于标识人与人之间区别的，是唯一的标识。而在数据库中，如 student 表中的列 studentno 被设为主键，则会保证每个学生只有一个学号，而且是唯一的。实体完整性的实现机制有主键(Primary Key)、唯一码(Unique Key)、唯一索引(Unique Index)和标识列(Identity Column)。

(3) 引用完整性。引用完整性是指两个表的主键与外键之间定义的数据完整性，将确保主键和外键的关系。引用完整性可以保证两个引用表间数据的一致性，如 student 表与 score 表之间依靠 studentno 列建立引用完整性，可以保证每个学生的信息与成绩的一致，而不会出现张冠李戴的错误。还可以禁止在从表中插入被引用表中不存在的关键字的行，如给一个本来就“没有此人”的学生输入成绩。实现引用完整性的实现机制有外键(Foreign Key)、检查(Check)、触发器(Trigger)和存储过程(Stored Procedure)。

(4) 用户定义完整性。用户可以根据其应用环境的不同，对数据库设置一些特殊的约束条件，反映某一具体应用所涉及的数据必须满足的语句要求。SQL Server 2008 提供了定义和检验这类完整性的机制，用户定义完整性使用户可以定义不属于其他任何完整性分类的特定业务规则。用户定义完整性的实现机制有规则(Rule)、触发器(Trigger)和存储过程(Stored Procedure)，以及创建数据表时的所有约束(Constraint)。

4.3.2 约束

约束是定义关于列中允许值的规则，是强制实施完整性的标准机制。SQL Server 2008 通过 5 种约束可以定义自动强制实施数据库完整性的方式。

1. SQL Server 2008 支持的约束类型

(1) NOT NULL 约束。列的为空性决定表中的行是否可为该列包含空值。出现 NULL 通常表示值未知或未定义。

(2) PRIMARY KEY 约束。标识具有唯一标识表中行的值的列或列集。在一个表中，不能有两行具有相同的主键值。不能为主键中的任何列输入 NULL 值。每个表都应有一个主键。如果为表指定了 PRIMARY KEY 约束，则 SQL Server 2008 数据库引擎将通过为主键列创建唯一索引来强制数据的唯一性。因此，所选的主键必须遵守创建唯一索引的规则。

(3) FOREIGN KEY 约束。外键用于建立和加强两个表数据之间连接的一列或多列。通过定义 FOREIGN KEY 约束来创建外键可以标识并强制实施表间的关系。在外键引用中，当一个表的列被引用作为另一个表的主键值的列时，就在两表之间创建了连接，这个列就成为第二个表的外键。FOREIGN KEY 约束还可以定义为引用另一表的 UNIQUE 约束。FOREIGN KEY 约束可以包含空值。

(4) UNIQUE 约束。强制实施列集中值的唯一性。表中的任何两行都不能有相同的列值。另外，主键也强制实施唯一性，但主键不允许 NULL 作为一个唯一值，而 UNIQUE 约束可以输入 NULL 值。

(5) CHECK 约束。通过限制可放入列中的值来强制实施域完整性。CHECK 约束指定逻辑表达式来检测输入的相关列值，若输入列值使得计算结果为 FALSE，则该行被拒绝添加。可以在一个表中为每列指定多个 CHECK 约束。

2. 在 SQL Server Management Studio 中创建约束

(1) 创建 NOT NULL 约束。在 SQL Server Management Studio 中选择表，执行“设计”命令，在弹出的窗体中对表中列的“允许空”项进行选择。

(2) 创建 PRIMARY KEY 约束。在 SQL Server Management Studio 中选择表，执行“设计”命令，在弹出的窗体中右击表中被选择的列，从弹出的快捷菜单中选择“设置主键”命令。

(3) 创建 FOREIGN KEY 约束。以 score 表为例介绍创建 FOREIGN KEY 约束步骤如下：

① 在 SQL Server Management Studio 中选择表 score，执行“设计”命令后弹出窗体，单击“关系”按钮，如图 4-11 所示。

列名	数据类型	允许 Null 值
studentno	nchar(11)	☐
courseno	nchar(6)	☐
usually	numeric(6, 2)	☑
final	numeric(6, 2)	☑
		☐

图 4-11　创建外键约束

② 在弹出的“外键关系”对话框中单击“添加”按钮，然后单击“表和列规范”后的“…”按钮，如图 4-12 所示。

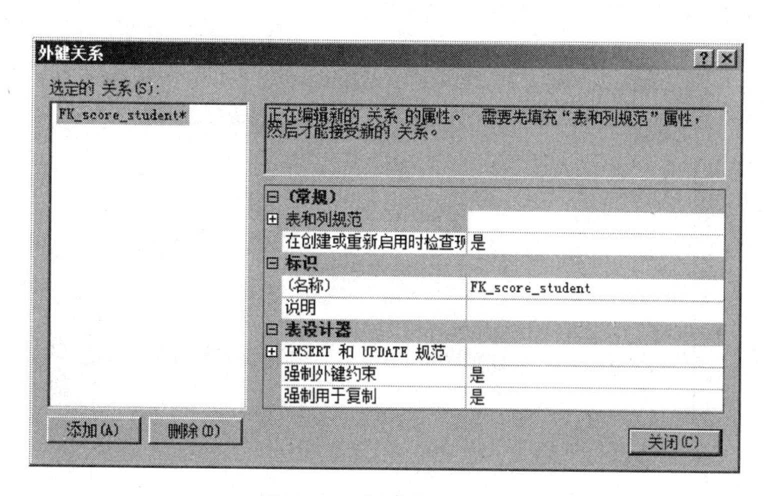

图 4-12　创建外键关系

③ 在弹出的“表和列”对话框中选择主键表 student 和外键表 score 及共有的列 studentno，如图 4-13 所示。单击“确定”按钮，外键约束创建完毕。

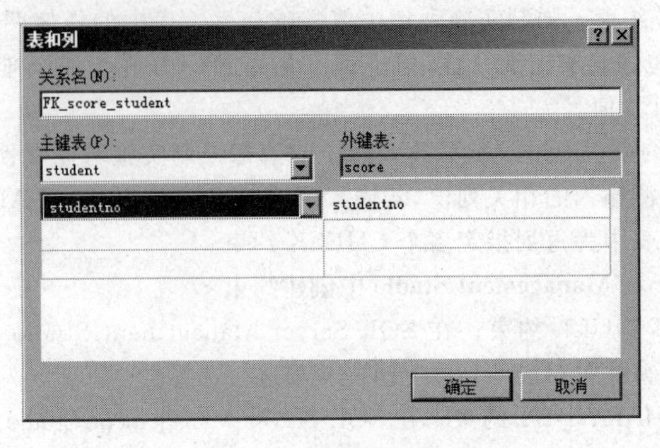

图 4-13　选择表和列

④ 若展开表 student 的“键”项，可以查看外键约束 FK_score_student。

(4) 创建 UNIQUE 约束。在表 score 中创建 UNIQUE 约束的步骤如下：

① 在 SQL Server Management Studio 中选择表 score，执行“设计”命令后弹出窗体，单击“管理索引和键”按钮，如图 4-14 所示。

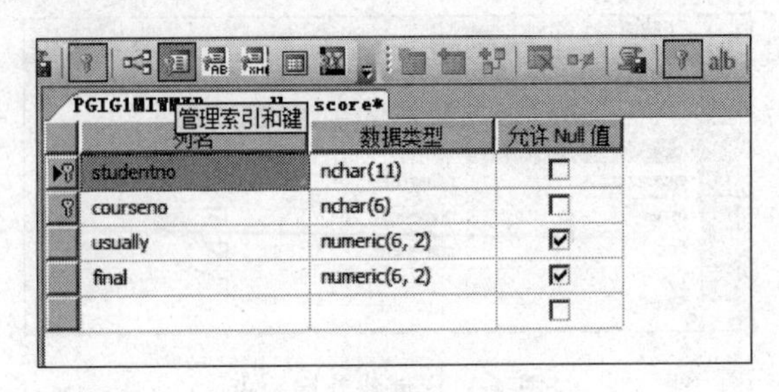

图 4-14　创建唯一约束

② 在弹出的“索引/键”对话框中单击“添加”按钮，然后在“是唯一的”后的下拉列表中选择“是”选项，单击“关闭”按钮，如图 4-15 所示。

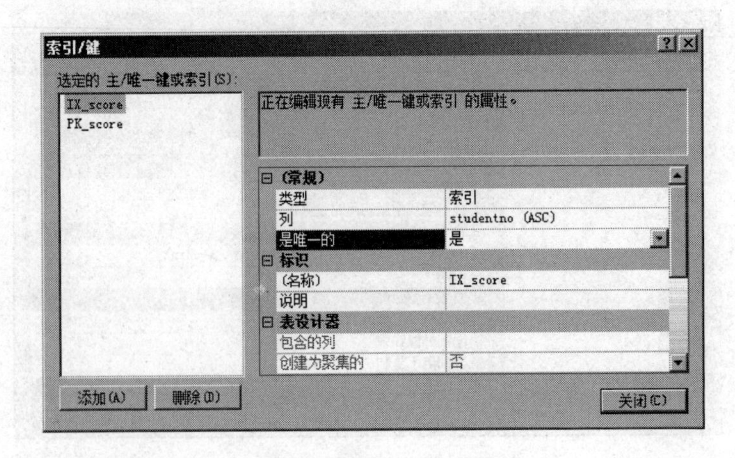

图 4-15　“索引/键”对话框

(5) 创建 CHECK 约束。在表 student 中创建 CHECK 约束的步骤如下：

① 在 SQL Server Management Studio 中选择表 student，执行“设计”命令后弹出窗体，单击“管理 Check 约束”按钮，如图 4-16 所示。

列名	数据类型	允许 Null 值
studentno	nchar(11)	☐
sname	nchar(8)	☑
sex	nchar(1)	☑
birthday	datetime	☑
classno	nchar(7)	☑
point	smallint	☑
phone	nchar(12)	☑
Email	nvarchar(20)	☑
		☐

图 4-16　创建 CHECK 约束

② 在弹出的“CHECK 约束”对话框中单击“添加”按钮，然后选择“表达式”后的“…”按钮，如图 4-17 所示。

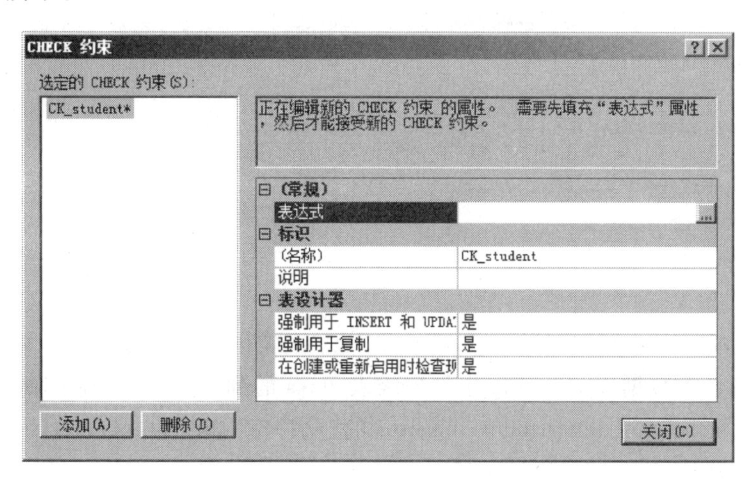

图 4-17　“CHECK 约束”对话框

③ 在弹出的“CHECK 约束表达式”对话框中输入表达式“sex='男' or sex='女'”，如图 4-18 所示。单击“确定”按钮，CHECK 约束创建完毕。

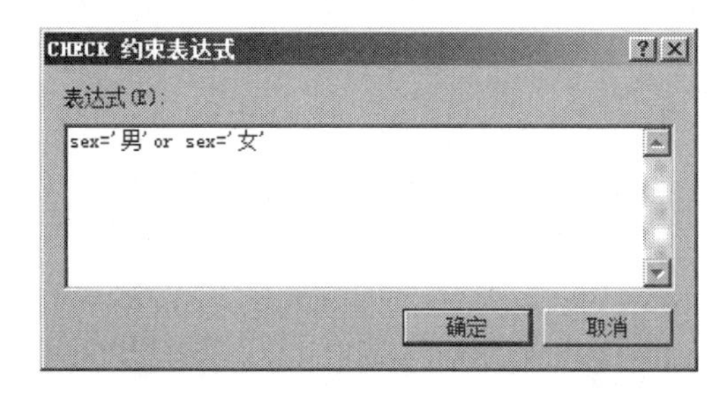

图 4-18　设置 CHECK 约束表达式

利用可视化方式还可以添加各种约束，参看创建的步骤即可实现。约束创建完成，可以在资源管理器中通过展开具体表的“键”或“约束”子目录查看、修改、输出脚本等。

3. 利用 Transact-SQL 语句创建或修改约束

创建约束可以使用 CREATE TABLE 或 ALTER TABLE 语句完成。使用 CREATE TABLE 语句表示在创建表的时候定义约束，使用 ALTER TABLE 语句表示在已有的表中添加约束。即使表中已经有了数据，也可以在表中增加约束。

定义约束时，既可以把约束放在一个列上，也可以把约束放在多个列上。如果把约束放在一个列上，该约束称为列级约束，因为它只能由约束所在的列引用。如果把约束放在多个列上，该约束称为表级约束，这时可以由多个列来引用该约束。

当定义约束或修改约束的定义时，应该考虑当在表上增加约束时，SQL Server 2008 系统将检查表中的数据是否与约束冲突。

当创建约束时，可以指定约束的名称。否则，系统将提供一个复杂的、系统自动生成的名称。对于一个数据库来说，约束名称必须是唯一的。一般来说，约束的名称应该按照这种格式：约束类型简称_表名_列名_代号。

利用 Transact-SQL 语句创建或修改约束的语法格式如下：

```
<table_constraint>: : = [CONSTRAINT constraint_name]   -- 定义或修改约束
[WITH{CHECK|NOCHECK}]
  ADD
    {<table_constraint>} [ ,…n ]
  |DROP
    { [ CONSTRAINT ] constraint_name
      | COLUMN column_name } [ ,…n ]
      | { CHECK | NOCHECK } CONSTRAINT
      { ALL | constraint_name [ ,…n ] }
```

下面通过例题来介绍如何利用 Transact-SQL 语句创建或修改约束。

【例 4.14】 为数据库 teaching 中的班级表 class 的列 classno 创建 PRIMARY KEY 约束，并将其中 classname、department、monitor 的“允许空”修改为 NOT NULL。

程序代码如下：

```
ALTER TABLE class
ADD CONSTRAINT PK_class PRIMARY KEY CLUSTERED
 (classno ASC)
GO
ALTER TABLE class
ALTER COLUMN classname nchar(12) NOT NULL                 -- 修改数据类型
GO
ALTER TABLE class
ALTER COLUMN department nchar(12) NOT NULL
GO
ALTER TABLE class
ALTER COLUMN monitor nchar(8) NOT  NULL
GO
```

通过代码将各列的“允许空”修改为 NOT NULL，并为列 classno 创建 PRIMARY

KEY 约束。而且 SQL Server 自动为 PRIMARY KEY 约束的列建立一个聚集索引。

【例 4.15】 为数据库 teaching 中的成绩表 score 的两个列 usually 和 final 添加 CHECK 约束，限定其值在 0～100 范围内。

程序代码如下：

```
ALTER  TABLE  score
ADD CONSTRAINT CK_usually  CHECK(usually >= 0  and usually <= 100),
    CONSTRAINT CK_final CHECK(final >= 0  and final <= 100)
GO
```

在资源管理器中展开表 score 的“约束”子目录，就会发现 CK_usually 和 CK_final 这两个 CHECK 约束创建成功。如果再向表 score 中输入列 usually 和 final 的值，就必须限定在 0～100 之间，否则系统会不接受。

【例 4.16】 为数据库 teaching 中的学生表 student 的列 E-mail 创建一个 UNIQUE 约束。

程序代码如下：

```
ALTER TABLE student
ADD CONSTRAINT u_Email UNIQUE NONCLUSTERED (Email)
GO
```

在表 student 的列 E-mail 上创建一个 UNIQUE 约束，再为 E-mail 列输入数据时就不能输入重复值了。使用 UNIQUE 约束需要注意以下几点：

(1) 允许有一个空值。

(2) 在一个表中可以设置多个 UNIQUE 约束。

(3) 可将 UNIQUE 约束用于必须有唯一值的单列或多列中，但不一定是表的主键列。

(4) 通过在指定的单列或多列中创建唯一的索引，也可以强制实现 UNIQUE 约束。

【例 4.17】 为数据库 teaching 中表 score 的列 studentno 创建一个 FOREIGN KEY 约束。

程序代码如下：

```
ALTER TABLE  score
WITH CHECK
ADD  CONSTRAINT FK_sc_stud FOREIGN KEY (studentno)
REFERENCES  student (studentno)
GO
```

一个表可含有多个 FOREIGN KEY 约束。如果 FOREIGN KEY 约束已经存在，则可以修改或删除它。

一个表添加 FOREIGN KEY 约束后，外键强制一个列只能取一个被引用的表中存在的值。例如，在表 score 中输入一个 student 表中不存在的 studentno 列中的值，则会出现图 4-19 所示提示对话框。

使用 FOREIGN KEY 约束应该注意如下的问题：

(1) FOREIGN KEY 约束只能引用所引用表的 PRIMARY KEY 或 UNIQUE 约束中的列或所引用表上 UNIQUE INDEX 中的列。如果在 FOREIGN KEY 约束的列中输入非 NULL 值，则此值必须在被引用列中存在；否则，将返回违反外键约束的错误信息。

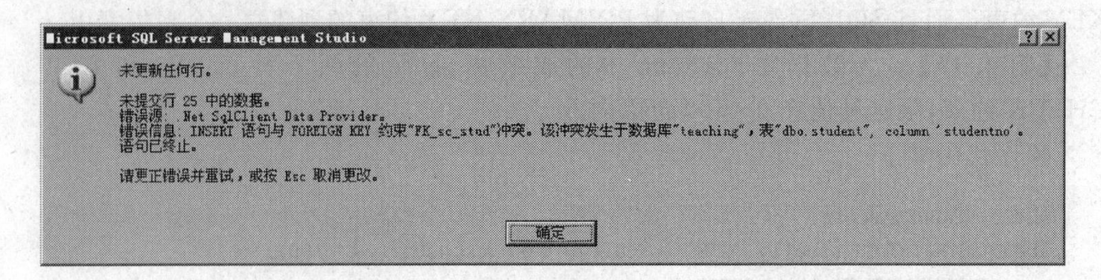

图 4-19　FOREIGN KEY 约束的作用

(2) FOREIGN KEY 约束仅能引用位于同一服务器上的同一数据库中的表。

(3) 列级 FOREIGN KEY 约束的 REFERENCES 子句只能列出一个引用列。此列的数据类型必须与定义约束的列的数据类型相同。

(4) 表级 FOREIGN KEY 约束的 REFERENCES 子句中引用列的数目必须与约束列列表中的列数相同。每个引用列的数据类型也必须与列表中相应列的数据类型相同。

4. 删除约束

在创建约束的过程中,随时可以通过对话框中的"删除"按钮删除已经创建的约束。也可以在资源管理器中找到相应的约束,然后右击,从弹出的快捷菜单中选择"删除"命令实现约束的删除。通过 Transact-SQL 语句也可以删除约束,和删除其他数据库对象的格式一样。删除约束的语法格式如下:

```
ALTER TABLE table name
DROP CONSTRAINT constraint name
```

【例 4.18】 利用命令删除数据库 teaching 中表 score 的一个约束 CK_usually。

程序代码如下:

```
ALTER TABLE score
DROP CONSTRAINT CK_usually
```

5. 禁止使用约束

禁用约束就是禁止使用在现有数据上的约束检查。有时考虑到性能的原因,建议禁用约束。

(1) 禁用在现有数据上的约束检查。当在已经包含数据的表中定义约束时,SQL Server 2008 会自动检查数据来验证它是否满足约束的条件。但是,当向表中添加约束时,也可以禁用对现有数据的约束检查。

例如,创建如下的约束就可以实现禁用检查约束。

```
ALTER TABLE  score
WITH NOCHECK
ADD  CONSTRAINT CK_final12  CHECK  ((final >= 0 AND final <= 100))
GO
```

(2) 在加载新数据时禁用约束检查。可以禁用在现有的 CHECK 和 FOREIGN KEY 约束上的约束检查,以便任何修改的数据或是向表中添加的数据不会被检查是否违反了约束。

为了提高效能，避免约束检查时的开销，在下列情况下可以禁止使用约束检查：

① 已经确定数据与约束一致。

② 想载入与约束不一致的数据，载入后可以执行查询来改变数据，然后使约束重新有效。

4.3.3 规则

规则是一种数据库对象，属于逐步取消的数据完整性手段。在 SQL Server 2008 中要创建规则，只能通过 Transact-SQL 语句中的 CREATE RULE 命令进行。

1. 使用 CREATE RULE 命令创建规则

使用 CREATE RULE 语句创建规则的语法格式如下：

```
CREATE RULE  [schema_name.]rule_name
   AS condition_expression
[;]
```

其中的主要参数说明如下：

- rule_name：新规则的名称，还可以选择是否指定规则所有者的名称。
- schema_name：架构名称。
- condition_expression：定义规则的条件。规则可以是 WHERE 子句中任何有效的表达式，并且可以包含诸如算术运算符、关系运算符和 IN、LIKE、BETWEEN 之类的元素。

【例 4.19】 为数据库 teaching 创建一条规则 score_rule，该规则规定凡是分数类的列值必须在 0～100 之间。

程序代码如下：

```
CREATE RULE score_rule
 AS
 @score BETWEEN 0 and 100
GO
```

2. 绑定规则

规则是一种独特的对象。要使之生效，必须用 sp_bindrule 将其与表中的列绑定。绑定规则的语句格式如下：

```
sp_bindrule [@rulename = ]'rule',
   [@objname = ]'object_name'
   [,[ @futureonly = ]'futureonly_flag']
```

其中，主要参数说明如下：

- [@rulename=] 'rule'：由 CREATE RULE 语句创建的规则名称。
- [@objname=] 'object_name'：绑定了规则的列或用户定义的数据类型。
- [@futureonly=] 'futureonly_flag'：仅当将规则绑定到用户定义的数据类型时才使用。

例如，可以将 score_rule 规则绑定到 score 表的 usually 列上。

```
EXEC sp_bindrule 'score_rule','score. usually'
```

刷新数据库 teaching，右击规则 score_rele，从弹出的快捷菜单中选择“查看依赖关系”命令并执行，可以发现 score_rule 规则已经绑定到表 score 上。

3. 解除列上绑定的规则

如果某条规则已经与列或者用户定义数据类型绑定，要删除规则，首先要解除规则的绑定，解除规则绑定的 sp_unbindrule 存储过程的语法格式如下：

```
sp_unbindrule [@objnam = ] 'object_name'
 [,[@futureonly = ] 'futureonly_flag']
```

其中，主要参数说明如下：

- [@objname＝] 'object_name'：要解除规则绑定的表和列或用户定义的数据类型名称。
- [@futureonly ＝] 'futureonly_flag'：仅用于解除用户定义的数据类型规则的绑定。

例如，要解除绑定到 score 表的 usually 列上的规则，可以使用以下 Transact-SQL 语句：

```
EXEC sp_unbindrule 'score.usually'
```

4. 删除规则

解除规则绑定后，就可以用 DROP RULE 语句删除规则 score_rule 了。

```
DROP RULE score_rule
```

当然，也可以通过右击规则 score_rele，从弹出的快捷菜单中选择“删除”命令来删除规则。

4.3.4 默认值

默认值是一种数据库对象，属于逐步取消的数据完整性手段。在 SQL Server 2008 中要创建默认值，只能通过 Transact-SQL 语句中的 CREATE DEFAULT 命令进行。

1. 使用 CREATE DEFAULT 命令创建默认值

创建默认值对象的语句格式如下：

```
CREATE DEFAULT [schema_name.]default_name
    AS constant_expression
[;]
```

其中，主要参数说明如下：

- default_name：所创建的默认值名称。默认值名称必须符合标识符的规则。
- schema_name：架构名称。
- constant_expression：只包含常量值的表达式。不能包含任何列或其他数据库对象的名称。

例如，在 teaching 数据库中创建一个 type_default 默认值对象的程序代码如下：

```
CREATE DEFAULT type_default  AS  '必修'
```

```
GO
```

执行程序后，刷新数据库 teaching，查看“默认值”子目录，默认值创建 type_default 完毕。

2. 利用存储过程绑定默认值

在创建默认值后，必须将它与特定表的列绑定后才能使之发挥作用。

用 sp_bindefault 存储过程绑定默认值到列。sp_bindefault 存储过程的语法格式如下：

```
sp_bindefault[@defname=]'default',
  [@objname=]'object name'
  [,[@futureonly=]'futureonly flag']
```

其中，主要参数说明如下：

- [@defname=] 'default'：由 CREATE DEFAULT 语句创建的默认值名称。
- [@objname=] 'object name'：要绑定默认值的表和列名称或用户定义的数据类型。
- [@futureonly=] 'futureonly flag'：仅在将默认值绑定到用户定义的数据类型时才使用。

例如，将上面的 type_default 默认值对象绑定到 course 表的 type 列上，可以用以下 Transact-SQL 语句：

```
EXEC  sp_bindefault  'type_default','course. type'
```

执行程序后，刷新数据库 teaching，选择 course 表右击，从弹出的快捷菜单中选择“设计”命令。在“表设计器”窗体中选择 course 表结构的 type 列，可以发现“列属性”窗体中 type 列已经绑定默认值 type_default。当然，也可以直接在表设计器中绑定默认值。

3. 解除默认值对象的绑定

删除默认值对象时，首先要执行 sp_unbindefault 存储过程，取消默认值对象的绑定，然后执行 DROP DEFAULT 语句删除默认值对象。

解除默认值对象绑定的 sp_unbindefault 存储过程语法格式如下：

```
sp_unbindefault[@objname=] 'object_name'
[,[@futureonly=] 'futureonly_flag']
```

其中，主要参数说明如下：

- [@objname=] 'object_name'：要解除默认值绑定的列的名称。
- [@futureonly=] 'futureonly_flag'：仅用于解除用户定义的数据类型默认值的绑定。

例如，用下面的 Transact-SQL 语句就可以解除 course 表 type 列上的默认值绑定：

```
EXEC sp_unbindefault 'course.type'
```

4. 删除默认值对象

删除默认值的语法格式如下：

```
DROP DEFAULT {default_name} [,…n]
```

其中，主要参数说明如下：

- default_name：现有默认值对象名称。可以通过执行 sp_help 存储过程查询现有默认值对象列表。
- n：表示可以指定多个默认值对象的占位符。

当然，也可以通过右击默认值对象 type_default，从弹出的快捷菜单中选择“删除”命令来删除默认值。

4.3.5 强制数据完整性

可以通过以下两种方法强制数据库完整性：

(1) 由声明保证的数据完整性。声明数据完整性是指定义数据标准，规定数据必须作为对象定义的一部分，SQL Server 将自动确保数据符合标准。实现基本数据完整性的首选方法是使用由声明保证的完整性。

(2) 过程定义数据完整性。使用过程保证的数据完整性，即可以通过编写脚本来定义数据必须满足的标准，并执行这个标准。在 SQL Server 2008 中可以通过使用触发器和存储过程来实现过程定义数据完整性。

4.4 数据库关系图

数据库关系图(Database Diagram)是数据库中对象的图形表示形式。在数据库设计过程中，可以利用数据库关系图对数据库对象如表、列、键、索引、关系、约束等进行进一步设计和修改。数据库关系图包括表对象、表所包含的列及它们之间相互关联的情况。

可以通过创建关系图或打开现有的关系图来打开数据库关系图设计器。

1. 创建数据库关系图

创建数据库关系图的步骤如下：

(1) 在“对象资源管理器”窗口中右击“数据库关系图”文件夹或该文件夹中的任何关系图，从弹出的快捷菜单中选择“新建数据库关系图”命令，如图 4-20 所示。

(2) 此时将显示“添加表”对话框，在“表”列表框中选择所需的表，再单击“添加”按钮，如图 4-21 所示。选择的表将以图形方式显示在新的数据库关系图中。

(3) 继续添加或删除表，按照设计的方案修改表或更改表关系，如添加 student、score、class 等 6 个表，创建数据库关系图，如图 4-22 所示。

(4) 选择“文件”→“保存关系图”命令，在弹出的对话框中输入关系图名称 Diagram_teacl，单击“确定”按钮，即可建成数据库关系图。

通过保存数据库关系图，可以保存对数据库所做的所有更改，包括对表、列和其他数据库对象所做的任何更改。

对于任何数据库，可以创建任意数目的数据库关系图；每个数据库表都可以出现在任意数目的关系图中。这样便可以创建不同的关系图使数据库的不同部分可视化，或强调设计的不同方面。例如，可以创建一个大型关系图来显示所有表和列，并创建一个较小的关系图来显示所有表但不显示列。

图 4-20　创建数据库关系图

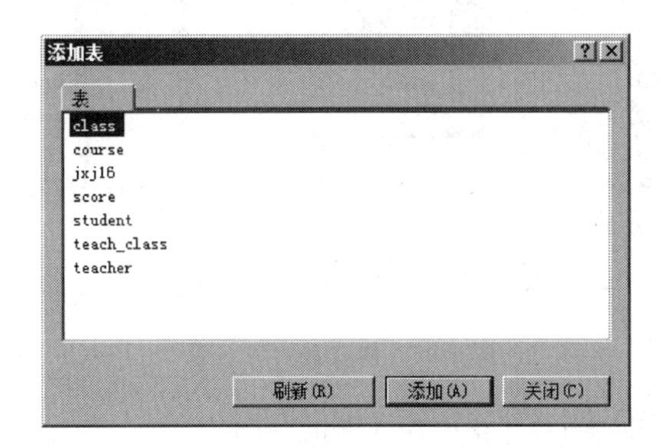

图 4-21　“添加表”对话框

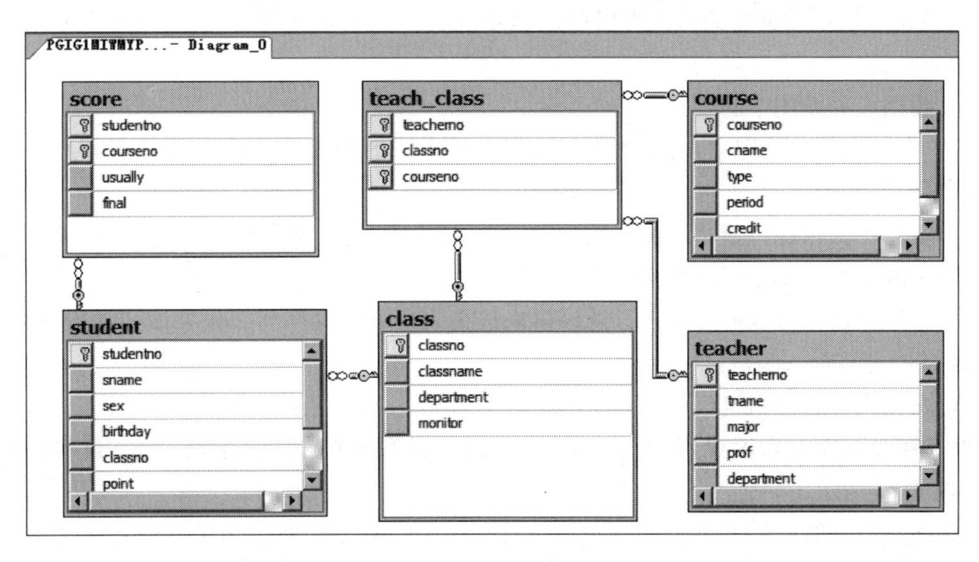

图 4-22　完成数据库关系图

2. 在数据库关系图中修改数据库对象

在数据库关系图上，表中所显示的列名与列存储在数据库的名称一样，可以在数据库关系图中直接重命名列。具体步骤如下：

(1) 展开数据库关系图，选择要重命名列的表，再右击要重命名的列。

(2) 从弹出的快捷菜单中选择“表视图”下的“标准”、“列名”或“键”命令，如图 4-23 所示。

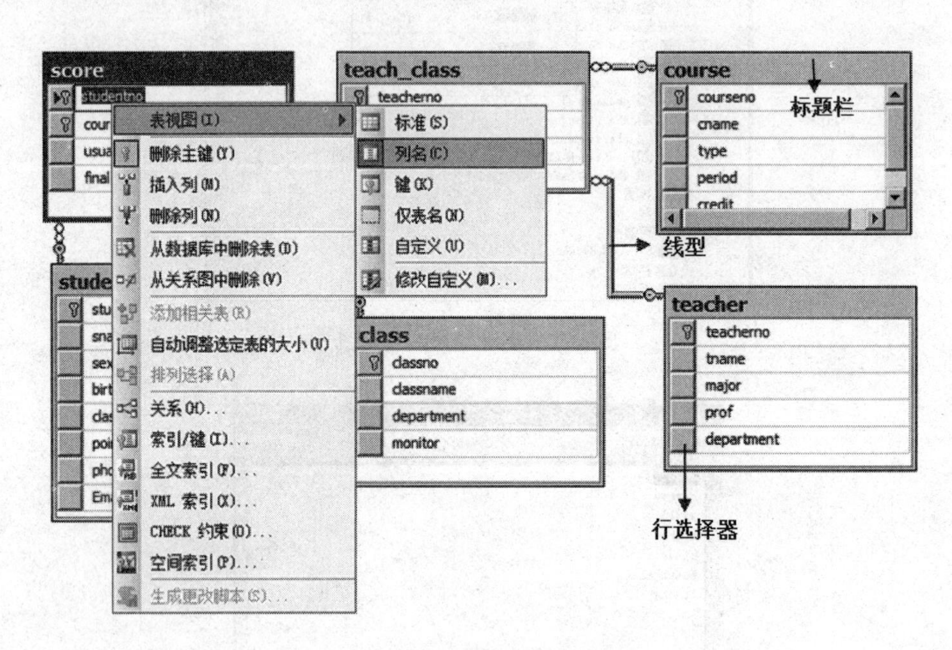

图 4-23　修改数据库对象

(3) 在显示要重命名列的单元格中输入新的“列名”。

(4) 使用资源管理器还可以创建新的数据库关系图。数据库关系图以图形方式显示数据库的结构。使用数据库关系图可以创建和修改表、列、关系和键。此外，还可以修改索引和约束。

3. 数据库关系图中的要素

(1) 在数据库关系图中，每个表都可带有三种不同的功能：标题栏、行选择器和一组属性列，如图 4-23 所示。

① 标题栏。标题栏显示表的名称。如果修改了某个表，但尚未保存该表，则表名末尾将显示一个星号(*)，表示未保存更改。

② 行选择器。可以通过单击行选择器来选择表中的数据库列。如果该列是表的主键，则行选择器将显示一个键符号。

③ 属性列。属性列组仅在表的某些视图中可见。

(2) 在数据库关系图中，每个关系都可以带有三种不同的功能：终节点、线型和相关表，如图 4-23 所示。

① 终节点。线的终节点表示关系是一对一还是一对多关系。如果某个关系在一个终节点处有键，在另一个终节点处有无穷符号，则该关系是一对多关系。如果某个关系在每个

终节点处都有键，则该关系是一对一关系。

② 线型。线本身表示当向外键表添加新数据时，DBMS是否强制关系的引用完整性。如果为实线，则在外键表中添加或修改行时，DBMS将强制关系的引用完整性。如果为点线，则在外键表中添加或修改行时，DBMS不强制关系的引用完整性。

③ 相关表。关系线表示两个表之间存在外键关系。对于一对多关系，外键表是靠近线的无穷符号的那个表。如果线的两个终节点连接到同一个表，则该关系是自反关系。可以打开数据库关系图以查看或编辑关系图的结构。

4. 查看数据库关系图

查看数据库关系图的步骤如下：

(1) 在"对象资源管理器"窗口中右击相应数据库的"数据库关系图"子目录下已经建成的数据库关系图。

(2) 在弹出的快捷菜单中选择"修改"命令，即可查看和修改选择的关系图。

(3) 或者在"对象资源管理器"窗口中展开"数据库关系图"文件夹，双击要打开的数据库关系图的名称。

由此可见，数据库关系图还是一种可视化工具，可用于对所连接的数据库进行设计和可视化处理。在数据库关系图中可以创建、编辑或删除表、列、键、索引、关系和约束。一个数据库可以通过创建一个或多个关系图，以显示数据库中的部分或全部表、列、键和关系，以实现数据库对象的可视化操作。

4.5 数据的导入和导出

4.5.1 数据转换概述

SQL Server 2008 Integration Services (SSIS)是一种企业数据转换和数据集成解决方案，用户可以以此从不同的数据源提取、转换、复制及合并数据，并将其移至单个或多个目标。由此来提高开发人员、管理人员和开发数据转换解决方案的工作者的能力和工作效率。SSIS的典型用途如下：

(1) 合并来自异类数据存储区的数据，包括文本格式、Excel、Access等数据。

(2) 自动填充数据仓库，进行数据库的海量导入、导出操作。

(3) 对数据的格式在使用前进行数据标准化转换。

(4) 将商业智能置入数据转换过程。

(5) 使数据库的管理功能和数据处理自动化。

1. 启动 SQL Server Integration Services

在使用SSIS之前要求运行SQL Server Integration Services。启动集成服务的步骤如下：

(1) 选择"开始"→"所有程序"→Microsoft SQL Server 2008→"配置工具"→"SQL Server配置管理器"命令，启动图4-24所示窗体。

(2) 展开窗体左侧的"SQL Server服务"选项，在右侧窗口中选择SQL Server Integration Services服务右击，从弹出的快捷菜单中选择"启动"命令。

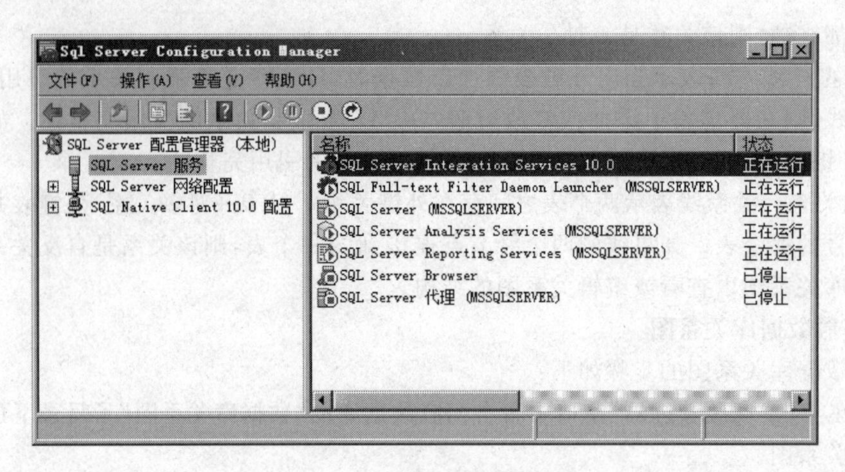

图 4-24　SSIS 配置管理器

2. Integration Services 的数据转换类型

数据转换将输入列中的数据转换为其他数据类型，然后将其复制到新的输出列。例如，可从多种数据源中提取数据，然后用此转换将列转换为目标数据存储所需的数据类型。如果需要配置数据转换，可以采用下列方法：

(1) 指定包含要转换的数据的列和要执行的数据转换的类型。

(2) 指定转换输出列是使用 Microsoft SQL Server 2008 Integration Services (SSIS)提供的不区分区域设置的较快分析例程，还是使用标准的区分区域设置的分析例程。

Integration Services 数据引擎支持具有多个源、多个转换和多个目标的数据流。利用数据转换，开发人员可以方便地生成具有复杂数据流的包，而无需编写任何代码。这些转换包括：

(1) 条件性拆分和多播转换，用于将数据行分布到多个下游数据流组件。

(2) 合并和合并联接转换，用于组合来自多个上游数据流组件的数据行。

(3) 排序转换，用于排序数据和标识重复的数据行。

(4) 模糊分组转换，用于标识相似的数据行。

(5) 查找和模糊查找转换，用于扩展包含查找表中值的数据。

(6) 字词提取和字词查找转换，用于文本挖掘应用程序。

(7) 聚合、透视、逆透视和渐变维度转换，用于常见数据仓库任务。

(8) 百分比抽样和行抽样转换，用于提取样本行集。

(9) 复制列转换、数据转换和派生列转换，用于复制和修改列值。

(10) 聚合转换，用于汇总数据。

(11) 透视和逆透视转换，用于从非规范化的数据创建规范化的数据行，以及从规范化的数据创建非规范化的数据行。

(12) Integration Services 还包括用于简化自定义转换的开发工作的脚本组件。

3. SQL Server 数据的导入导出向导

SQL Server 导入和导出向导提供了最低限度的数据转换功能。除了支持在新的目标表和目标文件中设置列的名称、数据类型和数据类型属性之外，SQL Server 导入和导出向导不支持任何列级转换。

（1）向导的主要功能是复制数据。该向导是快速创建在两个数据存储区间复制数据的 Integration Services 包的最简单方法。

（2）在 SQL Server 2008 中的新增功能。主要包括能够更好地支持平面文件中的数据和对数据的实时预览。通过使用 SQL Server 导入和导出向导创建的已保存的包可以在 Business Intelligence Development Studio 中打开，并可以使用 SSIS 设计器进行扩展。

（3）访问的数据源。SQL Server 导入和导出向导可以访问下列类型的数据源：SQL Server、文本文件、Access、Excel 及其他 OLE DB 访问接口。此外，还可以将 ADO. NET 用作源。

4. 启动 SQL Server 导入导出向导的常用方法

（1）在 Business Intelligence Development Studio 中右击“SSIS 包”文件夹，从弹出的快捷菜单中选择“SSIS 导入和导出向导”命令。

（2）在 Business Intelligence Development Studio 中选择“项目”→“SSIS 导入和导出向导”命令。

（3）在 SQL Server Management Studio 中连接到数据库引擎服务器类型，展开数据库，右击一个数据库，从弹出的快捷菜单中选择“任务”下的“导入数据”或“导出数据”命令。

4.5.2 导入数据

使用 SQL Server 导入向导可以从支持的数据源向本地数据库之间复制和转换数据。下面以从 Excel 文件转换为 SQL Server 数据表为例介绍导入数据向导的用法和步骤。具体步骤参考如下：

（1）启动导入向导。在资源管理器中右击数据库 test01，从弹出的快捷菜单中选择“任务”→“导入向导”命令，弹出“SQL Server 导入和导出向导”初始界面。

（2）选择数据源类型。单击“下一步”按钮，在“数据源”列表框中选择数据源类型 Microsoft Excel。单击“下一步”按钮，指定要从中导入数据的电子表格的路径和文件名。或者单击“浏览”按钮，通过使用“打开”对话框定位电子表格“奖学金. XLS”。

（3）选择目标。单击“下一步”按钮，选择目标类型和文件，如数据库 test01。也可以通过列表框选择其他类型和其他数据库。

（4）指定复制或查询操作。单击“下一步”按钮，选择“复制一个或多个表或视图的数据”单选按钮。

（5）编辑和保存文件。单击“下一步”按钮，单击映射下的“编辑”项，修改目标文件的列的数据类型等属性。修改完毕，单击“确定”按钮返回。

（6）单击“下一步”按钮，进入“保存”对话框。选择“立即执行”，将立即运行包。若选择“保存 SSIS 包”，则保存包以便日后运行。

（7）完成。单击“下一步”按钮，进入“完成该向导”对话框，然后单击“完成”按钮，进入“执行成功”对话框，如图 4-25 所示。表明电子表格“奖学金. XLS”成功导入数据库 test01 中，成为一个 SQL Server 2008 的数据表，单击“关闭”按钮。

（8）查看数据。展开数据库 test01，右击“奖学金”表，从弹出的快捷菜单中选择“打开表”命令，在查询编辑器窗体中可以浏览转换的数据表。

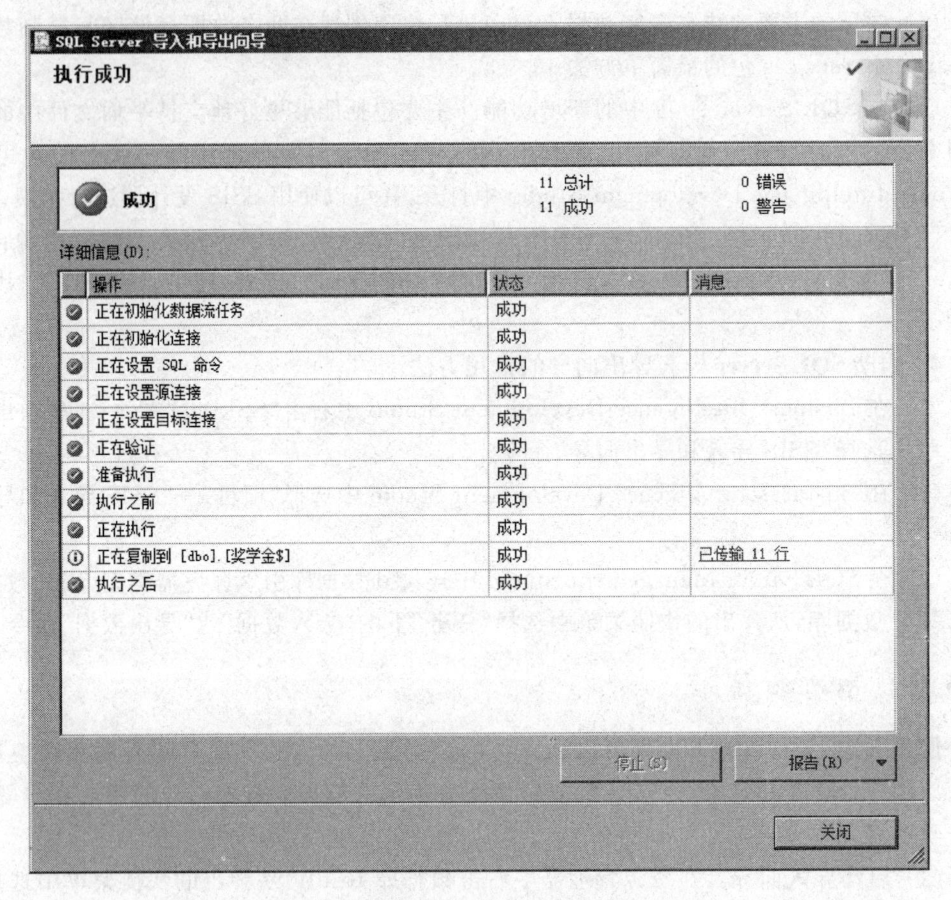

图 4-25　执行成功

4.5.3　导出数据

使用 SQL Server 2008 的导出向导可以在支持的本地数据库数据与指定类型目标文件之间复制和转换数据。

导出向导与导入向导的使用方法基本一致,在此不再赘述。

4.6　小　结

在 SQL Server 2008 中,可以使用 SQL Server Management Studio 的功能和命令来完成对数据表的创建、修改及删除操作,也可在查询编辑器中使用 Transact-SQL 语句来完成对数据表的操作。同时,还可以对表进行数据完整性的设置。

在学习过程中,重点掌握如下几方面的基本操作:

(1) 各种数据类型的特点和用途。

(2) 数据库表结构的创建、修改、删除等基本操作和命令。

(3) 表数据的插入、更新和删除。

(4) 如何在创建表时进行数据完整性的设置。

(5) 各种数据格式之间的转换。

习　题　4

1. 选择题

(1) SQL Server 2008 的约束机制中不包括________。

A. check　　B. not null　　C. unique　　D. rule

(2) 下列________方法可以实现引用完整性。

A. rule　　B. foreign key　　C. not null　　D. default

(3) 在 Transact-SQL 语法中,用于插入和更新数据的命令是________。

A. update, insert　　B. insert, update

C. delete, update　　D. create,insert

(4) 下列________对象不可以在检查约束中使用。

A. 系统函数　　B. foreign key

C. not null　　D. 用户定义的函数(UDF)

(5) 实现域完整性的机制通常不包括________。

A. 存储过程　　B. check　　C. foreign key　　D. 数据类型

2. 思考题

(1) 简述在创建表结构时,常用数据类型的主要作用。

(2) 简述各种约束对表中数据的作用。

(3) SQL Server 2008 支持的数据完整性有哪几类? 各有什么作用?

(4) 简述在 SQL Server Management Studio 中创建含有主键的表的步骤。

(5) 简述在 SQL Server Management Studio 中修改表数据的步骤。

3. 上机练习题

(1) 在 test01 数据库中使用 Transact-SQL 语句创建表 book(book_id nchar(6),book_name nchar(30), price numeric(10,2))和表 author(author_name nchar(4), book_id nchar(6), address nchar(30))。设置 book 中的 book_id 为主键,author 表中的 book_id 为外键,并设置两个表的关系。

(2) 在 test01 数据库中利用 Transact-SQL 语句创建一个图书销售表 booksales(book_id nchar(6), sellnum int, selldate datetime)。分别利用 insert、delete、update 语句添加、删除和更新数据。

(3) 利用 Transact-SQL 语句为表 booksales 中的销售数量列 sellnum 创建规则 sellnum>=0,并绑定规则到列 sellnum。

(4) 利用 Transact-SQL 语句先删除表 booksales 中销售时间在 2015 年以前的记录,再删除全部记录,然后删除该表。

(5) 练习如何利用导出向导将表 book 转换成 Excel 表。

第5章 Transact-SQL 语言基础

SQL 语言是关系型数据库的标准语言，能够在 SQL Server、Access、Oracle、DB2、MySql 等多种数据库上运行。Transact-SQL 语言是 SQL Server 在 SQL 语言的基础上增加了一些语言要素后的扩展语言，这些语言要素包括注释、变量、运算符、函数、流程控制语句等。这些附加的语言要素不是标准 SQL 中的内容，而掌握 Transact-SQL 语言是进一步学习更多的管理技术和数据库应用开发技术的关键。

本章主要介绍 Transact-SQL 语言中的常量、变量、函数、表达式等语言成分和控制流语句等。

5.1 了解 Transact-SQL 编程语言

5.1.1 Transact-SQL 概述

Transact-SQL 语言用于处理 SQL Server 数据库引擎实例的相关操作，主要包括管理数据库对象，检索、插入、修改和删除对象数据。这些都是在程序开发过程中经常用到的功能。

Transact-SQL 语言不是一种标准的编程语言，只能够提供 SQL Server 的数据引擎来分析和运行。前面几章中介绍的 CREATE、ALTER、INSERT、UPDATE、DELETE 等语句都是 Transact-SQL 语言中的命令。

1. Transact-SQL 语言的语法约定

表 5-1 列出了 Transact-SQL 参考的语法格式中使用的约定，并进行了说明。

表 5-1 Transact-SQL 参考语法格式约定

语法约定	用途说明
大写字母	Transact-SQL 关键字
斜体	用户提供的 Transact-SQL 语法的参数
粗体	数据库名、表名、列名、索引名、存储过程、实用工具、数据类型名及必须按所显示的原样输入的文本
下划线	指示当语句中省略了包含带下划线的值的子句时应用的默认值
|(竖线)	分隔括号或大括号中的语法项。只能选择其中一项
[ ](方括号)	可选语法项。不要输入方括号
{ }(大括号)	必选语法项。不要输入大括号
[,…n]	指示前面的项可以重复 *n* 次。每一项由逗号分隔

续表

语法约定	用途说明
[⋯n]	指示前面的项可以重复 n 次。每一项由空格分隔
[;]	可选的 Transact-SQL 语句终止符。不要输入方括号
<标签> ::=	语法块的名称。用于对可在语句中的多个位置使用的过长语法段或语法单元进行分组和标记。可使用的语法块的每个位置由括在尖括号内的标签指示：<标签>

2. 架构的使用和说明

SQL Server 2008 中的架构是形成单个命名空间的数据库实体的集合。架构是单个用户所拥有的数据库对象的集合，这些对象形成单个命名空间。数据库对象由架构所拥有，而架构由数据库用户或角色所拥有。当架构所有者离开单位时，会在删除离开的用户之前将该架构的所有权移交给新的用户或角色。

在使用架构的过程中，应该了解以下内容：

(1) 利用架构可以简化 DBO 和开发人员的工作。在 SQL Server 中，架构独立于数据库用户而存在，可以在不更改架构名称的情况下转让架构的所有权，能够在架构中创建具有用户友好名称的对象，明确指示对象的功能。

(2) 用户架构分离。架构与数据库用户分离对 DBO 和开发人员而言有下列好处。

① 多个用户可以通过角色成员身份或 Windows 组成员身份拥有一个架构，扩展了允许角色和组拥有对象的用户熟悉的功能。多个用户可以共享一个默认架构以进行统一名称解析。

② 简化了删除数据库用户的操作，删除数据库用户不需要重命名该用户架构所包含的对象。

③ 开发人员通过共享默认架构可以将共享对象存储在为特定应用程序专门创建的架构中，而不是 DBO 架构中。

④ 可以用更大的粒度管理架构和架构包含的对象的权限。

完全限定的对象名称现在包含 4 部分：

```
server.database.schema.object    -- 即服务器.数据库.架构.数据库对象
```

(3) 默认架构。SQL Server 利用默认架构的概念解析未使用其完全限定名称引用的对象的名称。在 SQL Server 2008 中，每个用户都有一个默认架构，用于指定服务器在解析对象的名称时将要搜索的第一个架构。如果系统未定义 DEFAULT_SCHEMA，则数据库用户将把 DBO 作为其默认架构。

5.1.2 Transact-SQL 语句分类

Transact-SQL 语言中的语句通常根据用途分为 5 种类型。

(1) 数据定义语言。数据定义语言(Data Definition Language，DDL)通常是数据库管理系统的一部分，在 SQL Server 2008 中，数据库对象包括表、视图、触发器、存储过程、规则、默认、用户自定义的数据类型等。这些对象的创建、修改、删除等都可以通过使用数据定义语言中的 CREATE、ALTER、DROP 等语句来完成。

(2) 数据操纵语言。数据操纵语言(Data Manipulation Language，DML)用于检索和操

作数据的 SQL 语句的子集。数据操纵语言是指用来查询、添加、修改和删除数据库中数据的语句,这些语句包括 SELECT、INSERT、UPDATE、DELETE 等命令,其中 SELECT 是最重要的语句。

(3) 数据控制语言。数据控制语言(Data Control Language,DCL)是用来设置或更改数据库用户或角色权限的语句,包括 GRANT、DENY、REVOKE 等命令。在默认状态下,只有 sysadmin 或 db_owner 等人员才有权限执行数据控制语言。

(4) 控制流语句。Transact-SQL 还为用户提供了控制流语句,用于控制 SQL 语句、语句块或者存储过程的执行流程。在 SQL Server 中,可以使用的流程控制语句有 BEGIN…END、IF…ELSE、WHILE、BREAK、GOTO、WAITFOR、RETURN 等主要语句。

5.2 Transact-SQL 语法要素

5.2.1 Unicode 码与 ASCII 码

为了处理世界上各种各样的语言,计算机技术人员需要一种以标准格式来存储一种语言的很多不同字符的方法。Unicode 码与 ASCII 码是计算机学科领域内最常用的两种编码。

(1) ASCII 码。ANSI 标准机构制定的 ASCII 码在使用过程中的存在只能表示 256 个不同字符的缺陷。ANSI 就建立了许多字符集,指定了一种给定编码的可接受的字符,这就使得对于不同的字母表,需要采用多种编码规格或代码页。虽然这种方法在不同字符集的系统之间传输数据很实用,但如果一个编码体系中的一个字符在另一个体系中不存在,那么在转换过程中该字符就会丢失。另外,这种编码标准也不能处理像汉字这样具有几万个字符的字符表。

(2) Unicode 码。在 Unicode 标准编码机制下,Unicode 具有 65 000 多个可选的值,Unicode 可以包含大多数语言的字符。每个不同的字符都用一种唯一的编码进行表示,不同语言的系统之间传输数据时不需要任何编码转换,这就使得字符数据可以完全可移植了。

5.2.2 标识符

标识符是用于命名表、视图、存储过程等数据库对象及常量、变量、自定义函数名称的,也就是为数据库对象指定一个名字。根据命名对象的方式,对象标识符可分为常规标识符和分隔标识符。常规标识符和分隔标识符包含的字符数都必须在 1~128 之间。

常规标识符是符合成为常规标识符的下列格式规则的对象名称。常规标识符可以和分隔符一起使用,也可以不和分隔符一起使用。常规标识符的字母要符合 Unicode Standard 2.0 标准和如下格式规则:

(1) 标识符可以以字母开头,也可以符号@(表示局部变量)、#(表示临时变量)或者下划线_开头,后续字符可以是字母、数字和下划线(_)。

(2) 标识符不能是 Transact-SQL 的保留字。

(3) 标识符中不允许嵌入空格或特殊字符。

例如,下面给出的示例都是合法的常规标识符。

```
--声明了一个名为 Ex_Local 的局部变量
DECLARE @Ex_Local NCHAR(10)
--声明了一个名为@Ex_Table 的表变量
DECLARE @Ex_Table  TABLE(col1,CHAR)
--用于创建一个名为 TempTable 的临时表变量
CREATE TABLE #TempTable(itemid,INT)
--定义了一个名为 sp_User1 的存储过程标识符
CREATE PROCEDURE sp_User1 AS
BEGIN
    …
END
```

对于使用分隔标识符，不符合成为常规标识符的格式规则的标识符必须始终使用方括号“[ ]”进行分隔。

例如，下面给出的示例都是合法的分隔标识符。假设语句中 Sales Volume、Sales Cube、select 关键字等都可以使用分隔标识符。

```
Measures.[Sales Volume]
[Sales Cube]
Product.[select]
```

5.2.3 常量

常量表示一个特定数据值的符号。常量的格式取决于它所表示的值的数据类型。

(1) 字符串常量。字符串常量括在单引号内并包含字母数字字符(a～z、A～Z 和 0～9)及特殊字符(如!、@和#等)的字符序列。SQL Server 为字符串常量分配当前数据库的默认排序规则，除非使用 COLLATE 子句为其指定了排序规则。

如果单引号中的字符串包含一个嵌入的引号，则可以使用两个单引号表示嵌入的单引号。也可以使用双引号定义字符串常量，则对于嵌入在双引号中的单引号不必作特别处理。空字符串用中间没有任何字符的两个单引号表示。

下面是字符串的示例：

```
'CA123'
'O''Brien'
'Process X is 50%.'
'The level for job_id: %d should be between %d and %d.'
"O'Brien"
```

对于 Unicode 字符串，其前面必须有一个大写字母 N 前缀。例如，'ABCD'是字符串常量，而 N'ABDC'则是 Unicode 常量。

(2) 二进制常量。二进制常量具有前缀 0x，并且是十六进制数字字符串。这些常量不使用引号括起。下面是二进制字符串的示例：

```
0xAA
0x1CE
0x69048AEFBB010E
0x (表示空二进制字符)
```

(3) bit 常量。bit 常量使用数字 0 或 1 表示,并且不括在引号中。如果使用一个大于 1 的数字,则该数字将转换为 1。

(4) 日期时间常量。datetime 常量使用特定格式的字符日期值来表示,并被单引号括起来。常用的 datetime 或 date 常量格式的示例如下:

```
'April 15, 2010'
'15 April, 2011'
'090415'
'04/15/10'
```

下面是时间常量的示例:

```
'16:30:27'
'07:27 PM'
```

(5) 整型常量。integer 常量以没有用引号括起来并且不包含小数点的数字字符序列来表示。integer 常量不能包含小数且必须全部为数字。

(6) 数值型常量。decimal 常量由没有用引号括起来并且包含小数点的数字字符串来表示。下面是 decimal 常量的示例:

```
3.1415926
9.807
```

(7) 浮点型常量。float 和 real 常量一般使用科学记数法来表示。下面是 float 或 real 值的示例:

```
13.76E9
2.77E-3
```

(8) 货币型常量。money 常量以前缀为可选的小数点和可选的货币符号的数字字符串来表示。money 常量不使用引号括起。

SQL Server 2008 不强制采用任何种类的分组规则,例如在代表货币的字符串中每隔三个数字插入一个逗号“,”。在指定的 money 文字中,将忽略任何位置的逗号。下面是 money 常量的示例:

```
$20137
$5420437
```

前面几种数值型常量(包括 integer、decimal、float、money 等类型)的负数和正数的表示都可以应用+或-一元运算符实现。

若要指示一个数是正数还是负数,可以对数值常量应用+或-一元运算符,成为一个表示有符号数字值的表达式。如果没有应用+或-一元运算符,则数值常量为正数。例如,各数值类型的正负数示例如下:

```
+3356 918 -2277
+3.1426 7.3789 -2.71828
+123E-3 -12E5
-$45.56 +$423456.99 $423455
```

(9) GUID 常量。全局唯一标识符(Uniqueidentifier)常量是表示 GUID 的字符串,可以使用字符或二进制字符串格式指定。下面是 GUID 类型示例:

```
'6F9619FF - 8B86 - D011 - B42D - 00C04FC964FF'
0xff19966f868b11d0b42d00c04fc964ff
```

在 Transact-SQL 语言中常量的用法主要有两种:作为表达式中的操作数或用于给变量赋值。

5.2.4 变量

Transact-SQL 语言中有两种形式的变量:一种是用户自己定义的局部变量,另外一种是系统提供的全局变量。

声明变量时需要使用 DECLARE 命令,为变量赋值时则需要使用 SET 和 SELECT 命令。SET 命令一次只能为一个变量赋值,而 SELECT 命令可以同时为多个变量赋值。

1. 局部变量

局部变量是一个能够拥有特定数据类型的对象,它的作用范围仅限制在程序内部。局部变量被引用时要在其名称前加上标志@,而且必须先用 DECLARE 命令定义后才可以使用。

定义局部变量的语法形式如下:

```
DECLAER {@local_variable data_type}[, … n]
```

其中,主要参数说明如下:

- @local_variable:用于指定局部变量的名称,变量名必须以符号@开头,并且局部变量名必须符合标识符的命名规则。
- data_type:用于设置局部变量的数据类型及其大小。data_type 可以是任何由系统提供的或用户定义的数据类型。但是,局部变量不能是 text、ntext 或 image 数据类型。
- 使用 DECLARE 命令声明并创建局部变量之后,会将其初始值设为 NULL。

如果想要设定局部变量的值,必须使用 SELECT 命令或者 SET 命令。其语法形式为:

```
SET {{@local_variable = expression }
```

或者

```
SELECT { @local_variable = expression } [ , … n ]
```

其中,参数@local_variable 是给其赋值并声明的局部变量,参数 expression 是任何有效的 SQL Server 表达式。

【例 5.1】 声明一个@myvar 变量,然后将一个字符串值放在变量中,再输出@myvar 变量的值。

程序代码如下:

```
DECLARE @myvar  nchar(20)
set  @myvar = 'This is a test'
SELECT @myvar
GO
```

2. 全局变量

SQL Server 系统本身还提供了一些全局变量。全局变量是 SQL Server 系统内部使用的变量,其作用范围并不仅仅局限于某一程序,而是任何程序均可以随时调用。全局变量通常存储一些 SQL Server 的配置设定值和统计数据。用户可以在程序中用全局变量来测试系统的设定值或者是 Transact-SQL 命令执行后的状态值。

在使用全局变量时应该注意以下几点:

(1) 全局变量不是由用户的程序定义的,它们是在服务器级定义的。

(2) 用户只能使用预先定义的全局变量。

(3) 引用全局变量时,必须以标记符@@开头。

(4) 局部变量名称不能与全局变量的名称相同,否则会在应用程序中出现不可预测的结果。

【例 5.2】 显示到当前日期和时间为止试图登录 SQL Server 2008 的次数。

程序代码如下:

```
SELECT GETDATE() AS              '当前的时期和时间',
@@CONNECTIONS AS                 '试图登录的次数'
```

5.2.5 注释

注释是程序代码中非可执行的文本字符串。使用注释对代码进行说明有助于日后的管理和维护。注释通常用于记录程序名称、作者姓名和主要代码更改的日期,还可以用于描述复杂的计算或者解释编程的方法。

在 SQL Server 中,可以使用两种类型的注释方法:

(1) --注释。该方式用于单行注释。

(2) /*… */注释。"/*"用于注释文字的开头,"*/"用于注释文字的结尾,利用它们可以在程序中标识多行文字为注释。当然,单行注释也可以使用。

【例 5.3】 为例 5.1 添加注释。

程序代码如下:

```
DECLARE @myvar  nchar(20)      -- 定义变量@myvar
/*   下面第一行给变量赋值
    第二行输出变量值    */
set  @myvar = 'This is a test'
SELECT @myvar
GO
/* 在编写 Transact - SQL 语言程序时,可以使用 GO 语句作为一个批处理的结束语句,在一个批处理
中可以包含一条或多条 Transact - SQL 语句。SQL Server 服务器将批处理编译成一个可执行单
元 */
```

5.3 Transact-SQL 运算符

在 SQL Server 中,运算符主要有以下 6 大类:算术运算符、赋值运算符、位运算符、比较运算符、逻辑运算符和字符串串联运算符。运算符是用来执行算术运算、字符串连接、赋

值及在字段、常量和变量之间进行比较的操作符。

5.3.1 算术运算符

算术运算符主要用于实现数学计算功能，包含的运算符及功能说明如表 5-2 所示。

表 5-2 Transact-SQL 的算术运算符

运算符	功　　能
＋	完成两个数值型数据的相加操作/两个字符型数据的字符串串联操作
－	完成两个数值型数据的相减操作
*	完成两个数值型数据的相乘操作
/	完成两个数值型数据的相除操作
%	完成两个数值型数据的模运算和求余数

5.3.2 比较运算符

比较运算符用于比较两个表达式的值是否相等。Transact-SQL 支持的比较运算符有＞、＝、＞＝、＜、＜＝、＜＞、！＝、！＞、！＜等。值得注意的 4 个比较运算符如表 5-3 所示。

表 5-3 Transact-SQL 的典型比较运算符

运算符	功　　能	运算符	功　　能
＜＞	不等于	！＜	不小于，等同于＞＝
！＝	不等于，等同于＜＞	！＞	不大于，等同于＜＝

5.3.3 逻辑运算符

当计算指定的是布尔表达式时需要使用逻辑运算符。逻辑运算符可返回逻辑表达式被执行的最终结果，返回值要么为真（TRUE），要么为假（FALSE）。Transact-SQL 支持的逻辑运算符如表 5-4 所示。

表 5-4 Transact-SQL 支持的逻辑运算符

运算符	功　　能
AND	二元运算，当参与运算的子表达式全部返回 TRUE 时，整个表达式的最终结果为 TRUE
OR	二元运算，当参与运算的子表达式中有一个返回为 TRUE 时，整个表达式返回 TRUE
NOT	对参与运行的表达式结果取反
IN	如果操作数与表达式列表中的任何一项匹配，则返回 TRUE
BETWEEN	如果操作数位于某一指定范围，则返回 TRUE
EXISTS	如果表达式的执行结果不为空，则返回 TRUE
ANY	对 OR 操作符的扩展，将二元运算推广为多元运算
ALL	对 AND 运算符的扩展，将二元运算推广为多元运算
SOME	如果在一系列比较中，有某些子表达式的值为 TRUE，那么整个表达式返回 TRUE
LIKE	如果操作数与一种模式相匹配，那么就为 TRUE

SQL Server 2008 还提供了4种通配符，这些通配符与逻辑运算符一起用于描述一组符合特定条件的表达式。Transact-SQL 支持的通配符及其含义如表5-5所示。

表5-5 通配符及其含义

通配符	说 明	示 例
%	包含0个或多个字符的任意字符串	LIKE '%cpu%'将查找在任意位置包含单词cpu的所有字符串
_(下划线)	任何单个字符	LIKE '_en'将查找以en结尾的所有三个字母的字符串
[ ]	指定范围([a-f])或([abcdef])中的任何单个字符	LIKE '[C-P]ars'将查找以ars结尾并且以介于C与P之间的任何单个字符开始的字符串
[^]	不属于指定范围([a-f])或([abcdef])的任何单个字符	LIKE 'de[^l]%'将查找以de开始并且其后的字母不为l的所有字符串

【例5.4】 通配符与逻辑运算符LIKE举例。在数据库teaching中可以用检查约束来验证表student的列Email的值。

程序代码如下：

```
ALTER TABLE student
    WITH NOCHECK  ADD  CONSTRAINT CK_student_like
    CHECK  ((Email like '%@%.[a-z][a-z][a-z]')
```

而teacher表的teacherno列的检查约束就可以如下表示：

```
USE teaching
GO
ALTER TABLE teacher
  WITH CHECK ADD  CONSTRAINT CK_teacher_like
  CHECK  ((teacherno like 't[0-9][0-9][0-9][0-9][0-9]'))
```

由此，CHECK约束就可以限制相关列的数据输入格式，从而也可以理解LIKE运算的基本规则。

下面通过举例对上述运算符进行介绍。

【例5.5】 逻辑运算符IN的使用方法。

程序代码如下：

```
SELECT *
FROM  score
WHERE studentno IN('16125111109','17112111208','16137221508')
```

运行结果如下：

```
studentno     courseno    usually    final
---------     --------    -------    ------
16125111109   c08106      79.00      99.00
16125111109   c08123      85.00      92.00
16125111109   c08171      77.00      92.00
16137221508   c08106      78.00      95.00
16137221508   c08123      78.00      89.00
16137221508   c08171      88.00      98.00
```

```
17112111208    c05109      85.00       91.00
17112111208    c06108      89.00       95.00
(8 行受影响)
```

【例 5.6】 逻辑运算符 BETWEEN 的使用方法。

程序代码如下：

```
SELECT *
FROM score
WHERE final BETWEEN 90 AND 99
```

5.3.4 字符串连接运算符

字符串连接运算符形式与加号(＋)一致,但用于两个字符串的连接。例如 SELECT 'abc'＋'def'＋'123',其结果为 abcdef123。

5.3.5 位运算符

位运算操作符只能用于整数或二进制类型数据,用于在两个整型操作数之间执行位操作运算,所含运算符如表 5-6 所示。

表 5-6 Transact-SQL 支持的位运算符

运算符	功　能
&	对参与运算的两个操作数执行按位与操作
|	对参与运算的两个操作数执行按位或操作
^	对参与运算的两个操作数执行按位异或操作
~	一元操作符,对参与运算的操作数按位取反

5.3.6 赋值运算符

Transact-SQL 中只有一个赋值运算符(＝)。赋值运算符可以将其右边的表达式值赋给某个特定的对象。另外,还可以使用赋值运算符在列标题和为列定义值的表达式之间建立关系。

5.3.7 运算符的优先级

在 SQL Server 2008 中,当一个复杂的表达式中包含多种运算符时,运算符的优先顺序将决定表达式的计算和比较顺序。Transact-SQL 支持的运算符的优先级按照从高到低的顺序排列,如表 5-7 所示。

表 5-7 Transact-SQL 支持的运算符优先级

优 先 级	运 算 符
1	()(圆括号)
2	＋(正)、－(负)、~(位非)
3	*(乘)、/(除)、%(取模)
4	＋(加)、(＋连接)、－(减)、&(位与)

续表

优 先 级	运 算 符
5	<、>=、<=、<>、!=、!>、!<(比较运算符)
6	^(位异或)、|(位或)
7	NOT
8	AND
9	ALL、ANY、BETWEEN、IN、LIKE、OR、SOME
10	=(赋值)

当一个表达式中的两个运算符有相同的运算符优先级别时,将按照它们在表达式中的位置对其从左到右进行求值。

5.4 Transact-SQL 函数

SQL Server 2008 为 Transact-SQL 语言提供了大量的功能函数以供编程使用。如果按照功能对这些函数进行划分,可以将它们大致划分为 10 类。

(1) 字符串函数:完成字符串的相关操作的函数。

(2) 文本/图像管理函数:用于处理文本和图像的函数。

(3) 日期/时间类函数:用于处理日期/时间相关功能的函数。

(4) 数学计算函数:用于处理数学运算的函数。

(5) 安全管理函数:用于管理或获取 SQL Server 中有关角色和用户信息的相关函数。

(6) SQL Server 系统配置函数:返回 SQL Server 2008 系统当前的配置信息。

(7) 系统统计函数:返回与系统有关的统计信息。

(8) 系统函数:用于设置和获取 SQL Server 2008 系统的当前信息。

(9) 游标函数:返回与游标相关的信息。

(10) 元数据函数:返回与数据库和数据库对象相关的信息。

下面介绍一下常用的几类函数。

5.4.1 数学函数

数学函数用于对数值型字段和表达式进行处理,并返回运算结果。数学函数可以对 SQL Server 2008 提供的各种数值型数据进行处理。常用的数学函数如表 5-8 所示。

表 5-8 Transact-SQL 中的常用数学函数

函 数	功能描述
ABS	返回表达式的绝对值
ACOS	反余弦函数,返回以弧度表示的角度值
ASIN	反正弦函数,返回以弧度表示的角度值
ATAN	反正切函数,返回以弧度表示的角度值
CEILING	返回大于或等于指定数值表达式的最小整数
COS	返回以弧度为单位的角度的余弦值
COT	返回以弧度为单位的角度的余切值

续表

函　数	功 能 描 述
DEGREE	弧度值转换为角度值
EXP	返回给定表达式为指数的 e 值
FLOOR	返回小于或等于指定数值表达式的最大整数
LOG	返回给定表达式的自然对数
LOG10	返回给定表达式的以 10 为底的对数
PI	常量，圆周率
POWER	返回给定表达式的指定次方的值
RADIANS	角度值转换为弧度值
RAND	返回 0～1 之间的随机 float 数
ROUND	返回指定小数的位数的表达式的值
SIN	返回以弧度为单位的角度的正弦值
SQUARE	返回给定表达式的平方
SQRT	返回给定表达式的平方根
TAN	返回以弧度为单位的角度的正切值

【例 5.7】 输出 CEILING()、FLOOR()和 ROUND()的值。

程序代码如下：

```
select ceiling(13.6), floor(13.7), round(13.45767,3)
```

5.4.2 聚合函数

聚合函数用于对一组值进行计算并返回一个单一的值。除 COUNT 函数之外，聚合函数忽略空值。聚合函数经常与 SELECT 语句的 GROUP BY 子句一同使用。聚合函数的作用是在结果集中通过对被选列值的收集处理，并返回一个数值型的计算结果。常用聚合函数如表 5-9 所示。

表 5-9 Transact-SQL 中的聚合函数

函　数	功 能 描 述
AVG	返回组中数据的平均值，忽略 NULL 值
COUNT	返回组中项目的数量
MAX	返回多个数据比较的最大值，忽略 NULL 值
MIN	返回多个数据比较的最小值，忽略 NULL 值
SUM	返回组中数据的和，忽略 NULL 值
STDEV	返回给定表达式中所有值的标准偏差
VAR	返回给定表达式中所有值的方差

5.4.3 时间日期函数

日期和时间函数用于对日期和时间数据进行各种不同的处理和运算，并返回一个字符串、数字值或日期和时间值。日期时间函数可以在表达式中直接调用。常用的日期时间函数如表 5-10 所示。

表 5-10　Transact-SQL 中的日期时间函数

函数名	功能描述
GETDATE	获取当前系统的日期和时间
DATEADD(unit,n,date)	在 date 的基础上添加 n(天/小时/年)后的日期
DATEDIFF(unit,date1,date2)	以 unit 为单位计算日期 1 与日期 2 之间的差值
DATENAME(part,date)	返回指定日期的指定部分(如年/月/日)的字符串形式表示
DATEPART(part,date)	返回指定日期的指定部分(如年/月/日)的整数形式
DAY	获取指定日期的天的日期部分整数
MONTH	获取指定日期的月份的日期部分整数
YEAR	获取指定日期的年份的日期部分整数
GETUTCDATE	获取格林尼治的标准时间 datetime 值

【例 5.8】 从 GETDATE 函数返回的日期中提取年份、月份和天数值并输出。

程序代码如下：

```
SELECT  DATENAME(YEAR, getdate())  AS  'Year  Name'
SELECT  DATENAME(MONTH, getdate())  AS  'Month  Name'
SELECT  DATENAME(DAY, getdate())  AS  'Day  Name'
```

此外，SQL Server 2008 还提供了专用于时间函数的常见缩写，如表 5-11 所示。

表 5-11　常见日期时间函数中的缩写与参数范围

日期	缩写	范围
Year(年)	Yy	1753～9999
Quarter(季度)	Qq	1～4
Month(月)	Mm	1～12
Day of Year(一年中的第几天)	Dy	1～366
Day(一月的第几号)	Dd	1～31
Week(一年的第几周)	Wk	1～53
Weekday(一周的星期几)	Dw	1～7(Sunday－Saturday)
Hour(小时)	Hh	0～23
Minute(分钟)	Mi	0～59
Second(秒)	SS	0～59
millisecond	Ms	0～999

5.4.4 转换函数

SQL Server 2008 没有自动执行数据类型的转换，如果需要进行不同类型数据之间的转换，可以使用转换函数 CAST 或 CONVERT。

1. 转换函数 CONVERT 和 CAST 的语法格式

(1) CAST 函数的语法格式如下：

```
CAST( expression AS data_type )
```

其中的命令和参数功能说明如下：

• CAST：允许把一个数据类型强制转换为另一种数据类型的函数。
• expression：需要转换的表达式。
• data_type：需要转换的类型。

（2）CONVERT 函数的语法格式如下：

```
CONVERT (data_type[(length)],expression [,style])
```

其中的命令和参数功能说明如下：

• CONVERT 函数：允许用户把表达式从一种数据类型转换成另一种数据类型，还允许把日期转换成不同的样式。
• data_type：需要转换的类型。
• length：转换结果的长度。
• expression：需要转换的表达式。
• style：需要转换的表达式类型。例如，101 表示为 mm/dd/yy 日期格式。

2. 转换类型

（1）显式转换。使用 CAST 和 CONVERT 转换函数可以将一种数据类型的表达式强制转换为另一种数据类型的表达式。

如果尝试进行不可能的转换（如将包括字母的 char 表达式转换为 int），SQL Server 2008 将显示错误消息。

此外，CAST 函数和 CONVERT 函数还可用于获取各种特殊数据格式，并可用于选择列表、WHERE 子句及允许使用表达式的任何位置中。

利用 CAST 或 CONVERT 时，应该注意如下问题：

① 需要提供的信息。要转换的表达式和要将指定的表达式转换为的数据类型，例如 varchar 或其他系统数据类型，从货币数据转换为字符数据。

② 除非将被转换的值存储起来，否则转换仅在 CAST 函数或 CONVERT 函数的作用时间范围内有效。

③ 如果转换时没有指定数据类型的长度，则 SQL Server 自动将 30 作为长度值。

【例 5.9】 日期和时间函数的使用示例。

程序代码如下：

```
PRINT '今天的日期是' + CONVERT(VARCHAR(12), GETDATE(),101)
PRINT '今年是' + CONVERT(VARCHAR(12),Year(Getdate()))
PRINT '本月是' + CONVERT(VARCHAR(12),Month(Getdate())) + '月'
PRINT '今天是' + CONVERT(VARCHAR(12),day(Getdate())) + '号'
PRINT '后天是' + CONVERT(VARCHAR(12),DATEADD(Dy,2,getdate()),101)
PRINT '与 2016 年 6 月 07 号还差'
 + CONVERT(VARCHAR(12),DATEDIFF(DAy,getdate(),'06/07/2016')) + '天'
PRINT '现在是星期' + CONVERT(VARCHAR(12),DATEPART(Dw,getdate()) - 1)
```

其中，Convert 的作用是将日期和时间类型转换为字符类型。代码运行结果如图 5-1 所示。

（2）隐式转换。SQL Server 2008 可以自动对某些表达式进行转换，这种转换称为隐式转换。转换时不必使用 CAST 或 CONVERT 进行这些隐式转换。

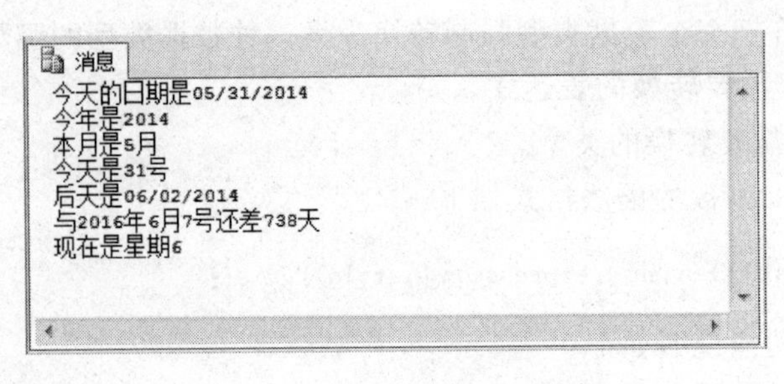

图 5-1　日期函数示例的运行结果

5.4.5　字符串函数

字符串函数可以对二进制数据、字符串和表达式执行不同的运算，大多数字符串函数只能用于 char 和 varchar 数据类型及明确转换成 char 和 varchar 的数据类型，少数几个字符串函数也可以用于 binary 和 varbinary 数据类型。常见字符串函数及其功能如表 5-12 所示。

表 5-12　常见字符串函数及其功能

函数名称	功能描述
ASCII	返回字符表达式最左端字符的 ASCII 代码值
CHAR	将 ASCII 代码转换为字符的字符串函数
CHARINDEX	返回字符串中指定表达式的起始位置
DIFFERENCE	以整数返回两个字符表达式的 SOUNDEX 值之差
LEFT	返回从字符串左边开始指定个数的字符
LEN	返回给定字符串表达式的字符个数，其中不包含尾随空格
LOWER	将大写字符数据转换为小写字符数据后返回字符表达式
LTRIM	删除起始空格后返回字符表达式
NCHAR	根据 Unicode 标准所进行的定义，用给定整数代码返回 Unicode 字符
PATINDEX	返回指定表达式中某模式第一次出现的起始位置。如果在全部有效的文本和字符数据类型中没有找到该模式，则返回 0
QUOTENAME	返回带有分隔符的 Unicode 串
REPLACE	用第三个表达式替换第一个字符串表达式中出现的所有第二个给定字符串表达式
REPLICATE	以指定的次数重复字符表达式
REVERSE	返回字符表达式的反转
RIGHT	返回从字符串右边开始指定个数的字符
RTRIM	截断所有尾随空格后返回一个字符串
SOUNDEX	返回由 4 个字符组成的代码(SOUNDEX)，以评估两个字符串的相似性
SPACE	返回由重复的空格组成的字符串
STR	返回由数字数据转换来的字符数据
STUFF	删除指定长度的字符，并在指定的起始点插入另一组字符
SUBSTRING	求子串函数
UNICODE	按照 Unicode 标准的定义，返回输入表达式的第一个字符的整数值
UPPER	返回将小写字符数据转换为大写的字符表达式

【例 5.10】 使用 LTRIM 函数删除字符变量中的起始空格。

程序代码如下：

```
DECLARE @string_to_trim varchar(60)
SET @string_to_trim = '      Five   spaces'
SELECT 'Here   is   the   string' + LTRIM(@string_to_trim)
```

程序执行结果如下：

```
--------------------------
Here   is   the   stringFive   spaces
(1 行受影响)
```

5.4.6 自定义函数

用户根据工作需要，可以创建用户定义函数，以提高程序开发和运行的质量。创建用户定义函数首先要根据业务需要选择函数类型。类型确定后才能使用 Transact-SQL 或 .NET Framework 编写函数。

创建自定义函数有两种方法：用户利用 SQL Server Management Studio 中的工具改写模板代码创建函数和使用 CREATE FUNCTION 语句创建函数。

5.5 Transact-SQL 表达式

Transact-SQL 的表达式(Expression)是指符号和运算符的组合，其计算结果为单个数据值。简单表达式可以是常量、变量、列或标量函数。复杂表达式是由运算符连接的一个或多个简单表达式。

1. 复杂表达式

两个表达式可以由一个运算符组合起来，只要它们具有该运算符支持的数据类型，并且至少满足下列一个条件：

(1) 两个表达式有相同的数据类型。

(2) 优先级低的数据类型可以隐式转换为优先级高的数据类型。

(3) CAST 函数能够显式地将优先级低的数据类型转化成优先级高的数据类型，或者转换为一种可以隐式地转化成优先级高的数据类型的过渡数据类型。

如果没有支持的隐式或显式转换，则两个表达式将无法组合。

任何计算结果为字符串的表达式的排序规则都应遵循排序优先顺序规则。

2. 表达式结果

(1) 简单表达式的结果。对于由单个常量、变量、标量函数或列名组成的简单表达式，其数据类型、排序规则、精度、小数位数和值就是它所引用元素的数据类型、排序规则、精度、小数位数和值。

(2) 复杂表达式的结果。用比较运算符或逻辑运算符组合两个表达式时，生成的数据类型为 Boolean，并且值为下列类型之一：TRUE、FALSE 或 UNKNOWN。

用算术运算符、位运算符或字符串运算符组合两个表达式时，生成的数据类型取决于运算符。由多个符号和运算符组成的复杂表达式的计算结果为单值结果。生成的表达式的数据类型、排序规则、精度和值由进行组合的两个表达式决定,并按每次两个表达式的顺序递延,直到得出最后结果。表达式中元素组合的顺序由表达式中运算符的优先级决定。

5.6 Transact-SQL 控制流语句

Transact-SQL 为用户提供了控制流语句,用于控制程序的流程,控制流语句是指那些用来控制程序执行和流程分支的语句。在 SQL Server 2008 中,流程控制语句主要用来控制 SQL 语句、语句块或者存储过程的执行流程。下面详细介绍一下主要的控制流程语句。

5.6.1 IF…ELSE 语句

IF…ELSE 语句是条件判断语句,其中 ELSE 子句是可选的,最简单的 IF 语句没有 ELSE 子句部分。IF…ELSE 语句用来判断当某一条件成立时执行某段程序,条件不成立时执行另一段程序。SQL Server 允许嵌套使用 IF…ELSE 语句,而且嵌套层数没有限制。

IF…ELSE 语句的语法形式为:

```
IF Boolean_expression
    { sql_statement | statement_block }
[ ELSE
    { sql_statement | statement_block } ]
```

其中,语法格式说明如下:

- IF…ELSE…:选择语句关键词,ELSE…项是可选项。
- Boolean_expression:逻辑表达式,其值决定分支的执行路线。
- sql_statement | statement_block:SQL 语句或语句块,语句中允许有 IF 语句嵌套。

【例 5.11】 在 Transact-SQL 中使用 IF 语句。

程序代码如下:

```
DECLARE @point  AS int
Set @point = 87
IF @point >= 60
    PRINT 'pass,very good !'
ELSE
    PRINT 'no pass, try  again!'
```

本例利用 IF 语句判断变量@point 值是否大于 60,如果大于 60,则输出 pass,very good!,否则输出 no pass,try again!。

5.6.2 BEGIN…END 语句

BEGIN…END 语句能够将多个 Transact-SQL 语句组合成一个语句块,并将它们视为一个单元处理。在条件语句和循环等控制流程语句中,当符合特定条件便要执行两个或者多个语句时,就需要使用 BEGIN…END 语句。

BEGIN…END 语句的语法形式为：

```
BEGIN
{
   sql_statement | statement_block
 }
END
```

其中，语法格式说明如下：

- BEGIN…END：语句关键词，允许嵌套。BEGIN 和 END 语句必须成对使用。
- sql_statement | statement_block：SQL 语句或语句块。

BEGIN 和 END 语句主要用于 WHILE 循环、CASE 函数和 IF 或 ELSE 子句需要包含语句块。

【例 5.12】 用 BEGIN …END 语句可使 IF 语句在计算结果为 FALSE 时跳过语句块。

程序代码如下：

```
DECLARE @MyVar float
Set @MyVar = 5.7
If  @MyVar > 10.8
  BEGIN
   SET @MyVar = 123.456
   PRINT '变量@MyVar 的值为：'
   PRINT CAST(@MyVar AS varchar(12))
  END
ELSE
  PRINT CAST(@MyVar AS varchar(12))
```

程序的执行结果为 5.7，说明 BEGIN …END 语句之间的语句组由于条件@MyVar>10.8 的值为 FALSE，因此没有执行。

5.6.3 WHILE 语句

WHILE…CONTINUE…BREAK 语句用于设置重复执行 SQL 语句或语句块的条件。只要指定的条件为真，就重复执行语句。其中，CONTINUE 语句可以使程序跳过 CONTINUE 语句后面的语句，回到 WHILE 循环的第一行命令。BREAK 语句则使程序完全跳出循环，结束 WHILE 语句的执行。WHILE 语句的语法形式为：

```
WHILE Boolean_expression
  { sql_statement | statement_block }
[ BREAK ]
  { sql_statement | statement_block }
[ CONTINUE ]
```

其中，语法格式说明如下：

- WHILE…BREAK…CONTINUE：语句关键词，WHILE 语句允许嵌套。
- BREAK：结束本层循环。
- CONTINUE：结束本次循环。
- sql_statement | statement_block：SQL 语句或语句块。

【例 5.13】 循环控制语句 WHILE 的使用方法。

程序代码如下：

```
DECLARE @count AS INT
SET @count = 1
SELECT * FROM student WHERE point > 800
  WHILE point > 800
  BEGIN
    SET @count  =  @count + 1
    BREAK
  END
PRINT '入学成绩> 800 分的有：' + CAST(@count AS CHAR(2)) + '人'
```

本例使用 WHILE--BREAK 循环，查询记录中是否有入学成绩高于 800 分的学生。

5.6.4 CASE 语句

CASE 语句可以计算多个条件式，并将其中一个符合条件的结果表达式返回。CASE 语句按照使用形式的不同，可以分为简单 CASE 语句和搜索 CASE 语句。

简单 CASE 语句的语法格式为：

```
CASE input_expression
  WHEN when_expression THEN result_expression
   [ …n ]
  [ELSE else_result_expression]
END
```

搜索 CASE 语句的语法格式为：

```
CASE
    WHEN Boolean_expression THEN result_expression
   [ …n ]
   [ ELSE else_result_expression ]
END
```

其中，语法格式说明如下：

- input_expression：简单 CASE 语句的计算表达式。
- WHEN when_expression：简单 CASE 语句中与 input_expression 比较的表达式。
- THEN result_expression：当 input_expression = when_expression 比较结果为 TRUE 时的返回表达式。
- ELSE else_result_expression：当 input_expression = when_expression 比较结果不为 TRUE 时的返回表达式。
- WHEN Boolean_expression：搜索 CASE 语句的布尔类型表达式。

【例 5.14】 简单 CASE 语句举例。

程序代码如下：

```
SELECT tname AS '姓名', department  AS '院系',
  CASE prof
     WHEN '教授' THEN '高级'
     WHEN '副教授' THEN '高级'
```

```
        WHEN '讲师' THEN '中级'
        WHEN '助教' THEN '初级'
    END AS '职称类别'
FROM teacher
where  department = '计算机学院'
GO
```

程序执行结果如下：

```
姓名                院系              职称类别
--------    ------------      ----
韩晋升            计算机学院           高级
刘元朝            计算机学院           高级
海封              计算机学院           高级
卢明欣            计算机学院           中级
(4 行受影响)
```

【例 5.15】 搜索 CASE 语句举例。

程序代码如下：

```
SELECT studentno AS '学号',courseno AS '课程',
    CASE
    WHEN usually * 0.2 + final * 0.8 >= 90 THEN '优秀'
    WHEN usually * 0.2 + final * 0.8 >= 80 THEN '良好'
    WHEN usually * 0.2 + final * 0.8 >= 70 THEN '中等'
    WHEN usually * 0.2 + final * 0.8 >= 60 THEN '及格'
    WHEN usually * 0.2 + final * 0.8 < 60 THEN  '不及格'
    END
    AS '总评成绩'
FROM score
where  courseno in ('c06108','c08106','c05109')
GO
```

程序执行结果如下：

```
学号              课程     总评成绩
----------  ------   ------
16122210009     c05109     良好
16122221324     c05109     中等
16125111109     c08106     优秀
…
17126113307     c06108     中等
(12 行受影响)
```

5.6.5 其他语句

1. GO 语句

Go 语句是批处理的结束语句。批处理是一起提交并作为一个组执行的若干 SQL 语句。

2. PRINT 语句

PRINT 语句的功能是向客户端返回用户定义消息。

PRINT 语句的语法格式如下：

```
PRINT @local_variable | string_expr
```


例如，执行语句“PRINT '入学成绩>600 分的人'”，则输出一个字符串“入学成绩>600 分的人”。即变量的值为字符串，原样输出。

3. GOTO 语句

GOTO 语句可以使程序直接跳到指定的标有标识符的位置处继续执行，而位于 GOTO 语句和标识符之间的程序将不会被执行。GOTO 语句和标识符可以用在语句块、批处理和存储过程中，标识符可以为数字与字符的组合，但必须以“:”结尾。GOTO 语句的语法形式为：

```
label :
statement | statement_block
GOTO label
```

在实际编程时，由于不利于结构化程序设计，GOTO 语句一般不要使用。

4. WAITFOR 语句

WAITFOR 用于暂时停止执行 SQL 语句、语句块或者存储过程等，直到所设定的时间已过或者所设定的时间已到才继续执行。即在达到指定时间或时间间隔之前，或者指定语句至少修改或返回一行之前，阻止执行批处理、存储过程或事务。WAITFOR 语句的语法形式为：

```
WAITFOR
{   DELAY 'time_to_pass'
  | TIME 'time_to_execute'
}
```

其中，语法格式说明如下：

- DELAY：用于指定时间间隔，TIME 用于指定某一时刻，其数据类型为 datetime，格式为 hh:mm:ss。
- DELAY：可以继续执行批处理、存储过程或事务之前必须经过的指定时段。
- 'time_to_pass'：等待的时段。不允许指定 datetime 值的日期部分。
- TIME：指定的运行批处理、存储过程或事务的时间。
- 'time_to_execute'：WAITFOR 语句完成的时间。

【例 5.16】 使用 WAITFOR TIME 语句，以便在晚上 22:20:17 执行存储过程 sp_help。

程序代码如下：

```
BEGIN
    WAITFOR TIME '22:20:17'
    EXECUTE sp_help
END
```

5. RETURN 语句

RETURN 语句用于无条件地终止一个查询、存储过程或者批处理，此时位于

RETURN 语句之后的程序将不会被执行。RETURN 语句的语法形式为：

```
RETURN [integer_expression]
```

其中，参数 integer_expression 为返回的整型值。存储过程可以给调用过程或应用程序返回整型值。

6. TRY…CATCH 语句

TRY…CATCH 语句类似于 C++和 C#语言的异常处理功能，用来处理 Transact-SQL 代码中的错误。TRY…CATCH 构造包括两部分：一个 TRY 块和一个 CATCH 块。如果在 TRY 块中所包含的 Transact-SQL 语句中检测到错误条件，控制将被传递到 CATCH 块中处理该错误。

（1）TRY…CATCH 语句的语法格式如下：

```
BEGIN TRY
     { sql_statement | statement_block }
END TRY
BEGIN CATCH
     { sql_statement | statement_block }
END CATCH
[;]
```

其中，语法格式说明如下：

- sql_statement：任何 Transact-SQL 语句。
- statement_block：批处理或包含于 BEGIN…END 块中的任何 Transact-SQL 语句组。

（2）主要功能：检索错误消息。在 CATCH 块的作用域内，可以使用以下系统函数来获取导致 CATCH 块执行的错误消息：

- ERROR_NUMBER()：返回错误号。
- ERROR_SEVERITY()：返回严重性。
- ERROR_STATE()：返回错误状态号。
- ERROR_PROCEDURE()：返回出现错误的存储过程或触发器的名称。
- ERROR_LINE()：返回导致错误的例程中的行号。
- ERROR_MESSAGE()：返回错误消息的完整文本。该文本可包括任何可替换参数所提供的值，如长度、对象名或时间。

CATCH 块处理该异常错误后，控制将被传递到 END CATCH 语句后面的第一个 Transact-SQL 语句。如果 END CATCH 语句是存储过程或触发器中的最后一条语句，控制将返回到调用该存储过程或触发器的代码。将不执行 TRY 块中生成错误的语句后面的 Transact-SQL 语句。

【例 5.17】 在一个过程中使用 TRY…CATCH 语句，先让 SELECT 语句产生除数为 0 的错误，该错误将使得程序执行 CATCH 块。

程序代码如下：

```
BEGIN TRY
    declare @er int
```

```
        set @er = 0
        -- 1.产生除数为 0 的错误
        SELECT  3/@er;
    END TRY
    BEGIN CATCH
        SELECT
            ERROR_NUMBER() AS ErrorNumber,
            ERROR_SEVERITY() AS ErrorSeverity,
            ERROR_PROCEDURE() AS ErrorProcedure,
            ERROR_STATE() AS ErrorState,
            ERROR_LINE() AS ErrorLine,
            ERROR_MESSAGE() AS ErrorMessage;
    END CATCH;
    GO
```

程序执行后,在第 4 行产生除数为 0 的错误,因此跳转到 CATCH 块中检索信息,利用各个函数捕获该错误,并返回结果,如图 5-2 所示。

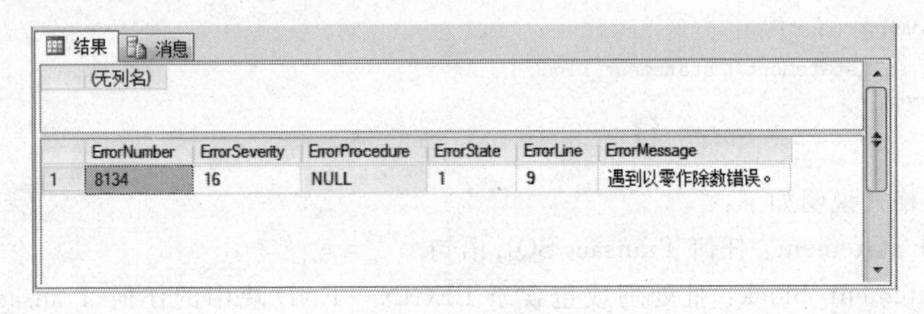

图 5-2　捕获错误结果

7. Execute 语句

Execute 语句用于执行 Transact-SQL 批中的命令字符串、字符串或执行下列模块之一:系统存储过程、用户定义存储过程、标量值用户定义函数或扩展存储过程。最常见的操作如下:

```
EXEC sp_help
```

其中,EXEC 是 EXECUTE 语句的简写形式,sp_help 是一个系统存储过程。其他的存储过程也可以在程序中通过 EXECUTE 语句执行。

5.7 小　结

SQL 语言广泛应用于各种数据库和编程语言,利用 Transact-SQL 编写的程序可以执行复杂的管理任务,也是开发 SQL Server 数据库应用系统的基础。

学习本章应该重点掌握如下内容:

(1) 变量的定义及使用方法。

(2) 常用系统函数及使用方法。

(3) 常用运算符及其优先级。

(4) 流程控制语句的种类及用法。

习　题　5

1. 选择题

(1) 在 Transact-SQL 语句中，可以匹配 0 个到多个字符的通配符是________。

A. *　　B. %　　C. ?　　D. －

(2) SQL Server 2008 提供的单行注释语句是使用________开始的一行内容。

A. /*　　B. --　　C. {　　D. /

(3) 在 SQL Server 2008 中局部变量前面的字符为________。

A. *　　B. #　　C. @@　　D. @

(4) 若要计算表中数据的平均值，可以使用的函数是________。

A. SQRT　　B. AVG　　C. SQUARE　　D. COUNT

(5) 语句"SELECT DATENAME(MONTH，getdate()) AS 'Month Name'"的输出结果为________。

A. Month Name　　B. 当前日期　　C. 当前月份　　D. 当前时间

2. 思考题

(1) Transact-SQL 的语言要素有哪些？主要作用是什么？

(2) 如何定义变量？如何给变量赋值？

(3) 流程控制语句包括哪些类型？各自的作用是什么？

(4) 简述聚合函数的特点和用途。

(5) Transact-SQL 语句共分几类？各自的主要功能是什么？

3. 上机练习题

(1) 利用 Transact-SQL 语句声明一个长度为 16 的 nchar 型变量 bookname，并赋初值为"SQL Server 数据库编程"。

(2) 编程计算输入两个任意日期的时间差。

(3) 编程求 50～100 之间所有能被 3 整除的奇数之和。

第6章 数据检索

实现数据查询是创建数据库的重要功能之一，在 SQL Server 中，查询数据是通过 SELECT 语句实现的。SELECT 语句能够从服务器的数据库中检索符合用户要求的数据，并以结果集的方式返回客户端。

本章主要介绍 SELECT 语句的具体用法和简单应用。

6.1 利用 SELECT 语句检索数据

6.1.1 SELECT 语句的基本格式

SELECT 语句是 Transact-SQL 语言从数据库中获取信息的一个基本语句。该语句可以实现从一个或多个数据库中的一个或多个表中查询信息，并将结果显示为另外一个二维表的形式，称为结果集(Result Set)。

SELECT 语句的基本语法格式可归纳如下：

```
SELECT select_list
[INTO new_table]
[FROM table_source]
[WHERE search_condition]
[GROUP BY group_by_expression]
[HAVING search_condition]
[ORDER BY order_expression [ASC | DESC]]
```

该语句的主要参数说明如下：

- SELECT select_list：描述结果集的列，是一个用逗号分隔的表达式列表。每个选择列表表达式通常是对从中获取数据源列的引用，但也可能是其他表达式。例如常量或 Transact-SQL 函数。在选择列表中使用"*"表达式指定返回源表中的所有列。
- INTO new_table：指定使用结果集来创建新表。new_table 指定新表的名称。SELECT INTO 语句创建一个新表，并用 SELECT 的结果集填充该表。
- FROM table_source：包含从中检索到结果集数据的源表的列表。
- WHERE search_condition：定义源表中的行要满足 SELECT 语句的要求所必须达到的条件。
- GROUP BY group_by_expression：GROUP BY 子句根据 group_by_expression 列中的值将结果集分成组。
- HAVING search_condition：HAVING 子句是应用于结果集的附加筛选。逻辑上讲,HAVING 子句从中间结果集中对行进行筛选,这些中间结果集是用 SELECT 语句中的 FROM、WHERE 或 GROUP BY 子句创建的。HAVING 子句通常与 GROUP BY 子句一起使用。

- ORDER BY order_expression: ORDER BY 子句定义结果集中行排列的顺序。
- ASC | DESC: 用于指定行的排序,ASC 代表升序,是默认值,DESC 代表降序。

下面先通过几个简单查询数据库 teaching 中表的数据的例题了解一下 SELECT 语句最简单的用法。

【例 6.1】 查询表 student 中女生的相关信息。

分析: 本例中要求输出女生所有列信息,则 SELECT 输出表列可以直接采用"*"来表示。"*"相当于关系的所有属性。数据源为表 student,条件为女生。程序代码如下:

```
SELECT    *
FROM    student
WHERE    sex = '女'
```

程序执行结果如下:

```
studentno    sname    sex    birthday      classno  point   phone          Email
----------   -----    ---    ---------     -------  ----    -----------    -----------
16122221324  何影     女     1997-12-04    160501   879     13178978999    aaa@sina.com
16125121107  梁欣     女     1996-09-03    160502   777     13145678921    bing@126.com
…
17122203567  封澈     女     1999-09-09    170601   898     13245674564    jiao@126.com
(7 行受影响)
```

【例 6.2】 列出所有 course 表的课程号、课程名和学分。

分析: 如果只想简单地列出一个关系中的所有行,不加任何选择条件,那么 WHERE 子句可以省略。程序代码如下:

```
SELECT    courseno,cname,credit
FROM    course
```

程序执行结果如下:

```
Courseno        cname            credit
---------    ------------    ------------------
c05103          电子技术            4.0
c05109          C 语言              4.5
…
c08123          金融学              2.5
c08171          会计软件            2.0
(10 行受影响)
```

【例 6.3】 查询表 student 中入学成绩在 780 分以上学生的学号、姓名和电话信息。

分析: 本例中要求输出学号、姓名和电话信息,即为 SELECT 子句输出表列数据源为表 student,条件为入学成绩在 780 分以上。

程序代码如下:

```
SELECT    studentno,sname,phone
FROM    student
```

```
WHERE  point>780
```

程序执行结果如下：

```
studentno      sname       phone
-----------    --------    -----------
16122210009    许海冰      13623456778
16122221324    何影        13178978999
…
17123567897    赵毓欣      13175689345
17126113307    竹云泽      13245678543
(6 行受影响)
```

SELECT 语句再从 SQL Server 数据库中检索出数据，然后以一个或多个结果集的形式将其返回给用户。必须按照正确的顺序指定 SELECT 语句中的子句。对数据库对象的每个引用都不得引起歧义。下列情况可能会导致多义性：

(1) 在系统中，可能有多个对象带有相同的名称。例如，用户 User1 和 User2 可能都指定了一个名为 TableA 的表。若要解析多义性并且指定 TableA 为 User1 所有，至少应该使用用户 ID 来限定表的名称，例如：

```
SELECT * FROM User1.TableA
```

(2) 在执行 SELECT 语句时，对象所驻留的数据库不一定总是当前数据库。若要确保总是使用正确的对象，则不论当前数据库是如何设置的，均应使用数据库和所有者来限定对象名称，例如：

```
SELECT * FROM teaching.dbo.student
```

(3) 在 FROM 子句中所指定的表和视图可能有相同的列名。外键很可能具有和相关主键相同的列名。若要解析重复名称之间的多义性，必须使用表或视图名称来限定列名，例如：

```
student.studentno
score.studentno
```

6.1.2 利用 SELECT…FROM 语句指定列

在每一条要从表或视图中检索数据的 SELECT 语句中都需要使用 FROM 子句。FROM 子句是用于指明表名、视图名或 JOIN 子句的 SELECT 语句的数据源列表。SELECT 语句是从上述数据源中指定结果集要输出的列或变量、表达式、函数等输出项，输出项需要按照指定顺序排列、用逗号分隔到 SELECT 子句中。

使用 FROM 子句指定数据源需要在 FROM 关键字后的顺序不影响返回的结果集。如果 FROM 子句中出现重复的名称，SQL Server 会返回错误消息。

【例 6.4】 查询表 student 中入学成绩在 780 分以上学生的学号、姓名、电话和班级名称信息。在 FROM 子句中使用 AS 关键字为表指派一个临时名称。

分析：班级名称与其他列分别在 class 和 student 表中，需要两个表之间建立一种外键关系。前面的数据库关系图中已经建立，这里直接使用即可。同时，还可以用 AS 关键字为表指派一个临时名称。

程序代码如下：

```
SELECT   studentno,sname,phone,classname
FROM   student as 学生,class as 班级
WHERE   point>780 and 班级.classno=学生.classno
```

程序执行结果如下：

```
studentno        sname          phone              classname
-----------   ---------   -------------    -------------
16122210009      许海冰        13623456778         计算机
16122221324      何影          13178978999         计算机
…
17123567897      赵毓欣        13175689345         计算机
17126113307      竹云泽        13245678543         机械
(9 行受影响)
```

6.1.3 利用 WHERE 子句指定行

WHERE 子句的主要功能是利用指定的条件选择结果集中的行。符合条件的行出现在结果集中，不符合条件的行将不出现在结果集中。利用 WHERE 子句指定行时，条件表达式中的字符型和日期类型值要放到单引号内，数值类型的值直接出现在表达式中。

【例 6.5】 在 score 表中显示期中、期末成绩都高于 85 分的学生学号、课程号和成绩。

分析：设置 WHERE 条件实现上述要求，需要采用 AND 逻辑运算，将两个比较运算表达式连接起来。

程序代码如下：

```
SELECT studentno,courseno,usually,final
FROM score
WHERE usually>=85 AND final>= 85
```

程序运行结果如下：

```
studentno       courseno     usually       final
-----------   ---------   ---------   -----------
16125111109     c08123        85.00         92.00
16135222201     c05109        99.00         92.00
16137221508     c08171        88.00         98.00
…
17123567897     c06127        99.00         99.00
(9 行受影响)
```

【例 6.6】 查询选修课程号为 c05109 或 c06108 且期末成绩大于等于 85 分学生的学号、课程号和成绩。

分析：WHERE 子句设置的条件包括 OR 和 AND 两种逻辑运算。

程序代码如下：

```
SELECT studentno,courseno,usually,final
FROM score
WHERE(courseno='c05109' OR courseno='c06108') AND final>=85
```

程序运行结果如下：

```
studentno    courseno    usually     final
----------  ---------  ----------  -----------
16122210009   c05109      77.00        91.00
16135222201   c05109      99.00        92.00
17112100072   c05109      87.00        86.00
17112100072   c06108      97.00        97.00
17112111208   c05109      85.00        91.00
17112111208   c06108      89.00        95.00
(6 行受影响)
```

【例 6.7】 查询计算机学院具有高级职称教师的教师号、姓名和从事专业。

分析：WHERE 子句设置的条件包括部门和职称，其中高级职称又包括教授和副教授两类，需要包括 OR 和 AND 两种逻辑运算。

程序代码如下：

```
SELECT teacherno, tname, major
FROM teacher
WHERE department = '计算机学院' and (prof = '副教授'or prof = '教授')
```

程序运行结果如下：

```
teacherno    tname     major
---------  --------  ----------
t05001       韩晋升     软件工程
t05003       刘元朝     网络技术
t05011       海封       计算机设计
(3 行受影响)
```

6.1.4 利用 INTO 子句生成新表

利用 SELECT INTO 可将几个表或视图中的数据组合成一个表。也可用于创建一个包含选自链接服务器的数据的新表。

【例 6.8】 利用 SELECT…INTO 创建新表。在 teaching 数据库中创建一个新表学生成绩 st_score，包括学生学号、姓名、课程号和期末成绩。

分析：学生学号、姓名、课程号和期末成绩分别在 teaching 数据库中的 student 表和 score 表中，访问两个表中的数据时，重复的数据列需要说明来源。

程序代码如下：

```
SELECT   student.studentno, student.sname, courseno, final
INTO   st_score
FROM student, score
WHERE (student.studentno = score.studentno)
```

程序运行后，生成一个新表。如果想查看新表 st_score 的记录行，可以通过如下 SELECT 语句来实现：

```
SELECT * FROM st_score
```

6.2 数据过滤

在 WHERE 子句中指定搜索条件可以限定查询返回的结果集，称为过滤数据。常用的过滤类型有比较运算、字符串运算、逻辑运算、指定范围或指定列值及未知值的运算。本节根据搜索条件分类介绍，也是对 SELECT 语句设置不同查询条件的进一步描述。

6.2.1 空值查询

涉及空值的查询用 NULL 来表示。CREATE TABLE 语句或 ALTER TABLE 语句中的 NULL 表明在列中允许存在被称为 NULL 的特殊数值，它不同于数据库中的其他任何值。在 SELECT 语句中，WHERE 子句通常会返回比较的计算结果为真的行。

那么，在 WHERE 子句中如何处理 NULL 的值的比较呢？为了取得列中含有 NULL 的行，Transact-SQL 语句包含了操作符功能 IS [NOT] NULL。

需要注意的是，一个列值是空值或者不是空值，不能表示为＝NULL 或＜＞NULL，而要表示为 IS NULL 或 IS NOT NULL。

WHERE 子句有以下通用格式：

```
COLUMN IS [NOT] NULL
```

下面通过例题介绍空值查询的方法。

【例 6.9】 查询数据库 test01 中 jxj16 表中获得奖学金的学生的学号、班级号、综合测评和奖学金情况。

分析：学生获得奖学金，则 bursary 的值为一数值，即为 NOT NULL。以此为查询条件，即可查到获得奖学金的学生的情况。

程序代码如下：

```
UPDATE test01.dbo.jxj16 -- 将奖学金为 0 的列值替换为 null
SET bursary = null
WHERE bursary = 0
SELECT  Studentno,classno,evaluation,bursary
FROM  jxj16
WHERE bursary is not null
order by bursary DESC
```

程序运行结果如下：

```
Studentno        classno    evaluation    bursary
-----------  -------  -----------  -----------
16122130018     161001       98.77         1000
16122130019     161001       95.76         800
17122130025     171002       86.53         500
17222130037     181001       88.00         500
17122130028     171002       76.88         200
(5 行受影响)
```

同样，如果设置查询条件为 WHERE bursary is null，就可以显示未获得奖学金的学生的情况。

6.2.2 利用比较运算符查询

利用比较运算符可以让表中值与指定的值或表达式进行比较，也可以使用比较运算符来做条件检查。比较运算符用来比较兼容数据类型的列或变量。字符串之间按排序规则规定的顺序比较大小。而日期时间类型数据的比较，日期时间越早，其值越小。

【例 6.10】 查询 student 表中 1998 年以后出生的学生的学号、姓名、入学成绩和 E-mail。

分析：日期时间类型的比较，时间越晚的日期时间类型数据的值越大。而描述 1998 年以后的日期有多种方法，这里采用函数 YEAR 的方法。

程序代码如下：

```
SELECT  studentno,sname, point, Email
FROM  student
WHERE year(birthday)> 1998
-- where birthday >'1998 - 12 - 31'(另一种日期时间比较方法)
```

程序运行结果如下：

```
studentno       sname      point          Email
----------- -------- ------ --------------------
17112100072     宿致远       658       su12@163.com
17122203567     封澈         898       jiao@126.com
17123567897     赵毓欣       999       pingan@163.com
17126113307     竹云泽       787       zhu@163.com
(4 行受影响)
```

6.2.3 利用字符串运算符查询

使用通配符结合的 LIKE 搜索条件，通过进行字符串的比较来选择符合条件的行。当使用 LIKE 搜索条件时，模式字符串中的所有字符都有意义，包括开头和结尾的空格。LIKE 主要用于字符类型数据，也可以用于日期时间类型数据。

【例 6.11】 在 student 表中显示所有姓何或姓韩的学生的姓名、生日和 E-mail。

分析：设置 WHERE 条件实现上述要求，需要采用 OR 和 LIKE 等逻辑运算。Like 操作符可以和通配符一起将列的值与某个特定的模式作比较，列的数据类型可以是任何字符串类型。

程序代码如下：

```
SELECT  sname, birthday, Email
FROM  student
WHERE  sname  LIKE '何 % 'or sname  LIKE '韩 % '
```

程序运行结果如下：

```
sname        birthday                      Email
-------- ----------------------- --------------------
何影         1997 - 12 - 04                aaa@sina.com
韩吟秋       1997 - 02 - 14                han@163.com
(2 行受影响)
```

【例 6.12】 在 student 表中显示手机号开始 3 位不是 131 的学生的姓名、电话和 E-mail。

分析：可用通配符并使用 NOT LIKE 实现本例的要求。

程序代码如下：

```
SELECT sname, phone, Email
FROM student
WHERE phone not LIKE '131%'
```

程序运行结果如下：

```
sname          phone              Email
--------  ------------  ---------------------
许海冰         13623456778         qwe@163.com
…
封澈          13245674564         jiao@126.com
竹云泽         13245678543         zhu@163.com
(9 行受影响)
```

6.2.4 利用逻辑运算符查询

选择条件中的逻辑表达式，可以将对某两个值的比较看作一个子条件，多个子条件之间可以用逻辑运算符 AND、OR、NOT 连接，最终构成更为复杂的选择条件。要注意一些逻辑运算中存在如 LIKE、IN、BETEEN、IS 等运算的用法。

【例 6.13】 在 student 表中显示所有 1999 年或 2 月份出生的学生的姓名、生日和 E-mail。

分析：LIKE 可以用于日期时间类型数据的通配符表达模式，形式类似于字符型数据，但日期模式字符串前需要有%。

程序代码如下：

```
SELECT  sname, birthday, Email
FROM  student
WHERE  birthday  LIKE  '%1999%'or birthday  LIKE  '%02%'
```

程序运行结果如下：

```
sname            birthday                        Email
--------  -----------------------  ---------------------
赵望舒         1997-02-13 00:00:00.000         ping@163.com
宿致远         1999-02-04 00:00:00.000         su12@163.com
韩吟秋         1997-02-14 00:00:00.000         han@163.com
封澈          1999-09-09 00:00:00.000         jiao@126.com
赵毓欣         1999-08-04 00:00:00.000         pingan@163.com
(5 行受影响)
```

如果将条件“birthday LIKE '%1999%' or birthday LIKE '%02%'”中的 OR 改为 AND 会出现什么结果呢？请读者试一下。

6.2.5 检索一定范围内的值

在 WHERE 子句中，可以使用 BETWEEN 搜索条件检索指定范围内的行。使用

BETWEEN 搜索条件时，相当于用 AND 连接两个比较条件，如 x BETWEEN 10 AND 27 相当于表达式 x>=10 AND x<=27。由此可见，在生成结果集中，边界值也是符合条件的。

【例 6.14】 查询选修课程号为 c05109 的学生学号和期末成绩，并且要求平时成绩在 88～95 之间。

分析：检索条件设置在某个范围内，一般可以利用 BETWEEN 关键字实现。

程序代码如下：

```
SELECT studentno, final
FROM score
WHERE courseno = 'c05109' and usually BETWEEN 88 AND 95
```

程序运行结果如下：

```
studentno         final
----------- -----------------
16122221324       77.00
16125121107       62.00
17112100072       86.00
17112111208       91.00
(4 行受影响)
```

【例 6.15】 查询选修课程号为 c05103 的学生学号和总评成绩，并且要求期末成绩不在 78～90 之间。其中，总评成绩的计算公式为：

```
总评成绩 = Final * 0.7 + usually * 0.3
```

分析：检索条件指定排除某个范围，一般可以利用 NOT BETWEEN 关键字实现。也可以使用大于和小于运算符(>和<)。

程序代码如下：

```
SELECT studentno, final * 0.7 + usually * 0.3
FROM score
WHERE courseno = 'c05103' and final NOT BETWEEN 78 AND 90
```

程序运行结果如下：

```
studentno            (无列名)
----------- -------------------------------
16122221324         69.800
16125121107         85.900
17111133071         72.900
17122203567         88.100
17123567897         79.400
(5 行受影响)
```

6.2.6 利用列表值检索数据

在 WHERE 子句中，可以使用 IN 搜索条件检索指定值列表的匹配行。使用 IN 搜索条件时，相当于用 OR 连接两个比较条件，如 x IN(10,15)相当于表达式 x=10 OR x=15。

【例 6.16】 查询学号分别为 17123567897、16125111109 和 16135222201 的学生学号、课程号、平时成绩和期末成绩。

分析：检索条件中枚举某些确定值的范围，一般可以利用 IN 关键字实现。

程序代码如下：

```
SELECT studentno,courseno,usually,final
FROM score
WHERE studentno IN ('17123567897','16125111109','16135222201')
```

程序运行结果如下：

```
studentno      courseno    usually     final
-----------  ---------  ---------  -----------
16125111109    c08106      79.00       99.00
16125111109    c08123      85.00       92.00
16125111109    c08171      77.00       92.00
16135222201    c05109      99.00       92.00
16135222201    c08171      95.00       82.00
17123567897    c05103      85.00       77.00
17123567897    c06127      99.00       99.00
(7 行受影响)
```

6.3 设置结果集格式

设置 SELECT 语句结果集，包括排序结果集、消除重复行、更改列名以增加结果集的可读性、显示部分结果集等。结果集中列的数据类型、大小、精度及小数位数与定义列的表达式相同。结果集列的名称可由 AS 关键字指定。选择列表中的常见项目有：

(1) 简单表达式。函数、局部变量、常量或者表或视图中列的引用。

(2) 子查询。对结果集的每一行求得单值的 SELECT 语句。

(3) 通过对一个或多个简单表达式使用运算符创建的复杂表达式。

(4) 使用“*”关键字将返回表中的所有列。

(5) 以@local_variable = expression 形式的变量赋值。SET @local_variable 语句还可用于变量赋值。

6.3.1 改变列名

为了阅读起来更加方便，可以用 AS 关键字实现给 SELECT 子句中的各项取别名，以增加结果集的可读性。其语法格式为：

```
SELECT 项的原名 AS 别名
```

【例 6.17】 在 student 表中查询出生日期在 1998 年以后的学生的学号、姓名、电话和年龄。

分析：可以通过 AS 为列或表达式更改名称，增加可读性。

程序代码如下：

```
SELECT  studentno AS '学号',sname AS '姓名',
       phone AS '手机号',year(getdate()) - year(birthday) AS  '年龄'
FROM  student
WHERE   year(birthday)> 1998
```

程序执行结果如下：

```
学号              姓名           手机号            年龄
----------  --------  ------------  -----------
17112100072     宿致远         12545678998          17
17122203567     封澈           13245674564          17
17123567897     赵毓欣         13175689345          18
17126113307     竹云泽         13245678543          16
(4 行受影响)
```

6.3.2 利用 ORDER BY 子句排序

利用 ORDER BY 子句可以对查询的结果进行升序(ASC)或降序(DESC)排列。排序可以依照某个属性的值,若属性值相等则根据第二个属性的值,依此类推。

利用 ORDER BY 子句进行排序,需要注意以下事项和原则：

(1) 默认情况下,结果集按照升序排列。也可以在输出项的后面加上关键字 DESC 来实现降序输出。

(2) ORDER BY 子句包含的列并不一定出现在选择列表中。

(3) ORDER BY 子句可以通过指定列名、函数值和表达式的值进行排序。

(4) ORDER BY 子句不可以使用 text、ntext 或 image 类型的列。

(5) 在 ORDER BY 子句中可以同时指定多个排序项。

【例 6.18】 在 student 表中查询学生的学号、姓名和入学成绩,并按照入学成绩的降序排列。

分析：升序 ASC 是默认值,而降序 DESC 必须表明。

程序代码如下：

```
SELECT studentno,sname,point AS '入学成绩'
FROM student
ORDER BY point  desc
```

程序运行结果如下：

```
studentno        sname     入学成绩
----------  -------  --------
17123567897     赵毓欣       999
17122203567     封澈         898
…
17112100072     宿致远       658
 (12 行受影响)
```

【例 6.19】 在 student 表中查询学号大于 1711000000 的学生的学号、姓名、电话和

E-mail,并按照姓名的升序排序。

分析：汉字的排序一般按照汉语拼音的顺序进行。

程序代码如下：

```
SELECT studentno,sname,phone,Email
FROM student
WHERE studentno>'1711000000'
ORDER BY sname
```

程序运行结果如下：

```
studentno     sname       phone          Email
----------- --------- ------------ ----------------
17111133071   崔岩坚      15556845645    cui@126.com
17122203567   封澈        13245674564    jiao@126.com
17112111208   韩吟秋      15878945612    han@163.com
17112100072   宿致远      12545678998    su12@163.com
17123567897   赵毓欣      13175689345    pingan@163.com
17126113307   竹云泽      13245678543    zhu@163.com
(6 行受影响)
```

【例 6.20】 在 score 表中查询总评成绩大于 85 的学生的课程号、总评成绩和学号,并先按照课程号的升序,再按照总评成绩的降序排列。

分析：本例利用表达式作比较和排序的依据。

程序代码如下：

```
SELECT courseno,usually*0.2+final*0.8 AS '总评',studentno
FROM score
WHERE usually*0.2+final*0.8>85
ORDER BY courseno, usually*0.2+final*0.8 DESC
```

程序运行结果如下：

```
courseno      总评          studentno
--------- ----------- ----------------
c05103        87.600        16125121107
c05108        88.800        17122203567
c05109        93.400        16135222201
…
c08123        90.600        16125111109
c08123        86.800        16137221508
c08171        96.000        16137221508
c08171        89.000        16125111109
(17 行受影响)
```

6.3.3 消除重复行

如果希望一个列表没有重复值,可以利用 DISTINCT 子句从结果集中除去重复的行。当使用 DISTINCT 子句时,需要注意以下事项：

(1) 选择列表的行集中,所有值的组合决定行的唯一性。

(2) 数据检索包含任何唯一值组合的行，如果不指定 DISTINCT 子句，则将所有行返回到结果集中。

(3) 如果指定 DISTINCT 项，那么 ORDER BY 子句中的项就必须出现在选择列表中。

【例 6.21】 在 st_score 表中查询期末成绩中有高于 85 的学生的学号和姓名，并按照姓名排序。

分析：不管学生有几门课的成绩高于 85，只要有一门就可以显示，利用 DISTINCT 子句还可以将重复行消除。

程序代码如下：

```
SELECT   DISTINCT studentno, sname
FROM    st_score
WHERE final > 85
ORDER BY sname
```

程序运行结果如下：

```
studentno        sname
-----------  ---------
17122203567      封澈
17112111208      韩吟秋
…
16137221508      赵望舒
17123567897      赵毓欣
 (9 行受影响)
```

6.3.4　利用 TOP n 输出前 n 行

在输出 SELECT 语句的结果集时，还可以加上 TOP n 选项指定返回结果集的前 n 行，或者加上 TOP n PERCENT 返回结果集的一部分，n 为结果集中返回的行的百分比。

【例 6.22】 从 student 表中查询入学成绩前 5 名的学生的学号、姓名、分数和电话。

分析：先按照入学成绩排序，然后再显示前 5 名。如果不排序，则会显示前 5 行的相关数据。

程序代码如下：

```
SELECT TOP 5 studentno, sname, point, phone
FROM student
order by point desc
```

程序执行结果如下：

```
studentno      sname       point      phone
-----------  ---------  ------  -------------
17123567897    赵毓欣      999      13175689345
17122203567    封澈        898      13245674564
16122221324    何影        879      13178978999
16135222201    夏文斐      867      15978945645
16137221508    赵望舒      789      12367823453
(5 行受影响)
```

【例 6.23】 利用 SELECT 语句从 student 表中返回入学成绩排在前 25%的学生的学号、姓名、分数和电话。

分析：先按照入学成绩排序，然后再显示排在前 25%的数据。

程序代码如下：

```
SELECT TOP 25 percent studentno,sname,point,phone
FROM student
order by point desc
```

程序执行结果如下：

```
studentno      sname      point    phone
----------    --------   ------   ------------
17123567897    赵毓欣       999    13175689345
17122203567    封澈         898    13245674564
16122221324    何影         879    13178978999
(3 行受影响)
```

6.4 GROUP BY 子句和 HAVING 子句

6.4.1 GROUP BY 子句的使用

GROUP BY 子句可以将查询结果按属性列或属性列组合在行的方向上进行分组，每组在属性列或属性列组合上具有相同的聚合值。如果聚合函数没有使用 GROUP BY 子句，则只为 SELECT 语句报告一个聚合值。

将一列或多列定义成为一组，使组内所有的行在那些列中的数值相同。出现在查询的 SELECT 列表中的每一列都必须同时出现在 GROUP BY 子句中。

【例 6.24】 利用 GROUP BY 子句对 score 表数据分组，显示每个学生的学号和平均总评成绩。总评成绩计算公式如下：

```
总评成绩 = usually * 0.3 + final * 0.7
```

分析：通过学号分组，可以求出每个学生的平均总评成绩。avg()用于求平均值，round()用于对平均值的某位数据进行四舍五入。

程序代码如下：

```
SELECT studentno, round(avg(usually * 0.3 + final * 0.7),2) AS '平均分'
FROM score
GROUP BY studentno
```

程序运行结果如下：

```
studentno          平均分
----------    ------------------
16122210009     85.150000
16122221324     75.500000
…
```

```
17123567897         89.200000
17126113307         79.450000
(13 行受影响)
```


有时需要的并不是某一列值的某种聚合，而是将这一列值根据其他某列(或某几列)划分成组，再求每一组值的某种聚合。这时需要在 WHERE 子句的后面加上一个 GROUP BY 子句，关键字 GROUP BY 的后面给出分组属性列表。

【例 6.25】 统计 student 表中男女学生的人数。

分析：count()用于统计记录行数。

程序代码如下：

```
SELECT   sex AS '性别', count( * ) AS '人数'
FROM   student
group by sex
```

程序运行结果如下：

```
性别          人数
---- ---------
男           5
女           7
(2 行受影响)
```

6.4.2 GROUP BY 子句和 HAVING 子句的联合使用

SELECT 语句中的 WHERE 和 HAVING 子句控制用源表中的那些行来构造结果集。WHERE 和 HAVING 是筛选，这两个子句指定一系列搜索条件，只有那些满足搜索条件的行才用来构造结果集。

HAVING 子句通常与 GROUP BY 子句结合使用，尽管指定该子句时也可以不带 GROUP BY。HAVING 子句指定在应用 WHERE 子句的筛选后要进一步应用的筛选。

【例 6.26】 利用 GROUP BY 子句对 score 表数据分组，显示总评成绩高于 85 分的每个学生的学号和平均总评成绩。

分析：having 是对分组显示的结果进一步进行筛选。

程序代码如下：

```
SELECT studentno, round(avg(usually * 0.3 + final * 0.7),2) AS '平均分'
FROM score
GROUP BY studentno
having avg(usually * 0.3 + final * 0.7)> 85
```

程序运行结果如下：

```
studentno       平均分
---------- --------------------
16122210009     85.150000
…
17122203567     87.370000
17123567897     89.200000
(8 行受影响)
```

【例 6.27】 查询选课在三门以上且各门课程期末成绩均高于 75 分的学生的学号及其总成绩，查询结果按总成绩降序列出。

分析：可以利用 HAVING 子句筛选分组结果，使之满足 COUNT(*)>=3 的条件即可。

程序代码如下：

```
SELECT studentno,SUM(usually * 0.3 + final * 0.7) AS '总分'
FROM   score
WHERE final > = 75
GROUP BY   studentno
HAVING COUNT( * )> = 3
ORDER BY SUM(usually * 0.3 + final * 0.7) DESC
```

程序运行结果如下：

```
studentno             总分
----------  -----------------
16137221508         270.600
16125111109         270.400
17122203567         262.100
(3 行受影响)
```

6.5 COMPUTE 语句和聚合函数的使用

6.5.1 COMPUTE 语句的应用

COMPUTE 子句使用聚合函数来计算作为附加行出现在查询结果中的汇总值，其结果是一个报表，所以不属于关系型模型。

COMPUTE 子句还有一个可选的 BY 部分，用于分组格式。如果使用了带 BY 的 COMPUTE 子句，那么就一定要使用 ORDER BY 子句。如果忽略了 BY，则行聚合函数将作用于结果查询中的所有行。

COMPUTE 子句的语法格式如下：

```
[ COMPUTE
    { { AVG | COUNT | MAX | MIN |SUM }
    ( expression ) } [ , …n ]
    [ BY expression [ , …n ] ]
]
```

其中，上述格式的参数说明如下：

- AVG | COUNT | MAX | MIN | SUM：指定要执行的聚合。生成结果作为附加的汇总列出现在结果集的最后。
- expression：Transact-SQL 表达式，如对其执行计算的列名。expression 必须出现在选择列表中，并且必须被指定为与选择列表中的某个表达式相同。

- BY expression：在结果集中生成小计项。如果使用 COMPUTE BY 选项，则还必须使用 ORDER BY 子句。表达式必须与在 ORDER BY 后列出的子句相同或是其子集，并且顺序必须相同。

【例 6.28】 查看 student 表中入学成绩在 788 分以上的学生的学号、出生日期和电话，且年龄最小的学生的生日。

分析：查询输出相关数据的同时，利用聚合函数 MAX(birthday)实现输出结果集中年龄最小的学生的生日。

程序代码如下：

```
SELECT   studentno, birthday, phone
FROM student
WHERE point > 788
ORDER BY  birthday
COMPUTE  MAX(birthday)
```

程序运行结果如下：

```
studentno       birthday            phone
----------- ---------------- ------------
16122210009    1996 - 11 - 05       13623456778
…
17123567897    1999 - 08 - 04       13175689345
17122203567    1999 - 09 - 09       13245674564
max
------------------------
1999 - 09 - 09 00:00:00.000
(8 行受影响)
```

【例 6.29】 分别查询 student 表中入学成绩在 750 分以上的男女学生的学号、性别、出生日期和电话，以及年龄最小的男女学生的生日。

分析：COMPUTE 子句中所有的列都必须出现在 SELECT 列表中；COMPUTE BY 子句中每一列的名字都必须出现在 ORDER BY 子句中；COMPUTE 和 ORDER BY 子句中列的顺序必须一致。

程序代码如下：

```
SELECT   studentno, sex, birthday, phone
FROM student
WHERE point > 750
ORDER BY  sex
COMPUTE  MAX(birthday) by sex
```

程序运行结果如下：

```
studentno      sex       birthday                          phone
----------- ---- ------------------------ ------------
16125111109    男     1998 - 03 - 01    00:00:00.000    15678945623
17111133071    男     1998 - 06 - 06    00:00:00.000    15556845645
16122210009    男     1996 - 11 - 05    00:00:00.000    13623456778
```

```
max
------------------------
1998 - 06 - 06 00:00:00.000

studentno     sex          birthday                          phone
----------- ---- ----------------------- ------------
...
17126113307   女    2000 - 09 - 07   00:00:00.000   13245678543
...
16137221508   女    1997 - 02 - 13   00:00:00.000   12367823453
max
------------------------
2000 - 09 - 07 00:00:00.000
(12 行受影响)
```

6.5.2 聚合函数的应用

聚合函数是用于获取累计值的函数。所有的聚合函数分为三类：便利聚合函数、统计聚合函数和超聚合。聚合函数不能被用于 SELECT 语句的 WHERE 子句中。

下面通过例题进一步介绍常用的聚合函数在 SELECT 语句中的使用方法。

【例 6.30】 查询选修课程号为 c05109 的学生的期末最高分、最低分及之间相差的分数。

分析：分别利用 MAX()和 MIN()可以求得 final 的最大值和最小值。

程序代码如下：

```
SELECT  MAX(final) AS MaxScore, MIN(final) AS MinScore,
       MAX(final) - MIN(final) AS Diff
FROM score
WHERE (courseno = 'c05109')
```

程序运行结果如下：

```
MaxScore               MinScore                     Diff
---------------- ------------------ ------------------
 92.00                  62.00                        30.00
(1 行受影响)
```

【例 6.31】 通过查询求 17 级学生的总数。

分析：求学生数即求符合要求的记录行数，一般利用 COUNT()实现。

程序代码如下：

```
SELECT COUNT(studentno) AS '17 级学生数'
FROM student
WHERE substring(studentno,1,3) = '171'
```

程序运行结果如下：

```
17 级学生数
-----------
6
(1 行受影响)
```

【例 6.32】 查询选课不少于两门的学生的学号及其选课的门数。

分析：GROUP BY 子句按 studentno 的值分组，所有具有相同 studentno 的分为一组，对每一组使用函数 COUNT 进行计算，统计出各位学生选课的门数，再通过 having 筛选数据。

程序代码如下：

```
SELECT studentno,COUNT( * ) AS '选课数'
FROM score
GROUP BY   studentno
HAVING COUNT( * )>= 3
ORDER BY studentno
```

程序运行结果如下：

```
studentno          选课数
-----------  -----------
16125111109          3
16137221508          3
17122203567          3
(3 行受影响)
```

【例 6.33】 查询 score 表中各门课程的课程号及期末平均成绩。

分析：先按照 courseno 对 final 值进行分组，再利用 AVG()求平均值。

程序代码如下：

```
SELECT courseno, round(AVG(final),2) AS 'AverageScore'
FROM score
GROUP BY courseno
ORDER BY courseno
```

程序运行结果如下：

```
courseno         AverageScore
---------  ----------------
c05103           79.830000
c05108           89.000000
c05109           83.000000
c06108           91.330000
c06127           84.670000
c08106           97.000000
c08123           90.500000
c08171           87.750000
(8 行受影响)
```

【例 6.34】 查询 score 表中学生的期末总成绩大于 280 分的学生的学号及总成绩。

分析：先按照 studentno 对 final 值进行分组，再利用 SUM()分别求期末总成绩，然后进行期末总成绩大于 280 分学生的筛选。

程序代码如下：

```
SELECT studentno, SUM(final) AS 'SumScore'
```

```
FROM score
GROUP BY studentno
HAVING SUM(final)>280
ORDER BY studentno
```

程序运行结果如下：

```
studentno        SumScore
----------  -------------
16125111109      283.00
16137221508      282.00
(2 行受影响)
```

6.6 小　　结

SQL Server 2008 提供了丰富的查询语句的使用方法，所有的数据检索都是通过 SELECT 语句实现的。在 SELECT 查询过程中，SELECT 和 FROM 子句是必不可少的，其余子句可以根据需要进行选择使用。掌握 SELECT 各个子句的功能是本章的重点内容，也是本课程的重点内容。另外，还要掌握在 SELECT 语句中常用的如下内容：

(1) 通配符结合 LIKE 搜索条件的表达式用法。

(2) LIKE、IN、BETEEN、IS 等运算的用法。

(3) 空值查询。

(4) COMPUTE 语句的应用。

(5) 聚合函数的应用。

习　题　6

1. 选择题

(1) SELECT 语句中使用________关键字可以将重复行屏蔽。

A. order by　　B. having　　C. top　　D. distinct

(2) SELECT 语句中的________子句用于存放结果集到表中。

A. select　　B. into　　C. from　　D. group by

(3) SELECT 语句中的________子句只能配合 group by 子句使用。

A. order by　　B. having　　C. into　　D. compute

(4) 使用空值查询时，表示一个列 RR 不是空值的表达式是________。

A. RR IS NULL　　B. RR== NULL

C. RR<>NULL　　D. RR IS NOT NULL

(5) 表达式中存在 LIKE 运算时，表达式的结果可能是________类型数据。

A. datetime　　B. float　　C. int　　D. table

2. 思考题

(1) 简述 SELECT 语句的各个子句的作用。

(2) 数据检索时使用 COMPUTE 子句和 COMPUTE BY 子句产生的效果有何不同？

(3) SQL 脚本执行的结果有哪几种形式？查看 SQL 脚本的方法有哪些？

(4) 将 NULL 与其他值比较会产生什么结果？数值列中存在 NULL 会产生什么结果？

(5) 说明在 SELECT 语句中使用聚合函数应该注意的问题。

3. 上机练习题(本题利用 teaching 数据库进行操作)

(1) 查询 course 表中的所有记录。

(2) 查询 student 表中女生的人数。

(3) 查询 teacher 表中每一位教授的教师号、姓名和专业名称。

(4) 按性别分组，求出 student 表中每组学生的平均年龄。

(5) 利用现有的表生成新表，新表中包括学号、学生姓名、课程号和总评成绩。其中，总评成绩=final * 0.8+usually * 0.2。

(6) 统计每个学生的期末成绩平均分。

(7) 输出 student 表中年龄最大的男生的所有信息。

(8) 查询 teacher 表中没有职称的职工的教师号、姓名、专业和部门。

第7章 Transact-SQL 语句的高级应用

第6章介绍了 Transact-SQL 语句的基本应用，而 Transact-SQL 语句本身功能强大，能够编写更加复杂的高级 SQL 应用脚本。利用 SELECT 语句中更复杂的特性，可以使用多个表进行查询并获取结果。

本章将介绍进一步利用 Transact-SQL 语句查询相关的技巧和高级应用，如多表连接、子查询等，同时还可以利用游标处理结果集和对大数据块进行输出管理等。

7.1 多表连接

7.1.1 连接概述

连接是关系型数据库中常用的多表查询数据的模式，连接可以根据各个表之间的逻辑关系来利用一个表中的数据选择另外的表中的行实现数据的关联操作。要在数据库中完成复杂的查询，必须将两个或两个以上的表连接起来。连接条件可在 FROM 或 WHERE 子句中指定。连接条件与 WHERE 和 HAVING 搜索条件组合，用于控制 FROM 子句引用的数据源中所选定的行。

SQL Server 处理连接时，查询引擎从多种可能的方法中选择最高效的方法处理连接。尽管不同连接的物理执行可以采用多种不同的优化，但逻辑序列都是通过应用 FROM、WHERE 和 HAVING 子句中的连接条件和搜索条件实现。

连接条件中用到的列虽然不必具有相同的名称或相同的数据类型，但是如果数据类型不相同，则必须兼容或可进行隐性转换。如果不能隐性转换数据类型，则连接条件必须用 CAST 函数显式地转换数据类型。

ANSI 连接语法显式定义了连接操作，增强了查询的可读性。被显式定义的与连接有关的关键字如下：

- CROSS JOIN：结果只包含两个表中所有行的组合，指明两个表之间的笛卡儿操作。
- NNER JOIN：内连接，结果只包含满足条件的列。
- LEFT OUTER JOIN：左外连接，结果包含满足条件的行及左侧表中的全部行。
- RIGHT OUTER JOIN：右外连接，结果包含满足条件的行及右侧表中的全部行。
- FULL OUTER JOIN：完全连接，结果包含满足条件的行和两侧表中的全部行。

7.1.2 内连接

内连接（Inner Join）通过比较数据源表间共享列的值，从多个源表检索符合条件的行的操作。可以使用等号运算符的连接，也可以连接两个不相等的列中的值。

【例 7.1】 查询选修课程号为 c05109 的学生的学号、姓名和期末成绩。

分析：本例中要求所输出的列分别在 student 表和 score 表中，可以通过 studentno 列、使用内连接的方式连接两个表，找出选修课程号为 c05109 的行。程序中两个表存在相同的列，引用时需要标明该列所属的源表。

程序代码如下：

```
SELECT  student.studentno,sname,final
FROM   student INNER JOIN score
        ON student.studentno = score.studentno
WHERE   score.courseno = 'c05109'
```

程序执行结果如下：

```
studentno          sname          final
----------  --------  ---------------
16122210009        许海冰          91.00
…
17112100072        宿致远          86.00
17112111208        韩吟秋          91.00
(7 行受影响)
```

【例 7.2】 查询选修课程号为 c05103 且平时成绩高于 80 分的学生的学号、姓名、平时成绩和期末成绩。

分析：本例通过 studentno 列连接两个表，找出选修课程号为 c05103 的行。要求输出行中的平时成绩高于 80 分，则可以使用不是用等号的比较运算符实现。关键词 INNER 也可以省略。

程序代码如下：

```
SELECT  student.studentno,sname,usually,final
FROM   student JOIN score
        ON student.studentno = score.studentno and usually > 80
WHERE   score.courseno = 'c05103'
```

程序执行结果如下：

```
studentno       sname      usually       final
----------  --------  ----------  ------------
16122210009     许海冰       87.00         82.00
16122221324     何影         88.00         62.00
17111133071     崔岩坚       82.00         69.00
17123567897     赵毓欣       85.00         77.00
(4 行受影响)
```

7.1.3 外连接

外部连接(Outer Join)包括满足搜索条件的连接表中的所有行，甚至包括在其他连接表中没有匹配行的一个表中的行。对于当一个表中的行与其他表中的行不匹配时返回的结果集行，为解析为不存在相应行的表的所有结果集列提供 NULL 值。

外连接会返回 FROM 子句中提到的至少一个表或视图中的所有行，只要这些行符合任何 WHERE 或 HAVING 搜索条件。将检索通过左外部连接引用的左表中的所有行，以及通过右外部连接引用的右表中的所有行。在完全外部连接中，将返回两个表的所有行。

(1) 左外连接(Left Outer Join)。一种外部连接，其中包括 JOIN 子句中左侧表中的所有行。右表中的行与左表中的行不匹配时，将为来自右表的所有结果集列赋以 NULL 值。

【例 7.3】 利用左外连接方式查询 17 级学生的学号、姓名、平时成绩和期末成绩。

分析：左外连接方式将会在右表中的行与左表中的行不匹配时，将右表的所有结果集列赋以 NULL 值。

程序代码如下：

```
SELECT   student.studentno,sname,usually,final
FROM   student   LEFT JOIN score
       ON student.studentno = score.studentno
WHERE substring(student.studentno,1,2) = '17'
```

程序执行结果如下：

```
studentno       sname        usually    final
----------  --------  --------  --------
17111133071     崔岩坚         82.00     69.00
17111133071     崔岩坚         77.00     82.00
…
17126113307     竹云泽         88.00     79.00
17127893457     风格           NULL       NULL
(14 行受影响)
```

(2) 右外连接(Right Outer Join)。也是外部连接的一种，其中包含 JOIN 子句中最右侧表的所有行。如果右侧表中的行与左侧表中的行不匹配，则将为结果集中来自左侧表的所有列分配 NULL 值。

【例 7.4】 利用右外连接方式查询教师的排课情况。

分析：右外连接方式将会在左表中的行与右表中的行不匹配时，将左表的所有结果集列赋以 NULL 值。

程序代码如下：

```
SELECT courseno,tname,teacher.teacherno,major
FROM    teach_class   RIGHT JOIN teacher
        ON teach_class.teacherno = teacher.teacherno
```

程序执行结果如下：

```
courseno      tname          major        teacherno
--------  --------  ----------  ---------
c05109       韩晋升          软件工程        t05001
…
c06172       姚思远          铸造工艺        t06023
NULL         刘丽萍          物联网          t07017
c08123       马爱芬          经济管理        t07019
```

```
c08106        田有余        金融管理        t08017
(10 行受影响)
```

(3) 完全外连接。若要通过在连接的结果中包括不匹配的行来保留不匹配信息，则使用完全外部连接。SQL Server 提供了完全外部连接运算符 FULL OUTER JOIN，它将包括两个表中的所有行，不论另一个表中是否有匹配的值。

【例 7.5】 利用完全外连接方式查询教师的排课情况。

分析：完全外部连接是右外连接与左外连接的并集。无论是左表中的行还是右表中的行不匹配时，将所有结果集中没有匹配值的列赋以 NULL 值。

程序代码如下：

```
SELECT courseno,tname,major,teacher.teacherno
FROM   teach_class   FULL JOIN teacher
         ON teach_class.teacherno = teacher.teacherno
```

程序运行结果如下：

```
courseno    tname     major       teacherno
---------  ------  ----------  ---------
c05109      韩晋升    软件工程      t05001
…
c06172      姚思远    铸造工艺      t06023
NULL        刘丽萍    物联网        t07017
c08123      马爱芬    经济管理      t07019
NULL        NULL      NULL          t07127
c08106      田有余    金融管理      t08017
(11 行受影响)
```

7.1.4 交叉连接

交叉连接(Cross Join)是在没有 WHERE 子句的情况下产生的表的笛卡儿积。两个表作交叉连接时，结果集大小为二者行数之积。这种方式在实际过程中用的很少。

【例 7.6】 显示 student 表和 score 表的笛卡儿积。

分析：其结果集 364 行数据应是 student 表数据行数与 score 表行数的乘积数。

程序代码如下：

```
SELECT   student.studentno,sname,score.*
FROM     student CROSS JOIN score
```

程序运行结果如下：

```
studentno      sname      studentno      courseno    usually     final
-----------  ---------  -----------  ---------  ---------  ----------
16122210009    许海冰   16122210009    c05103      87.00       82.00
16122210009    许海冰   16122210009    c05109      77.00       91.00
…
17127893457    风格     17126113307    c06108      66.00       82.00
17127893457    风格     17126113307    c08171      88.00       79.00
(364 行受影响)
```

7.1.5 连接多个表

从理论上说，对于使用 SELECT 语句进行连接的表数目没有上限。但在一条 SELECT 语句中连接的表多于 10 个，那么数据库就很可能达不到最优化设计，SQL Server 2008 引擎的执行计划会变得非常烦琐。

需要注意的是，对于三个以上关系表的连接查询，一般遵循下列规则：连接 n 个表至少需要 $n-1$ 个连接条件，以避免笛卡儿积的出现。为了缩小结果集，采用多于 $n-1$ 个连接条件或使用其他条件都是允许的。

【例 7.7】 查询 16 级学生的学号、姓名、课程名、期末成绩及学分。

分析：本例要求输出的各项分别存在于 student、course 和 score 三个表中，因此至少需要创建两个连接条件。

程序代码如下：

```
SELECT student.studentno,sname,cname,final,credit
FROM score   JOIN student ON   student.studentno = score.studentno
             JOIN   course ON   score.courseno = course.courseno
where   substring(student.studentno,1,2) = '16'
```

程序运行结果如下：

```
studentno        sname          cname               final        credit
----------  --------  ---------------  ------------  -------------
16122210009      许海冰          电子技术             82.00          4.0
…
16137221508      赵望舒          金融学               89.00          2.5
16137221508      赵望舒          会计软件             98.00          2.0
 (14 行受影响)
```

【例 7.8】 查询计算机学院的老师的教师号、姓名、上课班级号、课程名和学分。

分析：本例要求输出的各项分别存在于 teacher、class 和 course 三个表中，因为各个表要通过 teach_class 纽带表进行连接，因此至少需要创建三个连接条件。

程序代码如下：

```
SELECT teacher.teacherno,tname,class.classno,cname,credit
FROM teach_class JOIN teacher
       ON teach_class.teacherno = teacher.teacherno
    JOIN   class ON   teach_class.classno = class.classno
    JOIN   course ON teach_class.courseno = course.courseno
where   teacher.department = '计算机学院'
```

程序运行结果如下：

```
teacherno    tname    classno    cname          credit
---------  ------  -------  ---------  ----------
t05001       韩晋升      170501     C 语言          3.0
t05003       刘元朝      160501     数据结构        4.0
t05011       海封        160502     软件工程        3.0
t05017       卢明欣      160501     数据结构        4.0
(4 行受影响)
```

7.1.6 合并多个结果集

UNION 操作符可以将多个 SELECT 语句的返回结果组合到一个结果集中。当要检索的数据在不同的结果集中，并且不能够利用一个单独的查询语句得到时，可以使用 UNION 合并多个结果集。

将两个或更多查询的结果合并为单个结果集，该结果集包含联合查询中所有查询的全部行。UNION 运算不同于使用联接合并两个表中列的运算。

使用 UNION 合并两个查询结果集时，所有查询中的列数和列的顺序必须相同且数据类型必须兼容。

UNION 操作符的基本语法格式如下：

```
SELECT_statement UNION [all] SELECT_statement
```

其中，格式中的参数说明如下：

- SELECT_statement：SELECT 语句。
- UNION：指定组合多个结果集并返回为单个结果集。
- All：将所有行合并到结果中，包括重复的行。如果不指定，将删除重复的行。

【例 7.9】 建立 t1、t2 两个表，合并其结果集示例。

分析：虽然两个表的结构不同，但需要合并的两个结果集结构和列的数据类型兼容。

程序代码如下：

```
CREATE TABLE t1 (a int, b nchar(4), c nchar(4))
INSERT INTO t1 VALUES (1, 'aaa', 'jkl')
INSERT INTO t1 VALUES (2, 'bbb', 'mno')
INSERT INTO t1 VALUES (3, 'ccc', 'pqr')
CREATE TABLE t2 (a nchar(4), b float)
INSERT INTO t2 VALUES('kkk', 1.000)
INSERT INTO t2 VALUES('mmm', 3.000)
SELECT a, b FROM t1 UNION  SELECT b, a FROM t2
```

程序运行结果如下：

```
a              b
--------  --------
1             aaa
1             kkk
2             bbb
3             ccc
3             mmm
(5 行受影响)
```

7.2 使用子查询

7.2.1 子查询介绍

子查询就是一个嵌套在 SELECT、INSERT、UPDATE 或 DELETE 语句或其他子查询中的查询。部分子查询和连接可以相互替代，使用子查询也可以替代表达式。通过子查询可以把一个复杂的查询分解成一系列的逻辑步骤，利用单个语句的组合解决复杂的查询问题。

SQL Server 2008 对嵌套查询的处理过程是从内层向外层处理，即先处理最内层的子查询，然后把查询的结果用于其外查询的查询条件，再层层向外求解，最后得出查询结果。

一般情况下，包含子查询的查询语句可以写成连接查询的方式。在有些方面，连接的性能要优于子查询，原因是连接不需要查询优化器执行排序等额外的操作。

使用子查询时应该注意如下的事项：

(1) 子查询需要用括号括起来。

(2) 当需要返回一个值或一个值列表时，可以利用子查询代替一个表达式。也可以利用子查询返回含有多个列的结果集替代表或连接操作相同的功能。

(3) 子查询不能够检索数据类型为 varchar(max)、nvarchar(max)和 varbinary(max)的列。

(4) 子查询中可以再包含子查询，嵌套层数可以达到 16 层。

7.2.2 利用子查询做表达式

在 Transact-SQL 语句中，可以把子查询的结果当成一个普通的表达式来看待，用在其外查询的选择条件中。此时子查询必须返回一个值或单个列值列表，此时的子查询可以替换 WHERE 子句中包含 IN 关键字的表达式。

【例 7.10】 查询学号为 17123567897 的学生的入学成绩、所有学生的平均入学成绩及该学生成绩与所有学生的平均入学成绩的差。

分析：利用子查询求学生的平均入学成绩，作为 SELECT 语句的输出项表达式。

程序代码如下：

```
SELECT studentno, sname, point
       ,(SELECT AVG(point) FROM student)AS  '平均成绩'
       ,point - (SELECT AVG(point) FROM student) AS '分数差值'
FROM student
WHERE studentno = '17123567897'
```

程序运行结果如下：

```
studentno      sname    point   平均成绩      分数差值
-----------  -------  ------  ----------  ----------
17123567897   赵毓欣    999      805          194
(1 行受影响)
```

【例 7.11】 获取期末成绩中含有高于 93 分的学生的学号、姓名、电话和 E-mail。

分析：利用操作符 IN 可以允许指定一个表达式(或常量)集合，可以利用 SELECT 语句的子查询输出表达式(或常量)集合。

程序代码如下：

```
SELECT studentno, sname, phone, Email
FROM student
```

```
WHERE studentno IN ( SELECT studentno
                     FROM score
                     WHERE final > 93 )
```


程序运行结果如下：

```
studentno     sname       phone          Email
----------- -------- ------------ -----------------
16125111109   敬秉辰      15678945623     jing@sina.com
…
17122203567   封澈        13245674564     jiao@126.com
17123567897   赵毓欣      13175689345     pingan@163.com
(6 行受影响)
```

【例 7.12】 查询选修课程多于两门，且期末成绩均在 85 分以上的学生的学号、姓名、电话和 E-mail。

分析：在 score 表中通过 studentno 列分组，同时利用 WHERE 限定 85 分以上，利用 HAVING 子句检测选修课程多于两门的学生，符合条件的输出相关选项。

程序代码如下：

```
SELECT studentno, sname, phone, Email
FROM student
WHERE studentno IN (SELECT studentno
                    FROM score
                    WHERE final > 85
                    GROUP BY studentno
                    HAVING count( * )> 2)
```

程序运行结果如下：

```
studentno      sname       phone          Email
----------- -------- ------------ -----------------
16125111109    敬秉辰      15678945623     jing@sina.com
16137221508    赵望舒      12367823453     ping@163.com
17122203567    封澈        13245674564     jiao@126.com
(3 行受影响)
```

7.2.3 利用子查询关联数据

子查询可以作为动态表达式，该表达式可以随着外层查询的每一行的变化而变化。即查询处理器为外部查询的每一行计算子查询的值，每次计算一行，而该子查询每次都会作为该行的一个表达式取值并返回到外层查询。使得动态执行的子查询与外部查询有一个非常有效的连接，从而将复杂的查询分解为多个简单而相互关联的查询。

创建关联子查询时，外部查询有多少行，子查询就执行多少次。

【例 7.13】 查询期末成绩比该选修课程平均期末成绩低的学生的学号、课程号和期末成绩。

分析：在本例中，对 score 表采用别名形式，一个表就相当于两个表。子查询执行时使用的 a.courseno 相当于一个常量。在别名为 b 的表中根据分组计算平均分，然后与外层查询的值进行比较。该过程很费时间。

程序代码如下：

```
SELECT studentno,courseno,final
FROM score as a
WHERE final < (SELECT AVG(final)
               FROM score as b
               WHERE a.courseno = b.courseno
               group by   courseno)
```

程序运行结果如下：

```
studentno      courseno    final
-----------  ---------  ----------
16122221324    c05103       62.00
…
16135222201    c08171       82.00
17126113307    c08171       79.00
(16 行受影响)
```

7.2.4 利用子查询生成派生表

利用子查询可以生成一个派生表，用于替代 FROM 子句中的数据源表。派生表可以定义一个别名，即子查询的结果集可以作为外层查询的源表。实际上是在 FROM 子句中使用子查询。

【例 7.14】 查询期末成绩高于 85 分、总评成绩高于 90 分的学生的学号、课程号和总评成绩。

分析：利用子查询过滤出期末成绩高于 85 分的结果集，以 TT 命名，然后再对结果集 TT 中的数据进行查询。

```
SELECT TT.studentno,TT.courseno,
          TT.final * 0.8 + TT.usually * 0.2 AS '总评成绩'
FROM   (SELECT  *
         FROM score
         WHERE final > 85) AS TT
WHERE TT.final * 0.8 + TT.usually * 0.2 > 90
```

程序运行结果如下：

```
studentno       courseno   总评成绩
----------  --------  ----------
16125111109     c08106     95.000
…
17122203567     c05103     91.400
17123567897     c06127     99.000
(9 行受影响)
```

7.2.5 使用子查询修改表数据

利用子查询修改表数据就是利用一个嵌套在 INSERT、UPDATE 或 DELETE 语句的子查询成批的添加、更新和删除表中的数据。

INSERT 语句中的 SELECT 子查询可用于将一个或多个其他的表或视图的值添加到表中。使用 SELECT 子查询可同时插入多行。

【例 7.15】 创建一个表 sc_17，将 score 表中 17 级学生的相关数据添加到 sc_17 表中，并要求计算总评成绩。

分析：子查询的选择列表必须与 INSERT 语句列的列表匹配。如果 INSERT 语句没有指定列的列表，则选择列表必须与正向其插入的表或视图的列匹配且顺序一致。

```
CREATE TABLE sc_17(studentno nchar(11) not null,
                courseno nchar(6) not null,
                total numeric (6,2) not null)
GO
INSERT INTO  sc_17(studentno, courseno,total)
        SELECT  studentno, courseno,final * 0.8 + usually * 0.2
        FROM score
        WHERE substring(studentno,1,2) = '17'
GO
SELECT * FROM sc_17
```

程序运行结果如下：

```
studentno       courseno      total
-----------  ---------  ---------
17111133071     c05103      71.60
17111133071     c05109      81.00
…
17126113307     c06108      78.80
17126113307     c08171      80.80
 (28 行受影响)
```

UPDATE 语句中的 SELECT 子查询可用于将一个或多个其他的表或视图的值进行更新。使用 SELECT 子查询可同时更新多行数据。实际上是通过将子查询的结果作为更新条件表达式中的一部分。

【例 7.16】 将 sc_17 表中含有总分低于 80 分的课程的所有学生总分增加 5%。

分析：利用 UPDATE 成批修改表数据，可以在 WHERE 子句中利用子查询实现。

```
UPDATE  sc_17
SET total = total * 1.05
WHERE  courseno in
      (SELECT courseno
       FROM  sc_17
       where total < 80)
```

程序运行结果如下：

```
(18 行受影响)
```

同样，在 DELETE 语句中利用子查询可以删除符合条件的数据行。实际上是通过将子查询的结果作为删除条件表达式中的一部分。

7.2.6 EXISTS和NOT EXISTS子句

EXISTS是SQL语句中的运算符号，在子查询中，如果存在一些匹配的行，结果为TURE。在执行过程中，一旦查找到第1个匹配的行，查询就结束。NOT EXISTS与EXISTS的工作方式类似。

【例7.17】 查询student表中是否存在1999年12月12日以后出生的学生，如果存在，输出学生的学号、姓名、生日和电话。

分析：只要存在一行数据符合条件，则WHERE条件就返回TURE，于是输出所有行。

```
SELECT studentno,sname,birthday,phone
FROM student
WHERE EXISTS (
    SELECT *
    FROM student
    WHERE birthday > '1999 - 12 - 12' )
```

程序运行结果如下：

```
studentno      sname      birthday       phone
----------  --------  -------------  ------------
16122210009    许海冰      1996 - 11 - 05     13623456778
…
17126113307    竹云泽      2000 - 09 - 07     13245678543
17127893457    风格        2000 - 09 - 09     15134576788
(13 行受影响)
```

7.3 利用游标处理结果集

7.3.1 游标的概念

关系数据库的大部分管理操作都与Transact-SQL中的查询语句SELECT有着密切的联系。SELECT语句一般返回的是包含多条记录的、存放在客户端内存中的结果集。当用户需要访问一个结果集中的某条具体记录时，就需要使用游标功能。

SQL Server 2008使用英文单词Cursor来表示游标。使用关键字GLOBAL和LOCAL表示一个游标声明为全局游标和局部游标。

作为全局游标，一旦被创建就可以在任何位置上访问，而作为局部游标则只能在声明和创建的函数或存储过程中对它进行访问。当多个不同的过程或函数需要访问和管理同一结果集时，应使用全局游标。

而局部游标管理起来更容易一些，因而其安全性也相对较高。局部游标可以在一个存储过程、触发器或用户自定义的函数中声明。由于其作用域受存储过程的限制，因此在自身所处的过程中对游标的任何操作都不会对其他过程中声明的游标产生影响。

在Transact-SQL中使用游标的步骤如下：

(1) 声明游标。在使用游标之前，首先需要声明游标。声明游标的语句为DECLARE

CURSOR。

(2) 打开游标。打开游标的语句为 OPEN,打开一个游标意味着在游标中输入了相关的记录信息。

(3) 获取记录信息。如果需要获取某一条记录的信息,还需要使用 Fetch 语句来获取该记录的值。一条 Fetch 语句会执行两步操作:首先将游标当前指向的记录保存到一个局部变量中,然后游标将自动移向下一条记录。将一条记录读入某个局部变量后,就可以根据需要对其进行处理了。

(4) 关闭游标。当不需要使用游标功能时,可以使用 Close 函数来关闭该游标,释放那些被该游标锁定的记录集。

(5) 释放游标。最后还需要使用 Deallocate 语句释放游标自身所占用的资源。

上面 5 步是使用游标的典型过程。如果需要访问的记录不止一条,也可重复第(3)步,直到所有需要被访问的记录都已被访问为止,然后关闭并释放游标。还可以利用图 7-1 所示的框图来表示。

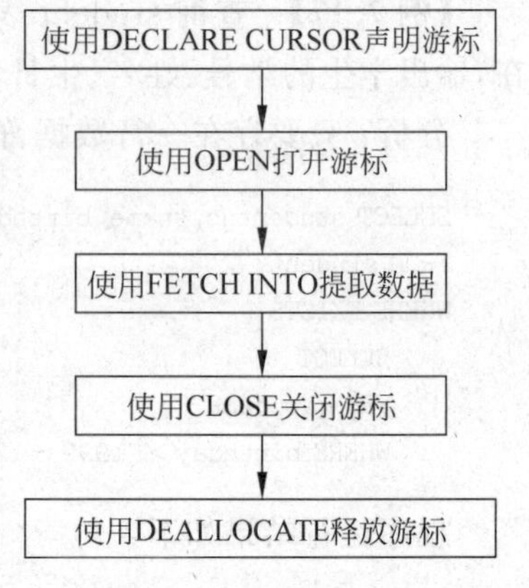

图 7-1 游标的使用过程

7.3.2 游标的运用

使用游标,可以定位到某一指定的记录,而且可以对所定位记录的数据进行更改。实际上,游标就是指向内存中结果集的指针,可以实现对内存中的结果集进行各种操作,操作完毕后才能将数据存放到硬盘上。下面继续对使用游标的主要步骤进行详细的介绍。

1. 声明游标

声明一个游标需要使用 DECLARE 语句,声明游标的基本格式如下:

```
DECLARE cursor_name CURSOR[LOCAL|GLOBAL][FORWARD_ONLY
  |SCROLL][STATIC|DYNAMIC][READ_ONLY]
FOR select_statement
[;]
```

其中各参数的含义如下:

- cursor_name:所定义的 Transact-SQL 服务器游标的名称。
- LOCAL:指定局部游标。该游标名称仅在当前作用域内有效。
- GLOBAL:指定全局游标。在由连接执行的任何存储过程或批处理中都可以引用该游标名称。
- FORWARD_ONLY:指定游标只能从第一行滚动到最后一行。
- STATIC:定义一个静态游标,该游标进行提取操作时返回的数据中不反映对基表所做的修改,并且该游标不允许修改。通常情况下,如果没有指定任何关键字,游标将被声明为静态游标。
- DYNAMIC:定义一个动态游标,以反映在滚动游标时对结果集内的各行所做的所有数据更改。每次执行获取记录的操作都有可能改变记录中的数据值和顺序。动态游标无法使用绝对访问功能。

• READ_ONLY：禁止通过该游标进行更新。

• select_statement：定义游标结果集的标准 SELECT 语句。

【例 7.18】 使用 STATIC 关键字声明全局游标 cEmploy。

分析：使用 STATIC 关键字声明全局游标 cEmploy，该游标与表 student 中的所有男生记录相关联。

程序代码如下：

```
DECLARE cEmploy CURSOR STATIC
FOR
 SELECT studentno, sname
 FROM student
 WHERE sex = '男'
ORDER BY studentno
```

2. 打开游标

声明一个游标之后，还必须使用 OPEN 语句打开游标，才能对其进行访问。当使用 OPEN 语句打开一个以 STATIC 或 KEYSET 定义的游标时，SQL Server 数据会自动在 TempDB 数据库中创建一个工作表来保存与该游标相关的数据集。设计可以使用全局函数@@CURSOR_ROWS 来指定或获取与游标关联的数据记录行数。使用 OPEN 语句打开上例中游标 cEmploy 的代码如下：

```
OPEN cEmploy
```

3. 使用 FETCH 获取记录信息

使用 FETCH 函数可以在一个打开的游标中遍历记录集中的记录。使用 FETCH 函数获取游标中的一条记录，并将它保存到相应的变量中后，游标将自动地被定位到下一条记录上。

获取游标指定的记录需要使用 FETCH 函数，其格式如下：

```
FETCH [[NEXT | PRIOR | FIRST | LAST |
  ABSOLUTE{ n | @nvar | RELATIVE { n | @nvar}]
  FROM ] cursor_name [INTO @variable_name[ ,…n ]]
```

其中各参数的含义如表 7-1 所示。

表 7-1　FETCH 函数的参数表

参　　数	含　　义
NEXT	移至下一行
PRIOR	移至上一行
FIRST	移至第一行
LAST	移至末行
ABSOLUTE n	位移到第 n 行
RELATIVE n	从当前位置移 n 行
INTO @variable_name	把当前行的各字段值赋给变量

默认情况下，使用 OPEN 命令打开该游标后，游标不指向结果集中的任何一条记录，此时需要使用 FETCH 函数将游标定位到记录集中的一条记录上。此后，可以使用 FETCH

NEXT 和 FETCH PRIOR 移向当前记录的下一条和上一条记录；使用 FETCH FIRST 和 FETCH LAST 移至首条记录和尾记录。FETCH 同样可以实现绝对位移和相对位移，此时可以使用 FETCH ABSOLUTE n 或 FETCH RELATIVE n。

【例 7.19】 使用 FETCH 访问游标中的记录。

分析：使用 FETCH 命令访问游标中的每条记录，列出 cEmploy 游标中的所有记录。

程序代码如下：

```
DECLARE @Studentno AS nchar(10)
DECLARE @Sname AS nchar(8)
FETCH FROM cEmploy
 INTO @Studentno, @Sname
SET @RecCount = @RecCount - 1
PRINT '学号：'+ CONVERT(nchar(10), @Studentno) + '学生姓名：'+ @Sname
```

运行结果如下：

```
学号：学生姓名：许海冰
```

4. 关闭游标

关闭游标意味着解锁该游标占用的所有记录集资源。需要注意的是，关闭一个游标只是意味着释放其所控制的所有数据集资源，但游标自身所占有的系统资源并没有被释放。

要关闭打开的 cEmploy 游标，可以使用如下命令：

```
CLOSE cEmploy
```

5. 释放游标

关闭游标后，仍需要进一步释放游标本身占有的系统资源。此时，可使用 DEALLOCATE 语句完成此项操作。合理地使用游标的声明、打开、关闭和释放可以达到有效重复利用游标的目的。如果确定不再需要访问任何数据集，可使用 DEALLOCATE 语句彻底释放该游标自身所占有的系统资源。

```
DEALLOCATE cEmploy
```

除此之外，还可以将游标作为存储过程的输出参数。随着离开该存储过程，离开了代表游标变量的作用域，该游标将被自动地释放，而无须显式地使用 DEALLOCATE 语句来释放游标。

【例 7.20】 使用游标输出 teacher 表。

分析：通过游标访问 SELECT 语句的结果集，使用 FETCH 访问游标中的每条记录，利用@@FETCH_STATUS 测试游标状态。

程序代码如下：

```
USE teaching
GO
-- 打印表标题
PRINT ''
PRINT '             *********** 教师信息表 **********  '
PRINT ''
```

```
PRINT '————————————————————————————————————————'
PRINT '|教师编号 | 教师姓名 | 所学专业 | 教师职称    |   部门       |'
PRINT '————————————————————————————————————————'
-- 声明变量
DECLARE @teacherno nchar(6),@tname nchar(8),@major nchar(10),
        @prof nchar(10),@department nchar(12)
-- 声明游标
DECLARE teacher_cursor CURSOR
FOR
 SELECT teacherno,tname,major,prof,department
 FROM teacher
-- 打开游标
OPEN teacher_cursor
-- 提取第一行数据并赋给变量
FETCH NEXT FROM teacher_cursor INTO @teacherno,@tname,
        @major,@prof,@department
-- 利用@@FETCH_STATUS 测试游标状态,0 值表示游标指向合法行记录
WHILE @@FETCH_STATUS = 0
-- 打印数据
BEGIN
PRINT '|' + @teacherno + '|' + @tname + '|' + @major +
        '|' + @prof + '   |' + @department + '|'
PRINT  '————————————————————————————————————————'
-- 提取下一行数据
FETCH NEXT FROM teacher_cursor INTO @teacherno,@tname,
      @major,@prof,@department
END
-- 关闭和释放游标
CLOSE teacher_cursor
DEALLOCATE teacher_cursor
```

本例程序的运行结果如图 7-2 所示。

消息

**********教师信息表*********

教师编号	教师姓名	所学专业	教师职称	部门
t05001	韩晋升	软件工程	教授	计算机学院
t05002	张衣新	金融	助教	农机学院
t05003	刘元朝	网络技术	教授	计算机学院
t05011	海封	计算机设计	副教授	计算机学院
t05017	卢明欣	软件测试	讲师	计算机学院
t06011	胡海悦	机械制造	教授	机械学院
t06023	姚思远	铸造工艺	副教授	机械学院
t07017	刘丽萍	物联网	教授	计算机学院
t07019	马爱芬	经济管理	讲师	管理学院
t08017	田有余	金融管理	副教授	管理学院

图 7-2 使用游标输出表格

7.3.3 游标的嵌套

SQL Server 2008 数据库中的游标是可以嵌套使用的。

【例 7.21】 使用嵌套游标生成报表输出 17 级每个学生的学号、各科总评成绩和电话。

分析：本例介绍如何嵌套游标以生成复杂的报表。先定义外层游标 student_cursor，然后再为每个学生声明内部游标 score_cursor，输出各人的课程号和总评成绩。

程序代码如下：

```
--阻止在结果中返回可显示受 Transact-SQL 语句影响的行数的消息
SET NOCOUNT ON
--定义和使用外层游标
DECLARE  @studentno nchar(10), @sname nchar(8),@phone nchar(12),
   @message nvarchar(37), @total nchar(20),@courseno nchar(6)
PRINT ''
PRINT '--------- 学生成绩信息报表 ------------'
DECLARE student_cursor CURSOR
FOR
    SELECT studentno,sname,phone
    FROM student
    WHERE substring(studentno,1,2) = '17'
    ORDER BY studentno
OPEN student_cursor
FETCH NEXT FROM student_cursor INTO @studentno, @sname ,@phone
--开始循环
WHILE @@FETCH_STATUS = 0
BEGIN
 PRINT ''
 SELECT @message = '  '+ @studentno + ''+  @sname + '--总评成绩-- '
          + '电话' + @phone
 PRINT @message
-- 定义和使用内层游标
 DECLARE score_cursor CURSOR
 FOR
    SELECT courseno,final * 0.8 + usually * 0.2 AS 'total'
    FROM   student JOIN score ON student.studentno = score.studentno
    WHERE   student.studentno = @studentno
    ORDER BY student.studentno
 OPEN score_cursor
 FETCH NEXT FROM score_cursor INTO @courseno,@total
 IF @@FETCH_STATUS <> 0
   PRINT '        << None >> '
   WHILE @@FETCH_STATUS = 0
     BEGIN
        SELECT @message = '   ' + @courseno + '    ' + @total
        PRINT @message
        FETCH NEXT  FROM score_cursor INTO @courseno, @total
     END
```

```
   CLOSE score_cursor
   DEALLOCATE score_cursor
-- 内层游标结束,开始下一个学生的数据处理
   FETCH NEXT FROM student_cursor
   INTO @studentno,@sname,@phone
 END
   CLOSE student_cursor
   DEALLOCATE student_cursor
```

本例中,外层游标 student_cursor 每获取结果集中的一行,内层游标 score_cursor 就要执行整个定义、打开、获取数据、关闭和释放游标的过程一次。程序运行结果如图 7-3 所示。

```
消息

------------- 学生成绩信息报表 -----------

  17111133071 崔岩坚        --总评成绩-- 电话:15556845645
     c05103                 71.600
     c05109                 81.000

  17112100072 宿致远        --总评成绩-- 电话:12545678998
     c05109                 86.200
     c06108                 97.000

  17112111208 韩吟秋        --总评成绩-- 电话:15878945612
     c05109                 89.800
     c06108                 93.800

  17122203567 封澈         --总评成绩-- 电话:13245674564
     c05103                 91.400
     c05108                 88.800
     c06127                 86.200

  17123567897 赵毓欣        --总评成绩-- 电话:13175689345
     c05103                 78.600
     c06127                 99.000

  17126113307 竹云泽        --总评成绩-- 电话:13245678543
     c06108                 78.800
     c08171                 80.800

  17127893457 风格         --总评成绩-- 电话:15134576788
    <<None>>
```

图 7-3　游标嵌套的结果

7.3.4　查看游标的信息

在使用游标进行记录行定位的过程中,需要不断地关注游标的属性和状态信息。通常这些工作是由存储过程和函数来完成的。

1. 利用函数查看游标的状态

SQL Server 2008 服务器为编程人员提供了三个用于处理游标的函数,分别是 CURSOR_STATUS、@@FETCH_STATUS 和@@CURSOR_ROWS。下面依次对这些函数进行介绍。

(1) CURSOR_STATUS 函数。CURSOR_STATUS 是一个标量函数,在调用游标的存储过程时,可以通过该函数来检查输出参数是否已成功地获得了游标和结果集。CURSOR_STATUS 函数可以返回一个游标的当前状态。

SQL Server 2008 的游标状态包括以下 5 种情况，如表 7-2 所示。

表 7-2　CURSOR_STATUS 函数返回的游标状态值

游标值	含　义
1	游标当前所处的结果集中至少包含一条记录
0	游标所处的结果集为空，即没有包含任何记录
−1	该游标已被关闭
−2	这种情况多发生在没有在存储过程中将游标定义为输出参数，或执行该函数前，相关联游标已被释放的情况下
−3	要获取的一个游标并不存在时，多出现于想获得一个还没有被声明的游标状态，或已声明了游标变量，但却没有为其分配结果集(如未执行 Open 命令)时

CURSOR_STATUS 函数的声明形式如下：

```
CURSOR_STATUS
   ({'<LOCAL>', '<cursor_name>'}
    | {'<GLOBAL'>, '<cursor_name>'}
    | {'<VARIABLE>', '<cursor_variable>'}
   )
```

其中 LOCAL、GLOBAL 和 VARIABLE 用于指示游标的类型，分别表示局部游标、全局游标和游标变量。

实际应用过程中，通常可在一个主要过程中定义一个游标，然后再将该游标作为参数传递给另一个函数，从而使该函数获得访问与该游标相关的指定数据集的机会。另一方面，该存储过程也可以通过 CURSOR_STATUS 函数将游标的当前状态返回给主过程。要实现上述功能，需要在声明调用函数时将其输入参数指定为 VARYING。

(2) @@CURSOR_ROWS 函数。@@CURSOR_ROWS 实际上是 SQL Server 2008 提供的一个系统型全局函数(或变量)。@@CURSOR_ROWS 可用于返回当前游标最后一次被打开时所含的记录数。此外，也可使用该函数来设置，并控制打开一个游标时要包含的记录数。对于一个动态游标，该函数将返回−1，因为对于一个动态游标来说，是不可能准确地获取其全部记录的信息的，而且此时也无法保障不会有其他潜在访问操作影响该记录集。

该函数的返回值代表最后一次打开游标时所包含的记录数。在编写应用程序时，很可能需要一次打开多个游标。因此，如果需要记录每次打开游标时的记录数，则应该通过变量来保存它们。

【例 7.22】 声明游标，利用函数查看游标对 teacher 表进行检索的状态。

分析：CURSOR_STATUS()需要两个参数，如 CURSOR_STATUS ('local','teacher_cursor')，而@@CURSOR_ROWS 实际上是一个全局变量，需要声明两个变量记录函数的当前值。

程序代码如下：

```
USE teaching
GO
--声明变量
DECLARE @teacherno nchar(6),@tname nchar(8),@major nchar(10),
```

```
        @msg_STATUS int,@msg_ROWS int
 --声明游标
DECLARE teacher_cursor CURSOR LOCAL STATIC
FOR
 SELECT teacherno,tname,major
 FROM teacher
 --打开游标
OPEN teacher_cursor
 --提取第 1 行数据并赋给变量
FETCH FIRST FROM teacher_cursor INTO @teacherno,@tname, @major
SELECT @msg_STATUS = CURSOR_STATUS ('local','teacher_cursor')
select @msg_ROWS = @@CURSOR_ROWS
PRINT @msg_STATUS
PRINT @msg_ROWS
 --提取第 3 行数据并赋给变量
FETCH ABSOLUTE 3 FROM teacher_cursor
SELECT @msg_STATUS = CURSOR_STATUS ('local','teacher_cursor')
SELECT @msg_ROWS = @@CURSOR_ROWS
PRINT @msg_STATUS
PRINT @msg_ROWS
 --提取当前 5 行开始的第 5 行数据
FETCH RELATIVE 5 FROM teacher_cursor
SELECT @msg_STATUS = CURSOR_STATUS ('local','teacher_cursor')
SELECT @msg_ROWS = @@CURSOR_ROWS
PRINT @msg_STATUS
PRINT @msg_ROWS
 --关闭和释放游标
CLOSE teacher_cursor
DEALLOCATE teacher_cursor
```

本例程序运行后,程序运行结果如下:

```
1
10
teacherno      tname          major
---------  --------  ----------
t05003         刘元朝          网络技术
(1 行受影响)
1
10
teacherno      tname          major
---------  --------  ----------
t07017         刘丽萍          物联网
(1 行受影响)
1
10
```

函数 CURSOR_STATUS ('local','teacher_cursor')和@@CURSOR_ROWS 的值分别为 1 和 9,表示 teacher_cursor 游标当前所处的结果集中至少包含一条记录,且记录数为 9。

(3) @@FETCH_STATUS 函数。@@FETCH_STATUS 函数可以用于检查上一次执行的 FETCH 语句是否成功,返回值的含义如表 7-3 所示。

表 7-3　FETCH_STATUS 函数的返回值

返回值	含　义
0	FETCH 操作成功，且游标目前指向合法的记录
−1	FETCH 操作失败，或者游标指向了记录集之外
−2	游标指向了一个并不存在的记录

在前面的例 7.20 和例 7.21 中，都是通过@@FETCH_STATUS 函数测试游标的状态，实现结果集的输出。

2. 利用系统存储过程查看游标属性

在声明游标后，可使用系统存储过程确定游标的特性，如表 7-4 所示。

表 7-4　利用系统存储过程确定游标的属性

系统存储过程	说　明
sp_cursor_list	返回当前在连接上可视的游标列表及其特性
sp_describe_cursor	说明游标属性，例如是只前推的游标还是滚动游标
sp_describe_cursor_columns	说明游标结果集中列的属性
sp_describe_cursor_tables	说明游标所访问的基表

由此可以使用系统存储过程来获得对当前连接可见的游标列表，并确定游标的特性。

【例 7.23】　利用 sp_cursor_list 系统存储过程显示游标的属性。

程序代码如下：

```
USE teaching
GO
--声明变量
DECLARE @teacherno nchar(6),@tname nchar(8)
--声明游标
DECLARE teacher_cursor CURSOR
FOR
 SELECT teacherno,tname
 FROM teacher
--声明游标变量
DECLARE @teacher_cursor CURSOR
--执行 sp_cursor_list 系统存储过程
EXEC teaching.dbo.sp_cursor_list
     @cursor_return = @teacher_cursor OUTPUT,@cursor_scope = 2
--打开游标
OPEN teacher_cursor
--提取第一行数据并赋给变量
FETCH NEXT FROM teacher_cursor INTO @teacherno,@tname
--利用@@FETCH_STATUS 测试游标状态,值表示游标指向合法行记录
WHILE @@FETCH_STATUS = 0
   BEGIN
  --提取下一行数据
     FETCH NEXT FROM @teacher_cursor
   END
CLOSE @teacher_cursor
```

```
DEALLOCATE @teacher_cursor
-- 关闭和释放游标
CLOSE teacher_cursor
DEALLOCATE teacher_cursor
```

程序运行结果如图 7-4 所示。

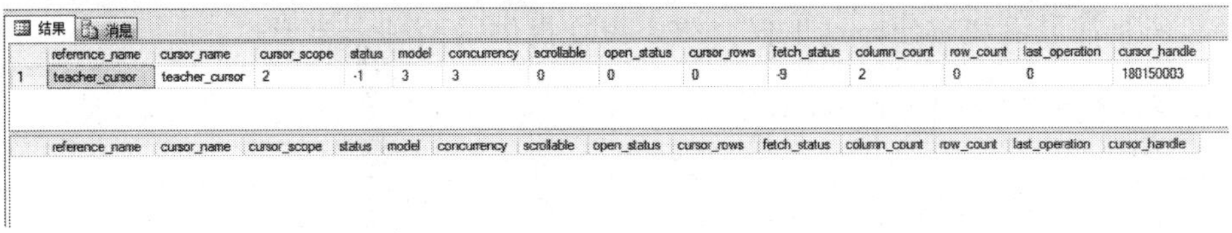

结果 | 消息

	reference_name	cursor_name	cursor_scope	status	model	concurrency	scrollable	open_status	cursor_rows	fetch_status	column_count	row_count	last_operation	cursor_handle
1	teacher_cursor	teacher_cursor	2	-1	3	3	0	0	0	-9	2	0	0	180150003

reference_name	cursor_name	cursor_scope	status	model	concurrency	scrollable	open_status	cursor_rows	fetch_status	column_count	row_count	last_operation	cursor_handle

图 7-4　利用存储过程查看游标属性

相关参数含义可以查看联机丛书，作进一步了解。

7.4　管理大对象类型数据

大对象(Large Object，LOB)实际上是指那些包含任何数字化信息的数据字段，数字化信息可以是音频、视频、图像、文档等。这类数据多以大容量文件的形式出现，如声音文件或图像文件等。

SQL Server 2008 能够更高效地存储和检索大型字符、Unicode 和二进制数据，包括 varchar(max)、nvarchar(max)、varbinary(max)等大值数据类型，由此可以使用大值数据类型来存储最大为 $2^{31}-1$ 个字节的数据。

有了大值数据类型，使用 SQL Server 的方式是使用早期版本的 SQL Server 中的 text、ntext 和 image 数据类型所不可能具有的。例如在 SQL Server 2008 中，可以定义能存储最多可达 2^{31}字节的字符、整数和 Unicode 数据的变量。

1. LOB 数据类型的种类

通常情况下，大对象数据又可分为三种数据类型，即表示二进制大对象数据(Binary Large Object，BLOB)、字符巨型对象数据(Character Large Object，CLOB)和双字节巨型大对象(Double-Byte Character Large Object，DBCLOB)数据。

BLOB 用于保存长度可变的字符串数据，以字节为度量单位，字符串最长可达 2GB。BLOB 也可以用于保存诸如图像(.jpg、.gif、.bmp)、声音(.wav、.wma、.mp3)等多媒体数据，以及保存诸如 Word 一类的文档(.doc、.txt、.pdf)数据。

CLOB 类型的字段主要用于保存大容量的文本数据，即经常出现在其他数据库系统(例如 Access 数据库)中的备注字段。CLOB 型的字段没有对长度进行任何限制，CLOB 字段中保存的字符串可以是变长的。该字段的度量单位为字节，最大能够保存高达 4GB 的字符串型文本。DBCLOB 用于保存变长的双字节 Unicode 字符串数据，最多可以保存 4GB 的字符串数据，例如文档等。

大多数 LOB 类型的数据会占用很大的存储空间。因此，SQL Server 2008 数据库不可能将 LOB 对象数据直接保存到指定的字段中。SQL Server 一般为这类字段单独开辟新的存储空间，而在表中字段只保存一个 16 位的指向该存储空间的指针。

2. 大对象数据的使用方法

SQL Server 2008 为向数据库中导入数据提供了很多方法,例如功能强大的 BCP 工具,可以轻松地将大量数据导入或导出数据库。Transact-SQL 中同样提供了具有相同功能的 BULK INSERT 命令。BULK INSERT 命令可以按照用户指定的格式将包括 LOB 文件在内的数据文件加载到数据表或视图中。BULK INSERT 命令为用户提供了大量的参数,因此应用起来非常灵活和方便。这里仅介绍该命令提供的两种主要形式:

```
BULK INSERT TableName FROM DataFile
      WITH (FIELDTERMINATOR = 'delimeter')
```

或

```
BULK INSERT TableName FROM DataFile
      WITH(FORMATFILE = 'format_file_path')
```

上述两种方式是 BULK INSERT 命令最常见的使用方式,分别适用于不同的情况。

3. 文本文件的导入

第一种格式常用于向数据表中导入结构化的文本文件(如 Text 文件)等。

【例 7.24】 利用 BULK INSERT 命令向 teaching 数据库中的 st_score 数据表添加数据。该表的结构如图 7-5 所示。

如果需要批量向该表输入记录,可以为此创建一个文本文件 test101.txt,且位于 D:\SQLTXT 文件夹之下,将其按照如下形式进行排列:

```
18025121107/梁欣那/c05109/62.00
18035222201/夏文开/c05109/92.00
18135222201/夏文格/c08171/82.00
18137221508/平元/c05109/91.00
18137221508/平冬/c08106/95.00
18137221508/平钒/c08123/89.00
```

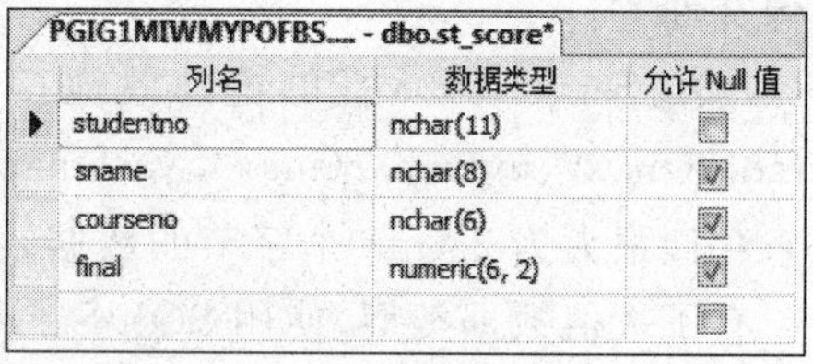

PGIG1MIWMYPOFBS.... - dbo.st_score*

列名	数据类型	允许 Null 值
studentno	nchar(11)	☐
sname	nchar(8)	☑
courseno	nchar(6)	☑
final	numeric(6, 2)	☑
		☐

图 7-5　st_score 的数据表结构

此时可以使用 BULK INSERT 命令将 test101.txt 中的记录直接插入到数据表 st_score 中。由于在 test101.txt 文件中数据字段间以"/"为分隔符,因此使用 BULK INSERT 的具体代码如下:

```
BULK INSERT st_score
FROM 'D:\SQLTXT\test101.txt'
    WITH (FIELDTERMINATOR = '/')
```

通过上述代码即可将 test101.txt 中保存的数据填入数据表 st_score 的相应字段中。结果如图 7-6 所示。

4. 图像文件的导入

导入图像文件需要为 BULK INSERT 命令的 WITH 参数提供用于说明插入数据方式的格式文件 format_file_path,此方式非常烦琐。也可以使用 OPENROWSET 命令实现图像文件导入。有关 OPENROWSET 命令的详细介绍可参见 Microsoft 提供的 MSDN,使用 OPENROWSET 命令的方法通过下面的例题介绍。

	studentno	sname	courseno	final
▶	18025121107	梁欣那	c05109	62.00
	18035222201	夏文开	c05109	92.00
	18135222201	夏文格	c08171	82.00
	18137221508	平元	c05109	91.00
	18137221508	平冬	c08106	95.00
	18137221508	平钒	c08123	89.00
	16122210009	许海冰	c05103	82.00
	16122210009	许海冰	c05109	91.00
	16122221324	何影	c05103	62.00
	16122221324	何影	c05109	77.00
	16125111109	敬秉辰	c08106	99.00

图 7-6　st_score 数据表

【例 7.25】　在 teaching 数据库中创建 expic 表，然后向该表添加新的记录。使用 OPENROWSET 命令的方法添加大容量数据。

操作步骤如下：

(1) 创建 expic 表，该数据表的结构如图 7-7 所示。下面以 teaching 数据库中的 expic 数据表为例，向其中添加一条新的记录。

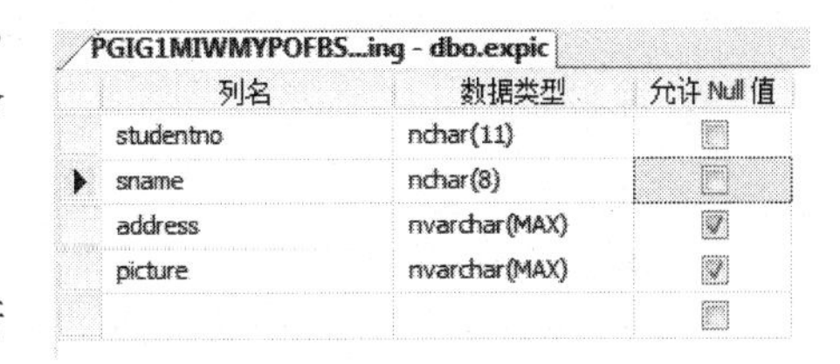

列名	数据类型	允许 Null 值
studentno	nchar(11)	☐
sname	nchar(8)	☐
address	nvarchar(MAX)	☑
picture	nvarchar(MAX)	☑
		☐

图 7-7　expic 表的结构

(2) 在查询编辑器中输入如下代码：

```
INSERT INTO expic(studentno, sname, address,picture)
SELECT '18120211357','苏钡', '中国山东青岛',
 * FROM OPENROWSET(BULK N'd:\sqlpic\girl.jpg', SINGLE_BLOB) AS 图像
```

(3) 执行下列命令后，一条新的记录将被添加到 expic 数据表中。此时可以读取新加入记录的信息，直接查看其 Picture 域的长度是否为 25 352 字节。如果是，则说明图像文件已被成功地输入到记录的 Picture 字段中，相关的代码如图 7-8 所示。

```
SELECT studentno AS 学号, sname AS 姓名, address AS 家庭住址,
   DataLength(Picture) AS 照片大小
FROM expic
WHERE studentno = '18120211357'
```

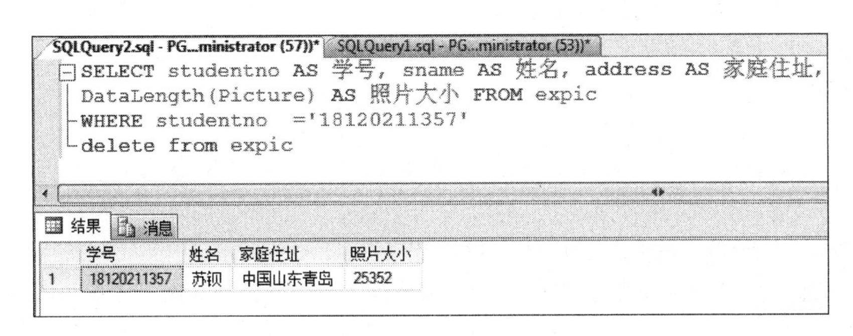

图 7-8　查看加入的图像文件

7.5 小　　结

Transact-SQL 语句功能强大，能够编写高级的 SQL 应用脚本。利用 SELECT 语句中的多表连接、子查询等特性，可以利用多个表的数据进行查询并获取结果集。利用游标处理结果集可以获得报表等更友好的输出方式。学习本章后，重点掌握如下内容：

(1) 多表连接、子查询、游标、大对象类型数据的概念。

(2) 利用多表连接方式查询数据。

(3) 利用子查询方式查询数据。

(4) 利用游标处理结果集的基本过程。

习　题　7

1. 选择题

(1) SQL Server 2008 的多表连接中________是默认连接。

A. 内连接　　B. 笛卡儿连接　　C. 左连接　　D. 右连接

(2) 子查询是一个嵌套查询，但不能够在________语句进行嵌套。

A. select　　B. insert　　C. create　　D. delete

(3) 游标利用 FETCH 语句获取结果集信息时，不包括________选项。

A. next　　B. last　　C. first　　D. before

(4) 使用游标处理结果集时，其基本过程不包括________步骤。

A. 打开游标　　B. 关闭游标　　C. 游标嵌套　　D. 释放游标

(5) SQL Server 2008 的多表连接中________没有连接条件。

A. 内连接　　B. 笛卡儿连接　　C. 完全连接　　D. 外连接

2. 思考题

(1) 简述如何利用游标处理结果集。

(2) 简述将文本格式的数据导入数据库表中的过程。

(3) 比较多表连接与子查询的优缺点。

3. 上机练习题(本题利用 teaching 数据库进行操作)

(1) 查询每一位教授的教师号、姓名和讲授的课程名称。

(2) 利用现有的表生成新表，新表中包括学号、学生姓名、课程名称和总评成绩。其中，总评成绩＝final＊0.9＋usually＊0.1。

(3) 统计每个学生的期末成绩高于 75 分的课程门数。

(4) 输出 student 表中年龄大于女生平均年龄的男生的所有信息。

(5) 计算每个学生获得的学分。

(6) 获取入学时间在 2016 年到 2017 年的所有学生中入学年龄小于 19 岁的学生的学号、姓名及所修课程的课程名称。

(7) 查询 16 级学生的学号、姓名、课程名及学分。

(8) 查询选修课程少于 3 门或期末成绩含有 60 分以下课程的学生的学号、姓名、电话和 E-mail。

第8章 索引和视图

在 SQL Server 中，设计有效的索引(Index)是影响数据库性能的重要因素之一，合理的索引可以显著提高数据库的查询性能。

视图是一个虚拟表，视图中的数据来源于由定义视图所引用的表，并且能够实现动态引用，即表中数据发生变化，视图中的数据随之变化。

统计信息是查询优化器进行查询优化的依据，及时更新统计信息对优化的效果至关重要。SQL Server 提供了自动和手动两种方式实现对统计信息的创建及更新功能。

本章将介绍索引、统计信息和视图等数据库对象的基本概念和常用操作。

8.1 规划索引

8.1.1 索引的用途

SQL Server 的索引是为了加速对表中数据检索而创建的一种分散的、物理的数据结构。数据库中索引的形式与图书的目录相似，键值就像目录中的标题，指针相当于页码。索引的功能就像图书目录能为读者提供快速查找图书页面内容一样，不必扫描整个数据表而找到想要的数据行。

索引是一个逻辑文件，包含从表或视图中一个或多个列生成的键，以及映射到指定数据行的存储位置指针。当 SQL Server 执行查询时，查询优化器会对可用的多种数据检索方法的成本进行估计，从中选用最有效的查询计划。

在数据库中使用索引的优点如下：

(1) 加速数据检索。索引能够以一列或多列值为基础实现快速查找数据行。

(2) 优化查询。查询优化器是依赖于索引起作用的，索引能够加速连接、排序和分组等操作。

(3) 强制实施行的唯一性。通过给列创建唯一索引，可以保证表中的数据不重复。

8.1.2 索引的类型

SQL Server 2008 中常用的有聚集索引、非聚集索引和唯一索引三种类型。聚集索引和非聚集索引是按照索引的存储结构划分的，而唯一索引和非唯一索引是按照索引取值划分的。这是两种截然不同的索引类型划分方法。

(1) 聚集索引。在聚集索引中，索引键值的顺序与数据表中记录的物理顺序相同，即聚集索引决定了数据库表中记录行的存储顺序，每个表只能创建一个聚集索引。聚集索引按

B树索引结构实现，B树索引结构支持基于聚集索引键值对行进行快速检索。

由于聚集索引的顺序决定数据行存放的物理存储位置，因此聚集索引选用的键值不适合频繁更改或长度较宽。

(2) 非聚集索引。非聚集索引存储的数据顺序一般与表中记录的物理顺序不同。非聚集索引具有独立于数据行的结构，但非聚集索引的每一个键值项都含有指向该键值数据行的指针。非聚集索引查询速度较慢，但维护的代价较小。非聚集索引中的每个索引行都包含非聚集键值和指针，此指针指向聚集索引或堆中包含该键值的数据行。

(3) 唯一索引。唯一索引可确保所有表中任意两行的索引列值(不包括 NULL)不重复，如果在多列创建唯一索引，则该索引可以确保索引列中每个值组合都是唯一的。唯一索引确保索引键不包含重复的值，聚集索引和非聚集索引都可以是唯一索引。

在表中创建主键约束时，如果表上还没有创建聚集索引，则 SQL Server 将自动在创建主键约束的列或组合上创建聚集唯一索引，主键列不允许为空值。创建唯一性约束时，在默认情况下将自动在创建唯一性约束的列上创建非聚集唯一索引。其他索引类型如表 8-1 所示。

表 8-1 其他索引类型

索引类型	说　明
包含性列索引	一种非聚集索引，可以将非键列包含在非聚集索引中，以免超过当前索引大小的限制
索引视图	视图的索引将执行视图，其存储方法与带聚集索引的表的存储方法相同。创建聚集索引后，可以为视图添加非聚集索引
全文索引	一种特殊类型的基于标记的功能性索引，由 SQL Server 全文引擎 (MSFTESQL) 服务创建和维护。用于帮助在字符串数据中搜索复杂的词

8.1.3 设计索引的基本原则

在数据表中创建索引，首先要了解以下常用的基本原则：

(1) 一个表创建大量索引，会影响 INSERT、UPDATE 和 DELETE 语句的性能。应避免对经常更新的表创建过多的索引。

(2) 若表的数据量大，对表数据的更新较少而查询较多，可以创建多个索引来提高性能。在包含大量重复值的列上创建索引，查询的时间会较长。

(3) 在视图上创建索引可以显著地提升查询性能。

(4) 每个表只能创建一个聚集索引。

(5) 若查询语句中存在计算列，则可考虑对计算列值创建索引。

(6) 索引键值大小的限制。最大键列数为 16，最大索引键值为 900 字节。在实际创建时一定要考虑此限制。

8.2 创建索引

SQL Server 2008 中创建索引的方法包括使用 SQL Server Management Studio 创建索引和利用 CREATE INDEX 语句创建索引。还可以在 CREATE TABLE 或 ALTER

TABLE 语句中定义或修改表结构时创建索引。

创建索引之前，应该考虑到权限问题，只有表的拥有者才能在表上创建索引，每个表最多可以创建 249 个非聚集索引。

在创建聚集索引时还要考虑到数据库剩余空间的问题，创建聚集索引时所需要的可用空间是数据库表中数据量的 120%。如果空间不足会降低性能，甚至导致索引操作失败。

8.2.1 利用 SQL Server Management Studio 创建索引

使用 SQL Server Management Studio 创建独立于约束的聚集索引的操作步骤如下：

(1) 启动 SQL Server Management Studio，展开“资源管理器”窗口中“数据库”下的 teaching 数据库→“表”子目录。

(2) 选择 student 表并展开，右击“索引”项，从弹出的快捷菜单中选择“新建索引”命令。

(3) 在弹出的“新建索引”窗口中选择“常规”选项卡，输入索引名称 Idx_student，如图 8-1 所示。其中各项说明如下：

- 表名：指出创建索引的表的名称，用户不可更改。
- 索引名称：输入所创建索引的名称，由用户设定。
- 索引类型：用户可选择“聚集”、“非聚集”、“主 XML”或者“空间”索引类型之一。本例在索引类型组合框中选择“聚集”。
- 唯一：选中表示创建唯一性索引。本例“唯一”复选框为选中状态。

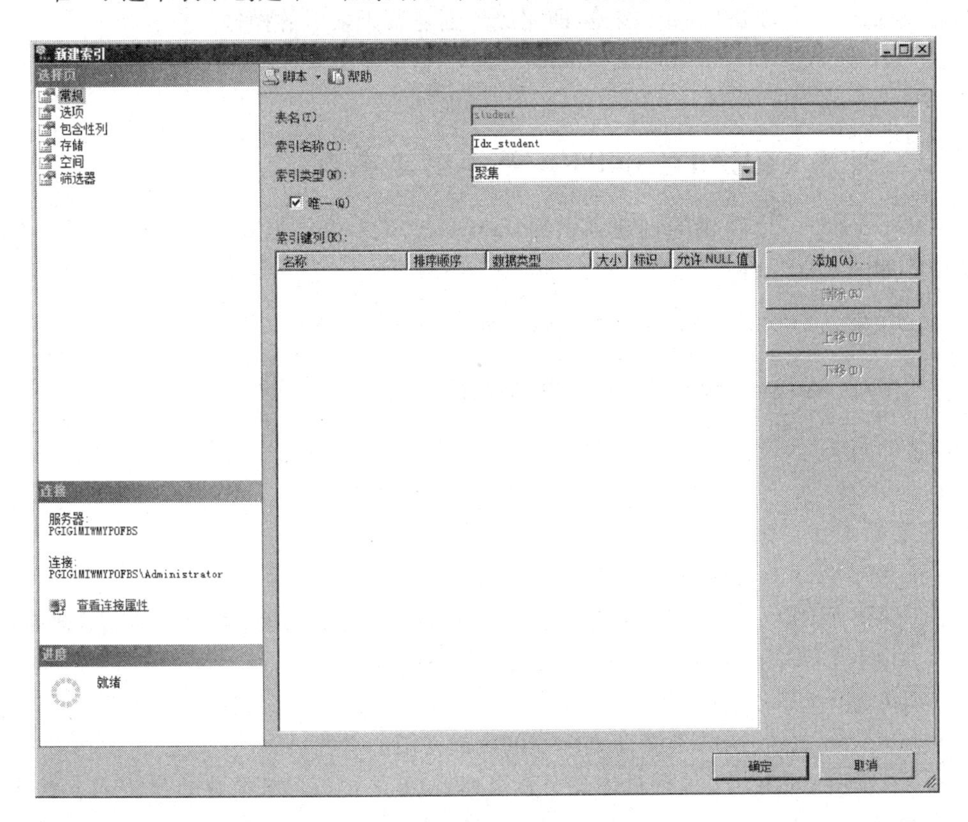

图 8-1　创建聚集索引的“常规”选项卡

(4) 设置完成后,单击“索引键列”列表框旁的“添加”按钮,出现图 8-2 所示从 Student 表中选择列对话框。在“表列”列表框中选中要建立索引的一列或多列,如选择 studentno 列。

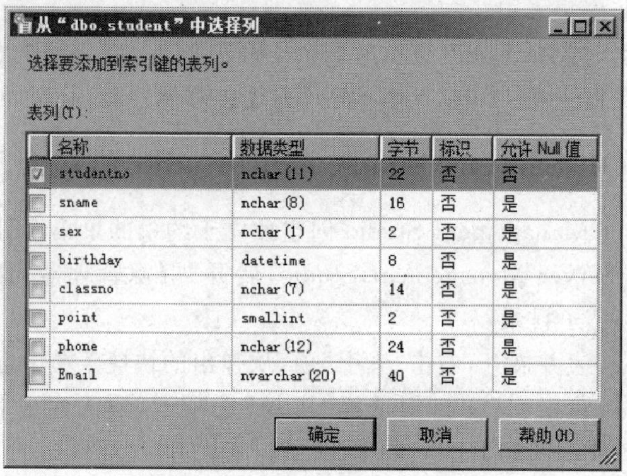

从“dbo.student”中选择列

选择要添加到索引键的表列。

表列(T):

	名称	数据类型	字节	标识	允许 Null 值
☑	studentno	nchar(11)	22	否	否
☐	sname	nchar(8)	16	否	是
☐	sex	nchar(1)	2	否	是
☐	birthday	datetime	8	否	是
☐	classno	nchar(7)	14	否	是
☐	point	smallint	2	否	是
☐	phone	nchar(12)	24	否	是
☐	Email	nvarchar(20)	40	否	是

确定 取消 帮助(H)

图 8-2 从 Student 表中选择列

(5) 索引键列设置完毕,单击“确定”按钮,返回到“新建索引”窗口,在“索引键列”列表框中的“排序顺序”组合框中可以选择“升序”或“降序”。

(6) 在“新建索引”窗口中的“选项”、“包含性列”、“存储”、“空间”、“筛选器”等选项卡中进行必要的设置后,单击“确定”按钮,即完成了创建聚集索引的操作。

在 SQL Server Management Studio 中创建非聚集索引和唯一索引的操作步骤基本相同。

8.2.2 利用 CREATE INDEX 命令创建索引

SQL Server 2008 提供的创建索引的 Transact-SQL 语句是 CREATE INDEX,其基本语法格式如下:

```
CREATE [UNIQUE] [CLUSTERED|NONCLUSTERED] INDEX index_name
ON
   { table_or_view_name }(column [ ASC|DESC ][ , … n ])
   [ INCLUDE (column_name[ , … n]) ]
   [ ON { filegroup_name |default }]
[ ; ]
```

其中,各参数的含义如下:

- UNIQUE:为表或视图创建唯一索引。
- CLUSTERED:为表或视图创建聚集索引,该索引将对磁盘上的数据进行物理排序。
- NONCLUSTERED:为表或视图创建非聚集索引。
- index_name:索引的名称。
- table_or_view_name:要建立索引的表或视图的名称。
- [ASC | DESC]:确定具体某个索引列 column 的升序或降序排序方向。默认设置为 ASC。
- INCLUDE(column_name[,…n])]:指定要添加到非聚集索引的列。

- filegroup_name：在给定的文件组上创建索引。
- default：在默认的文件组上创建索引。

【例 8.1】 在 teaching 数据库中的 student 表的 Email 列上创建唯一索引 IDX_sname。

程序代码如下：

```
CREATE UNIQUE INDEX IDX_sname ON student(Email)
```

本例在 student 表上创建非聚集唯一索引，该索引将自动检查表中是否存在重复值。

执行如下插入语句：

```
INSERT INTO student(studentno,sname,sex,birthday,classno,Email)
VALUES('16125121105','梁欣','女','1999 - 6 - 3',
    '160802','bing@126.com ')
```

唯一性约束确保索引列不包含重复的值，则插入操作出现重复键值时会发出错误消息，如图 8-3 所示。

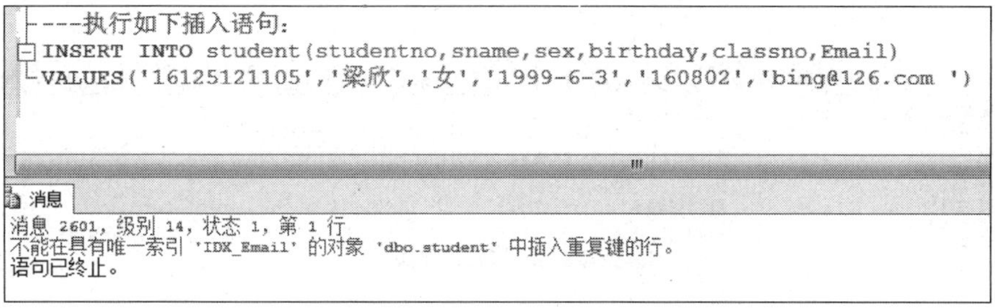

```
---执行如下插入语句:
INSERT INTO student(studentno,sname,sex,birthday,classno,Email)
VALUES('16125121105','梁欣','女','1999-6-3','160802','bing@126.com ')
```

消息

消息 2601，级别 14，状态 1，第 1 行
不能在具有唯一索引 'IDX_Email' 的对象 'dbo.student' 中插入重复键的行。
语句已终止。

图 8-3　在唯一索引键列上插入重复值

【例 8.2】 在 teaching 数据库中的 student 表的 studentno 和 classno 列上创建组合索引 IDX_sc。

程序代码如下：

```
IF EXISTS(SELECT name FROM sysindexes WHERE name = 'IDX_sc')
   DROP INDEX student.sc
GO
CREATE INDEX IDX_sc ON student(studentno,classno)
```

本例首先在系统表 sysindexes 中查找是否存在名称为 IDX_sc 的索引，如存在则将其删除，然后在 student 表上创建非聚集非唯一索引。本索引键值由 studentno 和 classno 列的值组合而成。

8.3 维护索引

在 SQL Server 2008 中修改索引的方法有两种：使用 SQL Server Management Studio 图形工具和 Transact-SQL 语句。

8.3.1 在 SQL Server Management Studio 中修改索引

使用 SQL Server Management Studio 修改索引的参考操作步骤如下：

(1) 启动 SQL Server Management Studio,展开“资源管理器”窗口中“数据库”下的 teaching →“表”→student 子目录。

(2) 选择并展开“索引”项,右击 Idx_student 索引,从弹出的快捷菜单中选择“属性”命令。

(3) 出现“索引属性”窗口,在各选项卡中可以修改索引的设置。在“常规”选项卡中可以修改索引类型,添加或删除索引键列、改变键列排序。

(4) 在“选项”选项卡中可实现对于在访问索引时是否使用行锁和页锁、填充因子等索引选项的修改。如选中“设置填充因子”和“填充索引”复选框,并设置填充因子为 80%。

(5) 在“包含性列”选项卡中可添加包含在索引中的列,该选项卡只对非聚集索引可用,在“空间”选项卡也是如此。在“存储”选项卡中可实现对于索引的文件组和分区属性的修改。在“筛选器”选项卡中添加筛选表达式。切换至“扩展属性”选项卡,可以修改与索引相关的扩展信息。本例在这 5 个选项卡中均采用默认设置。

(6) 切换至“碎片”选项卡,该选项卡用于查看索引碎片数据以确定是否需要重新组织索引,如图 8-4 所示。

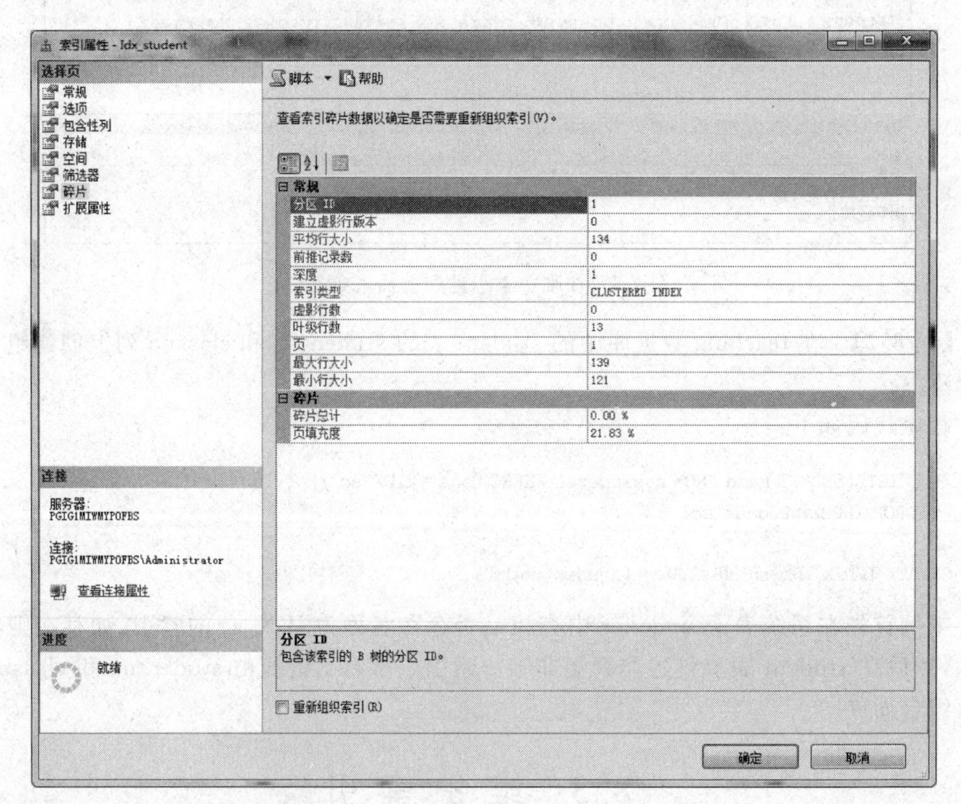

图 8-4 “索引属性”窗口中的“碎片”选项卡

(7) 修改完毕,单击“确定”按钮即可完成操作。

8.3.2 利用 ALTER INDEX 命令修改索引

SQL Server 2008 提供的创建索引的 Transact-SQL 语句是 ALTER INDEX,其语法基

本格式如下：

```
ALTER INDEX { index_name | ALL }
    ON <object>
    { REBUILD
    [ [ WITH ( <rebuild_index_option> [ ,…n ] ) ] ]
    | DISABLE
    | REORGANIZE}
[ ; ]
```

其中，各参数的含义如下：

- Index_name：索引的名称。
- ALL：指定与表或视图相关联的所有索引。
- <object>：索引所基于的表或视图的名称。
- REBUILD：指定将使用相同的列、索引类型、唯一性属性和排序顺序重新生成索引。
- <rebuild_index_option>：对于填充因子等索引选项的重新设置。
- DISABLE：将索引标记为已禁用，从而不能由数据库引擎使用。
- REORGANIZE：指定将重新组织的索引叶级。

8.3.3 索引碎片检测

SQL Server 2008 的索引数据是随着表数据的插入、更新或删除操作而自动维护的。随着时间的推移，这些修改可能会导致索引中的信息分散在数据库中，本来可以存储在一个页中的索引却不得不存储在两个或更多的页上，这样的情况称为索引中存在碎片。

当索引包含的页中基于键值的逻辑排序与数据文件中的物理排序不匹配时，就会存在碎片。碎片非常多的索引可能会降低查询性能，导致应用程序响应缓慢。

SQL Server 可以通过重新组织索引或重新生成索引来修复索引碎片，以解决上述问题。决定使用哪种碎片整理方法的前提是检测索引碎片并分析以确定碎片程度。

SQL Server 2008 提供了查看和检测有关索引碎片信息的方法，并且可以通过对检测结果的分析，确定处理碎片的最佳方法。在检测结果中，逻辑碎片的百分比属性中的取值可用来决定下一步的处理方法。一般情况下，如该属性值小于等于 30%，推荐采用索引重组；如果该属性值大于 30%，推荐采用索引重建。

8.3.4 索引重组

索引重组是通过对索引的叶级页进行物理重新排序，使其与叶节点的逻辑顺序相匹配，从而对表或视图的聚集索引和非聚集索引的叶级别进行碎片整理。使页有序排列可以提高索引扫描的性能。

索引重组需要注意的问题：

(1) 索引在分配给它的现有页内重新组织，而不会分配新页。如果索引跨越多个文件，则将一次重新组织一个文件，不会在文件之间迁移页。

(2) 重新组织还会压缩索引页。如果还有可用的磁盘空间，将删除此压缩过程中生成的所有空页。压缩基于设置的填充因子值。

(3) 重新组织进程使用最少的系统资源,且是自动联机执行的。

(4) 索引碎片不太多时,可以重新组织索引。如果索引碎片非常多,重新生成索引则可以获得更好的结果。

使用 ALTER INDEX REORGANIZE 语句可实现对索引的重新组织。

【例 8.3】 重新组织 teaching 数据库中 student 表上的 IDX_sc 索引。

程序代码如下:

```
ALTER INDEX IDX_sc ON dbo.student
REORGANIZE
```

8.3.5 索引重建

索引重建将删除已存在的索引并创建一个新索引。此过程中将删除碎片,通过使用指定的或现有的填充因子设置压缩页来回收磁盘空间,并在连续页中对索引行重新排序。这样可以减少获取所请求数据所需的页读取数,从而提高磁盘性能。

1. 使用 ALTER INDEX REBUILD 语句重建索引

使用 ALTER INDEX REBUILD 语句可实现对索引的重新生成,其基本语法格式为:

```
ALTER INDEX { index_name | ALL } ON < object >
    REBUILD
    [ WITH ( < rebuild_index_option > [ ,…n ] ) ]
```

格式参数参考修改索引的命令格式。

【例 8.4】 重新生成 teaching 数据库中 student 表上的 IDX_Email 索引,设置填充索引,将填充因子设置为 80%,设置将中间排序结果存储在 tempdb 中。

程序代码如下:

```
ALTER INDEX IDX_sname ON dbo.student
REBUILD
WITH (PAD - INDEX = ON, FILLFACTOR = 80, SORT_IN_TEMPDB = ON )
```

2. 使用带 DROP_EXISTING 子句的 CREATE INDEX 语句重建索引

ALTER INDEX 语句不能通过添加或删除键列、更改索引类型、更改列顺序或更改列排序顺序来更改索引定义,如需完成此类操作,可通过带 DROP_EXISTING 子句的 CREATE INDEX 语句实现。

【例 8.5】 重新生成 teaching 数据库中 student 表上的 Idx_student 索引,指定该索引的填充因子为 70%。

程序代码如下:

```
CREATE UNIQUE CLUSTERED INDEX Idx_student
ON dbo.student(studentno)
WITH(PAD_INDEX = ON, FILLFACTOR = 70, DROP_EXISTING = ON)
```

带 DROP_EXISTING 子句的 CREATE INDEX 语句可实现部分索引类型的更改。通过在索引定义中指定 CLUSTERED,可以将非聚集索引转换成聚集索引类型。执行此操作时必须将 ONLINE 选项设置为 OFF。

8.3.6 删除索引

当一个索引不再需要时，可将其从数据库中删除，以回收它当前使用的磁盘空间。删除索引之前，必须先删除 PRIMARY KEY 或 UNIQUE 约束，才能删除约束使用的索引。而修改索引，实质上可以删除并重新创建 PRIMARY KEY 或 UNIQUE 约束使用的索引，而无需删除并重新创建约束。

如果数据已经排序，则重新生成索引的过程无需按索引列对数据排序，重新生成索引有助于重新创建聚集索引。

另外，删除视图或表时，系统将自动删除为永久性和临时性视图或表创建的索引。

1. 使用 SQL Server Management Studio 删除索引

使用 SQL Server Management Studio 删除索引的操作步骤如下：

(1) 启动 SQL Server Management Studio，展开"资源管理器"窗口中的"数据库"下的 teaching 数据库→"表"→student 子目录。

(2) 选择并展开"索引"项，右击索引 IDX_sc，从弹出的快捷菜单中选择"删除"命令。

(3) 在弹出的"删除对象"窗口中显示要删除的索引，单击"确定"按钮即可完成删除操作。

2. 使用 Transact-SQL 语句删除索引

使用 DROP INDEX 语句可从当前数据库中删除一个或多个索引。

【例 8.6】 删除 teaching 数据库中 student 表上的聚集索引 Idx_student 和非聚集索引 IDX_Email。

程序代码如下：

```
DROP INDEX student. Idx_student, student. IDX_Email
```

8.4 统计信息及应用

SQL Server 能够收集、存储在数据库中索引和列数据的统计信息，查询优化器使用这些统计信息来选择用于数据检索和更新操作的最有效执行计划。当系统执行查询语句时，查询优化器将根据统计信息决定在执行时是否使用索引，能够以最小的执行成本来完成操作获得结果。

8.4.1 统计信息的收集

1. 统计信息自动创建和更新功能

SQL Server 2008 在维护统计信息方面具有许多特性，最为重要的一点就是能够自动创建和更新统计信息，这项功能有助于查询优化器生成一致且有效的查询计划。

启动 SQL Server Management Studio，展开"资源管理器"窗口中的"数据库"，右击 teaching 数据库，从弹出的快捷菜单中选择"属性"命令，出现"数据库属性"对话框，切换至"选项"选项卡，可以看到"自动创建统计信息"和"自动更新统计信息"组合框的默认设置均为 True。

自动创建的统计信息分为两种情况：

(1) 在数据表的某个列或列组合上创建索引后，系统自动创建一个同名的统计信息，如PK_student 和 IDX_sc。

(2) 对于数据表中未曾创建索引的单个列，当使用该列执行 SELECT、INSERT、UPDATE 和 DELETE 语句时，系统会在评估最佳查询计划前创建一个该列的统计信息，名称以_WA_Sys 开头。

如果需要进一步控制统计信息的创建和更新以获得最佳的执行计划，并管理由于统计信息收集而产生的开销，也可使用手动创建和更新统计信息的功能。

2. SQL Server 2008 收集的信息

SQL Server 2008 在表级别维护以下信息。这些信息并不属于统计信息对象，而是 SQL Server 2008 在某些情况下用来进行查询成本估算的。SQL Server 2008 收集关于表中列的下述统计信息，并存储在一个统计信息对象(statblob)中。

(1) 表或索引的行数(sys. sysindexes 表的 rows 列)。

(2) 表或索引占用的页面数(sys. sysindexes 表的 dpages 列)。

(3) 统计信息收集的时间。

(4) 用于生成直方图和密度信息的行数。

(5) 平均键的长度和包含了步数的单列直方图。

(6) 字符串摘要(如果某一列含有字符串信息)。

统计信息存储在 sysindexes 系统表的 statblob 列中，存储在 statblob 列中的每一个值称为一个分类步长。分类步长指的是数据抽样之间的距离，或下一个样本被抽样和存储前跨越了多少行。索引的第一个和最后一个键值通常被包含到统计信息中。

Tatblob 列本身存储在一张内部目录表中。Statblo 用于存储二进制大对象统计信息，该对象存储在一个内部目录视图 sys. sysobjvalues 中。

8.4.2 统计信息的创建

SQL Server 2008 提供的创建统计信息的 Transact-SQL 语句是 CREATE STATISTICS，其语法格式如下：

```
CREATE STATISTICS statistics_name
ON { table |view} (column [, …n ] )
    [ WITH
        [[ FULLSCAN | SAMPLE number { PERCENT | ROWS }]
        [ NORECOMPUTE ]
    ]
```

其中，各参数的含义如下：

- statistics_name：要创建的统计组的名称。
- table | view：要创建统计信息的表或视图的名称。
- column：要在其中创建统计信息的一列或一组列。
- FULLSCAN：指定应读取 table 或 view 中的所有行以收集统计信息。
- SAMPLE number { PERCENT | ROWS }：指定通过随机抽样应读取的数据百分

比或指定的数据行数收集统计信息。

- NORECOMPUTE：指定数据库引擎不应自动重新计算统计信息。

【例 8.7】 在 student 表的 studentno 和 classno 上创建一个统计组 studentclass，要求对所有记录计算统计信息。

程序代码如下：

```
CREATE STATISTICS studentclass
    ON teaching.dbo.student (studentno,classno)
    WITH FULLSCAN
```

8.4.3 查看统计信息

1. 使用 SQL Server Management Studio 查看统计信息

使用 SQL Server Management Studio 查看统计信息的操作步骤如下：

（1）启动 SQL Server Management Studio，展开"资源管理器"窗口中"数据库"下的 teaching 数据库→"表"→student 子目录。

（2）选中并展开"统计信息"项，右击 IDX_sc，从弹出的快捷菜单中选择"属性"命令。

（3）弹出图 8-5 所示"统计信息属性"窗口，在"常规"选项卡中显示如下信息。

- 表名：显示统计信息中所涉及表的名称。
- 统计信息名称：显示存储的统计信息的名称。
- 统计信息列：显示统计信息中所涉及的数据列及相关信息。
- 上次更新了这些列的统计信息：显示上一次更新统计信息的日期和时间。
- 更新这些列的统计信息：选中此项后将在关闭时完成对统计信息的更新操作。

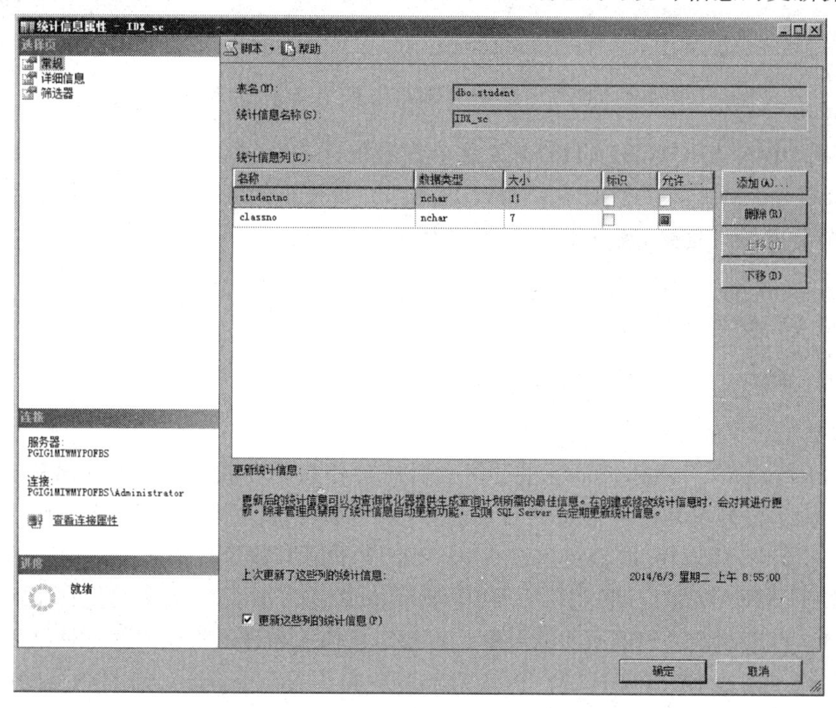

图 8-5 "统计信息属性"窗口中的"常规"选项卡

(4) 在“统计信息属性”窗口中切换至“详细信息”选项卡，如图 8-6 所示。这些统计信息包括以下三部分内容：

① 标题信息主要包括表中的行数、统计的抽样行数、所有索引列的平均长度等信息。

② 密度信息主要包括索引列前缀集的选择性、平均长度等信息。

③ 直方图信息则制定显示直方图时的信息。

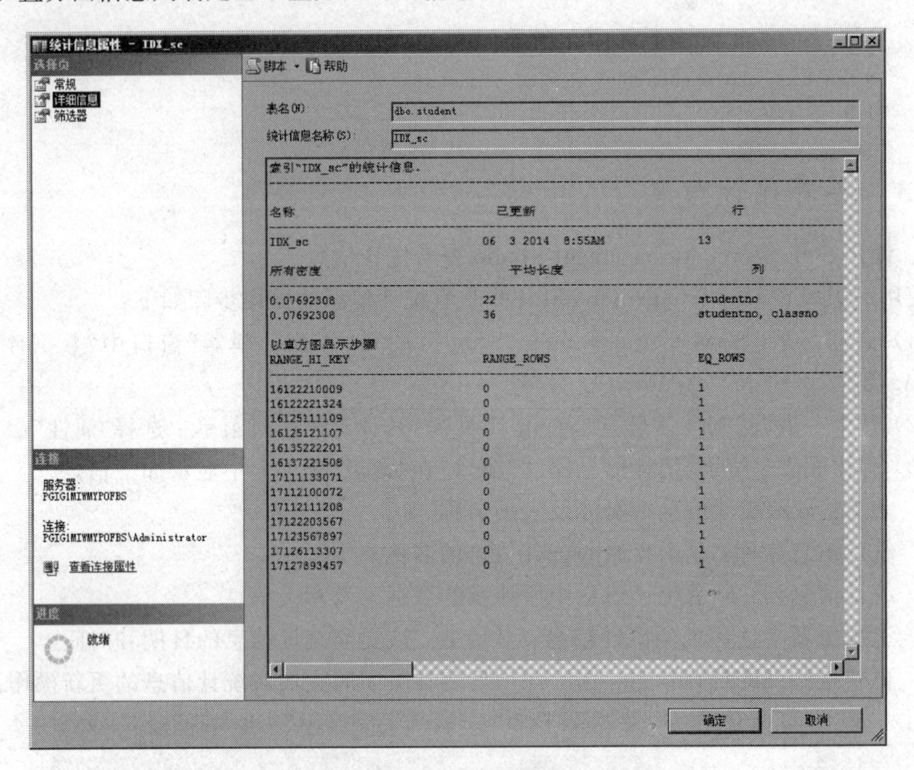

图 8-6 “统计信息属性”窗口中的“详细信息”选项卡

2. 使用 DBCC SHOW STATISTICS 命令查看统计信息

SQL Server 2008 提供了 DBCC SHOW STATISTICS 命令用于显示指定表上的指定目标的当前分发统计信息，其基本语法格式为：

```
DBCC SHOW_STATISTICS ( 'table_name' | 'view_name', target )
[ WITH [ NO_INFOMSGS ] < option > [ , n ] ]
< option > ::=
    STAT_HEADER | DENSITY_VECTOR | HISTOGRAM
```

其中，各参数的含义如下：

- 'table_name' | 'view_name'：要显示其统计信息的表或索引视图的名称。
- target：要显示其统计信息的对象名称(索引名称、统计信息名称或列名)。
- NO_INFOMSGS：取消严重级别从 0 到 10 的所有信息性消息。
- STAT _HEADER | DENSITY_VECTOR | HISTOGRAM：如果指定以上一个或多个选项，可限制该语句返回的结果集。不指定任何选项表示将返回这三种结果集。

【例 8.8】 通过 DBCC SHOW STATISTICS 命令显示 student 表 IDX_sc 索引的统计信息。

程序代码如下：

```
DBCC SHOW_STATISTICS (student, IDX_sc)
```

由于在程序中没有指定任何选项，因此系统将显示 IDX_sc 索引的统计信息的三种结果集，即统计标题信息、统计密度信息和统计直方图信息。

8.4.4 统计信息的更新

统计信息显示的结果是否准确，能否及时反映数据的真实情况，对于查询优化器优化查询语句的性能至关重要。如果在表中进行了一系列的插入、删除和更新处理后，统计信息可能无法反映出特定列或索引的真实数据分布情况。尽管更新统计信息的操作可由 SQL Server 2008 数据库引擎自动完成，但一般情况下，在数据库的数据发生了较大变动后，用户应手动来更新统计信息。

SQL Server 2008 提供的更新统计信息的 Transact-SQL 语句是 UPDATE STATISTICS，其语法结构如下：

```
UPDATE STATISTICS table |view [{
    { index | statistics_name }
    | ( { index | statistics_name } [ ,…n ] )
     }]
    [WITH
      [[ FULLSCAN ]
        | SAMPLE number { PERCENT | ROWS } ]
        | RESAMPLE   [,…n ] ]
    [ [ , ] [ ALL | COLUMNS | INDEX ]
      [ , ] NORECOMPUTE ]
    ];
```

其中，各参数的含义如下：

- table | view：要更新其统计信息的表或视图的名称。
- index：要更新其统计信息的索引名称。
- statistics_name：要更新的统计信息组(集合)的名称。
- column：要在其中创建统计信息的一列或一组列。
- RESAMPLE：指定收集统计信息时，对现有所有包含索引的统计信息使用继承的抽样率。
- ALL | COLUMNS | INDEX：指定 UPDATE STATISTICS 语句是否影响列统计信息、索引统计信息或所有现有统计信息。

【例 8.9】 更新 student 表 IDX_sc 索引的统计信息。

程序代码如下：

```
UPDATE STATISTICS student IDX_sc
```

【例 8.10】 更新 student 表上所有索引的分布统计信息。

程序代码如下：

```
UPDATE STATISTICS student
```

该程序中没有指定索引名称,因此可实现指定表所有索引分布统计信息的更新。

8.5 视图的定义

8.5.1 视图概念

视图是从一个或者多个表及其他视图中通过 SELECT 语句导出的虚拟表,视图所对应数据的行和列数据来自定义视图查询所引用的表,并且在引用视图时动态生成。通过视图可以实现对基表数据的查询与修改。

视图为数据库用户提供了很多的便利,主要包括以下几个方面:

(1) 简化数据查询和处理。视图可以为用户集中多个表中的数据,简化用户对数据的查询和处理。

(2) 屏蔽数据库的复杂性。数据库表的更改不影响用户对数据库的使用,用户也不必了解复杂的数据库中的表结构。例如,那些定义了若干张表连接的视图,就将表与表之间的连接操作对用户隐蔽起来了。

(3) 安全性。如果想要使用户只能查询或修改用户有权限访问的数据,也可以只授予用户访问视图的权限,而不授予访问表的权限,这样就提高了数据库的安全性。

8.5.2 创建视图

视图是作为一个独立的数据库对象进行存储的。创建视图通常有使用 SQL Server Management Studio 图形工具和 Transact-SQL 语句两种方法。

1. 使用 SQL Server Management Studio 创建视图

使用 SQL Server Management Studio 创建视图的操作步骤如下:

(1) 在"对象资源管理器"窗口中展开"数据库"下的 teaching 子目录。

(2) 右击"视图"选项,从弹出的快捷菜单中选择"新建视图"命令,进入视图设计界面。

(3) 同时在弹出的"添加表"对话框中,可以选择创建视图所需的表、视图或者函数等,如分别选择 student 和 score 两个表。单击"添加"按钮,即可将其添加到视图的查询中,如图 8-7 所示。

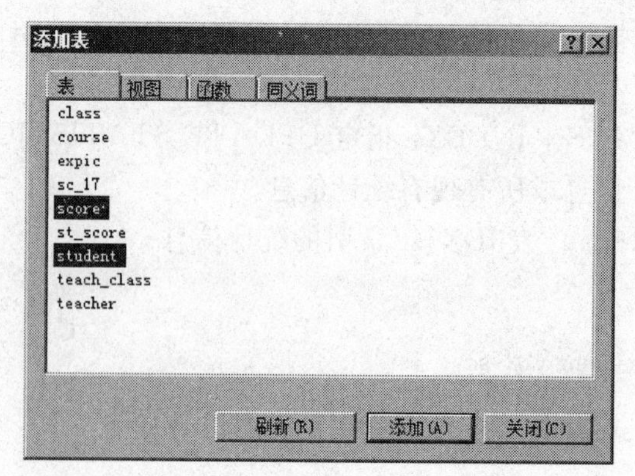

图 8-7 "添加表"对话框

(4) 单击"添加表"对话框中的"关闭"按钮，返回到 SQL Server Management Studio 的视图设计界面，如图 8-8 所示。在该图中窗口右侧的"视图设计器"中包括以下 4 个窗格：

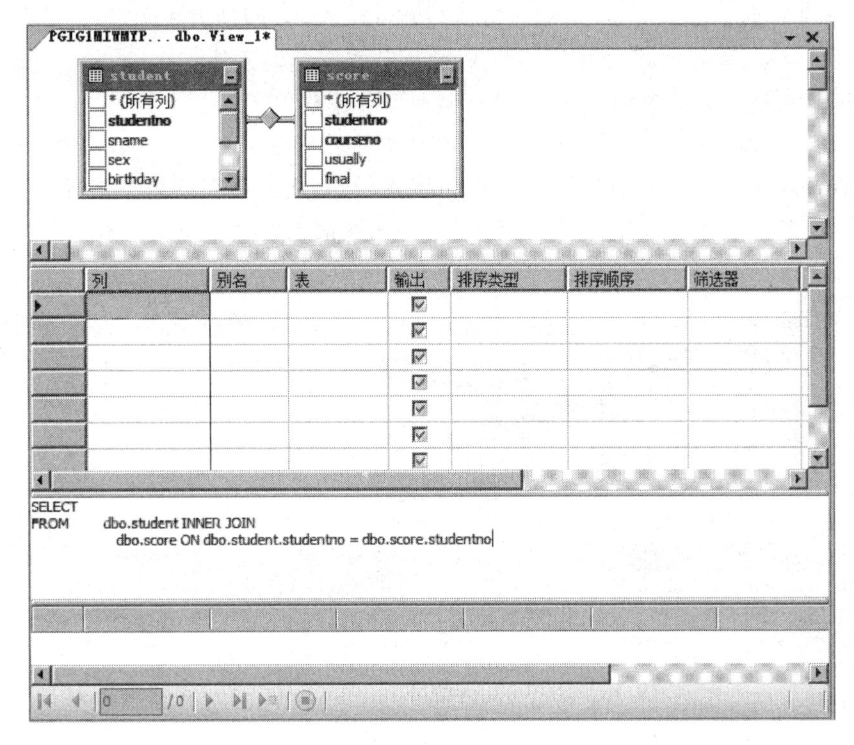

图 8-8 视图设计器

① 关系图窗格。以图形方式显示正在查询的表和其他表结构化对象，同时也显示它们之间的关联关系。若需添加表，可以在该窗格中右击鼠标，从弹出的快捷菜单中选择"添加表"命令。若要删除表，则可以在表的标题栏上右击鼠标，从弹出的快捷菜单中选择"移除"命令。

② 网格窗格。一个类似电子表格的网格，用户可以在其中指定视图的选项。通过网格窗格可以指定要显示列的别名、列所属的表名、计算列的表达式、查询的排序次序、搜索条件、分组准则等。

③ SQL 窗格。显示视图所要存储的查询语句。可以对设计器自动生成的 SQL 语句进行编辑，也可以输入自己的 SQL 语句。

④ 结果窗格。显示最近执行的选择查询的结果。对于显示单个表或视图中的数据的视图，可以通过编辑网格单元中的值对数据库进行修改，也可以添加或删除行。

(5) 为视图选择包含的数据列。可通过"关系图窗格"、"网格窗格"和"SQL 窗格"三种方式实现，一个窗格中做出修改，另外两个窗格将会同步保持一致。具体方法如下：

① 关系图窗格。单击数据列左边的复选框即可将该列添加到查询结果集内。

② 网格窗格。通过"列"和"表"组合框可选择需添加到查询结果集中的数据列及所属的数据表。

③ SQL 窗格。通过 SELECT 子句选择需添加到查询结果集中的数据列。

如本例在网格窗格中的"表"和"列"组合框中分别选择 student 表和 sname，当前数据列的其他选项均采用默认设置。其中“输出”复选框默认为选中状态,表示当前数据列出现在查询输出结果集中。

(6) 指定查询条件。可通过“网格窗格”和“SQL 窗格”两种方式实现,具体方法如下:

① 网格窗格。通过“筛选器”可为关联数据列指定搜索条件。

② SQL 窗格。通过 WHERE 子句指定查询条件。

本例在网格窗格中的“表”组合框和“列”组合框中分别选择 student 表的 classno 列和 score 表的 final 列。如果所选数据列只作为搜索子句,而不需在结果集内显示,可以将“输出”复选框设置为未选中状态。在“筛选器”中输入查询条件= '160501'和 IS NOT NULL,如图 8-9 所示。

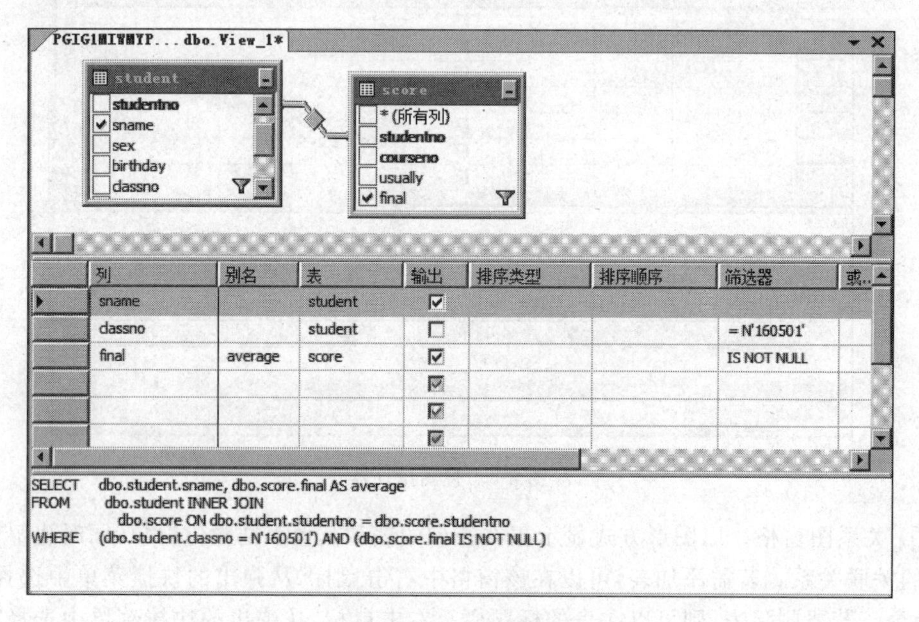

图 8-9 指定查询条件

(7) 指定分组依据和条件。可通过“网格窗格”和“SQL 窗格”两种方式实现,具体方法如下:

① 网格窗格。打开“查询设计器”菜单,选择“添加分组依据”命令,“分组依据”网格列将显示在网格窗格中。默认情况下,在查询结果集内出现的列将成为 GROUP BY 子句的一部分。选择聚合函数与之相关联的数据列,在默认情况下所得到的表达式将作为结果集的输出列添加。如果关联的数据列是 GROUP BY 子句的一部分,则在筛选器中输入的表达式将作为分组条件用于 HAVING 子句。

② SQL 窗格。通过添加 GROUP BY 和 HAVING 子句指定分组依据和分组条件。

本例在网格窗格中实现。student. sname 和 student. classno 默认分组依据分别为 Group By 和 Where。对于 score. final,除了作为查询条件外,还需作为分组条件的组成部分,因此需将其再次添加到网格窗格中。此数据列与聚合函数生成的计算列需在结果集内显示,将“输出”复选框设置为选中状态,指定计算列别名为 average。“分组依据”设置为 Avg,在“筛选器”中输入分组条件为>60,如图 8-10 所示。

(8) 设置排序。可通过“关系图窗格”、“网格窗格”和“SQL 窗格”三种方式实现,具体方

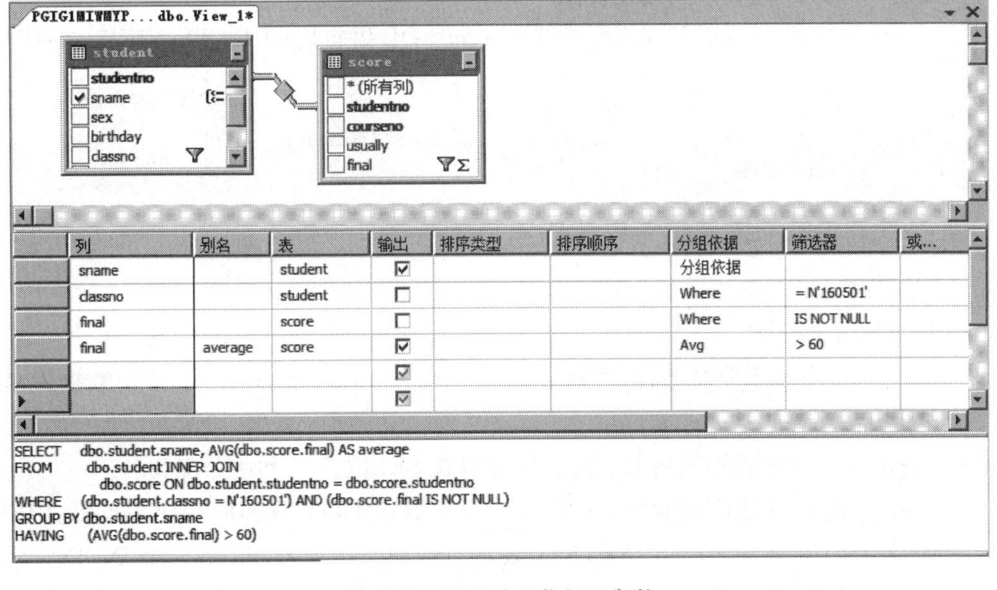

图 8-10　指定分组依据和条件

法如下：

① 关系图窗格。右击排序依据的数据列，从弹出的快捷菜单中选择“升序排列”或“降序排列”命令，即可设置排序数据列。当显示结果集需按多个列排序时，排序优先级与选择顺序相同。

② 网格窗格。通过“排序类型”和“排序顺序”组合框可指定用于对结果集进行排序的数据列及排序优先级。

③ SQL 窗格。通过 ORDER BY 子句指定用于对结果集进行排序的数据列及排序优先级。

将 score.final 数据列的排序类型设置为降序，排序顺序设置为 1。完成上述操作后，在 SQL 窗格中显示自动生成的 SELECT 语句为：

```
SELECT TOP (100) PERCENT dbo.student.sname, AVG(dbo.score.final) AS average
FROM    dbo.student INNER JOIN
          dbo.score ON dbo.student.studentno = dbo.score.studentno
WHERE      (dbo.student.classno = N'160501') AND (dbo.score.final IS NOT NULL)
GROUP BY dbo.student.sname
HAVING        (AVG(dbo.score.final) > 60)
ORDER BY average DESC
```

在上述 SELECT 语句中，TOP 子句用于限制结果集中返回的行数。expression 是指定返回行数的数值表达式，可为数值型的常量、变量或表达式。如果指定了 PERCENT，则是指返回查询结果集中前 expression% 的行。

（9）设置完成后，单击“保存”按钮，在弹出的对话框中输入视图的名称 View_avg 后，单击“确定”按钮，即完成了创建视图的操作。

（10）在完成对于视图 View_avg 的创建后，可以单击工具栏的“!”按钮执行 SELECT 查询，其查询的结果集显示在结果窗格中。

2. 使用 Transact-SQL 语句创建视图

SQL Server 2008 提供的创建视图的 Transact-SQL 语句是 CREATE VIEW，其语法格式如下：

```
CREATE VIEW [database_name.] [schema_name.] view_name [(column [, …n])]
  [WITH view_attribute [, …n ]]
  AS
  select_statement
  [WITH CHECK OPTION]
```

其中，各参数的含义如下：

- view_name：视图完整名称，可通过[database_name.]和[owner.]指定数据库名称和所有者名称。
- column：视图中的列使用的名称。还可以在 SELECT 语句中分配列名。
- view_attribute：视图特性设置，可以设置为 ENCRYPTION、SCHEMABINDING、VIEW_METADATA 等项。ENCRYPTION 表示对视图文本加密，SCHEMABINDING 将视图绑定到基础表的架构上，VIEW_METADATA 指定引用视图的查询请求浏览模式为元数据时，不返回基表的元数据信息。
- select_statement：定义视图的 SELECT 语句。该语句可以使用多个表和其他视图。
- WITH CHECK OPTION：强制针对视图执行的所有数据修改语句都必须符合在 select_statement 中设置的条件。通过视图修改行时，WITH CHECK OPTION 可确保提交修改后仍可通过视图看到修改的数据。

【例 8.11】 在 teaching 数据库中创建一个名为 V_course 的视图，包含所有类别为“必修”的课程信息。

程序代码如下：

```
CREATE VIEW V_course
AS
 SELECT *
 FROM course
 WHERE type = '必修'
```

【例 8.12】 编程在 teaching 数据库中创建一个名为 V_final 的视图，包含学生学号、姓名、课程号、课程名和期末成绩，按学号升序排序，学号相同的行按课程号升序排序。

程序代码如下：

```
CREATE VIEW V_final
AS
 SELECT TOP(100) PERCENT student.studentno,
     student.sname, course.courseno, course.cname, score.final
 FROM student, course, score
 WHERE student.studentno = score.studentno AND
       course.courseno = score.courseno
 ORDER BY student.studentno, course.courseno
```

在创建视图的 SELECT 查询语句中包含 ORDER BY 子句时，在 SELECT 语句的选择列表中必须包含 TOP 子句。

【例 8.13】 在 teaching 数据库中创建一个名为 V_max 的视图，查询每个班最高分的学生的课程名和分数，按班级号升序排序。

程序代码如下：

```
CREATE VIEW V_max
AS
 SELECT  top 10  classno,cname,MAX(final) AS max
 FROM student s,score sc,course c
 where sc.courseno = c.courseno and
       s.studentno = sc.studentno and final IS NOT NULL
 GROUP BY classno,cname
 ORDER BY classno
```

本例在创建视图的 SELECT 查询语句中包含了由聚合函数派生的数据列，因此必须为视图指定列名。一般情况下，不必在创建视图时指定列名，但在以下情况下必须指定列名：

(1) 视图中的任何列都是从算术表达式、内置函数或常量派生而来。

(2) 视图中有两列或多列具有相同名称(通常由于视图定义包含联接，因此来自两个或多个不同表的列具有相同的名称)。

(3) 希望为视图中的列指定一个与其源列不同的名称(也可以在视图中重命名列)。无论重命名与否，视图列都会继承其源列的数据类型。

3. 通过视图查看数据

视图是基于基表生成的，使用视图来查询数据，可以像对表一样来对视图进行操作。查询视图数据既可以使用 SQL Server Management Studio，也可以使用 SELECT 语句。

使用 SQL Server Management Studio 查询视图数据的操作步骤如下：

(1) 启动 SQL Server Management Studio，展开"资源管理器"窗口中"数据库"下的 teaching 数据库→"视图"子目录。

(2) 右击 V_course 视图，从弹出的快捷菜单中选择"编辑前 200 行"命令。然后进入数据浏览窗口，可和查看数据表一样查看 V_course 视图中的数据。

也可以和表一样使用 SELECT 语句查询 V_course 视图中的数据。

```
SELECT * FROM V_course
```

通过 SELECT 语句可直接查询 v_course 视图，从而获取所有必修课程的信息。

【例 8.14】 通过 V_final 和 V_course 视图查询所有学生的学号、姓名和必修课的总学分。

分析：由于 V_course 视图中包含的是所有必修课的相关信息，V_final 视图包含的是所有学生学号、姓名、课程名和期末成绩的基本信息，因此只需将两个视图进行等值连接和使用聚合函数即可实现所需功能。

程序代码如下：

```
SELECT studentno AS '学号',sname AS '姓名',SUM(credit) AS '必修课总学分'
FROM V_final,V_course
WHERE V_final.courseno = V_course.courseno
```

```
GROUP BY studentno, sname
```

执行结果如下：

```
学号           姓名      必修课总学分
-----------  --------  --------------
16122210009    许海冰       7.0
…
17122203567    封澈         8.0
17123567897    赵毓欣       8.0
17126113307    竹云泽       3.5
(12 行受影响)
```

8.5.3 查看视图信息

1. 使用 SQL Server Management Studio 查看视图信息

使用 SQL Server Management Studio 查看视图信息的操作步骤如下：

（1）启动 SQL Server Management Studio，展开"资源管理器"窗口中"数据库"下的 teaching 数据库→"视图"子目录。

（2）查看视图的列信息。选中并展开 View_avg 视图下的"列"子目录，在下面显示视图的列信息，包括列名称、数据类型、长度精度和是否为空的约束信息。

（3）查看视图的依赖关系。右击 View_avg 视图，从弹出的快捷菜单中选择"查看依赖关系"命令，出现图 8-11 所示"对象依赖关系"窗口，可分别显示依赖于 View_avg 视图的对象及 View_avg 依赖的对象信息。

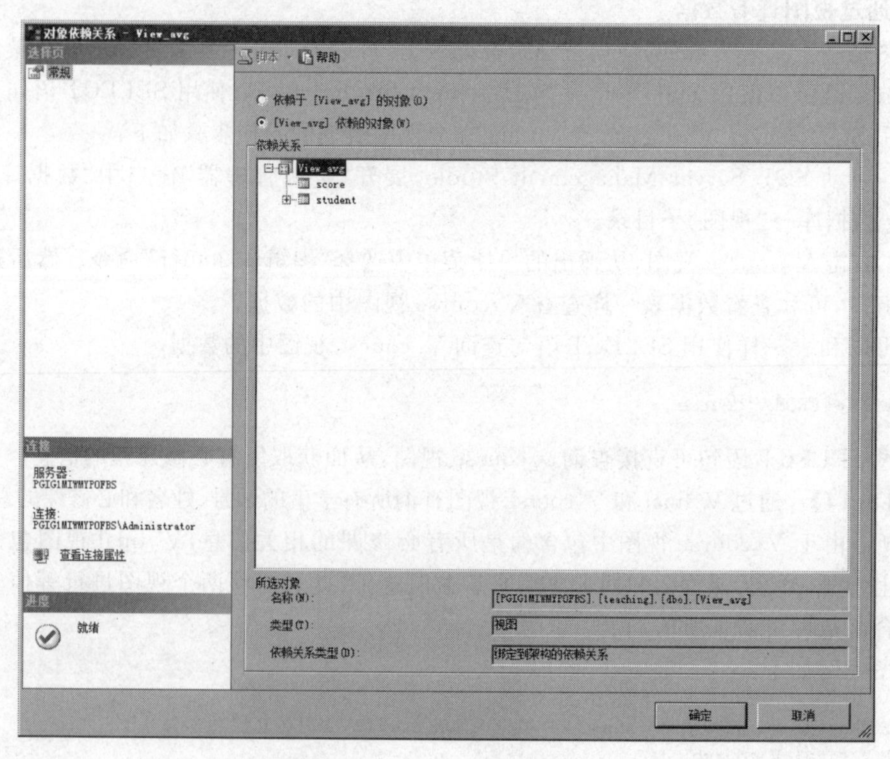

图 8-11　View_avg 的依赖关系

(4) 查看视图定义信息。右击 View_avg 视图，从弹出的快捷菜单中选择“编写视图脚本为”→“CREATE 到”→“新查询编辑器窗口”命令，在右边的编辑器窗口中可查看 View_avg 视图的定义信息。

2. 使用系统表查看视图信息

当用户创建的一个视图被存储到 SQL Server 2008 系统中后，视图的名称等基本信息存储在 sysobjects 系统表中，对应的存储对象类型 type 为 V。有关视图中所定义的列的相关信息存储在 syscolumns 系统表中，有关视图与其他数据库对象之间的依赖关系信息存储在 sysdepends 系统表中，创建视图的 Transact-SQL 定义语句的文本存储在 syscomments 系统表中。

【例 8.15】 利用 sysobjects 和 syscomments 两个系统表查看 View_avg 视图的名称、ID 和定义视图的文本信息。

程序代码如下：

```
SELECT sysobjects.name,sysobjects.id,syscomments.text
FROM sysobjects,syscomments
WHERE sysobjects.name = 'View_avg' AND sysobjects.type = 'V'
   AND sysobjects.id = syscomments.id
```

程序执行结果如图 8-12 所示。

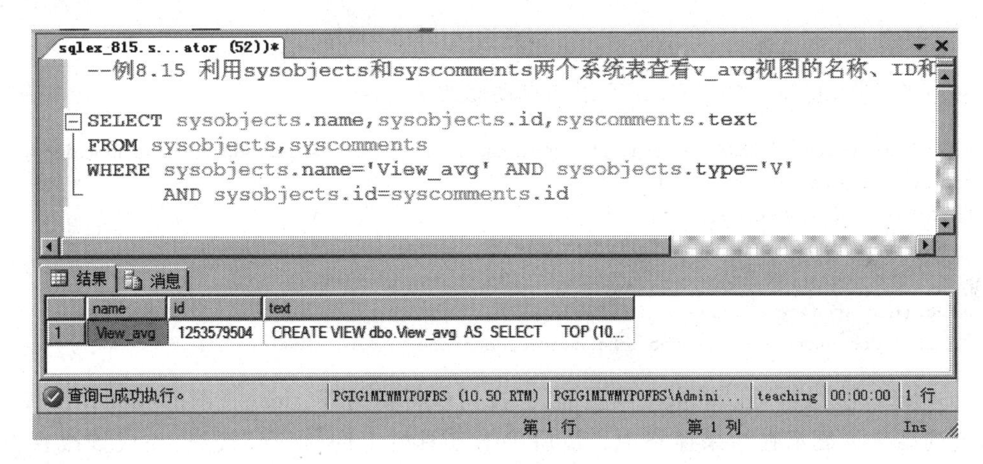

图 8-12 使用系统表查看视图信息

8.6 视图的修改

视图定义之后，用户可以更改视图的名称或视图的定义而无需删除并重新创建视图。删除并重新创建视图会造成与该视图关联的权限丢失。

8.6.1 在 SQL Server Management Studio 中修改视图

使用 SQL Server Management Studio 修改视图的操作步骤如下：

(1) 启动 SQL Server Management Studio，展开“资源管理器”窗口中“数据库”下的 teaching 数据库→“视图”子目录。

(2) 右击 V_final 视图,从弹出的快捷菜单中选择“设计”命令。

(3) 打开“视图设计器”窗口,可在其中对视图进行修改,其中的操作与创建视图类似。本例在网格窗格中添加 student 表的 classno 列,不指定别名和排序类型,“输出”复选框设置为未选中状态,在“筛选器”中输入查询条件= '160502',如图 8-13 所示。

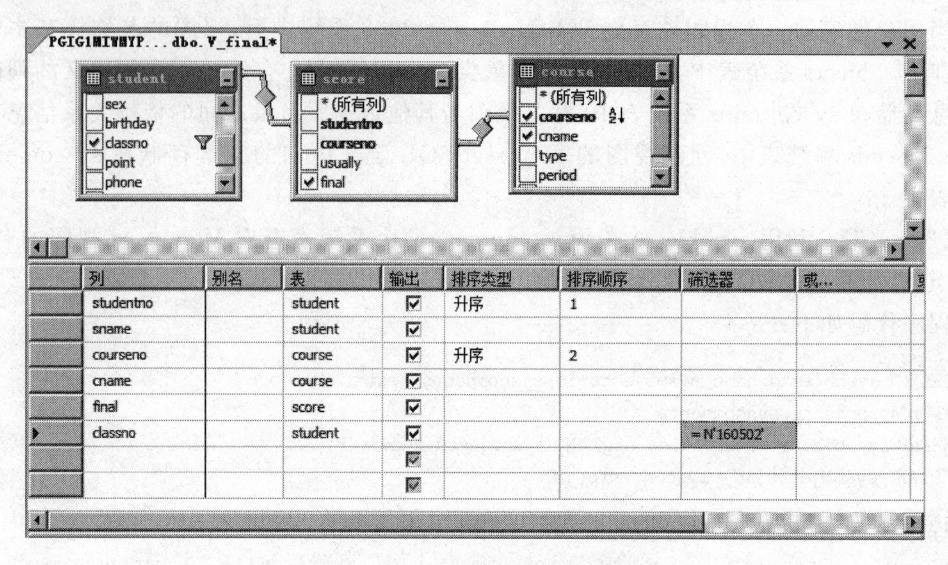

图 8-13 修改“视图设计器”对话框

对应的 SQL 窗格中的 SELECT 语句自动修改为:

```
SELECT TOP (100) PERCENT dbo.student.studentno, dbo.student.sname, dbo.course.courseno, dbo.
course.cname, dbo.score.final
FROM dbo.student INNER JOIN
      dbo.score ON dbo.student.studentno = dbo.score.studentno INNER JOIN
      dbo.course ON dbo.score.courseno = dbo.course.courseno
WHERE (dbo.student.classno = N'160502')
ORDER BY dbo.student.studentno, dbo.course.courseno
```

(4) 修改完成后,可以单击工具栏的“!”按钮执行新的 V_final 视图的 SELECT 查询,其查询的结果集显示在结果窗格中。最后单击工具栏上的“保存”按钮,完成修改视图的操作。

8.6.2 利用 ALTER VIEW 命令修改视图

使用 ALTER VIEW 命令可修改之前创建的视图,其中包括索引视图。ALTER VIEW 不影响相关的存储过程或触发器,并且不会更改权限。

ALTER VIEW 的语法结构如下:

```
ALTER VIEW [database_name.] [schema_name.] view_name
  [(column [, …n])]
 [WITH view_attribute [, …n ]]
 AS
 select_statement
 [WITH CHECK OPTION]
```

其中 view_name 为要修改的视图的名称,其余各参数与 CREATE VIEW 语句中的参数含义相同。

【例 8.16】 使用 ALTER VIEW 语句修改 V_final 视图,使其包含所有学生姓名、课程名和期末成绩,按姓名升序排序。

程序代码如下:

```
ALTER VIEW V_final
AS
SELECT TOP(100) PERCENT student.sname,cname,final
FROM student,course,score
WHERE student.studentno = score.studentno
      AND course.courseno = score.courseno
ORDER BY student.sname
```

【例 8.17】 使用 ALTER VIEW 语句修改 View_avg 视图,将其改为加密方式,以确保视图的安全性。

程序代码如下:

```
-- 在"查询编辑器"中输入以下程序,修改 View_avg 视图为加密方式
ALTER VIEW View_avg
WITH ENCRYPTION
AS
SELECT TOP (100) PERCENT student.sname, AVG(score.final) AS average
FROM score INNER JOIN  student
     ON score.studentno = student.studentno
WHERE student.classno = '160501' AND score.final IS NOT NULL
GROUP BY student.sname
HAVING AVG(score.final) > 60
ORDER BY average DESC
-- 使用系统存储过程 sp_helptext 查看已加密视图的定义信息,执行如下程序
EXEC sp_helptext View_avg
```

程序执行结果是在输出窗口中显示“对象'View_avg'的文本已加密”的提示。由此例可以看出,加密过的视图无法查看其定义文本信息,从而起到保护源程序的作用。

8.6.3 视图重命名

可以像在 Windows 资源管理器中更改文件夹或文件名一样,在 SQL Server Management Studio 中右击需要重命名的视图,从弹出的快捷菜单中选择“重命名”命令,然后输入新的视图名称即可。也可以使用系统存储过程 sp_rename 重命名视图。

系统存储过程 sp_rename 更改当前数据库中用户创建对象的名称,此对象可以是表、列、索引、视图或用户定义数据类型等。

例如,使用存储过程将数据库 teaching 中的“视图 V_成绩”重命名为 V_final。

```
EXEC sp_rename 'V_成绩','V_final1'
```

需要注意的是,更改对象名的任一部分都可能破坏脚本和存储过程,使其不可用。因此建议不要使用此语句来重命名存储过程、触发器、用户定义函数或视图等数据库对象,而是

将其删除，然后使用新名称重新创建。

8.6.4 删除视图

删除视图对于表和视图所基于的数据并不受影响，但基于已删除视图对象的查询将会失败。在删除视图的同时，定义在系统表 sysobjects、syscolumns、syscomments、sysdepends 和 sysprotects 中的视图信息也会被删除，而且视图的所有权限也一并被删除。

1. 使用 SQL Server Management Studio 删除视图

使用 SQL Server Management Studio 删除视图的操作步骤如下：

(1) 在 SQL Server Management Studio 中，展开"资源管理器"窗口中"数据库"下的 teaching→"视图"子目录。

(2) 右击 V_max 视图，从弹出的快捷菜单中选择"删除"命令。

(3) 在弹出的"删除对象"对话框中显示要删除的视图，单击"确定"按钮即可完成删除操作。

2. 使用 Transact-SQL 删除视图

使用 DROP VIEW 语句可从当前数据库中删除一个或多个视图。

例如，使用 Transact-SQL 语句删除 teaching 数据库中 V_max 视图的命令如下：

```
DROP VIEW V_max
```

8.7 通过视图修改数据

视图是一种虚拟表，通过视图可以修改与视图相关的、符合一定条件的基表数据，包括插入、更新、删除等基本操作。

1. 通过视图向基表中插入数据

在视图中使用 INSERT 语句添加数据时，要符合以下规则：

(1) 用户使用 INSERT 语句向数据表中插入数据时必须具有相关权限。

(2) 进行插入操作的视图只能引用一个基表的列，且不能是通过计算或聚合函数等方式派生出的列。

(3) 在基表中插入的数据必须符合在相关列上定义的约束条件，如是否为空、约束及默认值定义等。

(4) 视图中不能包含 DISTINCT、GROUP BY 或 HAVING 子句。

(5) 如果在视图定义中使用了 WITH CHECK OPTION 子句，则该子句将检查插入的数据是否符合视图定义中 SELECT 语句所设置的条件，如果插入的数据不符合该条件，SQL Server 会拒绝插入数据，并显示错误。

【例 8.18】 通过视图 V_course 向基表 course 中插入数据('c05129', '数据库编程','必修', 64, 4)。

分析：该程序通过单表生成的视图 V_course 向基表 course 中插入一条记录，并通过查询语句显示基表中的所有数据。

程序代码如下：

```
INSERT INTO V_course
VALUES('c05129','数据库编程','必修',64,4)
GO
SELECT * FROM course
```

其执行结果就是将该数据行插入到 course 中。

【例 8.19】 编程在 teaching 数据库中创建一个名称为 V_sex 的视图，包含所有性别为“女”的学生的学号、姓名、性别、出生日期和班级编号，需限制插入数据中性别必须为“女”。

分析：该程序通过单表生成的视图 V_sex 向基表 student 中插入一条记录，并通过查询语句显示基表中的所有数据。

程序代码如下：

```
-- 在“查询编辑器”中输入以下程序，创建 V_sex 视图
CREATE VIEW V_sex
AS
 SELECT studentno,sname,sex,birthday,classno
 FROM student
 WHERE sex - '女'
 WITH CHECK OPTION
-- 通过视图 V_sex 向基表 student 中插入数据
INSERT INTO V_sex
   VALUES('18138211038','李静','女','2000 - 6 - 3','180802')
GO
SELECT * FROM student
```

该记录符合相关要求，其执行结果就是向 student 插入一条记录行。

本例由于创建了 WITH CHECK OPTION 条件约束，当插入记录时所有“性别”不符合条件的记录无法插入和修改，并显示错误提示信息，结果如图 8-14 所示。

```
-- 通过视图 V_sex 向基表 student 中插入数据行('18122221548', '张晓明', '男', '2000 - 11 - 20',
'180501')
INSERT INTO V_sex
VALUES('18122221548','张晓明','男','2000 - 11 - 20','180501')
GO
SELECT * FROM student
```

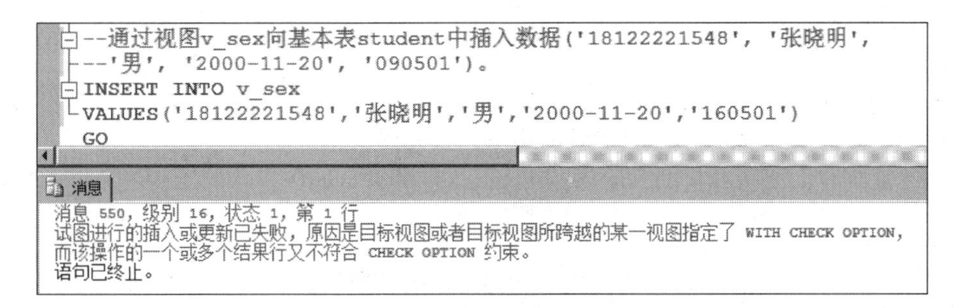

图 8-14　向视图中插入不符合条件数据的错误信息

【例 8.20】 通过视图 V_final 向其多个基表中插入数据。

程序代码如下：

```
INSERT INTO V_final
VALUES('18122221324','何平','数据库应用技术',64)
```


由于视图引用了多个表的数据列，因此插入操作无法实现，错误提示如图 8-15 所示。

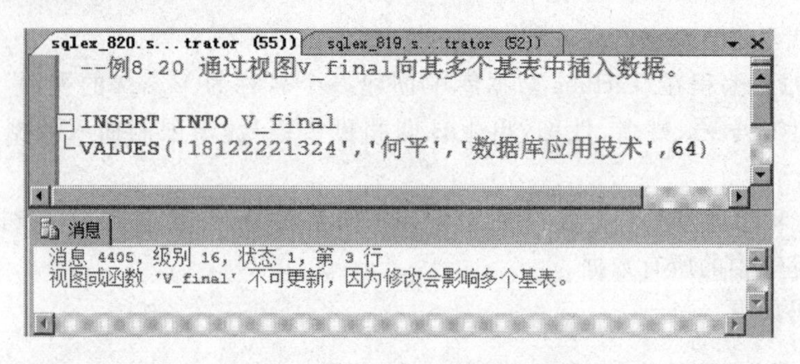

图 8-15 向多表生成的视图中插入数据的错误信息

2. 通过视图更新基表中的数据

使用 UPDATE 语句可以实现视图对于基表中相关记录的修改，但不能同时修改两个或者多个基表中的数据，不能对主属性进行修改操作。视图中被修改的列不能通过计算或聚合函数等方式派生。

【例 8.21】 通过视图 V_course 将基表 course 课程号为 c05129 的课程名称修改为“数据库应用与开发”。

程序代码如下：

```
UPDATE V_course
SET cname = '数据库应用与开发'
WHERE courseno = 'c05129'
SELECT * FROM course
```

该程序通过视图 V_course 修改基表 course 中的一条记录，并通过查询语句显示基表中的所有数据。

【例 8.22】 通过视图 V_final 将基表 score 中学号为 16125121107 的学生梁欣选修的课程号为 c05129 的 C 语言课程的期末成绩修改为 60 分。

程序代码如下：

```
UPDATE V_final
SET final = 60
WHERE studentno = '16125121107' AND courseno = 'c05109'
GO
SELECT s.studentno, sname, c.courseno, cname, final
FROM student s, course c, score sc
WHERE s.studentno = sc.studentno AND c.courseno = sc.courseno
```

该程序可以通过多个基表生成的视图 V_final 修改基表 score 中的数据，并可以通过连接查询语句显示基表中修改后的所有数据。

【例 8.23】 通过视图 V_final 将基表 student 和 score 中学号为 16125121107，选修的课程号为 c05129 的学生姓名修改为“李静”，期末成绩修改为 60 分。

程序代码如下：

```
UPDATE V_final SET sname = '李静',final = 60
WHERE studentno = '16125121107' AND courseno = 'c05109'
```

由于 V_final 视图由多个基表生成，且修改内容涉及多个基表，因此修改操作无法实现，并显示错误提示信息"视图或函数'v_final'不可更新，因为修改会影响多个基表"。

3. 通过视图删除基表中的数据

在视图上可以使用 DELETE 语句实现对于基表中相关记录的删除。但如果在视图中删除数据，该视图只能引用一个基表的列，且删除操作必须满足基表中定义的约束条件。

【例 8.24】 通过视图 V_sex 删除基表 student 中学号为 18125121107 的学生记录。

程序代码如下：

```
DELETE FROM V_sex
WHERE studentno = '18125121107'
GO
SELECT * FROM student
```

该程序通过单表生成的视图 V_sex 删除基表 student 中的一条记录，并通过查询语句显示基表中删除后的所有数据。

【例 8.25】 通过视图 V_course 删除基表 course 中课程号为 c05109 的课程记录。

分析：如果要删除一条记录，则相关表中的所有 FOREIGN KEY 约束必须仍然得到满足，删除操作才能成功。由于为 score 表中的 courseno 列定义了 FOREIGN KEY 约束，其主键表为 course，且在 score 表中存在课程号为 c05109 的选课记录，因此删除操作无法实现。

程序代码如下：

```
DELETE FROM V_course
WHERE courseno = 'c05109'
```

运行结果显示图 8-16 所示的错误提示信息。

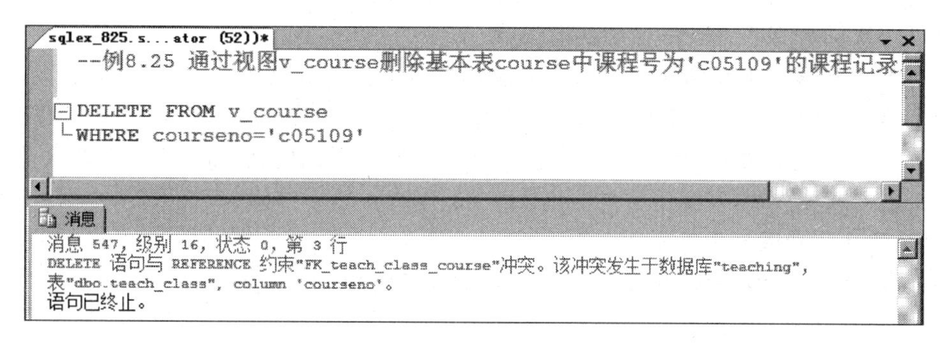

图 8-16　删除违反了外键约束的错误信息

8.8 小　　结

良好的索引可以显著提高数据库的性能，但索引本身要占用很大的数据空间，并且它在提高查询效率的同时，也降低了插入、删除数据的速度。

一般的视图中存储的只是一些查询语句，它不存储任何数据。视图一经定义，就可以像基表一样进行查询。用户还可以利用视图修改基表数据，但有一定的限制。

统计信息是查询优化器进行查询优化的依据，及时更新统计信息对优化的效果至关重要。SQL Server 2008 提供了自动和手动两种方式实现对统计信息的创建及更新功能。

学习本章后，需要重点掌握如下内容：

(1) 索引、视图和统计信息的作用和用途。

(2) 索引、视图和统计信息的创建、管理和删除方法。

(3) 索引、视图的常用命令。

(4) 统计信息对于管理数据库对象的作用。

习　题　8

1. 选择题

(1) 在 SQL Server 2008 中，索引的顺序和表中记录的物理顺序相同的索引是________。

A. 主键索引　　B. 非聚集索引　　C. 聚集索引　　D. 唯一索引

(2) 下面对索引的相关描述正确的是________。

A. 经常被查询的列不适合建索引　　B. 小型表适合建索引

C. 有很多重复值的列适合建索引　　D. 是外键或主键的列不适合建索引

(3) 在使用 CREATE INDEX 命令创建索引时，FILLFACTOR 选项定义的是________。

A. 填充因子　　B. 误码率　　C. 冗余度　　D. 索引页的填充率

(4) 对视图的描述错误的是________。

A. 视图是一张虚拟表

B. 视图定义包含 TOP 子句时才能设置排序规则

C. 可以像查询表一样来查询视图

D. 被修改的视图只能引用一个基表的列

(5) WITH CHECK OPTION 属性对视图有________用途。

A. 进行检查约束　B. 进行删除监测　C. 进行更新监测　D. 进行插入监测

2. 思考题

(1) 简述创建索引的必要性。

(2) 按照索引的存储结构划分，索引分为哪几种？各有什么特点？

(3) 简述基表和视图之间的关系。

(4) 简述创建视图的必要性。

(5) 简述统计信息的作用。

3. 上机练习题(本题利用 teaching 数据库中的表进行操作)

(1) 在 course 表的 cname 列上创建非聚集索引 IDX_cname。

(2) 在 student 表的 studentno 和 classno 列上创建唯一索引 UQ_stu，若该索引已存在，则删除后重建。并输出 student 表中的记录，查看输出结果的顺序。

(3) 修改 UQ_stu 的索引属性，当执行多行插入操作时出现重复键值，则忽略该记录，且设置填充因子为 80%。

(4) 创建一个视图 V_avgstu，查询每个学生的学号、姓名及平均分，并且按照平均分降序排序。

(5) 修改 V_teacher 的视图定义，添加 WITH CHECK OPTION 选项。

(6) 通过视图 V_teacher 向基表 teacher 中分别插入数据('05039','张馨月','计算机应用','讲师','计算机学院')和('06018','李诚','机械制造','副教授','机械学院')，并查看插入数据情况。

(7) 通过视图 V_teacher 将基表 teacher 中教师编号为 05039 的教师职称修改为“副教授”。

第9章 存储过程与触发器

存储过程(Stored Procedure)是一组完成特定功能的 Transact-SQL 语句的集合,即将一些固定的操作集中起来由 SQL Server 服务器来完成,应用程序只需调用它就可以实现某个特定的任务。存储过程可以通过用户、其他存储过程或触发器来调用执行。

触发器(Trigger)是一种特殊的存储过程。触发器通常在特定的表上定义,当该表的相应事件发生时自动执行,用于实现强制业务规则和数据完整性等。

本章将介绍存储过程和触发器的基本概念,以及创建和管理等基本操作。

9.1 认识存储过程

在 SQL Server 2008 中,利用存储过程可以保证数据的完整性,提高执行重复任务的性能和数据的一致性。存储过程在被调用的过程中,参数可以被传递和返回,出错代码也可以被检验。

存储过程主要应用于控制访问权限、为数据库表中的活动创建审计追踪、将关系到数据库及其所有相关应用程序的数据定义语句和数据操作语句分隔开。利用存储过程可以让系统达到如下目的:

(1) 提高了处理复杂任务的能力。主要用于在数据库中执行操作的编程语句,通过接受输入参数并以输出参数的格式向调用过程或批处理返回多个值。

(2) 增强了代码的复用率和共享性。存储过程一旦创建后即可在程序中调用任意多次,这可以改进应用程序的可维护性,并允许应用程序统一访问数据库。

(3) 减少了网络中数据的流量。因为存储过程存储在服务器上,并在服务器上运行,一个需要数百行 Transact-SQL 代码的操作可以通过一条执行过程代码的语句来执行,而不需要在网络中发送数百行代码。

(4) 存储过程在服务器注册,加快了过程的运行速度。存储程序只在创建时进行编译,以后每次执行存储过程都不需再重新编译,而一般 SQL 语句每执行一次就编译一次,所以使用存储过程可提高数据库执行速度。

(5) 加强了系统的安全性。存储过程具有安全特性(例如权限)和所有权链接,用户可以被授予权限来执行存储过程而不必直接对存储过程中引用的对象具有权限。可以强制应用程序的安全性,参数化存储过程有助于保护应用程序不受 SQL 注入式攻击。

9.1.1 存储过程的类型

SQL Server 2008 支持的存储过程主要有如下 4 种类型:

(1) 系统存储过程。SQL Server 2008 中的许多管理活动都是存储过程执行的。例如，sys. sp_helpdb 就是一个系统存储过程，可以在其他数据库中直接调用，而不必在存储过程前加上数据库名。从物理意义上讲，系统存储过程存储在源数据库中，并且带有 sp_前缀。从逻辑上讲，系统存储过程出现在每个系统定义数据库和用户定义数据库的 sys 构架中。

(2) 用户定义的存储过程。用户为了完成某一特定的功能，可以自己创建存储过程。存储过程是指封装了可重用代码的模块或例程。存储过程可以接受输入参数、向客户端返回表格或标量结果和消息、调用数据定义语言(DDL)和数据操作语言(DML)语句，然后返回输出参数。

用户存储过程有两种类型：Transact-SQL 和 CLR。Transact-SQL 存储过程是指保存的 Transact-SQL 语句集合，可以接受和返回用户提供的参数。CLR 存储过程是指对 Microsoft .NET Framework 公共语言运行时(CLR)方法的引用，可以接受和返回用户提供的参数。它们在.NET Framework 程序集中是作为类的公共静态方法实现的。

(3) 临时存储过程。临时存储过程以"#"或"##"为前缀，分别表示局部临时存储过程和全局临时存储过程。当 SQL Server 关闭后，所有临时存储过程将自动被删除。

(4) 扩展存储过程。扩展存储过程以 xp_为前缀，是 SQL Server 2008 的实例可以动态加载和运行的 DLL。其使用方法与系统存储过程一样。

扩展存储过程允许使用编程语言(例如 C#)创建自己的外部例程。扩展存储过程直接在 SQL Server 的实例的地址空间中运行，可以使用 SQL Server 扩展存储过程 API 完成编程。CLR 集成提供了更为可靠和安全的替代方法来编写扩展存储过程。

9.1.2 存储过程的设计原则

用户创建存储过程时，应注意遵循以下几点原则：

(1) 存储过程最大不能超过 128MB。存储过程中局部变量的最大数目仅受可用内存的限制。

(2) 用户定义的存储过程只能在当前数据库中创建。如果执行对远程 SQL Server 2008 实例进行更改的远程存储过程，则不能回滚这些更改，而且远程存储过程不参与事务处理。

(3) 存储过程是为了处理那些需要被多次运行的 Transact-SQL 语句集，所以不要为只运行一次的 Transact-SQL 语句集构建存储过程。

(4) SQL Server 允许在存储过程创建时引用一个不存在的对象，在创建的时候，系统只检查创建存储过程的语法。在执行的时候，存储过程引用了一个不存在的对象，则这次执行操作将会失败。

(5) 存储过程可以嵌套使用。嵌套的最大层次可以用@@NESTLEVEL 函数来查看。

(6) 可以在存储过程内引用临时表。如果在存储过程内创建本地临时表，则临时表仅为该存储过程而存在。退出该存储过程后，临时表将消失。

9.1.3 常用系统存储过程的使用

SQL Server 2008 提供了许多系统存储过程，主要包括用于 SQL Server 数据库引擎的常规维护的数据库引擎存储过程,用于实现游标变量功能的游标存储过程、用于设置管理数据库性能所需的核心维护任务的数据库维护计划存储过程等多种,下面介绍几种常用的系统存储过程。

- sp_helpdb:用于查看数据库名称及大小。
- sp_helptext:用于显示规则、默认值、未加密的存储过程、用户定义函数、触发器或视图的文本。
- sp_renamedb:用于重命名数据库。
- sp_rename:用于更改当前数据库中用户创建对象(如表、列或用户定义数据类型)的名称。
- sp_helplogins:查看所有数据库用户登录信息。
- sp_helpsrvrolemember:用于查看所有数据库用户所属的角色信息。

9.2 创建和管理存储过程

9.2.1 创建存储过程

在 SQL Server 2008 中可以使用 SQL Server Management Studio 或 CREATE PROCEDURE 语句来创建存储过程。

1. 使用 SQL Server Management Studio 创建存储过程

利用 SQL Server Management Studio 创建存储过程就是创建一个模板,通过改写模板创建存储过程。具体参考步骤如下:

(1) 启动 SQL Server Management Studio,在“对象资源管理器”窗口中展开“数据库”下的 teaching→“可编程性”子目录。

(2) 如图 9-1 所示,右击“存储过程”,从弹出的快捷菜单中选择“新建存储过程”命令。

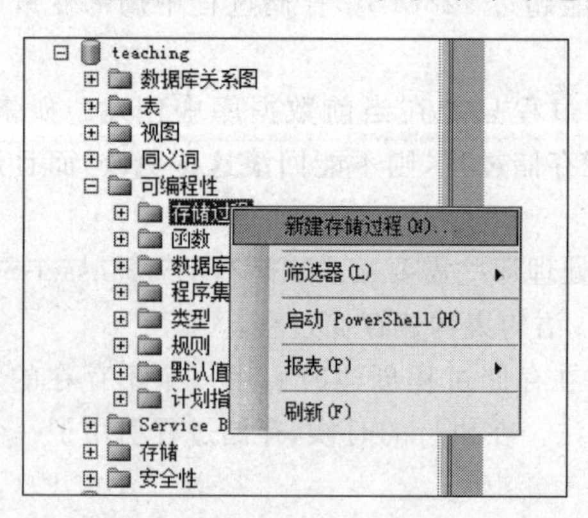

图 9-1　选择“新建存储过程”命令

(3) 系统弹出存储过程模板,如图 9-2 所示,用户可以参照模板在其中输入合适的 Transact-SQL 语句。

(4) 单击工具栏中的“执行”按钮,即可将存储过程保存在数据库中。

(5) 刷新“存储过程”子目录,可以观察到下方出现了新建的存储过程。

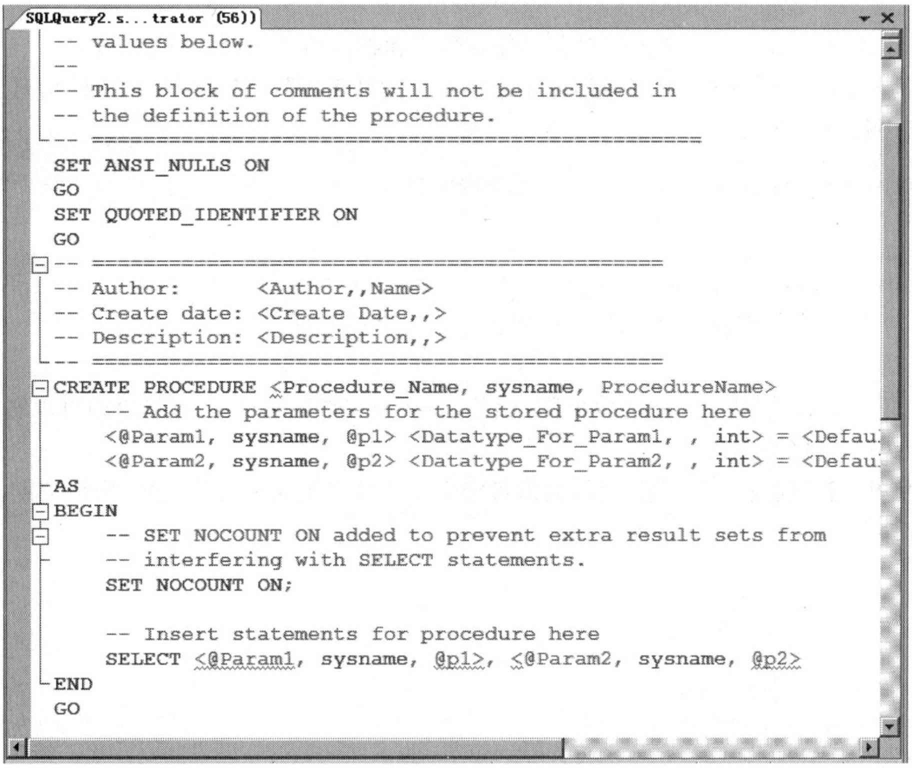

```
SQLQuery2.s...trator (56))
-- values below.
--
-- This block of comments will not be included in
-- the definition of the procedure.
-- ================================================
SET ANSI_NULLS ON
GO
SET QUOTED_IDENTIFIER ON
GO
-- =============================================
-- Author:      <Author,,Name>
-- Create date: <Create Date,,>
-- Description: <Description,,>
-- =============================================
CREATE PROCEDURE <Procedure_Name, sysname, ProcedureName>
    -- Add the parameters for the stored procedure here
    <@Param1, sysname, @p1> <Datatype_For_Param1, , int> = <Defau
    <@Param2, sysname, @p2> <Datatype_For_Param2, , int> = <Defau
AS
BEGIN
    -- SET NOCOUNT ON added to prevent extra result sets from
    -- interfering with SELECT statements.
    SET NOCOUNT ON;

    -- Insert statements for procedure here
    SELECT <@Param1, sysname, @p1>, <@Param2, sysname, @p2>
END
GO
```

图 9-2 “新建存储过程”模板

2. 使用 CREATE PROCEDURE 语句创建存储过程

CREATE PROCEDURE 语句的基本语法格式如下：

```
CREATE PROC [ EDURE ] procedure_name [ ;number ]
[ { @parameter data_type }
[ = default ] [ OUTPUT ]
] [ ,…n ]
[ WITH { RECOMPILE | ENCRYPTION } ]
AS sql_statament [ ,…n ]
```

其中，各参数的含义如下：

- procedure_name：新建存储过程的名称。
- number：可选的整数，用来对同名的过程分组。
- @parameter：过程中的参数。在 CREATE PROCEDURE 语句中可以声明一个或多个参数。存储过程最多可以指定 2100 个参数。
- data_type：参数的数据类型。所有数据类型均可以用作存储过程的参数。
- default：参数的默认值。如果定义了默认值，不必指定该参数的值即可执行过程。
- OUTPUT：表明参数是返回参数。
- RECOMPILE：表明 SQL Server 不会缓存该过程的计划，该过程在运行时重新编译。
- ENCRYPTION：表示在 syscomments 表中加密 CREATE PROCEDURE 语句

文本。

• sql_statement：存储过程包含的任意数目和类型的 Transact-SQL 语句。

【例 9.1】 创建一个存储过程，输出所有学生的姓名、课程名称和期末成绩信息。

程序代码如下：

```
CREATE PROCEDURE Pstu_sc0
AS
SELECT sname, cname, final
   FROM student s,course c,score sc
   WHERE s.studentno = sc.studentno and c.courseno = sc.courseno
Go
```

执行本例后，刷新 teaching 数据库，展开 teaching 的"存储过程"子目录即可观察到存储过程 Pstu_sc0 已经存在。

【例 9.2】 创建一个存储过程，输出指定学生的姓名及课程名称、期末成绩信息。

程序代码如下：

```
CREATE PROCEDURE Pstu_sc1
@student_name nchar(8)
AS
SELECT sname, cname, final
 FROM student s,course c,score sc
 WHERE s.studentno = sc.studentno and c.courseno = sc.courseno
and s.sname = @student_name
GO
```

本例中，@student_name 作为输入参数，为存储过程传送指定学生的姓名。

【例 9.3】 创建一个存储过程，用输出参数返回指定学生的所有课程的期末成绩的平均值。

程序代码如下：

```
CREATE PROCEDURE Pstu_sc2
@student_name nchar(8), @average numeric(6,2) OUTPUT
AS
SELECT @average = AVG(final)
 FROM student s,course c,score sc
 WHERE s.studentno = sc.studentno and c.courseno = sc.courseno
and s.sname = @student_name
GO
```

本例中，@student_name 作为输入参数，为存储过程传送指定学生的姓名；@average 作为输出参数，把在存储过程中计算出来的期末成绩的平均值返回给调用程序。

需要注意的是，在创建存储过程时，可以根据需要声明输入参数和输出参数。调用程序通过输入参数向存储过程传送数据值；而存储过程通过输出参数将计算结果传回给调用程序。不管在创建存储过程时还是在执行存储过程时，输出参数必须用 OUTPUT 标识。

【例 9.4】 创建一个存储过程，用输出参数返回指定学生的所有课程的期末成绩的平均值。若不指定学生姓名，则返回所有学生的所有课程的期末成绩的平均值。并查看期末考试低于70分的学生名单。

程序代码如下：

```
CREATE PROCEDURE Pstu_sc3
@student_name nchar(8) = NULL,   @average numeric(6,2) OUTPUT
AS
SELECT @average = AVG(final)
 FROM student s,course c,score sc
 WHERE s.studentno = sc.studentno and c.courseno = sc.courseno
and (s.sname = @student_name or @student_name IS NULL)
GO
--查看期末考试低于70分的学生名单
SELECT student.studentno,student.sname,score.courseno,score.final
from student inner join score
      ON student.studentno = score.studentno
WHERE score.final < 70
GO
```

本例中，在定义输入参数@student_name的同时，为输入参数指定默认值。即在调用程序不提供学生姓名时，默认是所有学生的平均成绩。

9.2.2 修改存储过程

在创建存储过程之后，用户可以使用SQL Server Management Studio图形工具或ALTER PROCEDURE语句来对其进行修改。

1. 利用SQL Server Management Studio修改存储过程

使用SQL Server Management Studio修改存储过程的参考操作步骤如下：

(1) 启动SQL Server Management Studio，在“对象资源管理器”窗口中展开“数据库”下的teaching→“可编程性”→“存储过程”子目录。

(2) 右击要修改的用户存储过程如Pstu_sc1，从弹出的快捷菜单中选择“修改”命令。

(3) 如图9-3所示，查询编辑器中出现存储过程的源代码，用户可以直接进行修改。

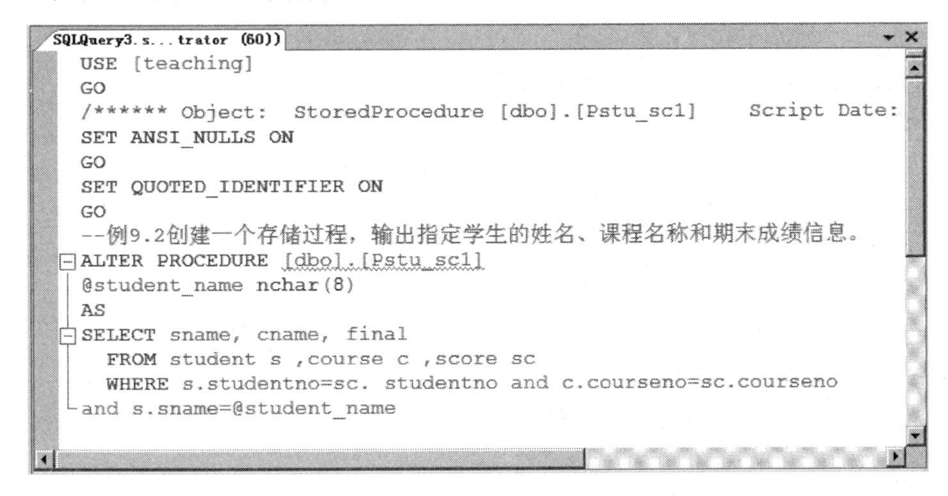

图9-3 “修改存储过程”模板

(4) 修改完毕，执行该存储过程，将修改后的存储过程保存到数据库中。

2. 使用 ALTER PROCEDURE 语句修改存储过程

使用 ALTER PROCEDURE 语句可以修改用 CREATE PROCEDURE 语句创建的存储过程，但不会影响权限，也不影响相关的存储过程或触发器。

【例 9.5】 修改存储过程 Pstu_sc0，使其以加密方式存储在系统表 syscomments 中。

程序代码如下：

```
ALTER PROCEDURE Pstu_sc0
WITH  ENCRYPTION
AS
SELECT sname, cname, final
 FROM student s,course c,score sc
 WHERE s.studentno = sc.Studentno and c.courseno = sc.courseno
GO
```

此时，若使用系统存储过程 sp_helptext 显示存储过程的定义，其命令如下：

```
EXECUTE sp_helptext Pstu_sc0
```

则结果为“对象 Pstu_sc0 的文本已加密”。

9.2.3 执行存储过程

利用 EXECUTE 语句可以执行存储过程。如果存储过程是批处理中的第一条语句，那么不使用 EXECUTE 关键字也可以执行该存储过程。对于存储过程的所有者或任何一名对此过程拥有 EXECUTE 特权的用户，都可以执行此存储过程。

EXECUTE 语句的语法格式如下：

```
[EXEC[UTE]][@return_status = ] procedure_name [;number]
{[[@parameter1 = ] value
| [@parameter1] = @variable [OUTPUT]]} …
[WITH RECOMPILE]
```

其中，各参数的含义如下：

- @return_status：可选的整型变量，用于保存存储过程的返回状态。必须在 EXECUTE 语句使用前声明。
- procedure_name：要调用的存储过程的名称。
- @parameter：过程参数，在 CREATE PROCEDURE 语句中定义。
- Value：过程中参数的值。如果参数名称没有指定，参数值必须以 CREATE PROCEDURE 语句中定义的顺序给出。

其他参数的含义与 CREATE PROCEDURE 语句中的含义相同。

【例 9.6】 分别执行存储过程 Pstu_sc0、Pstu_sc1 和 Pstu_sc2。

执行存储过程 Pstu_sc0 的命令如下：

```
EXEC Pstu_sc0
```

执行存储过程 Pstu_sc1 的命令如下：

```
-- 存储过程 Pstu_sc1 要求输入参数值
EXEC  Pstu_sc1  @student_name = '赵望舒'
```

执行存储过程 Pstu_sc2 的命令如下：

```
-- 由于该存储过程 Pstu_sc2 有输出参数,因此必须在执行存储过程前定义一个变量,以接收存储过程要传出的值.然后可以使用如下语句输出变量@ave 的值:
DECLARE  @ave  numeric(6,2)
EXEC  Pstu_sc2  @student_name = '赵望舒', @average = @ave OUTPUT
SELECT @ave
```

【例 9.7】 使用默认值执行的存储过程 Pstu_sc3。

程序代码如下：

```
DECLARE  @ave  numeric(6,2)
EXEC  Pstu_sc3  @average = @ave OUTPUT
SELECT @ave
GO
```

程序运行结果如下：

```
studentno      sname        courseno       final
-----------  --------  --------  -----------
16122221324    何影          c05103         62.00
16125121107    梁欣          c05109         60.00
17111133071    崔岩坚        c05103         69.00
(3 行受影响)
<无列名>
----------------------------------------
86.35
(1 行受影响)
```

也可以在 SQL Server Management Studio 中通过右击一个存储过程,从弹出的快捷菜单中选择“执行存储过程”命令,在弹出的对话框中输入参数后,单击“确定”按钮,实现存储过程的执行。同样,也可以像其他数据库对象一样,对存储过程进行重命名、删除、查看属性、生成各种脚本等操作。

9.3 认识触发器

触发器(Trigger)是一种响应数据操作语言(DML)事件或数据定义语言(DDL)事件而执行的特殊类型的存储过程,是在用户对某一表中的数据进行 UPDATE、INSERT 和 DELETE 操作时被触发执行的一段程序。触发器有助于强制引用完整性,以便在添加、更新或删除表中的行时保留表之间已定义的关系。

9.3.1 触发器的作用

触发器的主要作用就是其能够实现由主键和外键所不能保证的复杂的参照完整性和数据的一致性。它能够对数据库中的相关表进行级联修改,强制比 CHECK 约束更复杂的数据完整性,并自定义错误消息,维护非规范化数据及比较数据修改前后的状态。与 CHECK 约束不同,触发器可以引用其他表中的列。在下列情况下,使用触发器将强制实现复杂的引用完整性:

(1) 强制数据库间的引用完整性。

(2) 创建多行触发器,当插入、更新或者删除多行数据时,必须编写一个处理多行数据的触发器。

(3) 执行级联更新或级联删除这样的动作。

(4) 级联修改数据库中所有相关表。

(5) 撤销或者回滚违反引用完整性的操作,防止非法修改数据。

9.3.2 触发器的分类

SQL Server 2008 提供了两种类型的触发器：DML 触发器和 DDL 触发器。

1. DML 触发器

DML 触发器是在执行 INSERT、UPDATE 或 DELETE 语句时被激活的触发器。DML 触发器又分为 AFTER 触发器、INSTEAD OF 触发器和 CLR 触发器。CLR 触发器将执行在托管代码(在.NET Framework 中创建并在 SQL SERVER 中加载的程序集的成员)中编写的方法,而不用执行 Transact-SQL 存储过程。AFTER 触发器是在激活它的语句成功执行完以后才被激活。而 INSTEAD OF 触发器的激活将替代相应的触发语句。

当数据库中发生数据操作语言事件时将调用 DML 触发器。DML 触发器可以查询其他表,还可以包含复杂的 Transact-SQL 语句。将触发器和触发它的语句作为可在触发器内回滚的单个事务对待。如果检测到错误(例如磁盘空间不足),则整个事务即自动回滚。

DML 触发器通常用于以下场合：

(1) DML 触发器可通过数据库中的相关表实现级联更改。

(2) DML 触发器可以防止恶意或错误的 INSERT、UPDATE 及 DELETE 操作,并强制执行比 CHECK 约束定义的限制更为复杂的其他限制。

(3) 与 CHECK 约束不同,DML 触发器可以引用其他表中的列。例如,触发器可以使用另一个表中的 SELECT 语句比较插入或更新的数据,以及执行其他操作,如修改数据或显示用户定义错误信息。

(4) DML 触发器可以评估数据修改前后表的状态,并根据该差异采取措施。

(5) 一个表中的多个同类 DML 触发器(INSERT、UPDATE 或 DELETE)允许采取多个不同的操作来响应同一个修改语句。

2. DDL 触发器

DDL 触发器是在执行 CREATE、ALTER 和 DROP 语句时被激活的触发器,是由数据定义语言引起的。如果要执行以下操作,可以使用 DDL 触发器：

(1) 要防止对数据库架构进行某些更改。

(2) 希望数据库中发生某种情况以响应数据库架构中的更改。

(3) 要记录数据库架构中的更改或事件。

(4) 仅在运行触发 DDL 触发器的 DDL 语句后,DDL 触发器才会激发。DDL 触发器无法作为 INSTEAD OF 触发器使用。

9.3.3 触发器的工作原理

在触发器的执行过程中，SQL Server 为每个触发器创建和管理两个特殊的表：插入表 inserted 和删除表 deleted。这两个表建在数据库服务器的内存中，与触发器所在数据表的结构完全一致。对于这两个表，用户只有读取的权限，没有修改的权限。

当由 INSERT 或 UPDATE 语句激活相应触发器之后，所有被添加或被更新的记录都被存储到 inserted 表。当由 DELETE 或 UPDATE 语句激活相应触发器之后，所有被删除的记录都被送到 deleted 表。在触发器的执行过程中，可以读取这两个表中的内容，但不能修改它们。当触发器的工作完成之后，这两个表也将从内存中删除。

9.3.4 创建触发器前应注意的问题

在创建触发器前，需要注意以下一些问题：

(1) CREATE TRIGGER 语句必须是批处理中的第一个语句，且只能用于一个表或视图。

(2) 创建触发器的权限默认分配给表的所有者，且不能将该权限转给其他用户。

(3) 触发器可以引用当前数据库以外的对象，但只能在当前数据库中创建触发器。

(4) 不能在临时表或系统表上创建触发器，但是触发器可以引用临时表。不应引用系统表，而应使用信息架构视图。

(5) 在含有用 DELETE 或 UPDATE 操作定义的外键的表中，不能定义 INSTEAD OF 和 INSTEAD OF UPDATE 触发器。

TRUNCATE TABLE 语句虽然类似于没有 WHERE 子句(用于删除行)的 DELETE 语句，但它并不会引发 DELETE 触发器，因为 TRUNCATE TABLE 语句没有日志记录。

9.4 创建和管理触发器

9.4.1 创建触发器

与创建存储过程一样，触发器也可以通过 SQL Server Management Studio 和 CREATE TRIGGER 语句两种方法创建。创建触发器时需要指定如下的选项：

(1) 触发器名称和需要定义触发器的表。

(2) 触发器将何时激发。

(3) 激活触发器的数据修改语句。有效选项为 INSERT、UPDATE 或 DELETE。多个数据修改语句可激活同一个触发器。

1. 在 SQL Server Management Studio 中创建触发器

(1) 启动 SQL Server Management Studio，在"对象资源管理器"窗口中展开"数据库"下的 teaching→"表"子目录。

(2) 展开要创建触发器的表 student 子目录，右击"触发器"，从弹出的快捷菜单中选择"新建触发器"命令。

(3) 此时弹出图 9-4 所示新建触发器编辑窗口，其中包含触发器模板，用户可以参照模板在其中输入触发器的 Transact-SQL 语句。

(4) 单击工具栏中的"!"执行按钮,将触发器保存到数据库中。

2. 使用 CREATE TRIGGER 语句创建触发器

创建触发器的语法格式如下:

```
CREATE TRIGGER trigger_name
ON { table | view }
[ WITH ENCRYPTION ]
{{ { FOR | AFTER | INSTEAD OF } {[INSERT][ ,][UPDATE ] [,] [ DELETE] }
AS sql_statament [ ,…n ]
```

```
SQLQuery16....rator (57))   sqlex_908.s...ator (54))*
-- the definition of the function.
-- =============================================
SET ANSI_NULLS ON
GO
SET QUOTED_IDENTIFIER ON
GO
-- =============================================
-- Author:        <Author,,Name>
-- Create date: <Create Date,,>
-- Description: <Description,,>
-- =============================================
CREATE TRIGGER <Schema_Name, sysname, Schema_Name>.<Trigger_Name
   ON  <Schema_Name, sysname, Schema_Name>.<Table_Name, sysname,
   AFTER <Data_Modification_Statements, , INSERT,DELETE,UPDATE>
AS
BEGIN
     -- SET NOCOUNT ON added to prevent extra result sets from
     -- interfering with SELECT statements.
     SET NOCOUNT ON;

     -- Insert statements for trigger here

END
GO
```

图 9-4　触发器模板

其中,各参数的含义如下:

(1) trigger_name:触发器的名称,必须在数据库中唯一。

(2) table | view:需要执行触发器的表或视图。

(3) WITH ENCRYPTION:加密 syscomments 表中 CREATE TRIGGER 语句文本。

(4) AFTER:指定触发器只有在触发 SQL 语句中指定的所有操作都已成功执行后才激发。如果仅指定 FOR 关键字,则 AFTER 是默认设置。

(5) INSTEAD OF:指定执行触发器而不是执行触发 SQL 语句,从而替代触发语句的操作。在表或视图上都可以定义一个 INSTEAD OF 触发器。

(6) { [DELETE] [,] [INSERT] [,] [UPDATE] }:指定在表或视图上执行哪些语句时将激活触发器的关键字,必须至少指定一个选项。

【例 9.8】 为 student 表创建一个触发器,用来禁止更新学号字段的值。

程序代码如下:

```
CREATE TRIGGER Tri_stu
ON student
AFTER  UPDATE
AS
IF UPDATE(studentno)
   BEGIN
   RAISERROR('不能修改学号',16,2)
   ROLLBACK
END
GO
```

此时，若有更新语句如下：

```
UPDATE student SET studentno = '17137221508'
WHERE studentno = '16137221508'
```

则提示“不能修改学号”，更新语句得不到执行。

【例 9.9】 为 course 表创建一个触发器，用来防止用户删除任何必修课程的课程记录。

程序代码如下：

```
CREATE TRIGGER Tri_cour
ON course
INSTEAD OF  DELETE
AS
IF EXISTS(SELECT  *  FROM  course  WHERE  type = '必修')
    BEGIN
      RAISERROR('不能删除必修课程',16,2)
      ROLLBACK
   END
GO
```

此时，若删除新语句如下：

```
DELETE FORM course WHERE  type = '必修'
```

则提示“不能删除必修课程”，删除语句得不到执行。

【例 9.10】 为 score 表创建一个触发器，用来防止用户对 score 表中的数据进行任何修改。

程序代码如下：

```
CREATE TRIGGER Tri_sc
ON score
INSTEAD OF  UPDATE
AS
    RAISERROR('不能修改成绩表中的数据',16,2)
GO
```

此时，若有更新语句如下：

```
UPDATE score  SET final = 60
```

则提示“不能修改成绩表中的数据”，更新语句得不到执行。

9.4.2 修改触发器

在创建触发器之后,用户可以使用 SQL Server Management Studio 或 ALTER TRIGGER 语句进行修改。

1. 使用 SQL Server Management Studio 修改触发器

使用 SQL Server Management Studio 修改触发器的操作步骤如下:

(1) 在"对象资源管理器"窗口中展开"数据库"子目录。

(2) 选择触发器所在的数据库,如 teaching 数据库,并展开该数据库的"表"子目录。

(3) 选择触发器所在的表 score,展开表中的"触发器"子目录。

(4) 右击要修改的触发器,从弹出的快捷菜单中选择"修改"命令。

(5) 在弹出的触发器编辑窗口,用户可以直接进行修改。修改完毕,单击工具栏中的"!"按钮执行该触发器,将修改后的触发器保存到数据库中。

2. 使用 ALTER TRIGGER 语句修改触发器

ALTER TRIGGER 语句的语法格式中各参数的含义和 CREATE TRIGGER 语句中参数的含义相同。

【例 9.11】 使用 ALTER TRIGGER 语句修改触发器 Tri_stu,用来禁止更新学号字段和姓名字段的值。

程序代码如下:

```
ALTER  TRIGGER Tri_stu
ON student
AFTER  UPDATE
AS
IF UPDATE(studentno)  OR UPDATE(sname)
 BEGIN
    RAISERROR('不能修改学号或姓名',16,2)
    ROLLBACK
 END
GO
```

9.4.3 删除触发器

在 SQL Server 2008 中,可以使用 SQL Server Management Studio 图形工具或 DROP TRIGGER 语句两种方法删除触发器。

1. 使用 SQL Server Management Studio 删除触发器

使用 SQL Server Management Studio 删除触发器的操作步骤与修改相近。只是在右击触发器时,从弹出的快捷菜单中选择"删除"命令,单击"确定"按钮,即可删除该触发器。

2. 使用 DROP TRIGGER 语句删除触发器

使用 DROP TRIGGER 语句也可以删除触发器。

例如,可以使用如下语句来删除触发器 Tri_stu。

```
DROP TRIGGER Tri_stu
```

9.4.4 禁用触发器

可以使用 SQL Server Management Studio 或 ALTER TABLE 语句来禁用触发器。

1. 使用 SQL Server Management Studio 禁用触发器

使用 SQL Server Management Studio 禁用触发器的参考步骤如下：

(1) 在“对象资源管理器”窗口中展开“数据库”子目录。

(2) 选择触发器所在的数据库，如 teaching 数据库，并展开该数据库的“表”子目录。

(3) 选择触发器所在的表 score，展开“触发器”子目录。

(4) 右击要禁用的触发器，从弹出的快捷菜单中选择“禁用”命令，弹出图 9-5 所示“禁用触发器”窗口，单击“关闭”按钮即可完成操作。

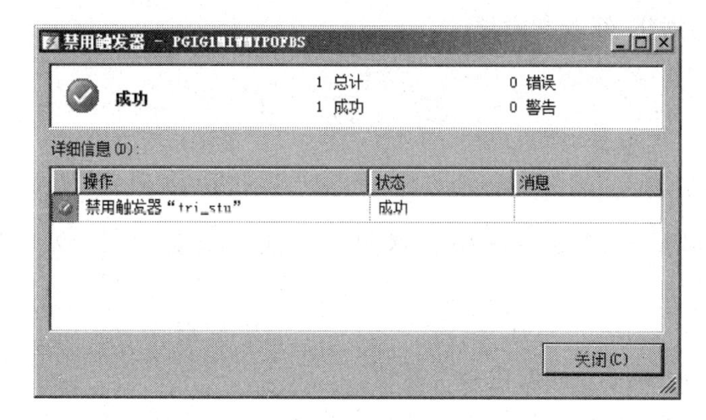

图 9-5 禁用触发器

2. 使用 ALTER TABLE 语句禁用触发器

使用 ALTER TABLE 语句也可以禁用触发器。其语法格式如下：

```
ALTER TABLE 表名
DISABLE TRIGGER trigger_name
```

例如，禁用 course 表中的触发器 Tri_stu 的命令如下：

```
ALTER TABLE course
DISABLE TRIGGER Tri_stu
```

9.4.5 启用触发器

可以使用 SQL Server Management Studio 或 ALTER TABLE 语句来启用触发器。使用 SQL Server Management Studio 启用触发器的操作步骤与禁用相近，在此不再赘述。

使用 ALTER TABLE 语句也可以启用触发器。其语法格式如下：

```
ALTER TABLE 表名
ENABLE TRIGGER trigger_name
```

例如，启用 course 表中的触发器 delete_c_tr 的命令如下：

```
ALTER TABLE course
ENABLE TRIGGER delete_c_tr
```

9.5 小　　结

存储过程可以使用户对数据库的管理及显示关于数据库及其用户信息的工作变得更容易。SQL Server 2008 提供了许多系统存储过程以管理和显示有关数据库和用户的信息。

触发器是一种功能强大的工具,可以扩展 SQL Server 约束、默认值对象和规则的完整性检查逻辑,实施更为复杂的数据完整性约束。学习本章过程中,要求掌握如下内容:

(1) 存储过程和触发器的基本概念。

(2) 存储过程的创建和调用。

(3) 能运用存储过程简化部分 Transact-SQL 语句。

(4) 触发器的创建、修改和管理。

习　题　9

1. 选择题

(1) 存储过程是 SQL Server 服务器的一组预先定义并________的 Transact-SQL 语句。

A. 保存　　B. 编译　　C. 解释　　D. 编写

(2) 下面有关存储过程的叙述错误的是________。

A. SQL Server 允许在存储过程创建时引用一个不存在的对象

B. 存储过程可以带多个输入参数,也可以带多个输出参数

C. 使用存储过程可以减少网络流量

D. 在一个存储过程中不可以调用其他存储过程

(3) 使用 EXECUTE 语句执行存储过程时,在________情况下可以省略该关键字。

A. 在 CREATE 语句之后　　B. 在 DECLARE 语句之后

C. 为批处理的第一条语句时　　D. 任何时候

(4) 下面有关触发器的叙述错误的是________。

A. 触发器是一个特殊的存储过程

B. 触发器不可以引用所在数据库以外的对象

C. 在一个表上可以定义多个触发器

D. 触发器在 check 约束之前执行

(5) SQL Server 为每个触发器创建的两个临时表是________。

A. selected 和 deleted　　B. deleted 和 updated

C. inserted 和 updated　　D. inserted 和 deleted

2. 思考题

(1) 什么是存储过程?使用存储过程有什么好处?

(2) 一个存储过程需要修改但又不希望影响现有的权限,应使用哪个语句来进行修改?

(3) 什么是触发器?其主要功能是什么?

(4) AFTER 触发器和 INSTEAD OF 触发器有什么不同?

（5）inserted 表和 deleted 表各起什么作用？

3. 上机操作题（本题利用 teaching 数据库中的表进行操作）

（1）创建一个名称为 StuInfo 的存储过程，要求完成以下功能：在 student 表中查询 17 级学生的学号、姓名、性别、出生日期和电话 5 个字段的内容。

（2）创建一个存储过程 ScoreInfo，完成的功能是在表 student、表 course 和表 score 中查询以下字段：学号、姓名、性别、课程名称、期末分数。

（3）创建一个带有参数的存储过程 Stu_Age，该存储过程根据输入的学号，在 student 表中计算此学生的年龄，并根据程序的执行结果返回不同的值，程序执行成功，返回整数 0；如果执行出错，则返回错误号。

（4）创建一个 INSERT 触发器 TR_Stu_Insert，当在 student 表中插入一条新记录时触发该触发器，并给出“你插入了一条新记录！”的提示信息。

（5）创建一个 AFTER 触发器，要求实现以下功能：在 score 表上创建一个插入、更新类型的触发器 TR_ScoreCheck，当在 score 字段中插入或修改考试分数后触发该触发器，检查分数是否在 0～100 之间。

（6）创建一个 INSTEAD OF 触发器，要求实现以下功能：在 course 表上创建一个删除类型的触发器 TR_NotAllowDelete，当在 course 表中删除记录时触发该触发器，显示不允许删除表中数据的提示信息。

第10章 事务和锁

事务是由一系列的数据操作命令组成，是数据库应用程序的基本逻辑单元。SQL Server 2008 在对数据库进行操作时，通过事务来保证数据的一致性和完整性。因为由用户访问引发的数据操作经常会是同时发生在多个数据表上的一系列的处理，为了能够保证数据的一致性，必须要求这些操作要么全部执行要么全部不执行，而不能发生数据操作的中断。

用户访问数据库时，并发的情况是常态，数据库系统的并发处理能力是衡量其性能的重要标志之一。计算机系统通过适当的并发控制机制协调并发操作，保证数据的一致性。在 SQL Server 2008 中，以事务为基本操作单位，使用锁来实现并发控制。

本章主要介绍事务与锁的基本概念和基本操作。

10.1 事务概述

在计算机系统设计过程中，与一个事务相关的数据必须保证可靠性、一致性和完整性，以符合实际的企业生产过程。现实生活中如网上购物、股票交易、银行借贷等都是采用事务方式来处理。例如，在银行业务中有一条记账原则，即“有借有贷，借贷相等”。为了保证这条原则，就得确保借和贷的登记要么同时成功，要么同时失败。如果出现了只记录“借”，或者只记录“贷”的情况，就违反了记账原则，通常称为“记错账”，数据的可靠性和完整性无法保证。在 SQL Server 中，通常由事务来完成相关操作，以确保多个数据的修改作为一个单元来处理。

10.1.1 事务的特点

事务(Transaction)是数据库单个的操作单元。如果某一事务执行成功，则在该事务中进行的所有数据修改均会提交，成为数据库中的永久组成部分。如果事务遇到错误且必须取消或回滚，则所有数据修改均被还原。在 SQL Server 中，事务作为单个逻辑工作单元来执行一系列操作，具有如下 4 个特点：

(1) 原子性(Atomicity)。事务包含的一系列数据操作是一个整体，执行过程中要么全部执行，要么全部不执行。执行部分操作，则数据会回滚到原来的状态。

(2) 一致性(Consistency)。事务执行完成后，将数据库从一个一致状态转变到另一个一致状态，事务不能违背定义在数据库中的任何完整性检查。一致性在逻辑上不是独立的，它是由事务的隔离性来表示。

(3) 隔离性(Isolation)。一个事务内部的操作及使用的数据对并发的其他事务是隔离的，并发执行的各个事务之间不能互相干扰。该机制是通过对事务的数据访问对象加适当的锁，排斥其他事务对同一数据库对象的并发操作来实现的。

(4) 持久性(Durability)。要求一旦事务提交，那么对数据库所做的修改将是持久的，无论发生何种机器和系统故障，都不应该对其有任何影响。例如，自动柜员机(ATM)在向客户支付一笔钱时，只要操作提交，就不用担心丢失客户的取款记录。

SQL Server 2008 数据库引擎会通过事务日志强制执行事务的物理一致性，并且保证事务的持久性。SQL Server 2008 还会强制对约束、数据类型及其他内容执行一切一致性检查以确保逻辑上的一致性。

10.1.2 事务的分类

任何对数据的修改都是在事务环境中进行的。按照事务定义的方式可以将事务分为系统定义事务和用户定义事务。SQL Server 2008 支持的 4 种事务模式分别对应上述两类事务，自动提交事务、显式事务、隐式事务和适合多服务器系统的分布式事务。其中显式事务和隐式事务属于用户定义的事务。

(1) 自动提交事务。SQL Server 2008 将一切操作作为事务处理，它不会在事务以外更改数据。如果没有用户定义事务，SQL Server 会自己定义事务，称为自动提交事务。每条单独的语句都是一个事务。

自动提交模式是 SQL Server 数据库引擎默认的事务管理模式。每个 Transact-SQL 语句在完成时都被提交或回滚。如果一个语句成功地完成，则提交该语句。如果遇到错误，则回滚该语句的操作。只要没有显式事务或隐式事务覆盖自动提交模式，与数据库引擎实例的连接就以此默认模式操作。

(2) 显式事务。显式事务是指显式定义了启动(BEGIN TRANSACTION)和结束(COMMIT TRANSACTION 或 ROLLBACK TRANSACTION)的事务。在实际应用中，大多数的事务是由用户来定义的。事务结束分为提交(COMMIT)和回滚(ROLLBACK)两种状态。事务以提交状态结束，全部事务操作完成后，将操作结果提交到数据库中。事务以回滚的状态结束，则事务的操作被全部取消，事务操作失败。

(3) 隐式事务。在隐式事务中，SQL Server 在没有事务定义的情况下会开始一个事务，但不会像在自动提交模式中那样自动执行 COMMIT 或 ROLLBACK 语句，事务必须显式结束。

Transact-SQL 脚本使用 SET IMPLICIT_TRANSACTIONS ON / OFF 语句可以启动/关闭隐式事务模式。

(4) 分布式事务。一个比较复杂的环境可能有多台服务器，那么要保证在多服务器环境中事务的完整性和一致性，就必须定义一个分布式事务。在分布式事务中，所有的操作都可以涉及对多个服务器的操作，当这些操作都成功时，所有这些操作都提交到相应服务器的数据库中；如果这些操作中有一条操作失败，那么这个分布式事务中的全部操作都被取消。

跨越两个或多个数据库的单个数据库引擎实例中的事务实际上也是分布式事务。该实例对分布式事务进行内部管理，对于用户而言，其操作就像本地事务一样。

对于应用程序而言，分布式提交必须由事务管理器管理，以尽量避免出现因网络故障而导致事务由某些资源管理器成功提交，另一些资源管理器回滚的情况。通过准备阶段和提交阶段管理提交进程可避免这种情况，这称为两阶段提交。

10.2 管理事务

一般来说，事务的基本操作包括启动、保存、提交或回滚等。本节将对不同类型的事务操作进行详细的介绍。

10.2.1 启动事务

1. 显式事务的定义

显式事务需要明确定义事务的启动。显式事务的定义格式如下：

```
BEGIN {TRAN | TRANSACTION}
  [{transaction_name | @tran_name_variable}
  [WITH MARK[ 'description' ]]
  ]
```

其中，各参数的含义如下：

(1) TRANSACTION：关键字，可以缩写为 TRAN。

(2) transaction_name：事务名，必须符合标识符规则，字符数不能大于 32。

(3) @tran_name_variable：用户定义的、含有效事务名称的变量的名称。

(4) WITH MARK ['description']：指定在日志中标记该事务。description 是描述该标记的字符串。如果使用了 WITH MARK，则必须指定事务名。WITH MARK 允许将事务日志还原到命名标记。

【例 10.1】 定义 teaching 数据库的 course 表中课程号为 c05103 的课程名为“高等数学”，并提交该事务。

程序代码如下：

```
DECLARE @TranName VARCHAR(20);
SELECT @TranName = 'Add_Score';
BEGIN TRAN @TranName;
  update course set cname = '高等数学'
  where courseno = 'c05103'
COMMIT TRAN @TranName;
GO
```

本例中使用 BEGIN TRAN 定义了一个事务名为 Add_Score 的事务，使用 COMMIT TRAN 提交事务。执行该事务后，课程号为 c05103 的课程名为“高等数学”。

2. 隐式事务的定义

默认情况下隐式事务是关闭的，使用隐式事务需要先将事务模式设置为隐式事务模式。注意，不再使用隐式事务时要退出该模式。

```
SET IMPLICIT_TRANSACTIONS {ON | OFF}
```

其中，各参数的含义如下：

(1) SET IMPLICIT_TRANSACTION ON 打开隐式事务，进入隐式事务模式。隐式

事务模式始终生效，直到连接执行 SET IMPLICIT_TRANSACTION OFF，使连接恢复为自动提交事务模式。

(2) 如果连接处于隐式事务模式，并且当前操作不在事务中，则执行表 10-1 中任一语句都可启动事务。

表 10-1 可启动隐式事务的 SQL 语句列表

SQL 语句	SQL 语句	SQL 语句
ALTER TABLE	FETCH	REVOKE
CREATE	GRANT	SELECT
DELETE	INSERT	TRUNCATE TABLE
DROP	OPEN	UPDATE

(3) 对于设置为自动打开的隐式事务，只有当执行 COMMIT TRANSACTION、ROLLBACK TRANSACTION 等语句时，当前事务才结束。

需要注意的是，在使用隐式事务时，不要忘记结束事务(提交或回滚)。由于不需要显式的定义事务的开始，事务的结束很容易被忘记，导致事务长期运行；在连接关闭时产生不必要的回滚；或者造成其他连接的阻塞问题。

【例 10.2】 分别使用显式事务和隐式事务向表 course 中插入两条记录。

程序代码如下：

```
-- first part 显式事务
SET NOCOUNT ON;
SET IMPLICIT_TRANSACTIONS OFF;
GO
PRINT N'Tran count at start = ' + CAST(@@TRANCOUNT AS NVARCHAR(10));
BEGIN TRANSACTION
  INSERT INTO course
      VALUES('c05141','WIN 程序设计','选修',64,4.0);
  PRINT N'Tran count at 1st = ' + CAST(@@TRANCOUNT AS NVARCHAR(10));
  INSERT INTO course
     VALUES('c05142','WEB 程序设计','选修',64,4.0);
  PRINT N'Tran count at 2nd = ' + CAST(@@TRANCOUNT AS NVARCHAR(10));
COMMIT TRANSACTION
GO
-- second part 隐式事务
PRINT N'Setting IMPLICIT_TRANSACTIONS ON.';
SET IMPLICIT_TRANSACTIONS ON;
PRINT N'Use implicit transactions.';
-- No BEGIN TRAN needed here.
INSERT INTO course
     VALUES('c05151','管理信息系统','选修',48,3.0);
PRINT N'Tran count in 1st implicit transaction = '
      + CAST(@@TRANCOUNT AS NVARCHAR(10));
INSERT INTO course
     VALUES('c05152','电子商务','选修',48,3.0);
PRINT N'Tran count in 2nd implicit transaction = '
      + CAST(@@TRANCOUNT AS NVARCHAR(10));
```

```
GO
COMMIT TRANSACTION;
PRINT N'Tran count after implicit transaction = '
    + CAST(@@TRANCOUNT AS NVARCHAR(10));
SET IMPLICIT_TRANSACTIONS OFF;
GO
```

程序执行结果如下：

```
Tran count at start = 0
Tran count at 1st = 1
Tran count at 2nd = 1
Setting IMPLICIT_TRANSACTIONS ON.
Use implicit transactions.
Tran count in 1st implicit transaction = 1
Tran count in 2nd implicit transaction = 1
Tran count after implicit transaction = 0
```

本例用来比较显式事务和隐式事务的区别，例中@@TRANCOUNT 函数用来查看打开和关闭的事务的数量。示例语句分为两部分：

第一部分是显式事务，定义显式事务时使用 BEGIN TRANSACTION，使用 COMMIT TRANSACTION 提交事务。

第二部分是隐式事务，使用 SET IMPLICIT_TRANSACTION ON 设置为隐式事务模式。隐式事务不需要显式的启动事务的语句，直接使用 INSERT 语句启动事务。执行第一个 INSERT 语句后，输出查看打开的事务，结果为 1，意思是当前连接已经打开了一个事务。再执行第二个 INSERT 语句，再次检查@@TRANCOUNT，值仍然是 1。由于已经有一个打开的事务，SQL Server 没有开始一个新的事务。最后使用 COMMIT TRANSACTION 提交事务。再次检测@@TRANCOUNT 的值为 0，说明事务结束。

事务结束后，不要忘记使用 SET IMPLICIT_TRANSACTION OFF 退出隐式事务模式。

10.2.2 保存事务

为了提高事务执行的效率，或者进行程序的调试等，可以在事务的某一点处设置一个标记（保存点），这样当使用回滚语句时，可以不用回滚到事务的起始位置，而是回滚到标记所在的位置即保存点。

保存点设置及使用格式如下：

```
SAVE {TRAN | TRANSACTION} {savepoint_name | @savepoint_variable}
ROLLBACK TRANSACTION {savepoint_name | @savepoint_variable}
```

其中，各参数的含义如下：

- savepoint_name：分配给保存点的名称，保存点名称必须符合标识符的规则。
- @savepoint_variable：包含有效保存点名称的用户定义变量的名称。必须用 char、varchar、nchar 或 nvarchar 数据类型声明变量，长度不能超过 32 个字符。

在事务中允许有重复的保存点名称，但指定保存点名称的 ROLLBACK TRANSACTION

语句只能将事务回滚到使用该名称的最近的保存点。

【例 10.3】 定义一个事务，向 course 表中添加一条记录，并设置保存点。然后再删除该记录，并回滚到事务的保存点，提交事务。

程序代码如下：

```
BEGIN TRAN
    INSERT INTO course
    VALUES('c05139','统一建模语言 UML','选修',48,3.0);
    SAVE TRAN savepoint;
    DELETE FROM course
    WHERE courseno = 'c05139';
    ROLLBACK TRAN savepoint;
COMMIT TRAN
GO
```

本例使用 BEGIN TRAN 定义了一个事务，向表 course 添加一条记录，并设置保存点 savepoint。删除该记录之后，回滚到事务的保存点 savepoint 处，使用 COMMIT TRAN 提交事务。最终的结果是记录没有被删除。

10.2.3 提交事务

提交事务标志着一个执行成功的隐式事务或显式事务的结束。事务提交后，自事务开始以来所执行的所有数据修改被持久化，事务占用的资源被释放。

```
COMMIT {TRAN | TRANSACTION}
[transaction_name | @tran_name_variable]
```

其中，各参数的含义如下：

- transaction_name：指定由前面的 BEGIN TRAN 定义的事务名称。
- @tran_name_variable：用户定义的、含有有效事务名称的变量名称。

【例 10.4】 定义事务更新 course 表中课程号为 c05109 的课程名为“数理统计”，然后回滚该事务。

程序代码如下：

```
begin transaction   Subtract_course
  update course set cname = '数理统计'
  where courseno = 'c05109'
  if exists( select * from course where courseno = 'c05109')
    rollback transaction Subtract_course
  else
    commit transaction Subtract_course
```

本例中利用 WITH MARK 标记事务，标记的事务名为 Subtract_course，回滚操作取消了前面的数据更新。

10.2.4 回滚事务

回滚事务是指清除自事务的起点或到某个保存点所做的所有数据修改，释放由事务控制的资源。

```
ROLLBACK {TRAN | TRANSACTION}
[transaction_name | @tran_name_variable
| savepoint_name | @savepoint_variable ]
```

其中,各参数的含义如下:

- transaction_name：为 BEGIN TRAN 上的事务分配的名称。@tran_name_variable 是用户定义的、含有有效事务名称的变量的名称。
- savepoint_name：SAVE TRAN 语句中的 savepoint_name。@savepoint_variable 是用户定义的、包含有效保存点名称的变量名称。
- 不带 savepoint_name 和 transaction_name 的回滚事务回滚到事务的起点。在执行 COMMIT TRAN 语句后不能回滚事务。

10.2.5 自动提交事务

SQL Server 在启动显式事务,或者隐性事务模式设置为打开之前,都将以自动提交模式进行操作。在关闭隐性事务模式设置时,SQL Server 为自动提交模式。

在自动提交模式下,发生回滚操作的内容取决于遇到的错误类型。当遇到运行时错误时,仅回滚发生错误的语句;当遇到的错误是编译错误时,回滚所有的语句。

【例 10.5】 比较自动提交事务发生运行时错误和编译时错误的处理情况。

程序代码如下:

```
--发生编译错误的事务示例
INSERT INTO course VALUES('c11111','测试课程','必修',48,3.0);
INSERT INTO course VALUES('c22222','测试课程','必修',48,3.0);
-- VALUSE 为语法错误
INSERT INTO course VALUSE ('c33333','测试课程','必修',48,3.0);
SELECT * FROM course;
GO
--发生运行时错误的事务示例
INSERT INTO course VALUES('c11111','测试课程','必修',48,3.0);
INSERT INTO course VALUES('c22222','测试课程','必修',48,3.0);
--重复键
INSERT INTO course VALUES('c11111','测试课程','必修',48,3.0);
SELECT * FROM course;
GO
```

本例中第一部分由于发生编译错误,第三个 INSERT 语句没有执行,且回滚前两个 INSERT 语句。第二部分的第三个 INSERT 语句产生运行时重复键错误。由于前两个 INSERT 语句成功地执行且提交,因此它们在运行时错误之后被保留下来。

10.2.6 事务嵌套

在显式事务中再定义事务称为嵌套事务。SQL Server 2008 支持嵌套事务最重要的原因是为了允许在存储过程中使用事务而不必顾及这个事务本身是否在另一个事务中被调用。

下面对于嵌套事务进行说明：

(1) SQL Server 数据库引擎忽略内部事务的提交。根据最外部事务结束时采取的操作，将提交或者回滚内部事务。如果提交外部事务，也将提交内部嵌套事务；如果回滚外部事务，也将回滚所有内部事务。

(2) 对 COMMIT TRANSACTION 的每个调用都必须用于事务最后执行的语句。如果嵌套 BEGIN TRANSACTION 语句，那么 COMMIT 语句只应用于最后一个嵌套事务。

(3) ROLLBACK TRANSACTION 语句的 transaction_name transaction_name 只能引用外部事务的事务名称。如果在一组嵌套事务的任意级别执行使用外部事务名称的 ROLLBACK TRANSACTION transaction_name 语句，那么所有嵌套事务都将回滚。

(4) @@TRANCOUNT 函数可以记录当前事务的嵌套级别。每个 BEGIN TRANSACTION 语句使@@TRANCOUNT 增加 1。每个 COMMIT TRANSACTION 语句使@@TRANCOUNT 减去 1。如果@@TRANCOUNT 等于 0，则表明当前操作不在事务中。

(5) 默认情况下，隐式事务是不能嵌套的。

【例 10.6】 嵌套事务提交后，外部事务发生回滚。

程序代码如下：

```
BEGIN TRAN
  PRINT N'After 1st BEGIN TRAN:' + CAST(@@TRANCOUNT AS NVARCHAR(10));
  BEGIN TRAN
    PRINT N'After 2nd BEGIN TRAN:'
          + CAST(@@TRANCOUNT AS NVARCHAR(10));
    BEGIN TRAN
      PRINT N'After 3rd BEGIN TRAN:'
            + CAST(@@TRANCOUNT AS NVARCHAR(10));
      UPDATE course
            SET cname = 'SQL Server 教程',period = 64,credit = 4.0
      WHERE courseno = 'c22222';
    COMMIT TRAN;
    PRINT 'After 1st COMMIT TRAN:'
            + CAST(@@TRANCOUNT AS NVARCHAR(10));
  ROLLBACK TRAN;
  PRINT N'After ROLLBACK TRAN:'
            + CAST(@@TRANCOUNT AS NVARCHAR(10));
  SELECT * FROM course WHERE courseno = 'c22222';
GO
```

执行结果的消息选项卡内容如下：

```
After 1st BEGIN TRAN:1
After 2nd BEGIN TRAN:2
After 3rd BEGIN TRAN:3
(1 行受影响)
After 1st COMMIT TRAN:2
After ROLLBACK TRAN:0
```

```
courseno cname              type     period  credit
-------- --------------- -------- ------ ---------
c22222   测试课程            必修       48     3.0
(1 行受影响)
```


该例中课程号 courseno 为 c22222 的记录在嵌套事务中被更新，并且更新被提交。之后外部事务发生 ROLLBACK TRAN 操作。ROLLBACK TRAN 将@@TRANCOUNT 减为 0 并且回滚整个事务及其中的嵌套事务，不论它们是否已经被提交。因此，嵌套事务中所做的更新被回滚，数据没有任何变化。

【例 10.7】 使用@@TRANCOUNT 函数查看事务的嵌套级别。

程序代码如下：

```
PRINT N'Trancount before transaction:'
    + CAST(@@TRANCOUNT As NVARCHAR(10));
BEGIN TRAN
    PRINT N'After 1st BEGIN TRAN:'
        + CAST(@@TRANCOUNT As NVARCHAR(10));
    BEGIN TRAN
    PRINT N'After 2nd BEGIN TRAN:'
        + CAST(@@TRANCOUNT AS NVARCHAR(10));
    COMMIT TRAN
    PRINT N'After 1st COMMIT TRAN:'
        + CAST(@@TRANCOUNT AS NVARCHAR(10));
COMMIT TRAN
PRINT N'After 2nd COMMIT TRAN:'
    + CAST(@@TRANCOUNT AS NVARCHAR(10));
GO
```

运行结果的消息选项卡内容如下：

```
Trancount before transaction:0
After 1st BEGIN TRAN:1
After 2nd BEGIN TRAN:2
After 1st COMMIT TRAN:1
After 2nd COMMIT TRAN:0
```

本例中，@@TRANCOUNT 函数用来查看事务的嵌套级别。当@@TRANCOUNT 值为 0 时，说明没有打开的事务。每执行一个 BEGIN TRAN 语句都会使@@TRANCOUNT 增加 1，而每一个 COMMIT TRAN 语句都会使其减少 1。

在@@TRANCOUNT 值从 1 减少到 0 时，标志着外部事务结束。由于事务起始于第一个 BEGIN TRAN 语句，结束于最后一个 COMMIT TRAN 语句，因此最外层事务决定了是否完全提交内部的事务。如果最外层事务没有被提交，其中嵌套的事务也不会被提交。

10.3 管理并发数据

用户创建会话访问服务器时，系统会为用户分配私有内存区域，保存当前用户的数据和控制信息，每个用户进程通过访问自己的私有内存区访问服务器，用户之间互不干扰，以此实现并发数据访问的控制。当数据库引擎所支持的并发操作数较大时,数据库并发程序就会增多。控制多个用户如何同时访问和更改共享数据而不会彼此冲突称为并发控制。在 SQL Server 中,并发控制是通过用锁来实现的。

10.3.1 并发的影响

多个用户访问同一个数据资源时,如果数据存储系统没有并发控制,就会出现并发问题,比如修改数据的用户会影响同时读取或修改相同数据的其他用户。下面列出了使用 SQL Server 时可能出现的一些并发问题。

(1) 更新丢失(Lost Update)。当两个或多个事务选择同一行,然后根据最初选定的值更新该行时就会出现更新丢失的问题。每个事务都不知道其他事务的存在。最后的更新将覆盖其他事务所做的更新,从而导致数据丢失。

例如,一个火车/飞机订票系统的操作存在一个活动序列。

① 甲售票员读出某航班剩余机票张数为 A,设 A=16;

② 乙售票员读出同一航班剩余机票张数为 A,设 A=16;

③ 甲售票员卖出一张机票,修改机票张数 A=A-1=15,把 A 写回数据库;

④ 乙售票员也卖出一张机票,修改机票张数 A=A-1=15,把 A 写回数据库。

结果卖出两张票,数据库中机票余额只减少 1,这种情况称为更新丢失。在并发的情况下,对甲、乙两人操作序列的调度是随机的。若按上面的顺序,甲的修改就被丢失。

如果在甲更新数据并提交事务之前,任何人都不能读取该数据,则可避免该问题。

(2) 不可重复读(Unrepeatable Read)。当一个事务多次访问同一行且每次读取不同数据时会出现不可重复读问题。因为其他事务可能正在更新该事务正在读取的数据。

例如,事务 1 读取 B=100 进行运算,事务 2 读取同一数据 B,将其修改为 B=200 后提交,事务 1 为了对读取值校对重读 B,B 已为 200,与第一次读取值不一致。

如果在事务 1 完成最后一次数据读取之前,事务 2 不能修改该数据,则可避免此问题。

(3) 幻读(Plantom Read)。当对某行执行插入或删除操作,而该行属于某事务正在读取的行的范围时就会出现幻读问题。由于其他事务的删除操作,使事务第一次读取行范围时存在的行在后续读取时已不存在。与此类似,由于其他事务的插入操作,后续读取显示原来读取时并不存在的行。

(4) 脏读(Dirty Read)。读出的是不正确的临时数据。例如,当第 2 个事务选择第 1 个事务正在更新的行时就会出现此问题。第 2 个事务正在读取的数据尚未被其他事务提交,并可能由更新此行的事务更改。

例如,事务 1 将 C 值由 100 修改为 200,事务 2 读到 C 值为 200。而事务 1 由于某种原因撤销,其修改作废,C 恢复原值 100,此时事务 2 读到的值就是不正确的临时数据了。

10.3.2 并发控制的类型

计算机系统对并发事务遵循可串行化(Serializable)的调度策略,即几个并行事务执行是正确的,当且仅当其结果与按某一次序串行地执行它们的结果相同时。可串行性(Serializability)是并行事务正确性的唯一准则。

从理论上讲,在某一事务执行时禁止其他事务执行的调度策略一定是可串行化的调度,这也是最简单的调度策略。但这种方法实际上是不可行的,因为它使用户不能充分共享数据库资源。目前常用的可串行化调度策略有悲观并发控制和乐观并发控制。

(1) 悲观并发控制。悲观并发控制将在事务执行过程中根据需要锁定资源,阻止用户以影响其他用户的方式修改数据。比如用户执行的操作导致应用了某个锁,则直到这个锁的所有者释放该锁,其他用户才能执行与该锁冲突的操作。该方法主要用在数据争夺激烈,且出现并发冲突时,用锁保护数据的成本比回滚事务的成本低的环境中,因此该方法称为悲观并发控制。

(2) 乐观并发控制。乐观并发控制是指用户读取数据时不锁定数据。当一个用户更新数据时,系统将进行检查,查看该用户读取数据后对其他用户是否又更改了该数据。如果其他用户更新了数据,将产生一个错误。一般情况下,收到错误信息的用户将回滚事务并重新开始。该方法主要用在数据争用不大,且偶尔回滚事务的成本低于读取数据时锁定数据的成本的环境内。

目前 DBMS 普遍采用锁(悲观并发控制)来保证调度的正确性。

10.3.3 事务的隔离级别

锁在用作事务控制机制时可以解决并发问题。在同一时间可以运行多个事务时,锁允许事务独立运行。事务可以设置隔离级别,隔离级别描述了一个事务必须与其他事务所进行的资源或数据更改相隔离的程度。隔离级别从允许并发负面影响(如脏读、幻读等)的角度进行描述。

SQL Server 2008 支持的隔离级别可以通过编程方式进行设置,也可以通过使用 SQL 语法 SET TRANSACTION ISOLATION LEVEL 进行设置。

使用 SET TRANSACTIOIN ISOLATION LEVEL 设置隔离级别的语法如下:

```
SET TRANSACTION ISOLATION LEVEL
{ READ UNCOMMITTED
| READ COMMITTED
| REPEATABLE READ
| SNAPSHOT
| SERIALIZABLE
}
```

其中,各参数的含义如下:

- READ UNCOMMITTED:未提交读,指定语句可以读取已由其他事务修改但尚未提交的行。
- READ COMMITTED:已提交读,指定语句不能读取已由其他事务修改但尚未提交的数据,这样可以避免脏读。该选项是 SQL Server 的默认设置。
- REPEATABLE READ:可重复读,指定语句不能读取已由其他事务修改但尚未提交的行,并且指定其他任何事务都不能在当前事务完成之前修改由当前事务读取的数据。
- SNAPSHOT:快照,事务只能识别在其开始之前提交的数据修改。在当前事务中执行的语句将看不到在当前事务开始以后由其他事务所做的数据修改,就如同事务中的语句获得了已提交数据的快照,因为该数据在事务开始时就存在。

- SERIALIZABLE：可串行化，等同于 HOLDLOCK。保持共享锁直到事务完成，使共享锁更具有限制性。

上述隔离级别，一次只能设置一个隔离级别选项，而且设置的选项将一直对那个连接有效，直到显式更改该选项为止。

【例 10.8】 将隔离级别设置为 REPEATABLE READ 时，对于后续每个 Transact-SQL 语句，SQL Server 将所有共享锁保持到事务结束。

程序代码如下：

```
SET TRANSACTION ISOLATION LEVEL REPEATABLE READ;
GO
BEGIN TRAN;
  SELECT * FROM course;
  SELECT * FROM score;
COMMIT TRAN;
GO
```

10.4 管 理 锁

当多个用户或应用程序同时访问同一数据时，锁可以防止这些用户或应用程序同时对数据进行更改，确保事务的完整性和数据的一致性。锁由 SQL Server 数据库引擎在内部进行管理。数据库引擎根据用户采取的操作，会自动获取和释放锁。

如果在没有使用锁时多个用户同时更新同一数据，则数据库内的数据会出现逻辑错误。如果出现这种情况，则对这些数据执行的查询可能会产生意外的结果。

当事务开始并在事务内以查询语言、数据操作语言(DML)或数据定义语言(DDL)执行命令时，SQL Server 2008 会锁定任何所需的资源以帮助保护所需隔离级别的资源。默认情况下，行级锁定用于数据页，页级锁定用于索引页。为保留系统资源，当超过行锁数的可配置阈值时，锁管理器将自动执行锁升级。在锁管理器中可以为每个会话分配的最大锁数是 262143。

10.4.1 锁的类型

锁的类型确定并发事务可以访问数据的方式。SQL Server 根据必须锁定的资源和必须执行的操作来确定使用哪种锁。表 10-2 介绍了 SQL Server 支持的锁类型。

表 10-2 SQL Server 支持的锁类型

锁 类 型	说 明
共享(S)	保护资源，以便只能对其进行读取访问。当资源上存在共享锁时，其他事务均不能修改数据
排他(X)	指示数据修改，例如插入、更新或删除。确保不能同时对同一资源进行多个更新
更新(U)	防止常见形式的死锁。每次只有一个事务可以获得资源上的 U 锁。如果事务修改资源，则 U 锁将转换为 X 锁
架构	在执行依赖于表架构的操作时使用。架构锁的类型是架构修改(Sch-M)和架构稳定性(Sch-S)

续表

锁 类 型	说 明
意向	建立锁层次结构。最常见的意向锁类型是 IS、IU 和 IX。这些锁指示事务正在处理层次结构中较低级别的某些资源，而不是所有资源。较低级别的资源将具有 S、U 或 X 锁
大容量更新(BU)	许多个线程将数据并发地大容量加载到同一个表中，同时禁止其他与大容量插入数据无关的进程访问该表
键范围	当使用可序列化事务隔离级别时保护查询读取的行的范围。确保再次运行查询时其他事务无法插入符合可序列化事务的查询的行

10.4.2 可以锁定的资源

可以锁定的资源指锁定的粒度或发生锁定的级别。默认情况下，行级锁用于数据页，页级锁用于索引页。为保留系统资源，当超过行锁数的可配置阈值时，锁管理器将自动执行锁升级。

在较小粒度(如行级)上锁定会提高并发性，但开销更多，因为如果锁定许多行，则必须持有更多的锁。在较大粒度(如表级)上锁定会降低并发性，因为锁定整个表会限制其他事务对该表任何部分的访问。但是，此级别上的锁定开销较少，因为维护的锁较少。可以锁定的资源主要包括行、数据页、架构、表、数据库等，如表 10-3 所示。

表 10-3 SQL Server 2008 可以锁定的资源

锁	说 明
RID	用于锁定堆中单个行的行标识符
KEY	索引中用于保护可序列化事务中的键范围的行锁
PAGE	数据库中的 8KB 页，例如数据页或索引页
EXTENT	一组连续的 8 页，例如数据页或索引页
HoBT	堆或 B 树。用于保护没有聚集索引的表中的 B 树(索引)或堆数据页的锁
TABLE	包括所有数据和索引的整个表
FILE	数据库文件
METADATA	元数据锁
DATABASE	整个数据库

10.4.3 锁的兼容性

如果某个事务已锁定一个资源，而另一个事务又需要访问该资源，那么 SQL Server 会根据第一个事务所用锁定模式的兼容性确定是否授予第二个锁。

对于已锁定的资源，只能施加兼容类型的锁。资源的锁定模式有一个兼容性矩阵，可以显示哪些锁与在同一资源上获取的其他锁兼容，并按照锁强度递增的顺序列出这些锁。表 10-4 显示了请求的锁定模式及其与现有锁定模式的兼容性。

例如，如果持有排他(X)锁，那么除非在第一个事务结束时释放该 X 锁，否则其他事务将无法获取该资源的共享锁、更新锁或排他锁。相反，如果已向某个资源应用共享(S)锁，那么即使第一个事务尚未完成，其他事务也可以获取该资源的共享锁或更新(U)锁。但是，只有在释放共享锁之后,其他事务才可以获取排他锁。

表 10-4 SQL Server 2008 常用锁的兼容性

请求的模式	IS	S	U	IX	SIX	X
意向共享(IS)	是	是	是	是	是	否
共享(S)	是	是	是	否	否	否
更新(U)	是	是	否	否	否	否
意向排他(IX)	是	否	否	是	否	否
意向排他共享(SIX)	是	否	否	否	否	否
排他(X)	否	否	否	否	否	否

需要注意的是,IX 锁与 IX 锁定模式兼容,因为 IX 指示其意向是更新某些行,而不是更新所有行。只要不影响其他事务正在更新的行,那么也允许其他事务读取或更新某些行。

10.4.4 死锁

SQL Server 2008 对并发事务的处理,使用任何方案都会导致死锁(Deadlock)问题。在下面两种情况下可以发生死锁。

第一种情况是两个事务分别锁定了两个单独的对象,这时每一个事务都要求在另外一个事务锁定的对象上获得一个锁,结果是每一个事务都必须等待另外一个事务释放占有的锁,此时就发生了死锁。这种死锁是最典型的死锁形式。

第二种情况是在一个数据库中有若干长时间运行的事务并行的执行操作,查询分析器处理非常复杂的查询时,例如连接查询,由于不能控制处理的顺序,有可能发生死锁。

死锁是指事务永远不会释放它们所占用的锁,死锁中的两个事务都将无限期等待下去。SQL Server 2008 的 SQL Server Database Engine 自动检测死锁循环,并选择一个会话作为死锁中放弃的一方,通过终止该事务来打断死锁。被终止的事务发生回滚,并返回给连接一个错误消息。

如果在交互式的 Transact-SQL 语句中发生死锁错误,用户只要简单地重新输入 Transact-SQL 语句即可。在程序中的 Transact-SQL 中,应用程序必须提供对死锁错误码的处理,例如通过提示信息通知用户或者自动再次执行该事务。

【例 10.9】 本例制造了一个简单的死锁场景,并由 SQL Server 检测和处理死锁。

具体步骤和代码如下:

(1) 启动 SQL Server Management Studio 并打开一个查询设计器窗口。

(2) 输入并执行以下代码来创建一个表 t1,并在不关闭事务的情况下插入数据。

```
CREATE TABLE t1(i int);
BEGIN TRAN;
INSERT INTO t1 VALUES(1);
```

(3) 打开第二个查询窗口并执行以下语句创建另一个表 t2,并在其中插入数据,然后尝试在表 t1 中更新数据。

```
CREATE TABLE t2(i int);
```

```
BEGIN TRAN;
INSERT INTO t2 VALUES(1);
UPDATE t1 SET i = 2;
```


由于在查询 1 中的事务没有提交，因此这个事务将被阻塞。

(4) 切换回查询窗口 1，执行以下 UPDATE 语句更新表 t2。此时会出现什么结果呢?

```
UPDATE t2 SET i = 3;
```

在几秒钟后，其中一个事务被取消了，并且返回了一个错误消息，如图 10-1 所示。

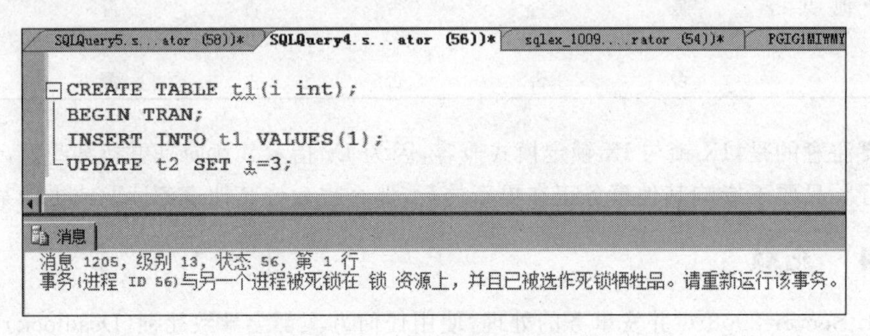

图 10-1　死锁提示消息

上面示例中就发生了一个死锁，最终由 SQL Server 解决了该问题。在发生死锁的两个事务中，根据事务处理时间的长短确定事务的优先级。处理时间长的事务具有较高的优先级，处理时间短的事务具有较低的优先级。在发生冲突时，保留优先级高的事务，牺牲优先级低的事务。

为了防止并处理死锁，应该遵守以下原则：

(1) 事务中需要按照同一顺序访问数据库对象，避免在事务中存在用户交互访问数据的情况。

(2) 尽量保持事务简短并处于一个批处理中，尽量使用基于行版本控制的隔离级别。

(3) 处理事务时尽量设置和使用较低的隔离级别。

10.4.5　显示锁定信息

为了查看数据库引擎实例中的锁信息，可以使用动态管理视图 sys.dm_tran_locks。这个视图返回有关当前活动的锁管理器资源的信息。向锁管理器发出的已授予锁或正等待授予锁的每个当前活动请求分别对应一行。

结果集中的列大体分为两组：资源组和请求组。资源组说明正在进行锁请求的资源，请求组说明锁请求。查看锁信息可以通过系统视图 sys.dm_tran_locks 进行查看。

【例 10.10】　使用 sys.dm_tran_locks 视图查看锁的信息。

具体步骤和代码如下：

(1) 启动 SQL Server Management Studio 并创建一个查询设计器窗口。

(2) 输入并执行下列语句，对 course 表进行查询、插入和更新。

```
USE teaching;
GO
```

```
BEGIN TRAN
  SELECT courseno,cname
  FROM course
-- WITH(holdlock, rowlock)
  WHERE credit = 2.0;
  INSERT INTO course
     VALUES('c11222','数据库概论','必修',48,3.0);
  UPDATE course SET cname = '数据库原理'
  WHERE courseno = 'c11222';
```

(3) 为了查看事务中使用的锁的信息,使用动态管理视图 sys.dm_tran_locks。在查询窗口中输入并执行以下 SELECT 语句来获取锁信息并提交事务。

```
SELECT resource_type, resource_associated_entity_id,
       request_status, request_mode, request_session_id,
       resource_description
FROM sys.dm_tran_locks
WHERE resource_database_id = DB_ID('teaching');
```

(4) 查询结果如图 10-2 所示。

结果 | 消息

	courseno	cname
1	c08171	会计软件

	resource_type	resource_associated_entity_id	request_status	request_mode	request_session_id	resource_description
1	DATABASE	0	GRANT	S	54	
2	DATABASE	0	GRANT	S	55	
3	DATABASE	0	GRANT	S	51	
4	PAGE	72057594040090624	GRANT	IX	54	1:188
5	OBJECT	549576996	GRANT	IX	54	
6	KEY	72057594040090624	GRANT	X	54	(e9d039959a60)

图 10-2 sys.dm_tran_locks 视图消息

(5) 提交事务。

```
COMMIT TRAN
```

本例中的查询结果显示,事务执行过程中,数据操作的数据库上存在一个共享锁(request_mode=S),聚集索引的一个键上存在一个排他锁,在其相应的表和页上分别存在一个意向排他锁。在 request_status 列上的 GRANT 值意味着所有请求的锁都已经授权给这个事务。

10.5 小　　结

通过本章的学习,了解到 SQL Server 中所有的数据访问都是通过事务进行的,以及 SQL Server 如何在事务间通过锁来实现并发控制。事务的 4 项基本特性及锁的使用,目的都是为了保证数据的一致性和完整性。通过学习要求掌握如下的内容:

(1) 事务和锁的基本概念。

(2) 定义显式或隐式事务的启动和应用。

(3) 事务的嵌套定义。

(4) 如何通过定义隔离级别实现事务访问资源和数据的隔离，以及隔离级别与并发问题的关系。

(5) 锁的类型和管理。

习　题　10

1. 选择题

(1) SQL Server 的事务不具有的特征是________。

A. 原子性　　B. 隔离性　　C. 一致性　　D. 共享性

(2) SQL Server 中常见的锁类型不包括________。

A. 共享　　B. 架构　　C. 行　　D. 排他

(3) 事务的隔离级别不包括________。

A. READ UNCOMMITTED　　B. READ COMMITTED

C. REPEATABLE ONLY　　D. SNAPSHOT

(4) 死锁发生的原因是________。

A. 并发控制　　B. 服务器故障　　C. 数据错误　　D. 操作失误

(5) SQL Server 中发生死锁时需要________。

A. 用户处理　　B. 系统自动处理　　C. 修改数据源　　D. 取消事务

2. 思考题

(1) 显式事务和隐式事务有什么区别？

(2) 如何设置事务的隔离级别？

(3) 并发控制可能产生的影响是什么？分别描述产生的原因。

(4) 如何在事务中设置保存点？保存点有什么用途？

(5) 什么是死锁？哪些方法可以解除死锁？

3. 上机练习题(本题利用 teaching 数据库中的表进行操作)

(1) 创建在 score 表上执行 UPDATE 语句的事务 UP_score 并执行。

(2) 练习使用 ROLLBACK TRANSACTION 语句回滚事务并查看。

(3) 练习在 student 表上创建嵌套事务，分别在内层和外层设置回滚点，检测回滚对表数据的影响。

(4) 练习在 student 表上创建嵌套事务，并利用系统变量@@TRANCOUNT 编程，检测嵌套事务的执行情况。

(5) 练习在 student 表上进行查询、插入和更新，然后使用 sys.dm_tran_locks 视图查看锁的信息。

第11章 SQL Server 的安全管理

SQL Server 数据库系统具有各种高度精确的可配置安全特性，使用这些功能，DBA 可根据所处环境的特定安全风险实现经过优化的深度防御，帮助用户制定自己的信息管理安全策略。

在数据库管理系统中，用检查口令等手段来检查用户身份，从而保证只有合法的用户才能进入数据库系统。当用户对数据库执行操作时，系统自动检查用户是否有权限进行这些操作，以防止因不合法用户的访问而造成数据的泄密或破坏。

本章首先介绍 SQL Server 的安全体系结构，然后介绍两种验证模式及其设置、登录账号的设置、角色与用户的创建方法及权限设置与使用等。

11.1 SQL Server 的安全性机制

安全性管理是数据库管理员在实际工作中经常遇到的问题，从安全策略的制定到具体用户的权限设置都与数据库的安全管理息息相关。SQL Server 2008 的安全性机制如图 11-1 所示，主要包括以下 5 个方面的内容：

(1) SQL Server 2008 客户端的安全机制。

(2) 网络传输的安全机制。

(3) SQL Server 2008 服务器的安全机制。

(4) 数据库的安全机制。

(5) 数据对象的安全机制。

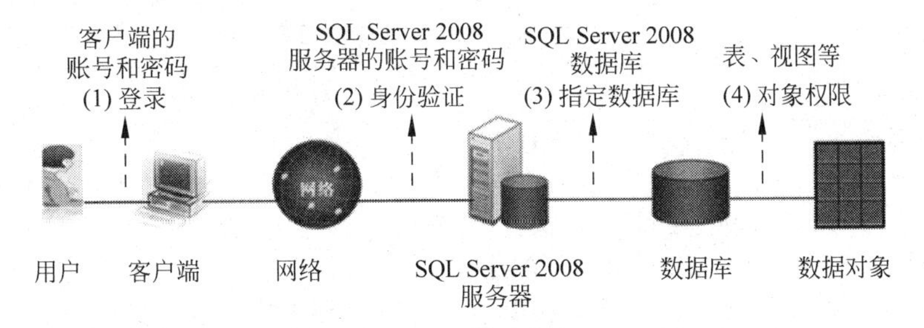

图 11-1 SQL Server 2008 的安全性机制

由图 11-1 可以看出，一般情况下，SQL Server 2008 安全机制设置 4 道防线。用户要访问数据库中的数据，首先要登录客户端，对于 Windows 系统上的客户端来说，其安全机制主要涉及的是操作系统的安全，这是第一道阻止非法用户的防线。

网络传输的安全涉及网络数据的加密和解密技术。一般的SQL Server网络数据是明文传送的，因为加密的网络传速较慢。

用户使用客户端登录SQL Server 2008服务器时，必须使用一个服务器上分配给用户的账号（即登录名）和密码，服务器会根据不同的身份验证方式来判断账号和密码的正确性。

登录到SQL Server 2008服务器的账号和密码都对应一个默认的工作数据库，不同的账号对于不同的数据库用户，数据库的安全机制要求对不同的数据库用户设置不同的默认数据库。

用户通过4道防线才能访问到数据库中的数据对象，这时不同的用户还可以具有不同的对象和语句操作权限，SQL Server中最常见的访问权限有SELECT查询权限、UPDATE更新权限、INSERT录入权限和DELETE删除权限。

11.1.1 基本概念

若要在SQL Server 2008的安全机制下定义和实现有效的、可管理的安全解决方案，对其安全体系结构有很好的理解，首先需要了解下面常用的基本概念或术语。

(1) 主体(Principal)。主体是可以请求对SQL Server资源的访问权限的用户、组和进程。每个主体都有自己的安全标识号(SID)。主体可以是集合形式（比如数据库角色或Windows组）或不可分割的单一主体形式（比如本地登录或域登录）。每个主体有一个作用域，作用域基于定义主体的级别，如表11-1所示。

表11-1 SQL Server的各个级别主体

主体范围	主体
Windows级别的主体	Windows域登录、Windows本地登录
SQL Server级别的主体	SQL Server登录、SQL Server角色
数据库级别的主体	数据库用户、数据库角色、应用程序角色

(2) 安全对象。安全对象是SQL Server数据库引擎授权系统控制对其进行访问的资源。用户可以为自己设置安全性称为“范围”的嵌套层次结构，可以将某些安全对象包含在其他安全对象中。安全对象范围包括服务器、数据库、架构和对象，如表11-2所示。

表11-2 SQL Server的安全对象

安全对象范围	安全对象列表
服务器	端点、登录用户、数据库
数据库	用户、角色、应用程序角色、程序集、消息类型、路由、服务、远程服务绑定、全文目录、证书、非对称密钥、对称密钥、约定、架构
架构	类型、XML架构集合、对象
对象	聚合、约束、函数、过程、队列、统计信息、同义词、表、视图

(3) 用户、数据库用户、账号、登录名和密码。用户是指能够在SQL Server 2008安全机制下访问数据库中数据的操作员或客户。一般用户若要访问数据库对象，必须获得管理员分配的账号和密码。

在服务器中的账号又叫登录名(Login)，因此访问服务器也称为登录服务器。从SQL

Server 2008 管理系统的角度来看，用户就是一组匹配的账号和密码。服务器的登录名可以映射到数据库中成为数据库用户。一个登录名可以映射成多个数据库用户，而一个用户只能对应一个登录名。

(4) 角色(Roles)。角色是 SQL Server 中管理权限相近的安全账户的集合，相当于 Windows 域中的组。利用角色作为主体可以同时对角色中的若干用户授予相同权限，这样有利于简化数据库管理员的工作。角色可以用来提供有效而复杂的安全模型，以及管理可保护对象的访问权限。SQL Server 中的角色分为服务器角色、数据库角色和应用程序角色。

(5) 权限。权限是 SQL Server 安全性的最后一道防线，实际上是安全机制的设计者授权给某一个用户(或角色)访问数据库时，允许其对数据对象可以进行的操作集合。要拥有对 SQL Server 上的安全对象的访问权限，主体必须具有在数据对象上执行操作的权限。

SQL Server 系统中的对象模型具有较细粒度的权限和层次结构组织，大约包含 200 个单独权限。

(6) 身份验证与授权。身份验证(Authentication)是 SQL Server 系统标识用户或进程的过程，SQL Server 2008 中有两种身份验证方式：Windows 身份验证模式和混合身份验证模式。客户自身必须通过服务器的身份验证后才可以请求其他资源。授权(Authorization)是授予通过身份验证的用户或进程以访问或修改资源的指定权限的过程。

11.1.2 权限层次结构

SQL Server 2008 系统中，主体对安全对象的访问权是分层进行的，权限的层次结构如表 11-3 所示。

表 11-3 SQL Server 的权限层次结构

权限层次	主体	授予/撤销/拒绝权限的常见操作
Windows	Windows 域登录、Windows 本地登录	CREATE、ALTER、DROP、CONTROL、SELECT、EXECUTE、UPDATE、DELETE、INSERT、TAKE、OWNERSHIP、VIEW、DEFINITION 和 BACKUP
SQL Server	SQL Server 登录、SQL Server 角色	
DateBase	数据库用户、数据库角色、应用程序角色	

可以通过访问服务器和数据库的主体授予用户访问权限。这些访问权限是分层继承的，即上层授予的权限可以被下一层对象默认继承使用。例如，授予登录的服务器管理权限可以被其映射的用户继承。主体访问安全对象的授权、撤销授权和拒绝授权的操作分别可以由 GRANT、DENY 和 REVOKE 命令实现。

11.1.3 查询权限

用户可以利用 fn_my_permissions 函数查询用户的有效权限，该函数一般返回调用对方服务器的有效权限列表。

fn_my_permissions 函数语法格式如下：

```
fn_my_permissions (securable, 'securable_class')
```

其中,各参数的含义如下:

- securable:安全对象的名称。如果安全对象为服务器或数据库,则该值应设置为 NULL。
- securable_class:为其列出权限的安全对象的类的名称。
- securable_class 的常用取值有 APPLICATION ROLE、DATABASE、FULLTEXT LOGIN、OBJECT、ROLE、SCHEMA、SERVER、SERVICE、TYPE 和 USER。

函数 fn_my_permissions 返回的每一行说明了当前安全上下文拥有的对安全对象的一种权限。如果查询失败,则返回 NULL。表 11-4 列出了 fn_my_permissions 返回的列的含义。

表 11-4 fn_my_permissions 函数的返回列

列　名	类　型	说　明
entity_name	sysname	对其有效授予所列权限的安全对象的名称
subentity_name	sysname	如果安全对象具有列,则为列名;否则为 NULL
permission_name	nvarchar	权限的名称

【例 11.1】 列出对服务器的有效权限。

程序代码如下:

```
USE master
GO
SELECT * FROM fn_my_permissions (NULL, 'SERVER');
GO
```

程序运行结果如图 11-2 所示。

【例 11.2】 列出对数据库 test01 的有效权限。

程序代码如下:

```
USE test01
GO
SELECT * FROM fn_my_permissions (NULL, 'DATABASE');
GO
```

程序运行结果如图 11-3 所示。

结果 | 消息

	entity_name	subentity_name	permission_name
1	server		CONNECT SQL
2	server		SHUTDOWN
3	server		CREATE ENDPOINT
4	server		CREATE ANY DATABASE
5	server		ALTER ANY LOGIN
6	server		ALTER ANY CREDENTIAL
7	server		ALTER ANY ENDPOINT
8	server		ALTER ANY LINKED SERVER
9	server		ALTER ANY CONNECTION

图 11-2　服务器的有效权限

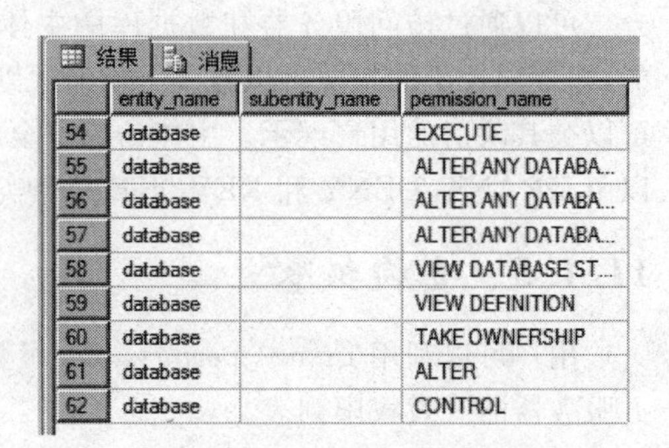

结果 | 消息

	entity_name	subentity_name	permission_name
54	database		EXECUTE
55	database		ALTER ANY DATABA...
56	database		ALTER ANY DATABA...
57	database		ALTER ANY DATABA...
58	database		VIEW DATABASE ST...
59	database		VIEW DEFINITION
60	database		TAKE OWNERSHIP
61	database		ALTER
62	database		CONTROL

图 11-3　数据库的有效权限

【例 11.3】 列出对表 teacher 的有效权限。

分析：以下示例返回调用方对 teaching 数据库内 dbo 架构中 teacher 的有效权限的列表。

程序代码如下：

```
USE teaching;
GO
SELECT * FROM fn_my_permissions('dbo.teacher', 'OBJECT')
    ORDER BY subentity_name, permission_name;
```

程序运行结果如图 11-4 所示。

【例 11.4】 列出一个用户的有效权限。

分析：以下示例返回数据库用户 dbo 对 teaching 数据库内 dbo 架构中 score 表的有效权限的列表。调用方需要对用户 dbo 具有 IMPERSONATE 权限。

程序代码如下：

```
EXECUTE AS USER = 'dbo';
SELECT * FROM fn_my_permissions('dbo.score', 'OBJECT')
    ORDER BY subentity_name, permission_name;
REVERT;
GO
```

程序运行结果如图 11-5 所示。

结果 | 消息

	entity_name	subentity_name	permission_name
1	dbo.teacher		ALTER
2	dbo.teacher		CONTROL
3	dbo.teacher		DELETE
4	dbo.teacher		EXECUTE
5	dbo.teacher		INSERT
6	dbo.teacher		RECEIVE
7	dbo.teacher		REFERENCES
8	dbo.teacher		SELECT

图 11-4 表的有效权限

结果 | 消息

	entity_name	subentity_name	permission_name
8	dbo.score		SELECT
9	dbo.score		TAKE OWNER...
10	dbo.score		UPDATE
11	dbo.score		VIEW CHANGE...
12	dbo.score		VIEW DEFINITI...
13	dbo.score	courseno	REFERENCES
14	dbo.score	courseno	SELECT
15	dbo.score	courseno	UPDATE

图 11-5 用户的有效权限

11.2 管理服务器范围的安全性

服务器访问权限是属于 SQL Server 的第一个安全层次，该权限决定是否允许客户端访问服务器，这个安全级别总是由 DBA 负责。SQL Server 2008 支持用 Windows 或 SQL Server 身份验证模式来验证客户端的身份。

11.2.1 SQL Server 2008 的验证模式

SQL Server 2008 的身份验证基于 SQL Server 存储在主数据库中的登录名和密码。客户端必须提供登录名和密码才能获得授权访问服务器。

SQL Server 的安全性是和 Windows 操作系统集成在一起的，因此 SQL Server 提供了两种确认用户的验证模式：Windows 验证和混合验证模式。

1. Windows身份验证模式

SQL Server数据库系统通常运行在Windows服务器平台,其本身就具备管理登录、验证用户合法性的能力,因此Windows验证模式正是利用了这一用户安全性和账号管理的机制,允许SQL Server使用Windows的用户账户和密码。在这种模式下,用户只需要通过Windows的验证就可以连接到SQL Server服务器,而SQL Server系统本身也就不需要管理一套登录数据。在这种方式下,用户不必提交登录名和密码让SQL Server验证。

由于Microsoft公司已经在Windows中完成了基础设施工作,Windows身份验证通常被认为更安全和更易维护。Windows身份验证对于用户和管理员来说都比较容易管理。

2. 混合身份验证模式

混合验证模式允许以SQL Server验证模式或者Windows验证模式进行验证。混合验证模式先将客户端的账号和密码与SQL Server数据库中存储的账号和密码进行比较,如果符合就通过验证;如果不符合,则再和Windows中存储的账号和密码进行比较,如果符合就通过验证。如果两者都不符合就无法登录SQL Server 2008服务器。

Microsoft公司仍然推荐使用Windows身份验证,因为SQL Server身份验证只应用于兼容的应用程序模式。而在实际工作中,使用SQL Server来管理账户和密码更普遍一些。

3. 更新服务器的身份验证机制的步骤

(1) 启动SQL Server Management Studio,在"对象资源管理器"窗口中右击SQL Server 2008数据库实例,从弹出的快捷菜单中选择"属性"命令,如图11-6所示。

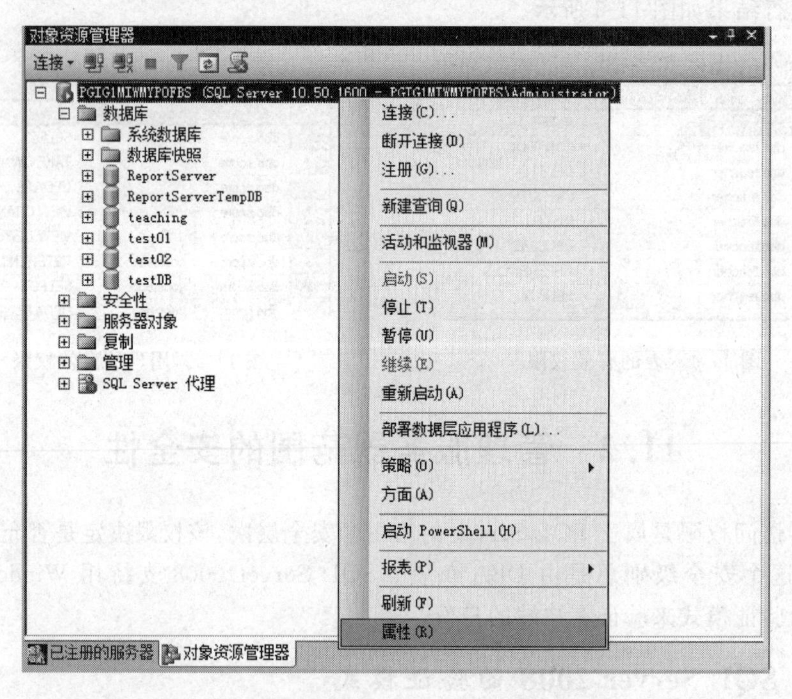

图11-6 选择配置SQL Server 2008服务器属性

(2) 在"服务器属性"窗口中选择"安全性"选项卡,如图11-7所示。

(3) 在"服务器身份验证"区域可以设置服务器身份验证模式,然后单击"确定"按钮即可完成设置。

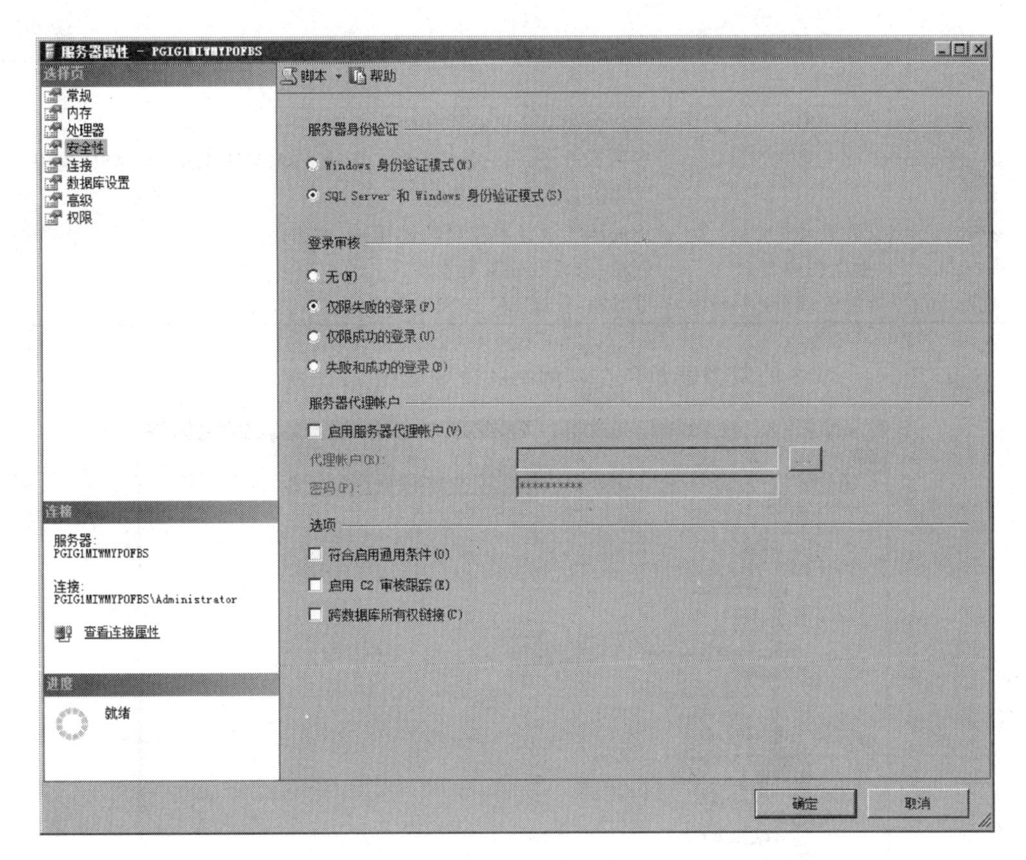

图 11-7　服务器身份验证

(4) 重启 SQL Server 2008,即可改变身份验证模式。

11.2.2　服务器角色

SQL Server 2008 的安全体系结构中包括含有特定隐含权限的两类预定义的角色:服务器角色和固定数据库角色。

服务器角色是执行服务器管理操作的具有相近权限的用户集合。根据 SQL Server 的管理任务和重要性等级来把具有 SQL Server 管理职能的用户划分到不同的服务器角色,每一个角色所具有的管理 SQL Server 的权限都是 SQL Server 内置的,即 DBA 不能对服务器角色进行创建、修改和删除,只能向其中加入登录名或其他角色。

服务器角色是服务器级别的主体,可以成为服务器角色的成员以控制服务器作用域中的可保护对象。表 11-5 列出了 SQL Server 2008 默认创建的服务器角色及其功能。

表 11-5　SQL Server 2008 的服务器角色

服务器角色	权　　限
sysadmin(系统管理员)	拥有 SQL Server 所有的权限
serveradmin(服务器管理员)	管理 SQL Server 服务器的配置选项,关闭服务器
diskadmin(磁盘管理员)	管理磁盘文件
processadmin(进程管理员)	管理 SQL Server 系统中运行的进程

续表

服务器角色	权　限
public（公共管理员）	其角色成员可以查看任何数据库
securityadmin（安全管理员）	审核 SQL Server 系统登录，管理 CREATE DATABASE 权限、读取错误日志和修改密码
setupadmin（安装管理员）	管理链接服务器和启动过程
dbcreator（数据库创建者）	创建、修改和删除数据库
bulkadmin（批量管理员）	可以执行 BULK INSERT 语句，进行大容量操作

SQL Server 2008 的服务器角色在实例中的位置如图 11-8 所示。

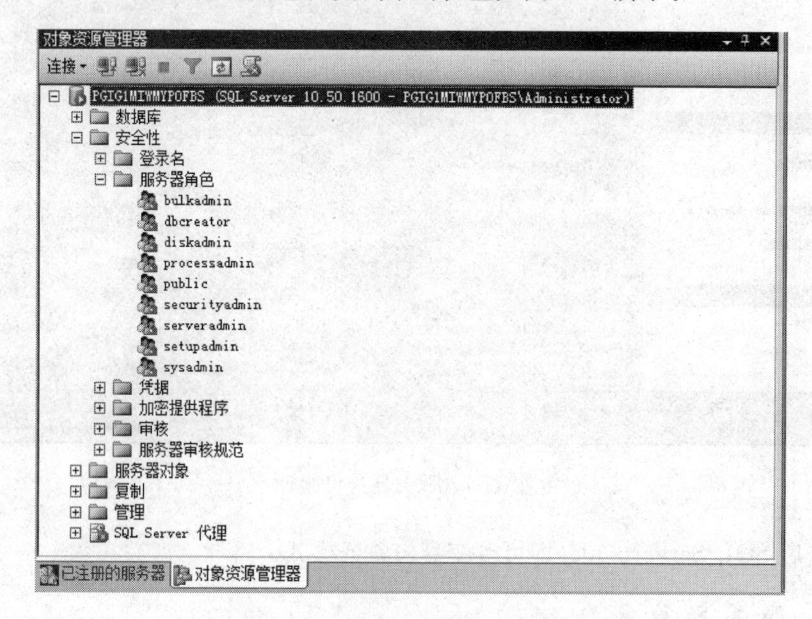

图 11-8　SQL Server 2008 的服务器角色

11.2.3　管理登录名

登录名就是可以访问 SQL Server 数据库系统的账户，创建登录名可以通过 SQL Server Management Studio 图形工具，也可以利用 Transact-SQL 语句实现。

1. 利用 SQL Server Management Studio 创建登录名

(1) 启动 SQL Server Management Studio 工具后，展开“对象资源管理器”下的“安全性”子目录，右击“登录名”，从弹出的快捷菜单中选择“新建登录名”命令。

(2) 在“登录名-新建”窗口中设置登录名(mysql)、身份验证模式(SQL Server 身份验证)、密码(123456)、默认数据库(teaching)、语言的类型等，如图 11-9 所示。

(3) 选择“服务器角色”选项卡，配置登录的服务器角色，如 sysadmin。

(4) 选择其他选项卡进行“用户映射”、“安全对象”和“状态”的配置。

(5) 单击“确定”按钮即可完成登录名的创建。

(6) 在“对象资源管理器”窗口中查看新建登录名，如图 11-10 所示。

(7) 右击登录名 mysql，从弹出的快捷菜单中选择“编写登录脚本为”→“CREATE 到”→

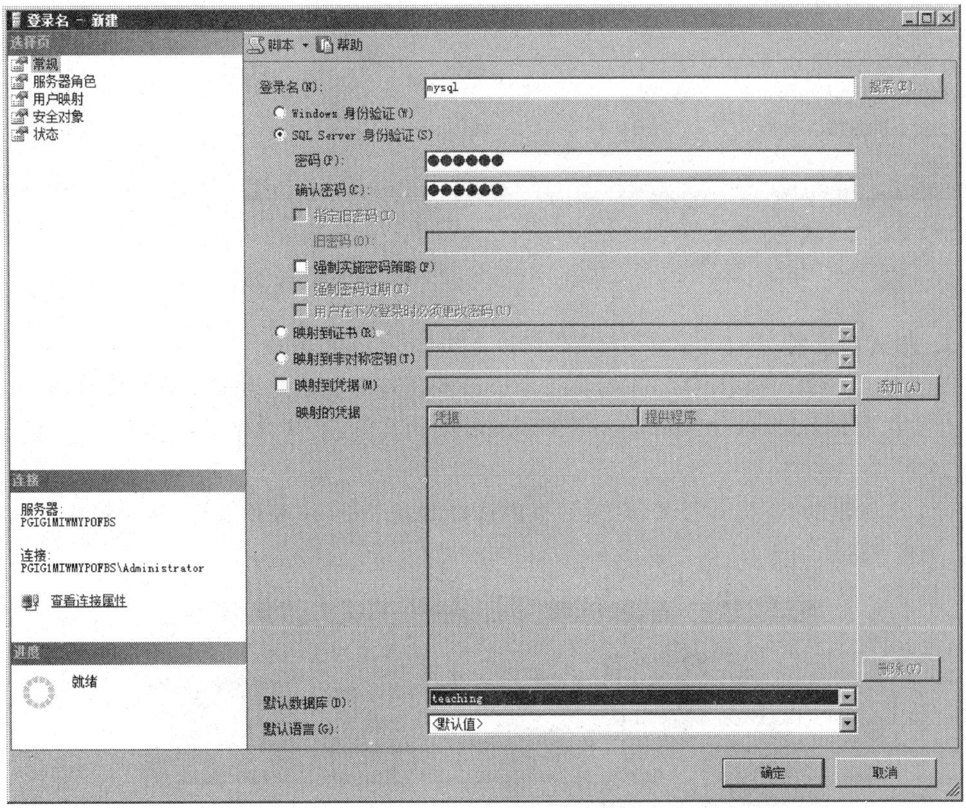

图 11-9　创建登录名

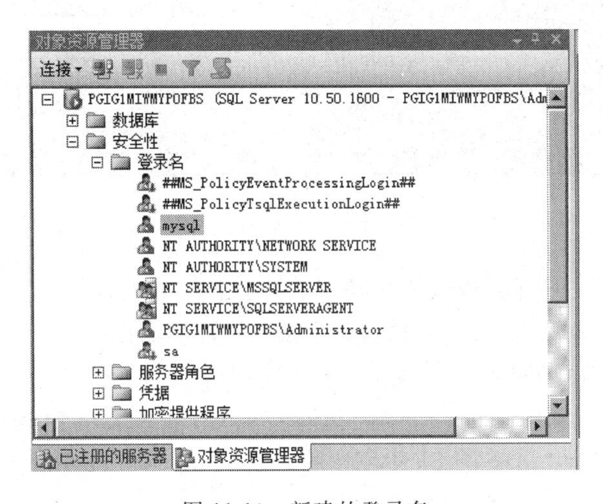

图 11-10　新建的登录名

“新查询编辑器窗口”命令，系统将创建登录名的过程以脚本形式保存下来。由此可知利用 Transact-SQL 语句创建登录名的方法。

脚本中的主要代码如下：

```
CREATE LOGIN [mysql]
```

```
WITH PASSWORD = N'123456',
DEFAULT_DATABASE = [teaching],
DEFAULT_LANGUAGE = [简体中文],
CHECK_EXPIRATION = OFF,
CHECK_POLICY = OFF
GO
EXEC sys.sp_addsrvrolemember @loginame = N'mysql', @rolename = N'sysadmin'
GO
ALTER LOGIN [mysql] DISABLE
GO
```

2. 测试登录名

下面使用 SQL Server Management Studio 测试新登录名是否成功连接服务器。

(1) 右击 SQL Server Management Studio 中的实例,从弹出的快捷菜单中选择"连接"命令。

(2) 在弹出的"连接到服务器"对话框中选择 SQL Server 身份验证,然后输入登录名和密码,如图 11-11 所示。

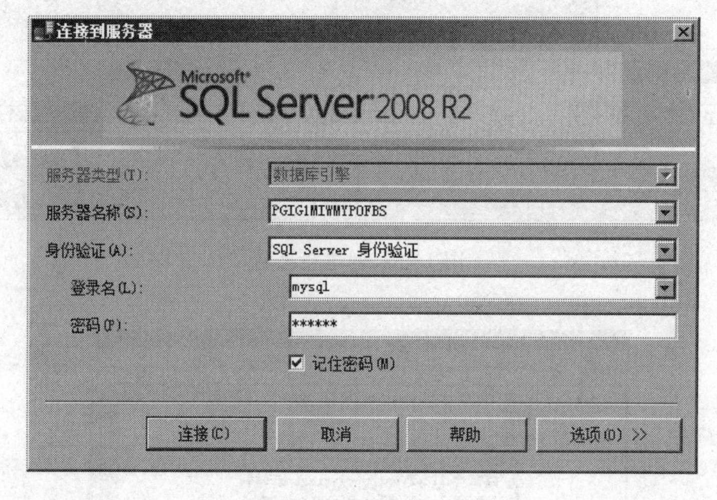

图 11-11　连接服务器

(3) 单击"连接"按钮可以测试连接是否成功。若不成功,会出现错误信息提示框。若测试成功,则会在"对象资源管理器"窗口中出现连接成功的信息,如图 11-12 所示。

如果测试失败,需要进行如下配置:选择"程序"→"所有程序"→Microsoft SQL Server 2008→"配置工具"→"SQL Server 配置管理器"命令,在弹出的窗体中找到"SQL Server 2008 网络配置"项,启动"MSSQLSERVER 的协议"下的 Named Pipes 和 TCP/IP 项,然后重新启动 SQL Server 2008 就可以了。

3. 利用系统过程管理登录名

利用 master 数据库下的下列系统存储过程 sp_addlogin、sp_droplogin 和 sp_password 也可以用于管理 SQL Server 的登录名。

(1) sp_addlogin。系统过程 sp_addlogin 可以用于创建 SQL Server 登录名,用户可以通过该登录访问 SQL Server 系统,其语法过程如下:

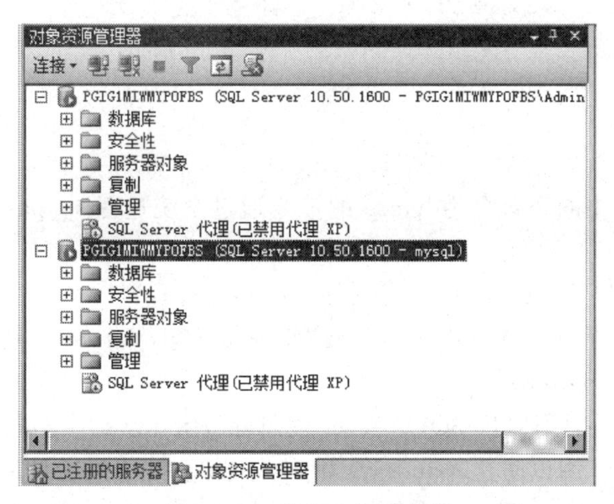

图 11-12　成功连接服务器

```
sp_addlogin 'login_name'[,'passwd'[,'database'[,language']]]
```

其中，各参数的含义如下：

- login_name：系统或安全管理员要创建的新登录名。
- passwd：相应的口令密码。
- database：用以指出在完成登录之后立刻连接的默认数据库名称。
- language：选择的语言。

【例 11.5】 利用系统过程 sp_addlogin 向 teaching 数据库创建三个新登录。

程序代码如下：

```
exec sp_addlogin  'rose', 'aabbcc', 'teaching'
GO
exec sp_addlogin  'hanry', 'aabbcc', 'teaching'
GO
exec sp_addlogin  'pool', 'aabbcc', 'teaching'
GO
```

命令运行后，显示结果窗口会分别提示：命令已成功完成。展开"对象资源管理器"→"安全性"→"登录名"子目录，可以发现三个登录名 rose、hanry 和 pool 已经存在。

登录时，若不成功，则通过登录名的属性窗口设置"强制实施密码策略"的选择框为空，并重新设置"用户映射数据库"即可。

(2) sp_droplogin。利用系统存储过程 sp_droplogin 可以删除一个现有的 SQL Server 登录名，sp_droplogin 系统过程可以通过在系统表 syslogins 中删除相应的行来达到删除登录名的目的。

需要注意的是，正在访问的 SQL Server 2008 系统中的任何一个数据库的 SQL Server 登录名是不能被删除的。若要删除某登录名，必须先利用系统过程 sp_revokedbaccess 删除相应的数据库用户。

(3) sp_password。系统存储过程 sp_password 为 SQL Server 登录创建密码，或替换现有的口令密码。

利用该过程用户可以随时修改自己的口令密码，系统管理员通过 sp_password 可以更改任何口令密码。

例如：

```
sp_password 'aabbcc', '112233', 'hanry'
```

teaching 数据库中的登录名为 hanry 的口令通过系统过程 sp_password 由'aabbcc'改为'112233'。显示结果窗口会提示："密码已更改"。

另外，还有三个与 Windows 用户有关的系统存储过程：

- sp_grantlogin：允许 Windows 用户或组连接 SQL Server 或是为组内的用户重置先前的 sp_denylogin 限制。
- sp_revokelogin：用以从 SQL Server 中删除 Windows 用户或组的登录条目。
- sp_denylogin：用以防止 Windows 用户或组(包括被授予访问权的用户和组)连接到 SQL Server 上。因为只有系统或安全管理员才能使用这些存储过程。

4. 密码的复杂性策略

在服务器安全部署中，密码可能是最薄弱的一个环节。SQL Server 2008 的密码复杂性策略是指一系列限制密码复杂性的规则。密码复杂性策略通过增加可能密码的数量来阻止强力攻击。实施密码复杂性策略时，新密码必须符合以下原则：

(1) 长度至少有 6 个字符，最多可包含 128 个字符。

(2) 密码包含以下四类字符中的三类：英文大写字母(A～Z)、英文小写字母(a～z)、10 个基本数字(0～9)、非字母数字(例如!、$、#或%)。

(3) 字典中查不到，且不是命令名、人名或用户名，不得包含全部或部分用户名。

(4) 定期更改且与以前的密码明显不同的密码。

如果 SQL Server 登录名、用户、角色或密码具有以下特征，则在 Transact-SQL 语句中使用分隔符双引号(")或方括号([ ])：

(1) 含有空格或以空格开头。

(2) 以$或@字符开头。

另外，利用密码过期策略管理密码的使用期限，系统将提醒用户更改旧密码和用户，并禁用过期的密码。

11.2.4 管理凭据

凭据是包含连接到 SQL Server 之外的资源所需的身份验证信息的记录，主要用于执行具有 EXTERNAL_ACCESS 权限集的程序集中的代码。当 SQL Server 身份验证用户需要访问域资源(例如存储备份的文件位置)时也可以使用凭据。

1. 凭据的构成

大多数凭据包含一个 Windows 登录名和密码。通过凭据，使用 SQL Server 身份验证连接到 SQL Server 的用户可以连接到 Windows 或其他 SQL Server 以外的资源。

在创建凭据之后，可以将凭据映射到登录名。单个凭据可映射到多个 SQL Server 登录名，但是一个 SQL Server 登录名只能映射到一个凭据。系统凭据是自动创建的，并与特定端点关联，其名称以##开头。

2. 创建凭据的过程

下面介绍创建凭据 cred 的一般步骤：

（1）启动 SQL Server Management Studio 图形工具。

（2）在“对象资源管理器”窗口中右击“安全性”下的“凭据”子目录，从弹出的快捷菜单中选择“新建凭据”命令。

（3）在弹出的“新建凭据”窗口中输入凭据名称（cred）、标识（PGIG1MIWWYPOFBS\Administrator）和密码，如图 11-13 所示，即可完成创建凭据的操作。

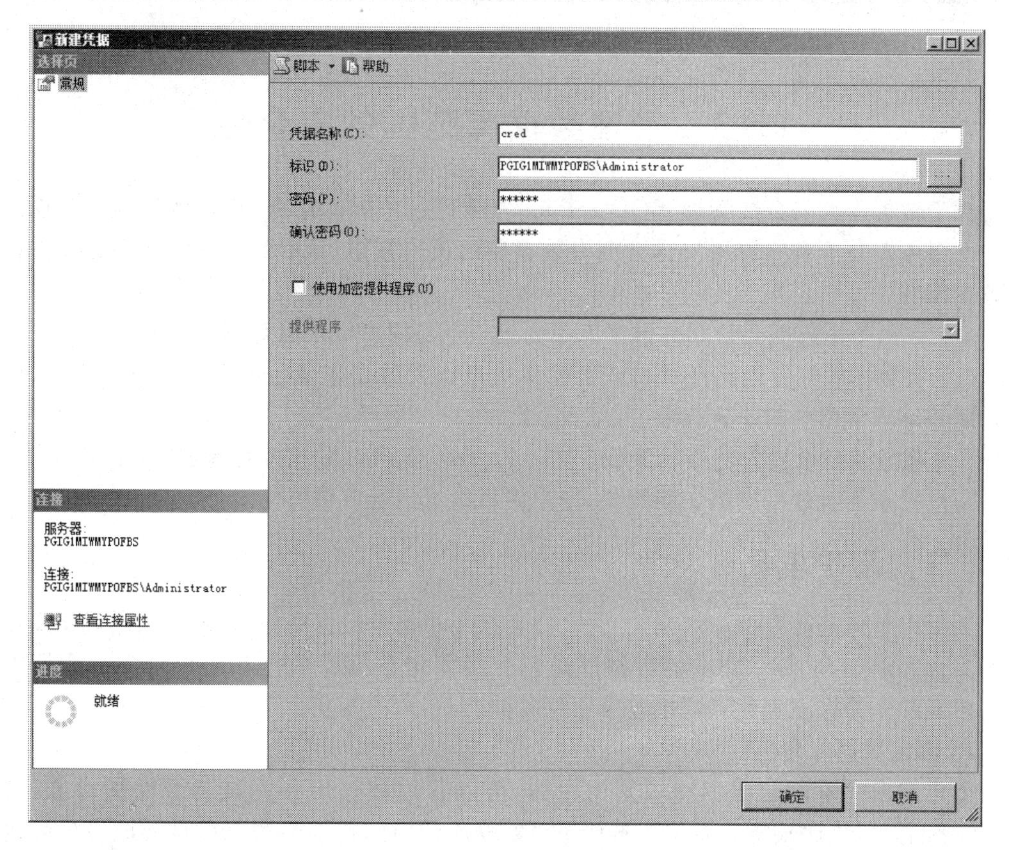

图 11-13　创建凭据

【例 11.6】　在 sys.credentials 目录视图中查看凭据的有关信息。

分析：用户可以利用 SELECT 语句在 sys.credentials 目录视图中查看凭据的相关信息。

程序代码如下：

```
SELECT * FROM sys.credentials
```

程序运行结果如图 11-14 所示。

【例 11.7】　创建映射到凭据的登录名。

分析：创建一个登录名 USER1，然后将其映射到凭据 cred。

程序代码如下：

```
CREATE LOGIN USER1 WITH PASSWORD = N'1A2B3C4D'
CREENTIAL = cred
GO
```

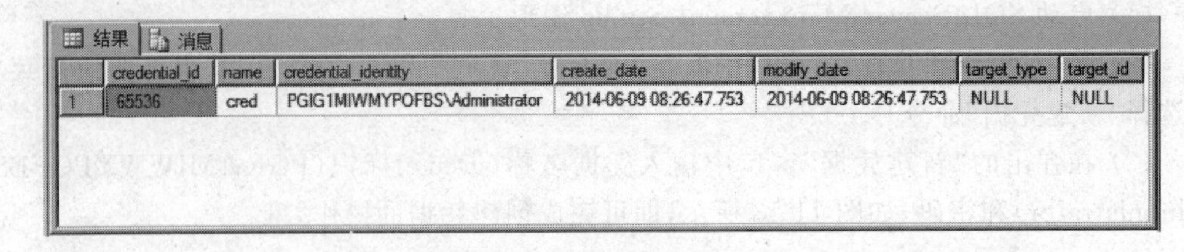

	credential_id	name	credential_identity	create_date	modify_date	target_type	target_id
1	65536	cred	PGIG1MIWMYPOFBS\Administrator	2014-06-09 08:26:47.753	2014-06-09 08:26:47.753	NULL	NULL

图 11-14 查看凭据信息

11.3 管理数据库范围的安全性

对于数据库的安全性管理，SQL Server 2008 通过数据库用户、角色和架构来实现。访问一个服务器并不意味着用户自动拥有数据库的访问权限。DBA 以下列方式之一指定一个数据库登录用户：

(1) 在每个用户需要访问的数据库中创建一个与用户登录名对应的数据库用户。

(2) 将数据库配置为把登录名或数据库用户作为数据库角色的成员对待的方式，使得用户能够继承角色中的所有权限。

(3) 将登录名设置为使用默认账户之一：guest 或 dbo(数据库拥有者)。

一旦授予了对数据库的访问权限，用户就可以看到所有数据库对象。

11.3.1 数据库角色

数据库角色是在数据库级别定义的，并且存在于每个数据库中，是对数据库对象操作权限的集合。SQL Server 2008 的数据库角色分为固定数据库角色和用户自定义数据库角色。后者又分为标准角色和应用程序角色两种。

1. 固定数据库角色

固定数据库角色是数据库级别的主体，可以管理数据库作用域的可保护对象，其中 public(公有)角色比较特殊。每个被授予对数据库的访问权限的用户会自动成为公有角色的成员，并继承授予它的权限。

在所有固定数据库角色中，只有 db_owner 数据库的成员可以向固定数据库角色中添加成员。public 角色包含每一个合法的数据库用户，是一个特殊的固定数据库角色。

一般情况下，public 角色允许用户做以下操作：

(1) public 角色为数据库中所有用户保持默认权限，因此是不能被删除的，即每个数据库用户都属于 public 数据库角色。当尚未对某个用户授予或拒绝对安全对象的特定权限时，该用户将继承授予该安全对象的 public 角色的权限。

(2) 通过 guest 账户访问任意数据库。

(3) 用某些系统存储过程显示 master 数据库中的信息，查看系统表。

(4) 执行一些不需要权限的语句，例如 PRINT。

表 11-6 具体列出了所有数据库角色的功能。

对于某个数据库而言，每一个数据库角色都有它特定的许可。这就意味着固定数据库角色的成员的许可对于某个数据库是有限的。可以用系统过程 sp_dbfixdrolepermission 来查看每一个固定数据库角色的许可。如果不指定 role 的值，所有固定服务器角色的许可都会显示出来。

表 11-6　固定数据库角色功能简介

固定数据库角色	功 能 简 介
public	维护全部默认权限
db_denydatawriter	不能对数据库中的任何表执行增加、修改和删除数据操作
db_denydatareader	不能读取数据库中任何表中的数据
db_datawriter	能够增加、修改和删除表中的数据
db_datareader	能且仅能对数据库中的任何表执行 SELECT 操作，读取所有表的信息
db_backupoperator	可以发出 DBCC、CHECKPOINT 和 BACKUP 语句
db_securityadmin	可以管理全部权限、对象所有权、角色和用户
db_addladmin	可以发出 ALL DDL 但不能使用 GRANT、REVOKE 或 DENY 语句
db_accessadmin	可以增加或者删除用户标识
db_owner	数据库的所有者，可以对所拥有的数据库执行任何操作

这个存储过程的语法结构为：

```
sp_dbfixedrolepermission [[@rolename = ]'rolc']
```

例如：

```
EXECUTE sp_dbfixedrolepermission db_ddladmin
```

可以将 db_ddladmin 角色的权限显示出来。

2. 自定义数据库角色

可以创建一个数据库角色，并赋予对数据库作用域和架构作用域的可保护对象的访问权限。一个用户可以是若干个数据库角色的成员。利用 SQL Server Management Studio 创建角色的步骤如下：

(1) 启动 SQL Server Management Studio 图形工具，在“对象资源管理器”窗口下展开数据库 teaching，右击“安全性”下的“角色”子目录，从弹出的快捷菜单中选择“新建”→“数据库角色”命令。

(2) 在弹出的“数据库角色-新建”窗口中的“常规”选项卡中输入角色名 jsj18、所有者名 mysql，并选择架构，如图 11-15 所示。

(3) 在“安全对象”选项卡中单击“搜索”按钮，在弹出的“添加对象”对话框中选择其中一项，如“特定对象”，如图 11-16 所示。

(4) 在弹出的“选择对象类型”窗口中选择“表”，单击“确定”按钮。返回到“添加对象”对话框中，单击“浏览”按钮，按照示例提示选择数据对象，如图 11-17 所示。单击“确定”按钮后，返回到“添加对象”对话框中。

(5) 单击“确定”按钮，返回图 11-18 所示“安全对象”选项卡中为表设置权限后，单击“确定”按钮，数据库角色 jsj18 创建完毕。

(6) 此时对“数据库角色”项进行刷新，即可观察到新建的数据库角色。还可以通过查看脚本的形式，进一步了解创建数据库角色的命令，在此不再赘述。

另外，下列系统存储过程都是用来管理数据库角色的，具体用法可以通过查看联机丛书进行学习。

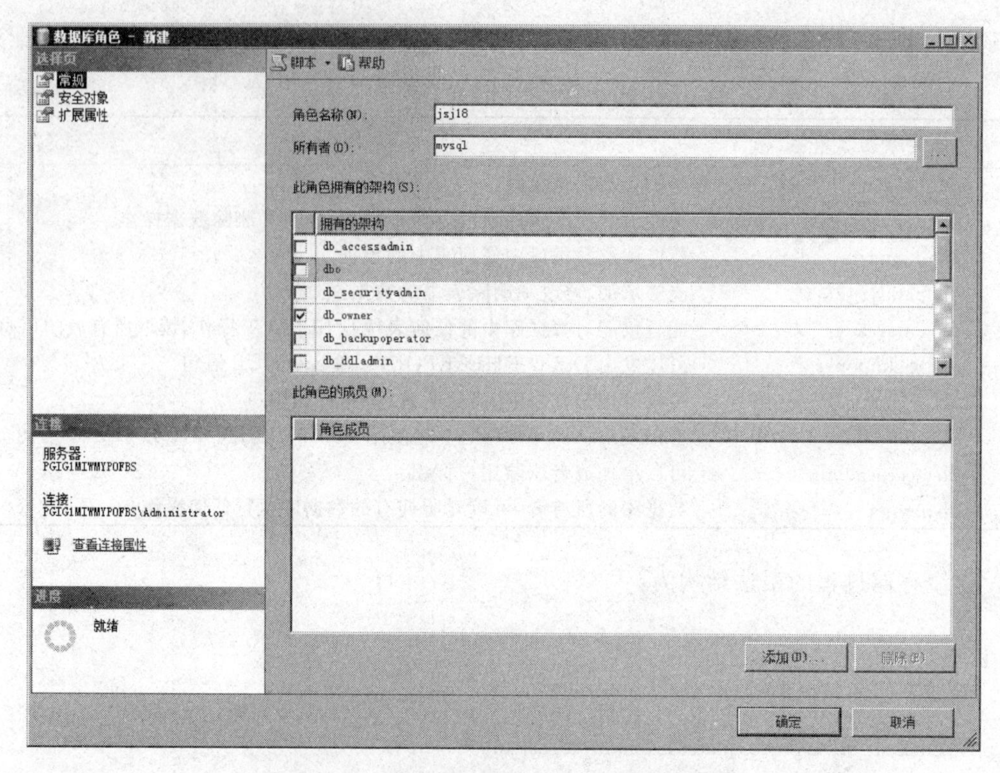

图 11-15　数据库角色的“常规”选项卡设置

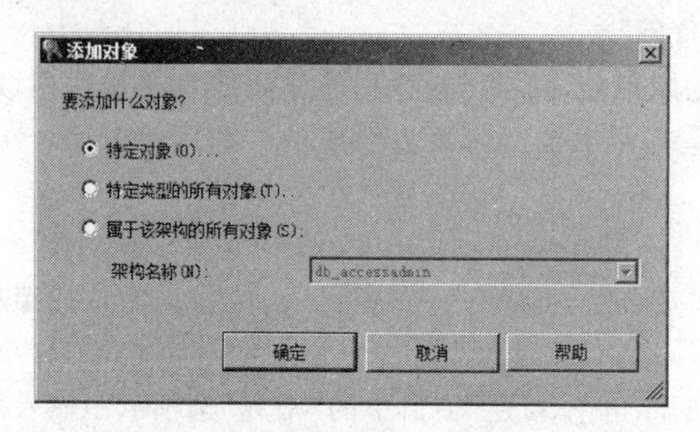

图 11-16　添加对象类型

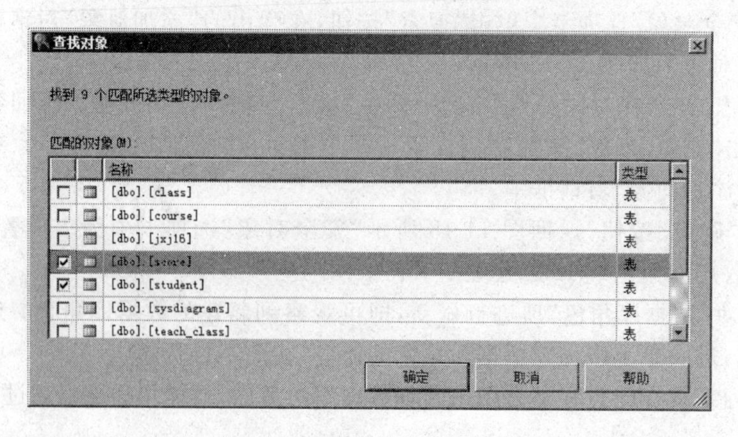

图 11-17　选择添加对象类型

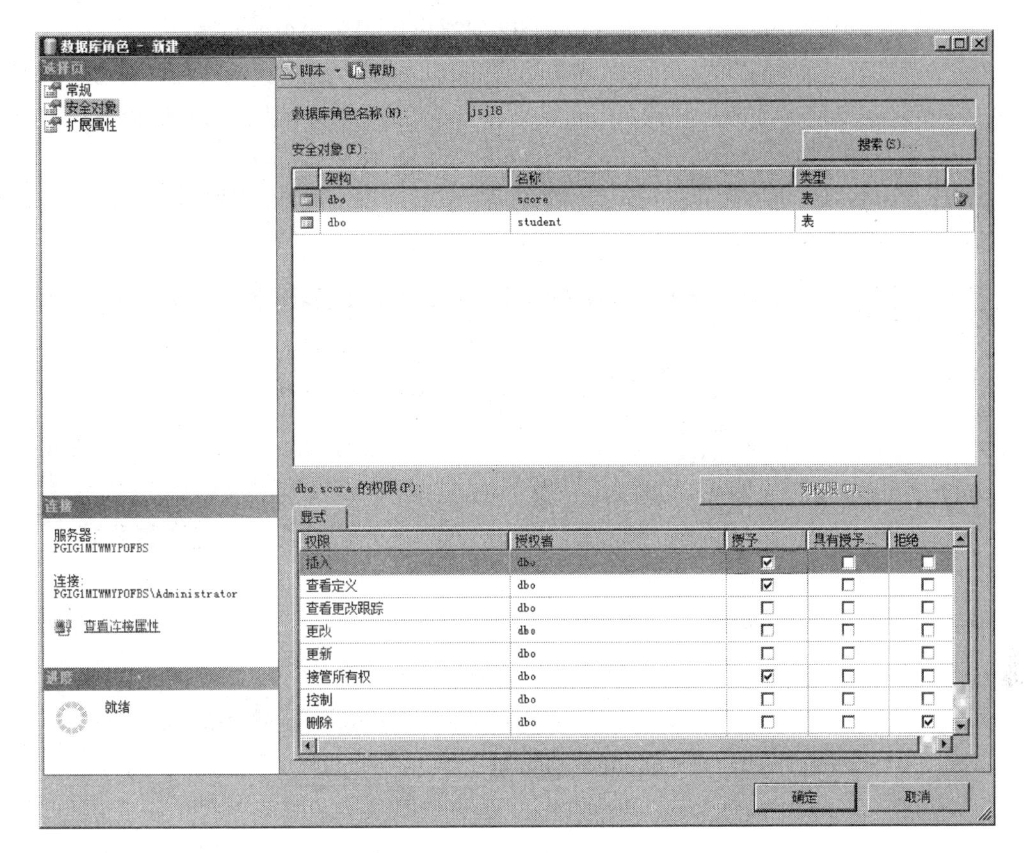

图 11-18 设置安全对象权限

- sp_addrole：创建一个新的数据库角色。
- sp_addrolemember：添加角色中的成员。
- sp_droprolemember：删除某一角色的用户。
- sp_droprole：从当前的数据行中删除角色。
- sp_helprole：显示当前数据库所有的数据库角色的所有信息。
- sp_helprolemember：返回有关当前数据库中某个角色的成员的信息。

3. 应用程序角色

应用程序角色(Application Role)是在没有成员的数据库级别上定义的，Microsoft 创建应用程序角色的目的是防止用户直接访问底层表数据。应用程序角色可以加强对某一个特别的应用程序的安全性。例如，某公司职员只是用某个特定的应用程序来修改员工数据信息，那么就可以为其建立应用程序角色。

应用程序角色和所有其他的角色都有很大的不同。首先，应用程序角色没有成员，因为它们只是在应用程序中使用，所以不需要直接对某些用户赋予权限。其次，必须为应用程序角色设计一个密码以激活它。当应用程序角色被应用程序的会话激活以后，会话就会失去所有属于登录、用户账号或角色的权限，因为这些角色都只适用于它们所在的数据库内部，所以会话只能通过 guest 用户账号的权限来访问其他数据库。因此，如果在数据库中没有 guest 用户账号的话，会话就不能获得访问数据库的权限。

(1) 利用 SQL Server Management Studio 创建应用程序角色的步骤:

① 启动 SQL Server Management Studio 图形工具,在"对象资源管理器"窗口中展开数据库 teaching,右击"安全性"→"角色"→"应用程序角色"子目录,从弹出的快捷菜单中选择"新建应用程序角色"命令。

② 在弹出的"应用程序角色—新建"窗口的"常规"选项卡中输入角色名称、默认架构和密码,如图 11-19 所示。

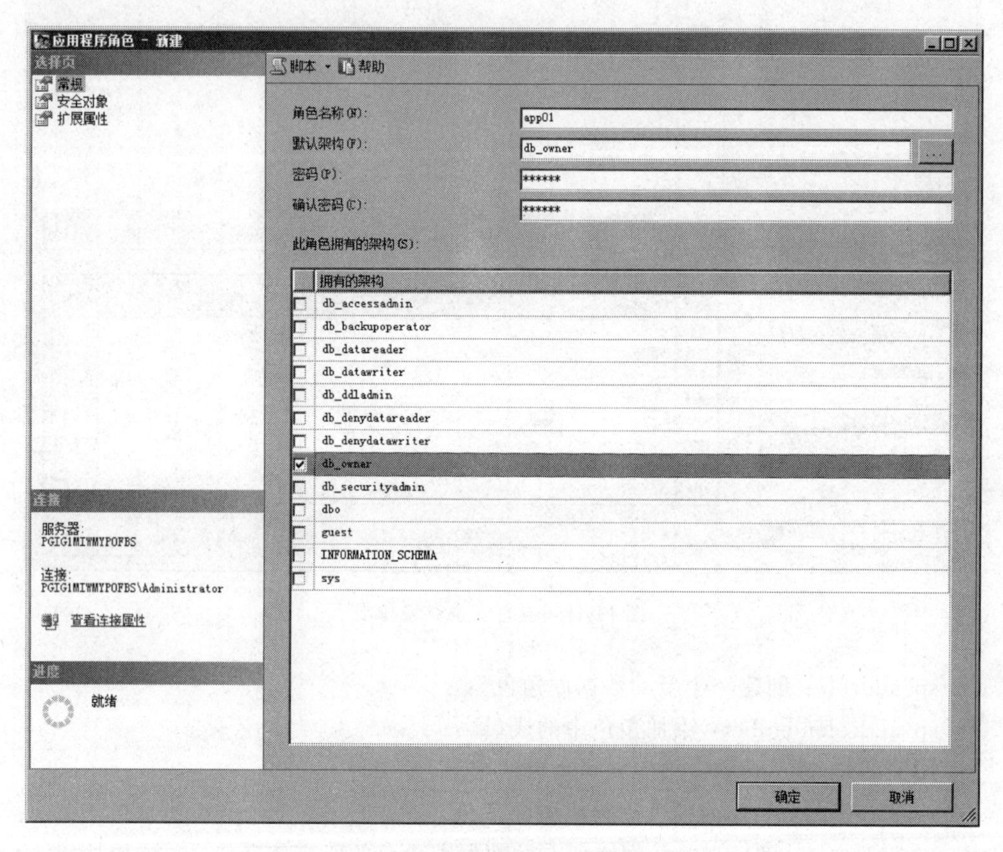

图 11-19　应用程序角色的建立

③ 参照创建数据库角色时的步骤设置"安全对象"选项卡后,单击"确定"按钮,应用程序角色建成。

④ 查看创建应用程序角色的脚本,了解创建应用程序角色的命令。应用程序角色 APP01 的脚本如下:

```
USE [teaching]
GO
CREATE APPLICATION ROLE [APP01]
    WITH DEFAULT_SCHEMA = [dbo], PASSWORD = N'123456'
GO
```

(2) 使用系统过程 sp_addapprole 创建应用程序角色,并且赋予它们权限。这个过程的语法结构为:

```
sp_addapprole[@rolename]'role'[@passwd_name = ]'password'
```

其中,各参数的含义如下:

- role:表示应用程序角色的名称。
- password:密码。

需要注意的是,只有 db_owner、db_securityadmin 和 sysadmin 这些固定角色可以执行系统过程 sp_addapprole。

(3) 激活应用程序角色。

当一个连接启动以后,必须执行系统过程 sp_setapprole 来激活应用程序角色所拥有的权限。这个过程的语法结构为:

```
sp_setapprole [@rolename]'role'[@passwd = ]'password'
    [,[@encrypt = ]'encrypt_style']
```

其中,各参数的含义如下:

- role:当前数据库中已经定义过的应用程序角色的名称。
- password:密码。
- encryty_style:定义密码的加密模式。

例如,激活应用程序角色 app01 的命令如下:

```
Exec sp_setapprole 'app01', '123456'
```

当用系统存储过程 sp_setapprole 激活应用程序角色的时候,可以了解到应用程序角色总是和数据库绑定的,即应用的范围是当前数据库。如果在会话中改变了当前数据库,那么就只能做那个数据库中允许的操作。

4. 管理数据库架构

架构(Schema)是管理数据对象的逻辑单位,是形成单个命名空间的数据库对象的集合。这样,多个用户可以共享一个默认架构以进行统一名称解析。开发人员通过共享默认架构可以将共享对象存储在为特定应用程序专门创建的架构中,而不是 DBO 架构中。

SQL Server 2008 在引入架构后,访问数据库对象的完全限定模式为:

```
sever.database.schema.object
```

下面介绍创建数据库架构的步骤:

(1) 启动 SQL Server Management Studio 图形工具,在"对象资源管理器"窗口中展开数据库 teaching,右击"安全性"→"架构"子目录,从弹出的快捷菜单中选择"新建架构"命令。

(2) 在弹出的"架构—新建"窗口中的"常规"选项卡中输入架构名称 schema1、架构所有者 public,如图 11-20 所示。

(3) 在"权限"选项卡中单击"添加"按钮,在弹出的"选择用户或角色"对话框中选择对象类型和对象,如图 11-21 所示。

(4) 单击"确定"按钮,返回图 11-22 所示"权限"选项卡中为用户和角色设置权限后,单击"确定"按钮,数据库架构 schema1 创建完毕。

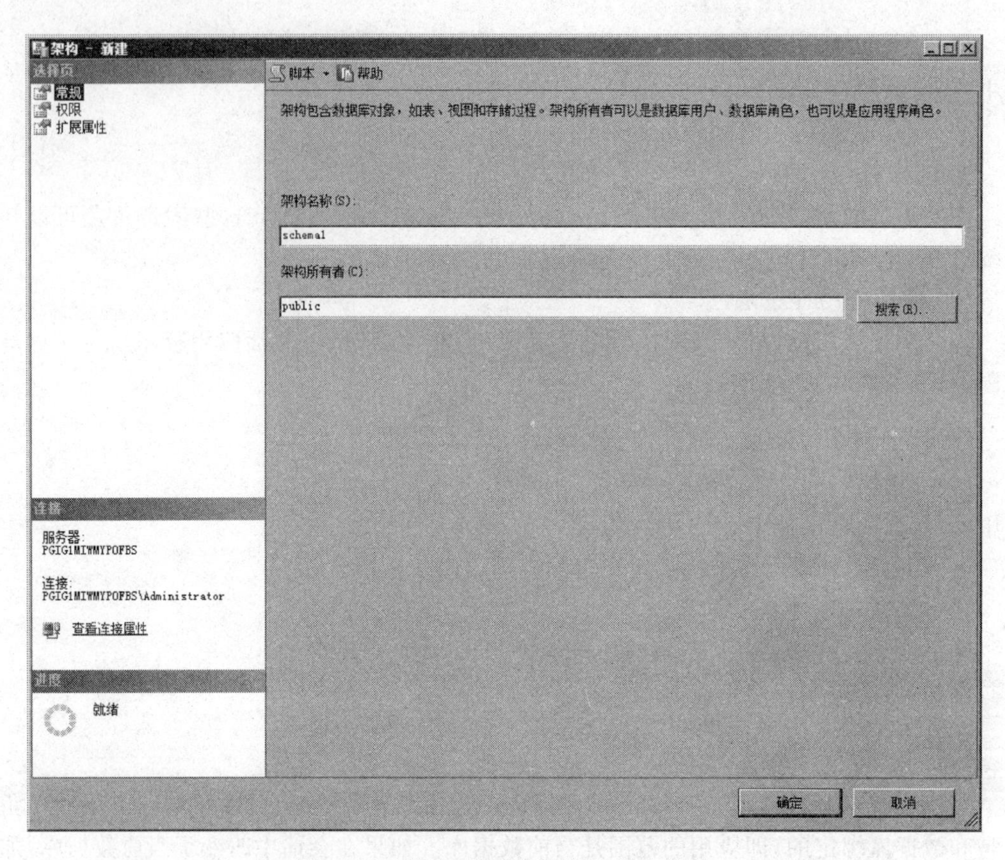

图 11-20　创建架构的"常规"选项卡设置

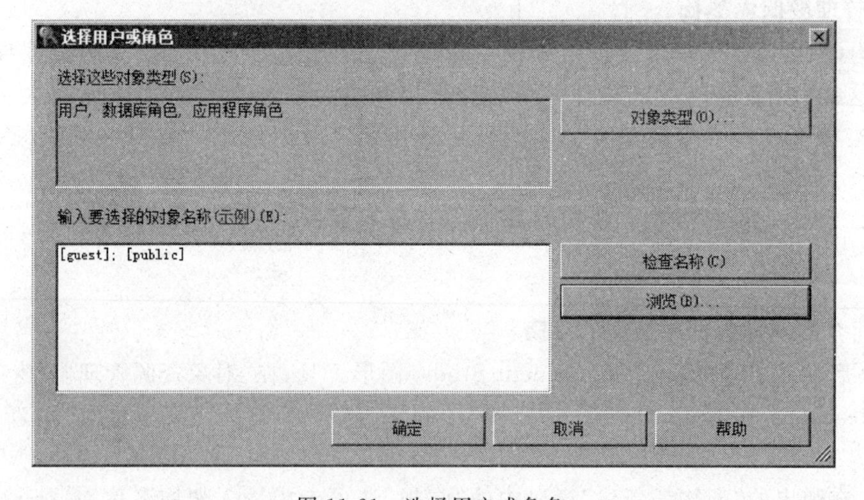

图 11-21　选择用户或角色

(5) 此时对"架构"项进行刷新，即可观察到新建的架构 schema1。还可以通过执行创建脚本的操作查看创建架构的代码，在此不再赘述。

同样，也可以通过 SQL Server Management Studio 图形工具和 Transact-SQL 命令对架构进行修改和删除。

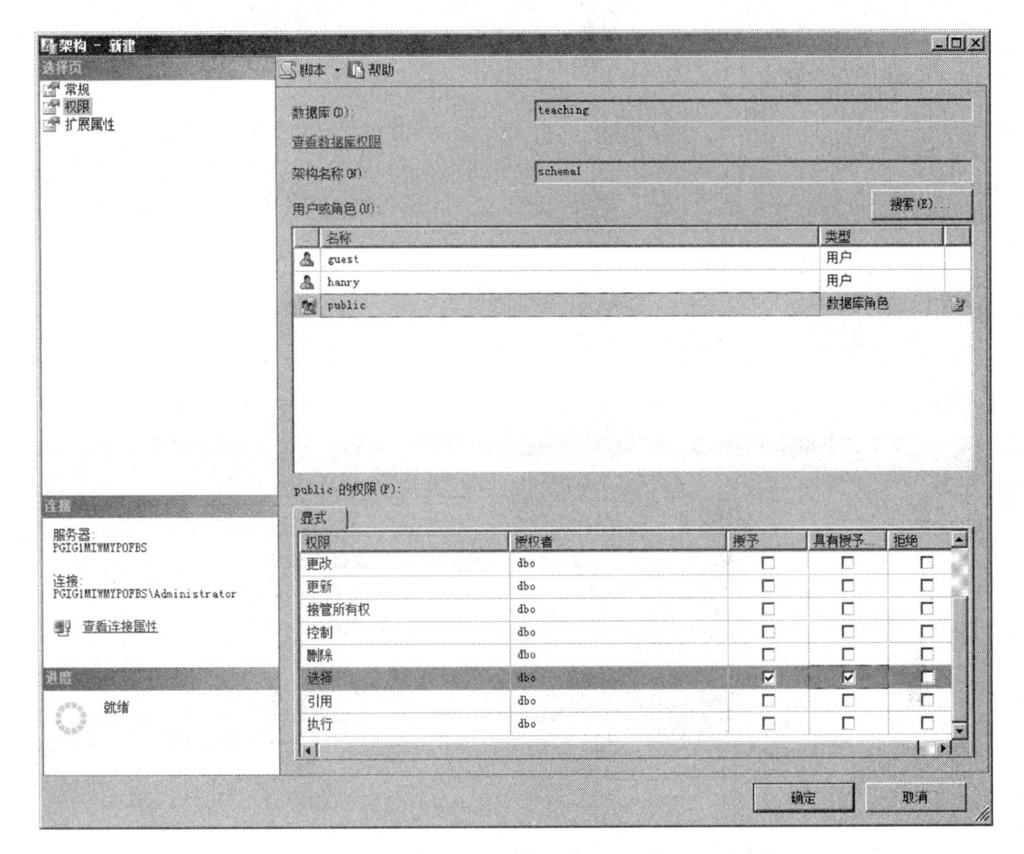

图 11-22　设置架构权限

在 SQL Server 2008 中,多个用户可以通过角色和成员身份拥有一个架构,可以对该架构进行安全权限的设置。多个用户可以共享一个默认架构,进行统一的名称解析。删除数据库用户不必再修改和测试显示引用这些对象的应用程序。

11.3.2　管理数据库用户

数据库用户与登录不同,登录名允许访问 SQL Server 系统,而数据库用户是访问某个特定数据库的主体。一个登录名可映射多个数据库用户,而一个用户只能映射一个登录名。

1. 利用 SQL Server Management Studio 创建数据库用户

(1) 启动 SQL Server Management Studio 图形工具,在“对象资源管理器”窗口中右击数据库 teaching→“安全性”→“用户”子目录,从弹出的快捷菜单中选择“新建用户”命令。

(2) 在弹出的“数据库用户—新建”窗口的“常规”选项卡中输入用户名 hans,选择登录名 mysql,并选择架构,也可以指定“默认架构”项,如图 11-23 所示。

(3) 在“安全对象”选项卡中添加用户的安全对象。

(4) 单击“脚本”按钮,可以生成如下脚本代码:

```
USE [teaching]
GO
CREATE USER [hans] FOR LOGIN [mysql] WITH DEFAULT_SCHEMA = [schema1]
GO
```

```
USE [teaching]
GO
ALTER AUTHORIZATION ON SCHEMA::[db_owner] TO [hans]
GO
use [teaching]
GO
GRANT ALTER ON [dbo].[sc_17] TO [hans]
GO
use [teaching]
GO
DENY TAKE OWNERSHIP ON [dbo].[sc_17] TO [hans]
GO
```

图 11-23 创建数据库用户

(5) 单击"确定"按钮,数据库用户 hans 创建完毕。

2. 利用 Transact-SQL 命令创建数据库用户

向当前数据库添加用户的 Transact-SQL 语法如下:

```
CREATE USER user_name [{FOR|FROM}
  {
    LOGIN login_name
    | CERTIFICATE cert_name
  }
```

```
    | WITHOUT LOGIN
     ]
    [WITH DEFAULT_SCHEMA = schema_name]
```

其中,各参数的含义如下:

- user_name:指定在此数据库中用于识别该用户的名称。
- LOGIN login_name:指定要创建数据库用户的 SQL Server 登录名。login_name 必须是服务器中有效的登录名。
- CERTIFICATE cert_name:指定要创建数据库用户的证书。
- WITH DEFAULT_SCHEMA = schema_name:指定服务器为此数据库用户解析对象名称时将搜索的第一个架构。
- WITHOUT LOGIN:指定不应将用户映射到现有登录名。

【例 11.8】 在 teaching 数据库中创建用户 Abol。

程序代码如下:

```
CREATE LOGIN Abol
    WITH  PASSWORD = '327Shy';
USE  teaching;
CREATE USER Abol;
GO
```

当然,也可以通过 SQL Server Management Studio 和 Transact-SQL 命令对数据库用户进行修改和删除。

11.3.3 特殊用户

SQL Server 数据库的特殊用户主要指 guest 和 dbo 两个用户。所有 SQL Server 2008 数据库中均提供的一种特殊用户,不能从任何数据库中删除该用户。

1. guest 用户

guest(游客)用户在默认情况下存在于所有数据库,且是禁用的。授予 guest 用户的权限由在数据库中没有账号的用户继承。

另外,guest 用户还具有如下特点:

(1) guest 用户不能删除,但可以通过在 master 和 temp 以外的任何数据库中执行 REVOKE CONNECT FROM GUEST 来撤销该用户的 CONNECT 权限,从而禁用该用户。

(2) guest 用户允许没有账号的用户访问数据库。若登录有访问 SQL Server 实例的权限,数据库中又含有 guest 用户账号时,登录就可以采用 guest 用户的标识。

(3) 应用程序角色是数据库级别的主体,只能通过其他数据库中授予 guest 用户的权限来访问这些数据库。因此,任何已禁用 guest 用户的数据库对其他数据库中的应用程序角色都是不可访问的。

2. dbo 用户

dbo(数据库所有者)是具有在数据库中执行所有活动的暗示性权限的用户。固定服务器角色 sysadmin 的任何成员都映射到每个数据库内称为 dbo 的特殊用户上,由固定服务器角色 sysadmin 的任何成员创建的任何对象都自动属于 dbo。

另外,dbo 用户还具有如下特点:

(1) dbo 用户无法删除,而且始终存在于每个数据库中。

(2) 只有固定服务器角色 sysadmin 的成员或 dbo 用户创建的对象才属于 dbo。

(3) dbo 拥有和固定服务器角色 db_owner 中的成员同样的权力,dbo 是唯一一个能在 db_owner 角色中加入成员的用户。

11.4 管理密钥与证书

SQL Server 2008 使用对称密钥、非对称密钥和数字证书,为各种类型的数据加密提供了丰富的支持。

11.4.1 SQL Server 2008 的密码系统架构

SQL Server 2008 用分层加密和密钥管理基础结构来加密数据。每一层都使用证书、非对称密钥和对称密钥的组合对它下面的一层进行加密。如图 11-24 所示,顶层的服务主键是用 Windows 的 DPAPI 进行加密的。服务主键是加密层次结构的根。此密钥是在安装 Microsoft SQL Server 2008 实例时自动生成的,并受 Windows 数据 API 保护。只有创建服务主键的 Windows 服务账户或有权访问服务账户名称和密码的主体能够打开服务主键。

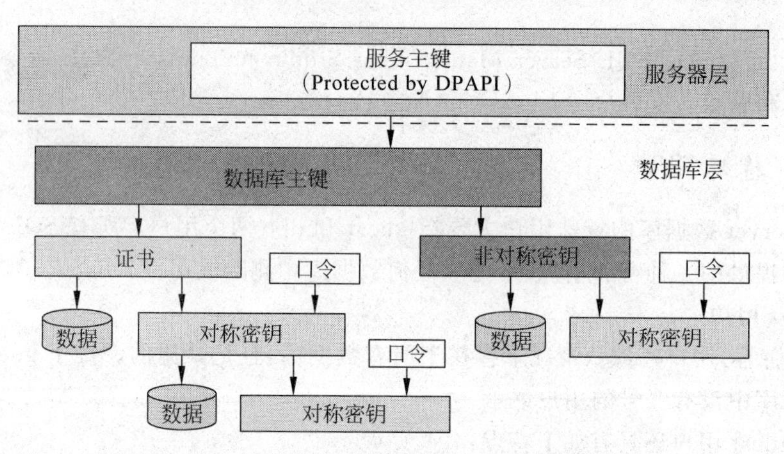

图 11-24 SQL Server 2008 加密层次结构

数据库管理员需要理解服务器级的服务主键和数据库级的数据库主键。每一个密钥都保护其子密钥,子密钥又保护其子密钥,从树形结构图依次向下。口令密码保护对称密钥或证书时例外,这是 SQL Server 使用户管理自己的密钥,以及负责保密密钥的方法。利用此机制可以对数据库访问进行加密,也可以对数据进行加密。

重新生成或还原服务主密钥涉及解密和重新加密完整的加密层次结构。除非危及该密钥的安全性,否则应该在需求较低的时间段内安排这种占用大量资源的操作。

11.4.2 创建密钥

密钥分为非对称密钥和对称密钥,对称密钥是加密和解密都使用的一个密钥。使用对称密钥进行加密和解密非常快,并且适用于使用数据库中敏感数据的例程。非对称密钥由私钥和对应的公钥组成。每个密钥都可以解密另一个密钥加密的数据。非对称加密和解密相对来说会消耗大量资源,但它们比对称加密提供了更高的安全级别。非对称密钥可用于加密对称密钥,以便存储在数据库中。

对称密钥具有速度快,系统占用资源少,密钥的安全分发困难的特点。

非对称密钥具有加密、解密速度慢,占用系统资源较多,方便进行密钥分发的特点。

【例 11.9】 创建和备份服务主密钥示例。

程序代码如下:

```
--生成新的服务主密钥
ALTER SERVICE master KEY REGENERATE;
GO
--备份服务主密钥到文件
BACKUP SERVICE master KEY TO FILE = 'D:\SQLPROGRAM\SMK.BAK'
ENCRYPTION BY PASSWORD = 'PASSWORD1'
--从备份文件还原服务主密钥
RESTORE SERVICE master KEY FROM FILE = 'D:\SQLPROGRAM\SMK.BAK'
DECRYPTION BY PASSWORD = 'PASSWORD1'
```

程序执行成功后,可以发现 SMK.BAK 文件已经存在。

【例 11.10】 创建数据库的主密钥示例。

程序代码如下:

```
USE test02
GO
--为数据库创建数据库的主密钥
CREATE master KEY ENCRYPTION BY PASSWORD = 'PASSWORD1'
GO
--查看数据库加密状态
SELECT [name],is_master_key_encrypted_by_server
FROM sys.databases WHERE name = 'test02';
--查看数据库主密钥的信息
USE TEST02
SELECT * FROM sys.symmetric_keys
GO
--对数据库主密钥进行备份
USE test02
GO
BACKUP master KEY TO FILE = 'D:\SQLPROGRAM\DMK.BAK'
ENCRYPTION BY PASSWORD = 'PASSWORD1'
GO
```

程序执行成功后,可以发现 DMK.BAK 文件已经存在。

11.4.3 创建证书

公钥证书(通常只称为证书)是一个数字签名语句,它将公钥的值绑定到拥有对应私钥的人员、设备或服务的标识上。证书是由证书颁发机构(CA)颁发和签名的。从 CA 接收证书的实体是该证书的主题。证书中通常包含下列信息:

(1) 主题的公钥。

(2) 主题的标识符信息,如姓名和电子邮件地址。

(3) 有效期。这是指证书被认为有效的时间长度。证书只有在指定的有效期内有效,每个证书都包含一个“有效期始于”和“有效期至”日期。这两个日期设置了有效期的界限。证书超过有效期后,必须由已过期证书的主题请求一个新证书。

(4) 颁发者标识符信息。

(5) 颁发者的数字签名。此签名用于证明主题的公钥和标识符信息之间绑定的有效性。在对信息进行数字签名的过程中,信息及发件人拥有的一些秘密信息将被转换成一个称为“签名”的标记。

证书的主要好处是使主机不再需要为每个主题维护一组密码。相反,主机只需要与证书颁发者建立信任关系,然后证书颁发者就可以签名无限数量的证书。

当主机(如安全 Web 服务器)将某个颁发者指定为受信任的根颁发机构时,主机将隐式信任该颁发者用来建立它所发出的证书绑定的策略。主机可以通过将颁发者自签名的证书(其中包含颁发者的公钥)放入主机的受信任根证书颁发机构证书存储区,将此颁发者指定为受信任的根颁发机构。对于中间证书颁发机构或从属证书颁发机构,只有当它们具有受信任根证书颁发机构的合法路径时才会受到信任。

颁发者可以在证书到期之前便撤销该证书。撤销后,将解除公钥与证书中声明的标识之间的绑定。每个颁发者都维护一个证书撤销列表,此列表可由程序在检查任何给定证书的有效性时使用。

【例 11.11】 创建证书 mycert1。

程序代码如下:

```
--创建证书
USE test02
GO
CREATE CERTIFICATE mycert1
ENCRYPTION BY PASSWORD = 'PASSWORD1'
WITH SUBJECT = 'mycert',
START_DATE = '11/01/2017',
EXPIRY_DATE = '01/01/2018'
GO
select * from sys.certificates;
GO
--备份导出证书和私钥
USE test02
GO
BACKUP CERTIFICATE mycert1
TO FILE = 'D:\SQLPROGRAM\mycert1.cer'
WITH PRIVATE KEY
(DECRYPTION BY PASSWORD = 'PASSWORD',
FILE = 'D:\SQLPROGRAM\mycert1_pvt',
ENCRYPTION BY PASSWORD = 'PASSWORD')
```

程序执行成功后,可以发现 mycert1 和 mycert1_pvt 文件已经存在。双击证书 mycert1,结果如图 11-25 所示。

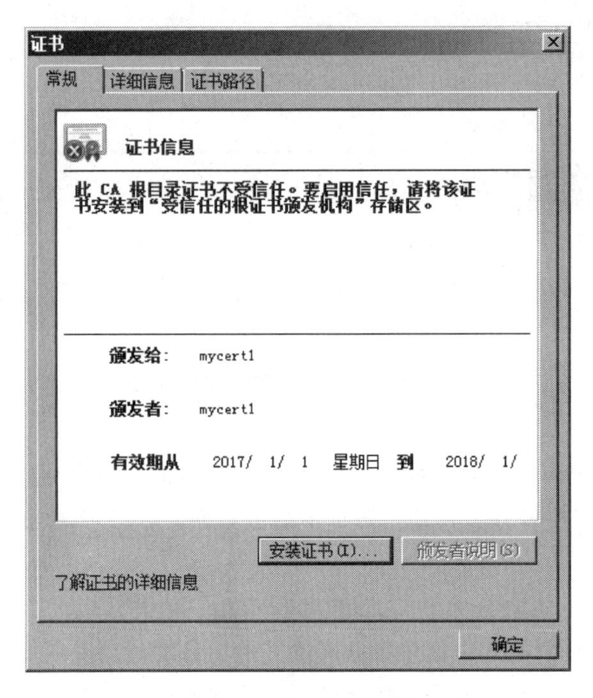

图 11-25 “证书”对话框

【例 11.12】 从证书 mycert1 中创建数据库用户 hongtaoliu。

程序代码如下：

```
USE test02
CREATE USER hongtaoliu FOR CERTIFICATE mycert1
GO
```

程序执行成功后，可以发现数据库 test02 中用户 hongtaoliu 已经存在。

11.4.4 加密实例

下面看一个关于加密的例子。

【例 11.13】 利用前面的证书对字符串进行加密和解密。

程序代码如下：

```
DECLARE @source varbinary(200)
DECLARE @encrytext varbinary(200)
SET @source = CONVERT(varbinary(200),'This is test! ')
SET @encrytext = EncryptByCert(Cert_ID('mycert'),@source)
SELECT @encrytext
SELECT CONVERT(varchar(200),DecryptByCert(Cert_ID('mycert'),
    @encrytext, N'PASSWORD')) as [Source]
```

程序执行成功后，运行结果如图 11-26 所示。

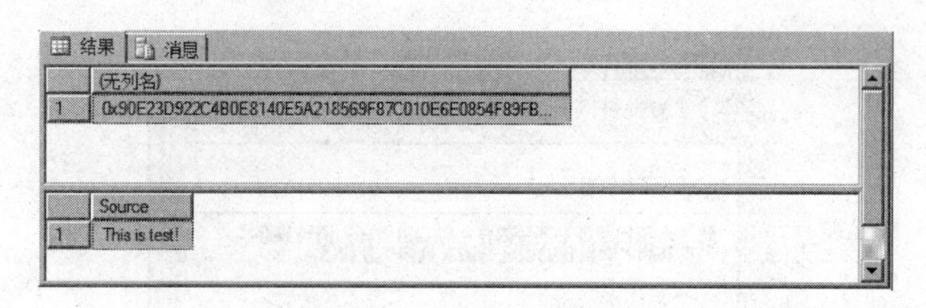

图 11-26　对比加密和解密字符串

11.5　权限管理

权限是 SQL Server 安全性的最后一个级别。权限可以明确用户能够使用哪些数据库对象，并对它们进行何种操作。用户在数据库内的权限取决于用户账号的权限和该用户所属角色的权限。

在 SQL Server 中，权限分为语句、对象和暗示性三种类型。

(1) 语句权限。在数据库中创建数据库或其他项目的活动时所受到的权限控制。

(2) 对象权限。使用数据或执行程序的活动受到的权限控制。

(3) 暗示性权限。执行只有固定角色的成员或数据库对象的所有者才能够执行的某些活动权限，不能授予、撤销或拒绝。例如，添加到 sysadmin 角色的成员就会自动继承并获得 SQL Server 的所有操作权限。

下面详细介绍权限管理的具体内容。

11.5.1　语句权限

语句权限授予用户某些 Transact-SQL 语句的操作权力。语句权限是对语句本身定义的，而不是在数据库中定义的一个特定项。只有 sysadmin、db_owner 或 db_securityadmin 角色的成员才能授予语句权限。例如，用户若要在数据库中创建表，则应该向该用户授予 CREATE TABLE 语句权限。

1. 利用 SQL Server Management Studio 管理语句权限

在 SQL Server Management Studio 中，为查看现有的角色或用户的语句权限，以及“授予”、“具有授予权限”、“允许”或“拒绝”语句权限提供了图形界面。SQL Server 2008 中可以通过多种方式获取这种图形界面。

例如，在“对象资源管理器”窗口中展开“数据库”下的 teaching 子目录，右击 teaching，从弹出的快捷菜单中选择“属性”命令，然后在弹出的“数据库属性”窗口中选择“权限”选项卡，可以查看、设置角色或用户的语句权限，如图 11-27 所示。

可以看到下方列表中包含上方窗口中指定的数据库的用户或角色的语句权限。可以利用“添加”和“删除”按钮对数据库用户和角色进行增减，可以用复选框“授予”或“拒绝”指定对象上的各个权限。

SQL Server 2008 中用户或角色的权限包括可以将各类权限设置为“授予”、“具有授予

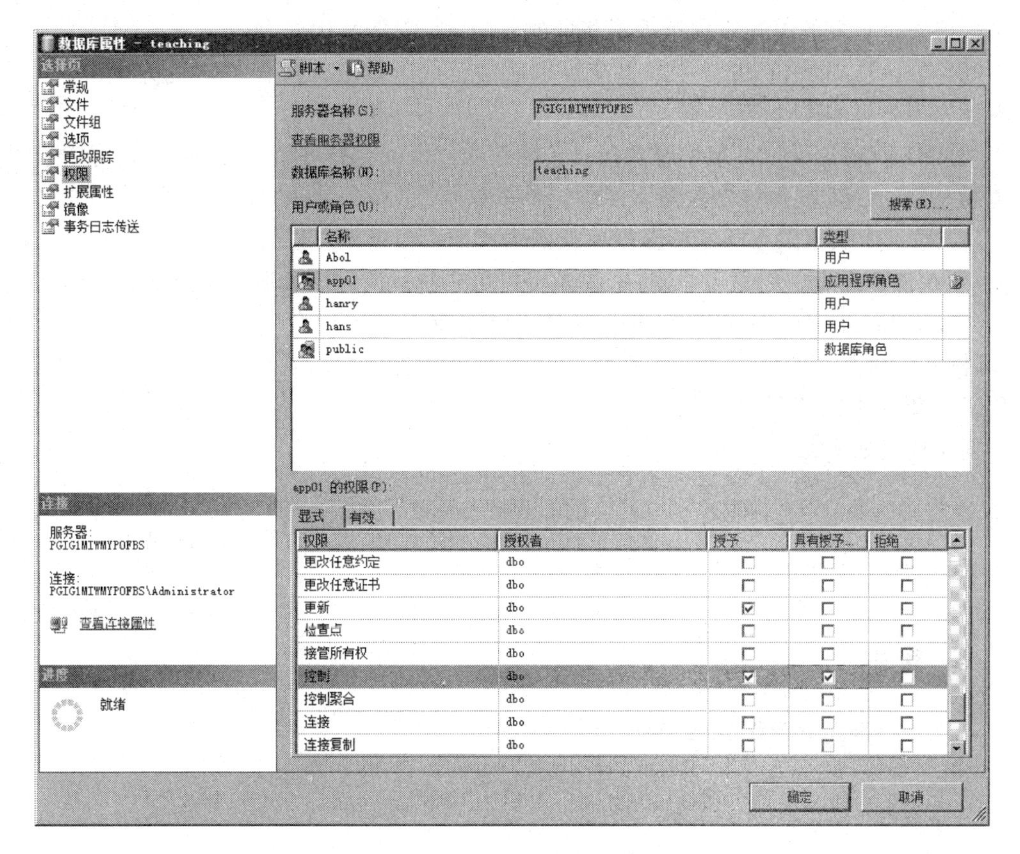

图 11-27　管理语句权限

权限”、“允许”或“拒绝”，或者不进行任何设置。

“授予”是指将权限分配给用户或角色。“具有授予权限”是指用户或角色获得的权限可以再授予其他用户或角色。选中“拒绝”复选框将覆盖表级对列级权限以外所有层次的权限设置。如果未进行任何设置，将从其他组成员身份中继承权限。

2. 利用 Transact-SQL 语句管理语句权限

数据控制语言(DCL)是用来设置或更改数据库用户或角色权限的语句，包括 GRANT、DENY、REVOKE 等语句。在默认状态下，只有 sysadmin、dbcreator、db_owner 或 db_securityadmin 等人员才有权力执行数据控制语言。三种语句的功能如表 11-7 所示。

表 11-7　管理数据库语句权限

语　句	含　义	功能描述
GRANT	授予	将安全对象的权限授予主体
DENY	拒绝	拒绝授予主体权限。防止主体通过其组或角色成员身份继承权限
REVOKE	撤销	取消以前授予或拒绝了的权限

表 11-7 所示的三种语句的完整语法非常复杂，可以查相关资料进行了解。下面对授予、拒绝和撤销安全对象的权限进行说明：

(1) 授予权限将删除对所指定安全对象的相应权限的 DENY 或 REVOKE 权限。如果在包含该安全对象的更高级别拒绝了相同的权限，则 DENY 优先。

(2) 在 SQL Server 2008 中在更高级别撤销已授予权限的操作并不优先，表级 DENY 并不优先于列级 GRANT。

(3) REVOKE 语句可用于删除已授予的权限或取消拒绝权限，DENY 语句可用于防止主体通过 GRANT 获得特定权限。

(4) 数据库级权限在指定的数据库范围内授予。如果用户需要另一个数据库中对象的权限，则在该数据库中创建用户账户，或者授权用户账户访问该数据库及当前数据库。

(5) sp_helprotect 系统存储过程可报告对数据库级安全对象的权限。

【例 11.14】 在数据库 teaching 中，为数据库用户 hans 和 Abol 设置 DELETE、INSERT 和 SELECT 语句权限。

程序代码如下：

```
-- 为 hans 和 Abol 设置带有"具有授予权限"DELETE、UPDATE 语句的权限
-- WITH ADMIN OPTION 为可选项，允许被授权的用户将指定的权限再授予其他用户或角色
GRANT DELETE, UPDATE TO hans, Abol WITH GRANT OPTION
GO
-- 为 hans 和 Abol 设置"授予"INSERT 语句的权限
GRANT INSERT TO hans, Abol
GO
-- 为 hans 和 Abol 设置"拒绝"SELECT 语句的权限
DENY SELECT TO  hans, Abol
GO
-- 查看 hans 和 Abol 的权限
EXECUTE sp_helprotect NULL, NULL, NULL, 'S'
GO
```

程序运行结果如下：

```
Owner    Object    Grantee    Grantor    ProtectType    Action    Column
-----    ------    -------    -------    -----------    -------   ------
.        .         Abol       dbo        Deny           Select    .
…
.        .         hans       dbo        Grant_WGO      Delete    .
.        .         hans       dbo        Grant_WGO      Update    .
(12 行受影响)
```

11.5.2 对象权限

对象权限就是指使用数据或执行程序的活动时受到的权限控制。对象权限表示对特定的数据库对象(表、视图、字段和存储过程)的操作权限，它决定了能对表、视图等数据库对象执行的操作。

1. 利用 SQL Server Management Studio 管理对象权限

在 SQL Server Management Studio 中，为查看现有的对象权限，以及“授予”、“具有授予权限”、“允许”或“拒绝”语句权限提供了图形界面。

例如，在“对象资源管理器”窗口中展开“数据库”下的 teaching→“表”子目录，右击 st_score 表，从弹出的快捷菜单中选择“属性”命令，然后从“表属性”窗口中选择“权限”选项卡，

可以查看、设置表的对象权限，如图 11-28 所示。

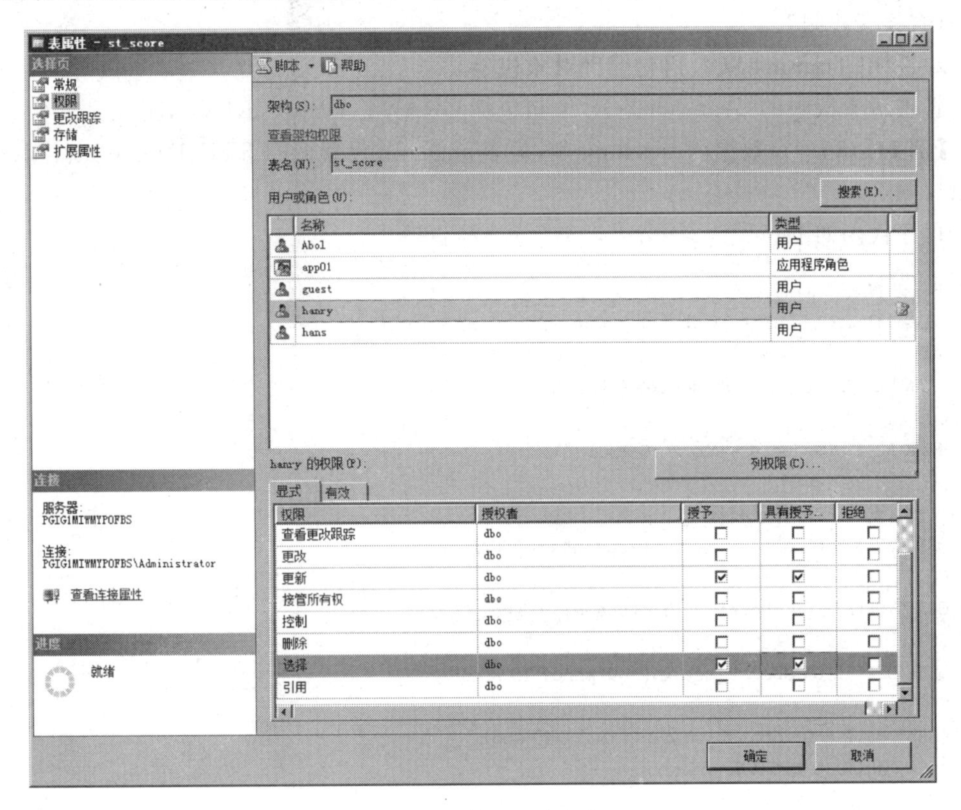

图 11-28　管理对象权限

如果选择一个操作语句，然后单击“列权限”按钮，还可以设置表中某些列的权限，如图 11-29 所示。

图 11-29　管理列权限

图 11-29 所示的是为表 st_score 中的列 final 设置“授予”权限，为列 sname 设置“授予”和“具有授予权限”。

2. 利用 Transact-SQL 语句管理对象权限

管理对象权限的 Transact-SQL 语句包括 GRANT、DENY、REVOKE 等语句。

【例 11.15】 在数据库 teaching 中，为表 st_score 设置 DELETE、INSERT 和 SELECT 对象权限。

程序代码如下：

```
--设置表上的对象权限
GRANT INSERT,SELECT ON dbo.st_score TO Abol WITH GRANT OPTION
GO
GRANT DELETE ON dbo.st_score TO Abol
GO
DENY ALTER ON dbo.st_score TO Abol
GO
--设置列上的对象权限
DENY UPDATE ON dbo.st_score (studentno) TO Abol
GO
GRANT UPDATE ON dbo.st_score (sname) TO Abol AS dbo
GO
DENY UPDATE ON dbo.st_score (courseno) TO Abol
GO
GRANT UPDATE ON dbo.st_score (final) TO Abol
   WITH GRANT OPTION  AS dbo
GO
--查看表 st_score 的所有对象权限
EXECUTE sp_helprotect 'st_score'
GO
```

程序运行结果如下：

```
Owner   Object    Grantee   Grantor   ProtectType   Action    Column
------- ------  --------  -------- ----------   -------  ---------
dbo     st_score  Abol      dbo       Deny          ALTER       .
…
dbo     st_score  Abol      dbo       Grant_WGO     Select    (All + New)
dbo     st_score  Abol      dbo       Grant_WGO     Update    final
(8 行受影响)
```

【例 11.16】 在数据库 teaching 中，撤销用户 Abol 在表 st_score 上设置的 INSERT 和 SELECT 对象权限。

程序代码如下：

```
--CASCADE 表示要撤销的权限也会从此主体授予或拒绝该权限的其他主体中撤销
REVOKE INSERT,SELECT on st_score from Abol CASCADE
--查看表 st_score 的所有对象权限
EXECUTE sp_helprotect 'st_score'
GO
```

程序运行结果如下：

```
Owner    Object      Grantee    Grantor   ProtectType   Action   Column
-----    -------     --------   -------   -----------   ------   -------
dbo      st_score    Abol       dbo       Deny          ALTER    .
…
dbo      st_score    Abol       dbo       Grant_WGO     Update   final
(6 行受影响)
```

11.5.3 解决权限冲突

用户在登录到 SQL Server 2008 后，其用户账号所属的角色被赋予的权限决定了该用户能够对哪些数据库对象执行哪种操作及能够访问、修改哪些数据。

在每个数据库中用户的权限独立于用户账号和用户在数据库中的角色，每个数据库都有自己独立的权限系统。

授予角色的权限由它们的成员继承。虽然用户可以在一个级别上授予或撤销权限，但是，若这些权限与更高级别上的权限发生冲突，则可能拒绝或允许用户访问权限。

1. 拒绝

在 SQL Server 2008 中，除了表级的 DENY 优先权并不优先于列级 GRANT 外，拒绝权限具有各层次的优先权，在任何级别上的拒绝权限都拒绝该对象的权限，无论该用户现有的权限是已经授予还是废止。

SQL Server 总是首先处理被拒绝的权限，若对 public 角色设置拒绝权限，则将禁止任何用户访问对象，包括 DENY 语句的用户。

2. 撤销

撤销权限只删除所撤销级别(如包含该用户、组或角色)上已经授予的权限或已经拒绝的权限。而在另一层次上所授予或拒绝的主体的同一权限仍然有效。

REVOKE 语句能够将在当前数据库内的用户或者角色上授予或拒绝的权限删除，但是该语句并不影响用户或者角色从其他角色中作为成员继承过来的权限。

3. 授权

授予权限删除所授予级别(如包含该用户、组或角色)上的已经拒绝权限或撤销权限，而在另一级别上所拒绝的同一权限仍然有效。在另一级别上所撤销的同一权限仍然适用，但它并不阻止用户访问该对象。

因此，用户得到的权限是在对象上所授予、拒绝或撤销的全部权限的并集，其中拒绝权限比另一级别上授予或撤销的同一权限优先。

例如，用户可以从一个角色中接受一些权限，而从其他一些角色中接受另一些权限。或者，用户可以拒绝将角色的其他成员所具有的权限授予某个用户。

11.6 小　　结

数据的安全机制是防止不合法用户的访问造成数据泄密或破坏的保证。在 SQL Server 2008 数据库系统中，通过 SQL Server 2008 客户端、网络传输、服务器、数据库和数据对象的安全机制的设置，用户对数据库执行操作时，系统可以自动检查用户是否有权限进行这些操作。在本章的学习过程中，应该掌握如下内容：

(1) 主体、登录名、角色、用户、架构等基本概念的含义。

(2) SQL Server 2008 的安全机制。

(3) 两种验证模式及其设置。

(4) 登录名的创建和使用。

(5) 角色与用户的创建、使用及权限设置。

(6) 解决权限冲突的方法。

习 题 11

1. 选择题

(1) SQL Server 2008 默认的用户登录账号是________。

A. BUILTIN\Administrators　　B. guest

C. dbo　　D. sa

(2) 下列命令中________命令用于撤销 SQL Server 用户对象权限。

A. REVOKE　　B. GRANT　　C. DENY　　D. CREATE

(3) SQL Server 2008 中没有成员是________角色。

A. 标准　　B. 固定数据库　　C. 应用程序　　D. 服务器

(4) SQL Server 2008 中的主体对安全对象的权限层次________。

A. 不分层　　B. 分 3 层　　C. 分 2 层　　D. 分 4 层

(5) SQL Server 数据库用户不能够创建________。

A. 数据库角色　　B. 登录名　　C. 服务器角色　　D. 应用程序角色

2. 思考题

(1) 简述在对象上进行权限设置时,角色权限和用户权限的关系。

(2) 试述应用程序角色的建立方法和用途。

(3) 简述 SQL Server 2008 的登录名与数据库用户的关系。

(4) 简述什么是数据库固定角色。

(5) 简述在对象上进行权限设置时,授予、拒绝和撤销的关系。

3. 上机练习题(本题利用 teaching 数据库进行操作)

(1) 利用两种方法创建一个 SQL Server 登录名 USER1,密码为 Abc!@#213。

(2) 练习利用登录名 USER1 连接服务器。

(3) 练习在 teaching 数据库中为 SQL Server 登录名 USER1 添加数据库用户,并取名为 USER2,默认架构为 TEAC。

(4) 练习为 teaching 数据库新创建一个数据库用户 USER2,并为其赋予查询 student 表的权限。

(5) 练习将 teaching 数据库中创建表的权限授予用户 USER2。

第12章 备份和恢复

SQL Server 2008 数据库的备份和恢复功能强大,涉及数据库系统的可靠性、安全性和完整性,是有效地防止数据丢失的重要工具。备份和恢复的目的就是将数据库中的数据进行导出,生成副本,然后在系统发生故障后能够恢复全部或部分数据。数据恢复就是在数据库的一定生命周期的某一时刻还原数据。

本章的主要学习目的是掌握数据库的备份和恢复的常用操作。

12.1 备份和还原概述

对于生产数据库来说,数据的安全性是至关重要的,任何数据的丢失和危险都可能给生产带来严重的损失。制定各种故障和灾难的恢复计划,应该预计到各种形式的潜在灾难,并针对具体情况制定恢复计划。一般来说,应该在问题发生之前不断地监视数据库,使用数据库一致性检查(DBCC)语句来监视数据库的一致性,使用 SQL Server 代理来自动执行日常任务(比如定期备份事务日志)等。在数据库系统生命周期中可能发生的灾难主要分为三类:

(1) 系统故障。系统故障一般是指硬件故障或软件错误。SQL Server 本身就可以自己修复这类故障。

(2) 事务故障。事务故障是指事务运行过程中没有正常提交就产生的故障。SQL Server 本身就能够处理事务故障。特殊情况下,还可以通过重启服务来处理该故障。

(3) 介质故障。由于物理介质发生读写错误,或者管理员在操作过程中不慎删除一些重要数据或日志文件,就会产生介质故障。一般来说,介质故障需要数据库管理员手工进行恢复,恢复时需要在发生故障前的数据库备份和日志备份。

12.1.1 备份的时机

备份数据库的时机和频率取决于可接受的数据丢失量和数据库活动的频繁程度。如果系统处于联机事务处理(OLTP)环境,则需要频繁备份数据库。如果系统主要用于决策支持(OLAP),则不必频繁备份数据库。需要决定从每种灾难中进行数据还原的合理时间长度,根据灾难类型和数据库的大小不同,所需的最短数据还原时间也会不同。

当计划从各种潜在的灾难中恢复时,需要考虑相关的问题,并为各种可能性做准备。例如,一个包含数据文件的磁盘出现故障,就应该考虑下列问题:

(1) 关闭数据库会造成什么后果?

(2) 替换损坏的数据磁盘并用数据库备份还原数据的时间可否接受?

(3) 为了使数据库不会由于单个磁盘的故障而无法使用，是否需要实现 RAID?

(4) 用数据库备份还原数据的实际时间是多少?

(5) 更频繁地备份数据库是否会显著地减少还原时间?

SQL Server 的备份是动态进行的，备份数据库的时机和频率主要根据特定的业务环境决定，有时候还要与制定合适备份策略相配合。

系统数据库 master、msdb、model 修改后都要对其进行备份，这样才能把更改后的所有数据库信息保存下来。

用户应当定期地备份用户数据库。可以从下列几方面考虑备份的时机：

(1) 创建数据库或为数据库填充了数据以后，用户应该备份数据库。

(2) 创建索引后备份数据库。

(3) 清理事务日志后备份数据库。当执行了清理事务日志的语句后，应该备份数据库。在清理之后，事务日志将不包含数据库的活动记录，也不能用来还原数据库。

(4) 执行了无日志操作后也应该备份数据库。

12.1.2 备份和恢复的类型

在 SQL Server 2008 系统中主要有 4 种常用备份类型：完整数据库备份、差异数据库备份、事务日志备份和数据库文件或文件组备份。

1. 完整数据库备份和恢复

如果数据库主要用于读操作，那么完整数据库备份能有效地防止数据库丢失。完整数据库备份是数据库恢复时的基线，执行完整数据库备份时，SQL Server 执行下列操作：

(1) 备份在备份过程中发生的所有活动。

(2) 备份事务日志中的所有未提交事务。

完整数据库的恢复是从完整数据库备份中进行恢复。

2. 差异数据库备份和恢复

为了减少还原频繁修改的数据库的时间，可以执行差异备份。在执行差异备份之前必须已经执行了完整数据库备份。差异备份只备份自上一次完整数据库备份发生改变的内容和在差异备份过程中所发生的所有活动，以及事务日志中所有提交的部分。

差异数据库的恢复必须在完整数据库备份的基础上进行恢复。

3. 事务日志备份和恢复

备份事务日志可以记录数据库的更改，但前提是在执行了完整数据库备份之后。进行事务日志备份时，SQL Server 执行备份操作是从上一次成功执行 BACKUP LOG 语句之后到当前事务日志结尾的这段事务日志，并从事务日志活动部分的起点处截断事务日志，丢弃不活动部分的信息。

事务日志的恢复必须在完整数据库备份的基础上进行，且可以恢复到特定的即时点或故障点。

4. 数据库文件或文件组备份和恢复

对超大型数据库执行完整数据库备份是不可行的，可以执行数据库文件或文件组备份。在备份数据库文件或文件组时应考虑以下几点：

(1) 必须指定逻辑文件或文件组，一般将表和索引一起备份。

(2) 必须执行事务日志备份，使还原的文件与数据库的其他部分相一致，必须同时备份事务日志。

(3) 最多可以指定16个文件或文件组，且应制定轮流备份每个文件的计划。

数据库文件或文件组的恢复通过完整数据库备份进行恢复，也可以单独恢复。

其他方式的备份如纯日志备份或大容量日志备份、尾日志备份、仅复制备份等可以通过查询联机丛书等资料进行了解。

12.1.3 备份策略的选择

备份策略是用户根据数据库运行的业务特点制定的备份类型的组合。一种常用的数据库备份策略是依据事先定义好的时间进行整个数据库的备份。这种备份策略可以将数据库还原到上一次备份发生时的最后状态。

1. 完整数据库备份策略

完整数据库备份的备份内容包括还原数据库时需要的所有数据和数据库的元数据信息，其中包括全文目录。在还原完整数据库备份时，数据库将恢复所有数据库文件，这些文件包含备份结束时处于一致状态的所有数据。在执行数据库备份时，数据库即使处于联机状态，用户依然可以像平常一样发起事务，更改数据。"一致状态"是指在备份执行过程中，所有提交的事务将被接受，所有未完成的事务将被回滚。在SQL Server执行备份时可能存在事务正在修改数据的情形，而这种情形很可能导致数据不一致。

完整数据库备份策略适合如下情况：

(1) 数据库中的数据量比较小，总的备份时间可以接受。

(2) 数据库中的数据量变化少或者数据库是只读的。

2. 数据库和事务日志备份策略

如果数据库要求有比较严格的可恢复性，而使用完整数据库备份的时间与效率不允许时，可以通过数据库和事务日志备份策略。即在完整数据库备份的基础上，增加事务日志备份，以记录全部数据库的活动。

当进行数据库和事务日志备份策略时，用户应该从最近的完整数据库备份开始，使用事务日志备份。这种策略一般用于经常修改操作的数据库上。

3. 差异备份策略

差异备份策略一般是在完整数据库备份上，且数据变化比较频繁的数据库上，该类备份可以节省数据库备份的时间。

4. 文件或文件组备份策略

文件或文件组备份策略主要包含单个文件或文件组的操作，适用于数据量庞大、完整备份耗时长的数据库。该类策略非常灵活，但管理起来非常复杂，SQL Server 2008不能自动维护文件关系的完整性。

12.1.4 恢复模式的设置

恢复模式是指数据库运行时记录事务日志的模式。恢复模式控制事务记录在日志中的方式、事务日志是否需要备份以及还原的操作。恢复模式是数据库的一个属性，也是数据库备份和恢复的约定方案。

1. 恢复模式的分类

恢复模式包含简单恢复模式、完整恢复模式和大容量日志恢复模式三种类型，适合于数据库的恢复模式取决于数据库的可用性和恢复要求。

(1) 简单恢复。简单恢复模式仅用于测试和开发数据库或包含的大部分数据为只读的数据库。数据只能恢复到最近的完整备份或差异备份。不备份事务日志，且使用的事务日志空间最小。

(2) 完整恢复。完整恢复模式提供最大的灵活性，使数据库可以恢复到早期时间点。

(3) 大容量日志恢复。大容量日志恢复模式是对完整恢复模式的补充。对某些大规模操作(例如大容量复制)，大容量日志恢复模式与完整恢复模式相比，性能更高，占用的日志空间更少。

如果从可能发生的服务器故障中恢复时不再需要使用日志空间，该空间会被重新利用。与简单恢复模式相比，完整恢复模式和大容量日志恢复模式向数据提供更多保护。

2. 选择数据库的恢复模式

查看、更改和指定数据库的恢复模式可以参考如下步骤：

(1) 启动 SQL Server Management Studio，在"对象资源管理器"窗口中右击"数据库"下的 teaching 子目录，从弹出的快捷菜单中选择"属性"命令。

(2) 在弹出的"数据库属性"窗口中选择"选项"选项卡，在"恢复模式"下拉列表中可以选择恢复模式，如图 12-1 所示。

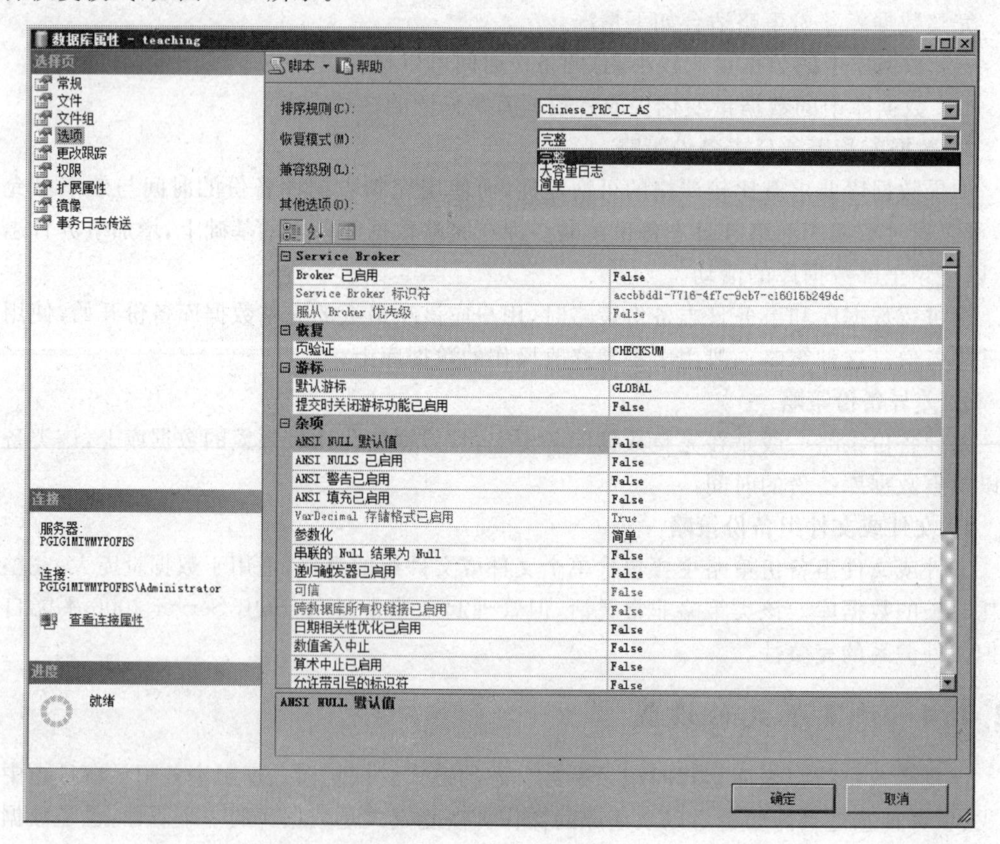

图 12-1 选择恢复模式

(3) 也可以从列表中更改恢复模式。可以选择“简单”、“完整”或“大容量日志”恢复模式中的一种,然后单击“确定”按钮即可。

3. 利用 Transact-SQL 语句设置恢复模式

(1) 设置简单恢复模式。数据库所用的默认恢复模式取决于数据库创建时指定的数据库恢复模式。为了实现只包括完整数据库备份的备份策略,恢复模式应该被设置为“简单模式”。如果只使用完整数据库备份和差异备份,数据库必须置于简单恢复模式。在简单恢复模式中,事务日志会在每一个检查点后被删除。在简单恢复模式中不能创建事务日志备份。

设置恢复模式为简单模式可以用 ALTER DATABASE 语句来设置。

【例 12.1】 为数据库 test01 设置简单恢复模式。

程序代码如下:

```
USE master;
GO
ALTER DATABASE   test01
SET   RECOVERY   SIMPLE;
GO
--查看恢复模式语句
SELECT DATABASEPROPERTYEX('test01','Recovery')
```

检查程序的执行结果,将显示恢复模式为 SIMPLE。

(2) 完整恢复模式。如果也想使用事务日志备份,恢复模式必须置于完整恢复模式(FULL)或者大容量日志恢复模式(BULK_LOGGED)。完整恢复模式会使得 SQL Server 将所有事务保存在一个事务日志文件中直到一次事务日志备份发生。当事务日志备份发生时,SQL Server 将在事务日志备份写入备份设备后删除事务日志。

在数据库置于完整恢复模式的时候,执行事务日志备份是非常重要的。如果没有进行事务日志备份,事务日志文件将不断增加直至其最大容量限制。事务日志已满且不能再增加的时候就不能再执行事务了。

使用 ALTER DATABASE 将数据库的恢复模式设置为 FULL。以下代码将 test01 数据库的恢复模式设为 FULL:

```
USE master;
GO
ALTER DATABASE test01
SET RECOVERY FULL;
GO
```

(3) 大容量日志恢复模式。在完整恢复模式下,所有大容量操作将被完整记录下来以便能还原事务日志备份。大容量日志恢复模式可以允许事务日志既捕获日志又捕获大容量操作的结果。但在大容量日志恢复模式下,将数据库还原到特定的时间点是不可能的。而且,在数据文件损坏且在最后一次事务日志备份之后发生了大容量操作的情况下,不可能再执行事务日志备份,这恰好是事务日志备份的重要优点之一。因此,大容量日志恢复模式必须在执行大容量操作的时候打开,并且要让使用这种模式的时间尽量短。

12.2 备份数据库

为了保证数据库系统的安全,应在执行备份之前制定一个可行的备份计划,计划中应当考虑到以下几个方面,即包括备份的内容、备份存储的位置、备份的频率、备份的介质等。

下面介绍几个备份和恢复数据库过程中常用的术语。

(1) 备份(Backup)。数据库、文件组、文件或事务日志的副本,可用于恢复数据。

(2) 备份集(Backup Set)。从备份所属的媒体集方面进行说明的单个备份。每个备份集都分布在所属媒体集的所有媒体簇中。

(3) 备份设备(Backup Device)。备份的存储位置称为备份设备,包含备份媒体的磁带机或磁盘驱动器两种形式。

(4) 备份文件(Backup File)。存储完整或部分数据库、事务日志、文件和/或文件组备份的文件。

12.2.1 创建备份设备

每一个备份设备可以存储许多不同类型的多个备份文件。备份设备有磁带设备和磁盘设备两种类型,在本书中只讨论磁盘设备的备份过程。磁盘设备是在磁盘或者磁盘存储媒体上创建的文件。

创建备份设备的方法通常有使用存储过程和 SQL Server Management Studio 图形工具有两种方式。利用 SQL Server Management Studio 创建磁盘备份设备的步骤如下:

(1) 在"对象资源管理器"窗口中展开"服务器对象"子目录,然后右击"备份设备"。

(2) 从弹出的快捷菜单中选择"新建备份设备"命令,打开"备份设备"窗口。

(3) 若要确定目标位置,则选中"文件"单选按钮并指定该文件的完整路径,然后输入设备名称 device1,如图 12-2 所示。

(4) 单击"确定"按钮,备份设备 device1. bak 创建成功。

备份设备由设备名标识。设备名可以是逻辑设备名或者物理设备名。一个磁盘设备的物理设备名是备份文件的路径,例如"D:\sqlprogram\Backup\"。这个路径可以在备份语句中直接使用。逻辑设备名是存储在备份 SQL Server 中指向备份设备物理名的名称。当一个连接设备名在备份语句中使用的时候,SQL Server 将在系统目录中搜寻相应的物理位置并在搜到的位置执行备份。

也可以使用系统存储过程 sp_addumpdevice 创建备份设备。单击图 12-2 中的"脚本"按钮,即可得到如下创建备份设备的代码:

```
USE [master]
GO
EXEC master.dbo.sp_addumpdevice
@devtype = N'disk',
@logicalname = N'device1',
@physicalname = N'D:\sqlprogram\Backup\device1"'
GO
```

由此例题可以了解使用系统存储过程 sp_addumpdevice 创建备份设备的方法。

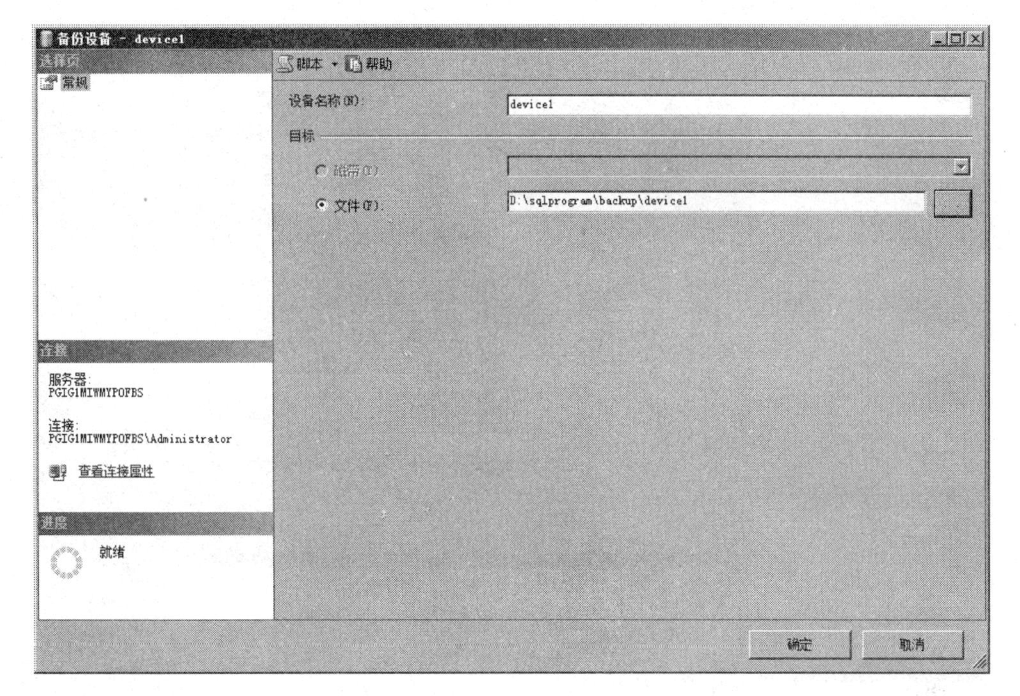

图 12-2　创建备份设备

备份设备分为永久备份设备和临时备份设备。永久备份设备可以重复使用，应该在备份前创建，如前面定义的 device1.bak 就是永久备份设备。

临时备份设备在备份数据库时创建，用于一次性使用的备份，如需要测试自动执行的备份操作。

数据备份决不能存储到相同的物理存储单元，例如数据库自身的磁盘设备。因为控制器可能经常出错并损坏磁盘上的数据。

12.2.2　执行完整数据库备份

使用 SQL Server Management Studio 和 Transact-SQL 语句都可以备份数据库，包括完整备份、差异备份、事务日志备份及文件和文件组备份。备份的方法步骤大同小异，只是选项或命令参数有区别。

1. 使用 SQL Server Management Studio 备份数据库

下面以备份 teaching 数据库为例，介绍如何使用 SQL Server Management Studio 备份数据库。

(1) 启动 SQL Server Management Studio，在“对象资源管理器”窗口中展开树形目录，选择“数据库”下的 teaching 子目录。

(2) 右击 teaching，从弹出的快捷菜单中选择“任务”→“备份”命令，弹出图 12-3 所示“备份数据库”窗口。

(3) 在如图 12-3 所示的窗口中可以完成以下操作：

① 选择要备份的数据库。这里默认 teaching 数据库即可。

② 选择要备份类型。备份类型分为“完整备份”、“差异备份”和“事务日志备份”三种。

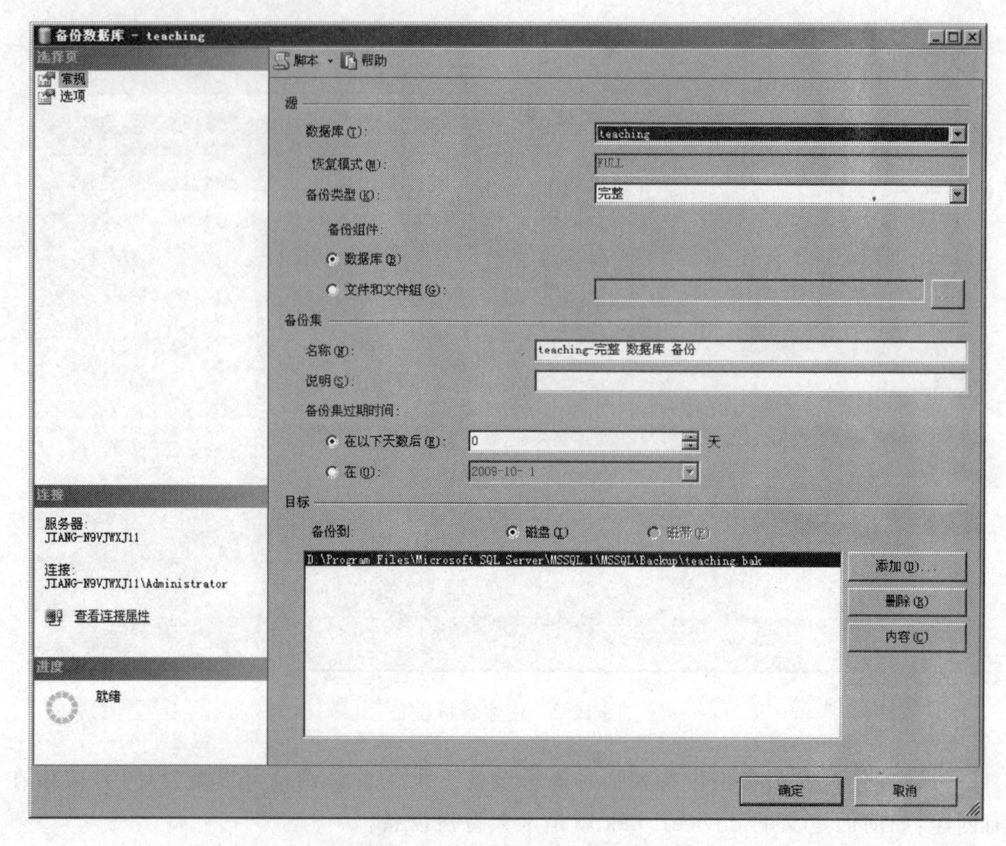

图 12-3　创建完整数据库备份

在“备份类型”下拉列表中选择“完整”选项。

③ 设置备份集的信息。在“备份集”选项区域中可以设置备份集的信息，其中在“名称”文本框中输入“teaching 完整备份”；在“说明”文本框中输入“完整备份练习”。

④ 在“备份集过期时间”区域可以设置本次备份在几天后过期或在哪一天过期。如在“在以下天数后”微调框中可以输入的范围为 0～99999，如果为 0 则表示不过期。备份集过期后会被新的备份覆盖。这里设置为 0。

⑤ 数据库默认是备份到 C:\Program Files\Microsoft SQL Server\MSSQL10_50.MSSQLSERVER\MSSQL\Backup\teaching.bak。

(4) 单击“脚本”按钮，即可获得如下创建临时设备文件的代码：

```
BACKUP DATABASE [teaching]
  TO  DISK = N'C:\Program Files\Microsoft SQL Server\MSSQL10_50.MSSQLSERVER\MSSQL\Backup\
teaching.bak'
  WITH  DESCRIPTION = N'完整数据库备份练习',
  NOFORMAT, NOINIT,  NAME = N'teaching - 完整备份',
  SKIP, NOREWIND, NOUNLOAD,
  STATS = 10
GO
```

(5) 单击“确定”按钮，开始备份数据库 teaching。

(6) 也可以单击图 12-3 所示窗口中的“添加”按钮添加备份路径。在弹出的“选择备份目标”对话框中选择“备份设备”单选按钮下的下拉列表中的 device1，如图 12-4 所示。

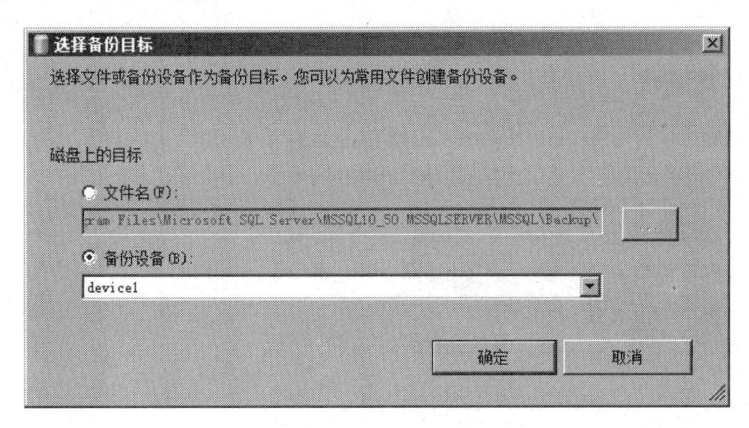

图 12-4　选择备份设备

(7) 单击“确定”按钮，返回图 12-3 所示窗口。若要查看或选择高级选项，则在“选项”选项卡中进行设计，然后单击“确定”按钮即可完成完整数据库备份。

(8) 查看备份文件。在“对象资源管理器”窗口中右击“服务器对象”→“备份设备”→device1 子目录，从弹出的快捷菜单中选择“属性”命令，在弹出的“备份设备—device1”窗口中选择“介质内容”选项卡，如图 12-5 所示，即可观察到 teaching 数据库的完整备份文件“teaching 完整备份”。

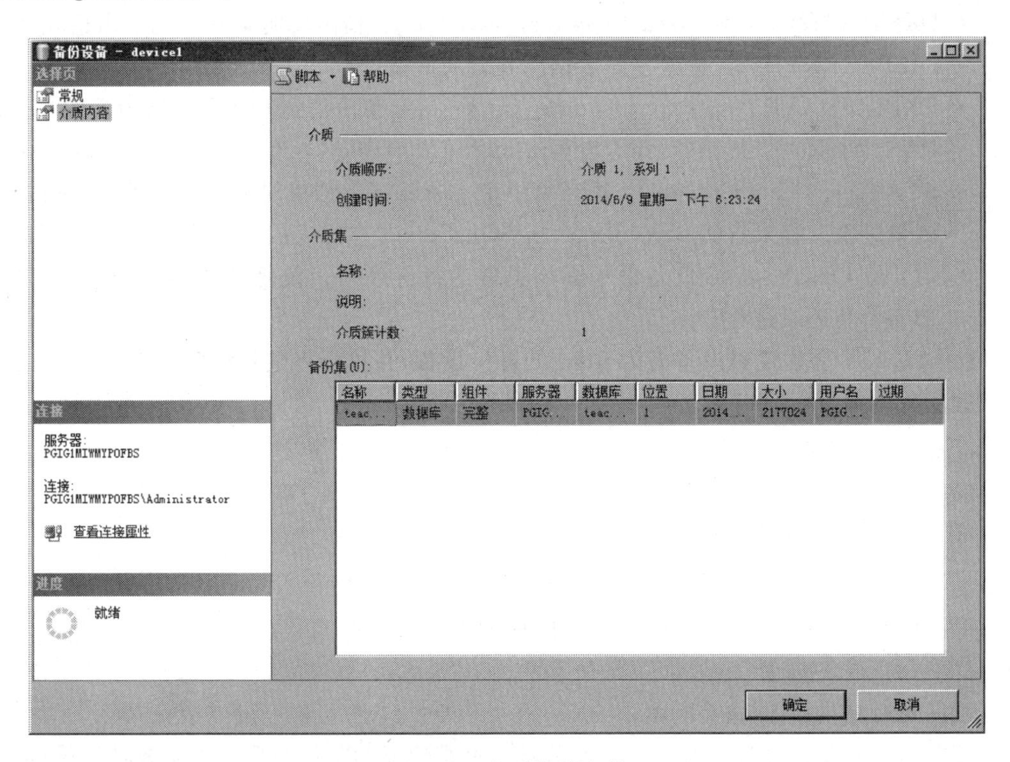

图 12-5　查看备份文件

2. 利用 Transact-SQL 语句创建完整数据库备份

备份数据库是通过 BACKUP DATABASE 语句执行的，其基本语法形式如下：

```
BACKUP DATABASE {database_name|@database_name_var}
TO < backup_device > [ ,… n]
[ WITH
    [ BLOCKSIZE = { blocksize|@blocksize_variable } ]
    [ [ , ] DESCRIPTION = { 'text'|@text_variable} ]
    [ [ , ] DIFFERENTIAL ]
    [ [ , ] EXPIREDATE = { date | @date_var } ]
    [ [ , ] PASSWORD = { password | @password_variable } ]
    [ [ , ] STATS [ = percentage ] ]
    [ [ , ] COPY_ONLY ]
]
```

其中，各参数的含义如下：

- BACKUP DATABASE：指定一个完整数据库备份。如果指定了一个文件和文件组的列表，则仅备份该列表中的文件和文件组。
- { database_name | @database_name_var }：备份事务日志、部分数据库或完整的数据库时所用的源数据库。
- TO< backup_device >：指定用于备份操作的逻辑备份设备或物理备份设备。
- BLOCKSIZE = { blocksize | @blocksize_variable }：用字节数来指定物理块的大小。
- DESCRIPTION = { 'text' | @text_variable }：指定说明备份集的自由格式文本。
- DIFFERENTIAL：指定差异数据库备份的参数。
- EXPIREDATE = { date | @date_var }：指定备份集到期和允许被覆盖的日期。
- PASSWORD = { password | @password_variable }：为备份集设置密码。
- STATS [= percentage]：每当另一个 percentage 结束时显示一个消息，它被用于测量进度。如果省略 percentage，则 SQL Server 在每完成 10%就显示一条消息。
- COPY_ONLY：指定此备份不影响正常的备份序列。仅复制不会影响数据库的全部备份和还原过程。

【例 12.2】 创建逻辑设备名为 nbac 的备份设备，并执行完整数据库备份。

程序代码如下：

```
Use master
GO
Exec sp_addumpdevice 'disk', 'nbac',
    'D:\sqlprogram\backup\nbac'
GO
BACKUP DATABASE test01 TO disk = 'D:\sqlprogram\backup\nbac'
GO
```

程序运行结果如图 12-6 所示。

完整数据库备份是其他所有数据库备份类型都依赖的备份类型。由于其他数据库备份类型都需要一个重建的数据库才能工作，因此它们都依赖于完整数据库备份。这些包括差

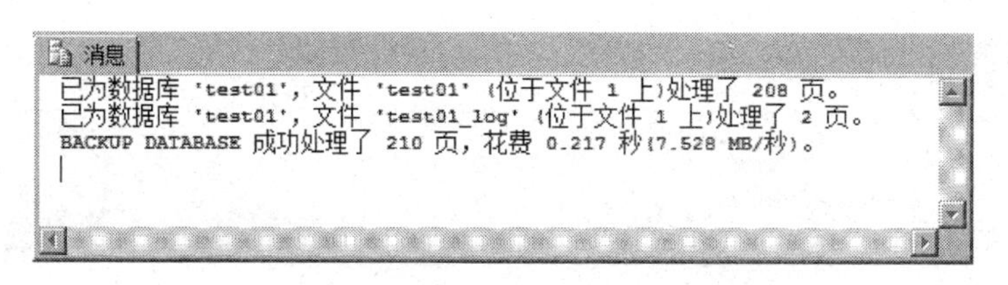

图 12-6　创建完整备份文件成功

异备份在内的其他类型的数据库备份都通过存储上一次完整数据库发生后所产生的变化来实现备份。因此，完整数据库备份并不只在执行完整数据库备份的恢复策略中占有重要地位，对其他类型的备份策略同样重要。

12.2.3　执行差异数据库备份

差异备份只存储在上一次完整备份之后发生改变的数据。当一些数据在上一次完整备份后被改变多次的时候，差异备份只存储更改数据的最新版本。由于差异备份包括自上次完整备份以后的所有变化，因此为了还原差异备份，首先需要还原上一次的完整数据库备份，然后只需应用最后一次差异备份，如图 12-7 所示。先备份一个完整数据库备份“完整备份 1”，再备份两个差异备份，然后还可以再备份“完整备份 2”。和完整数据库备份一样，差异备份包括部分的事务日志以恢复一致状态。

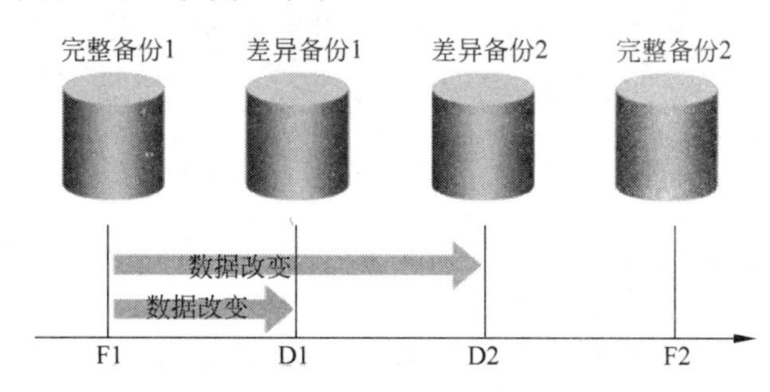

图 12-7　执行差异备份策略

利用 SQL Server Management Studio 创建数据库的差异备份与完整备份类似。利用 Transact-SQL 语句创建差异备份。

【例 12.3】　在备份设备 nbac 上为数据库 test01 创建差异备份。

程序代码如下：

```
Use master
GO
BACKUP DATABASE test01
TO  DISK = 'D:\sqlprogram\backup\nbac'
WITH  DIFFERENTIAL, EXPIREDATE = '06/15/2014 00:00:00',
    NAME = 'test01 - 差异备份', STATS = 10
GO
```

程序运行结果如图 12-8 所示。执行差异备份与执行完整备份非常相似，唯一的不同是需要在备份的 WITH 选项中指明要执行差异备份的 DIFFERENTIAL 选项。

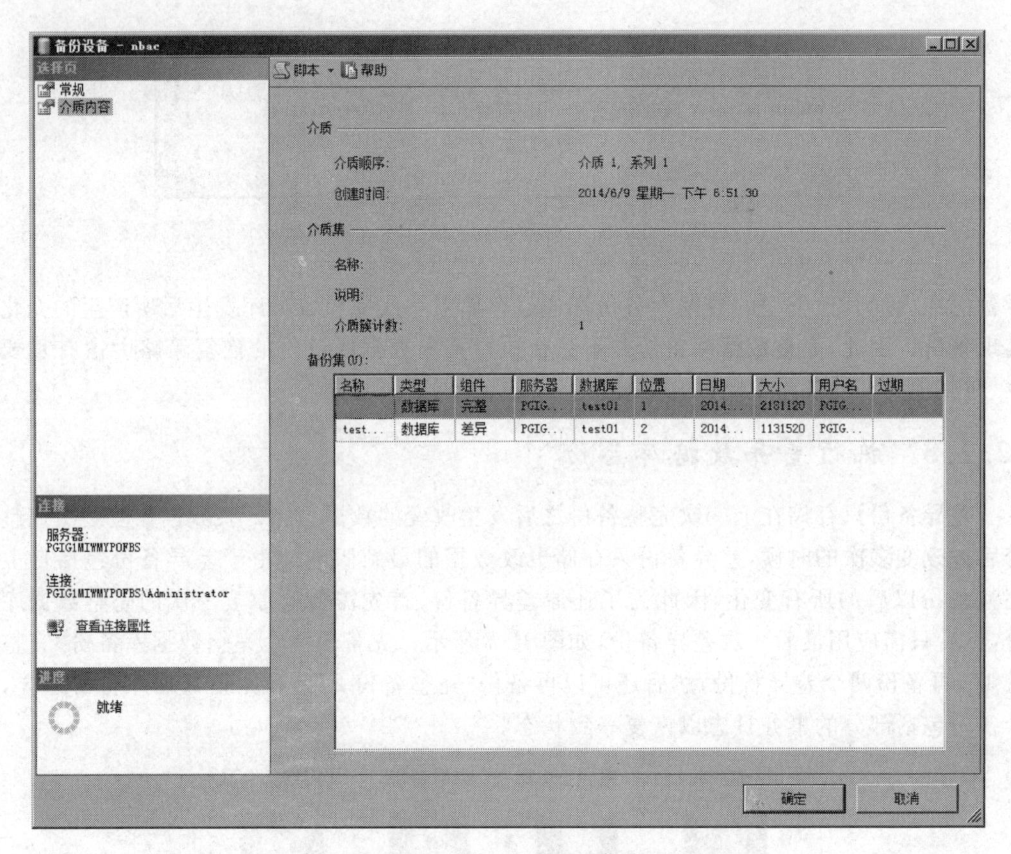

图 12-8 创建差异备份文件成功

12.2.4 执行事务日志备份

事务日志备份能够只对数据库中发生的所有事件进行备份，由此可以将数据库恢复到任何状态。事务日志备份包括在数据库中发生的所有事务。使用事务日志备份的主要优点如下：

(1) 通过事务日志备份能够将数据库恢复到特定时间点。

(2) 由于事务备份日志是日志实体的备份，即使是数据文件已被损坏，也能够执行事务日志备份。

(3) 通过事务日志备份，数据库可以恢复到错误发生前最后那个事务发生后的状态。因此，在一个错误事件发生后，任何一个提交的事务都不会丢失。

一个事务日志备份包括自从上次事务日志备份后发生的所有事务。完整数据库备份可以在数据库使用的非高峰期间进行，而事务日志备份则可以在预先规定好的白天某一时间进行。因此，所有事务日志备份都需要在完整数据库备份的基础上进行备份。

在事务日志备份之间可以接受的时间周期取决于：

(1) 在数据库中发生的事务大小。如果日志文件的大小增长得太快，可以通过减少两次事务日志备份之间的时间间隔或者增大日志文件的大小来解决。

(2) 对工作丢失的可接受程度。如果事务日志丢失或者损坏了，只能将数据库恢复到最后一次事务日志备份前的状态。

图 12-9 描绘了使用事务日志备份的备份策略。可以看出，保证所有的备份可用是很重要的。如果完整数据库备份或者其中任何一个事务日志备份丢失了，将不可能如愿以偿地还原数据库。

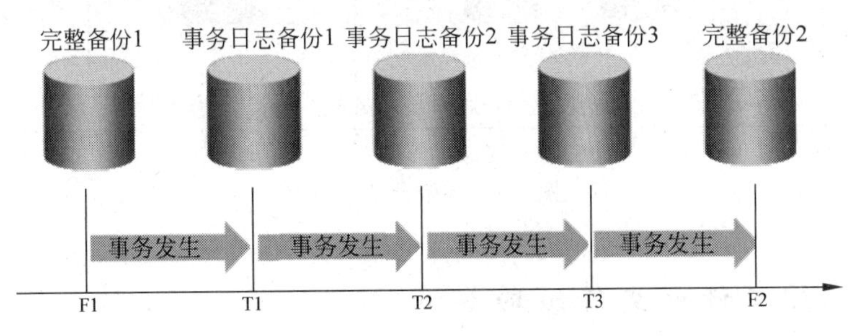

图 12-9　执行事务日志备份策略

备份事务日志的语法形式如下：

```
BACKUP LOG {database_name | @database_name _var}
To <backup_file>[, … n]
[WITH [{INIT|NOINIT}]
]
```

【例 12.4】 创建备份 test01 数据库的事务日志文件。

程序代码如下：

```
Use master
GO
BACKUP LOG test01
TO  DISK = 'D:\sqlprogram\backup\nbac'
 WITH NOFORMAT, NOINIT,
NAME = 'test01 - 事务日志备份',
STATS = 10
GO
```

在实际工作中，可以结合使用事务日志备份和差异备份实现组合备份策略。

在还原所有事务日志备份会花很多时间的时候可以使用这种策略。还原事务日志备份意味着将所有事务再次重新运行，因此这种做法会花费相对多的数据恢复时间，尤其是在应用于大型数据库的时候。由于差异备份只备份变化的数据，因此比重新执行所有事务的方式还原得更快。

如图 12-10 所示，在使用组合还原策略的时候，为了还原数据库，首先需要还原最后一次备份的完整数据库备份，然后还原最后一次的差异备份，最后还原在差异备份后进行的所有事务日志备份。

例如，若要恢复到事务日志备份点 T3，必须恢复“完整备份 1”、“差异备份 1”和“事务日志备份 3”。

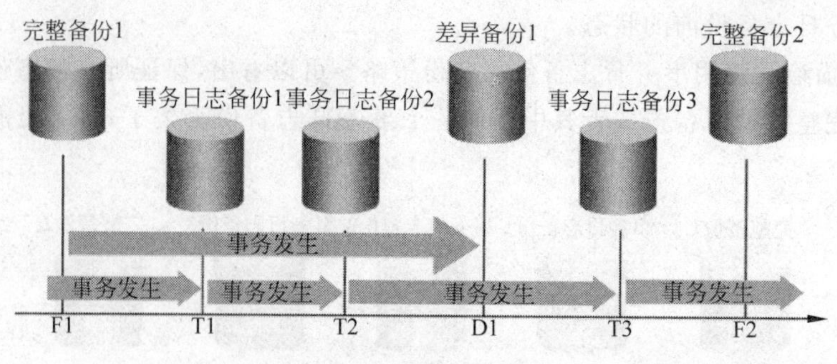

图 12-10　组合备份策略

12.2.5　执行文件或文件组的备份

对超大型数据库(VLDB)执行完全数据库备份是不现实的,可以执行数据库文件或者文件组备份。

下面以备份 test01 数据库为例,介绍如何使用 SQL Server Management Studio 备份数据库中的文件或文件组的步骤:

(1) 在“对象资源管理器”窗口中展开“数据库”子目录,右击数据库 test01,从弹出的快捷菜单中选择“任务”→“备份”命令,将弹出“备份数据库”对话框。

(2) 在“数据库”下拉列表中选择数据库名称 test01,也可以从下拉列表中选择其他数据库,并进行下列设置:

① 在“备份类型”下拉列表中选择“完整”或“差异”。

② 对于“备份组件”选项,则单击“文件和文件组”,在弹出的“选择文件和文件组”窗口中选择要备份的文件和文件组,如图 12-11 所示。

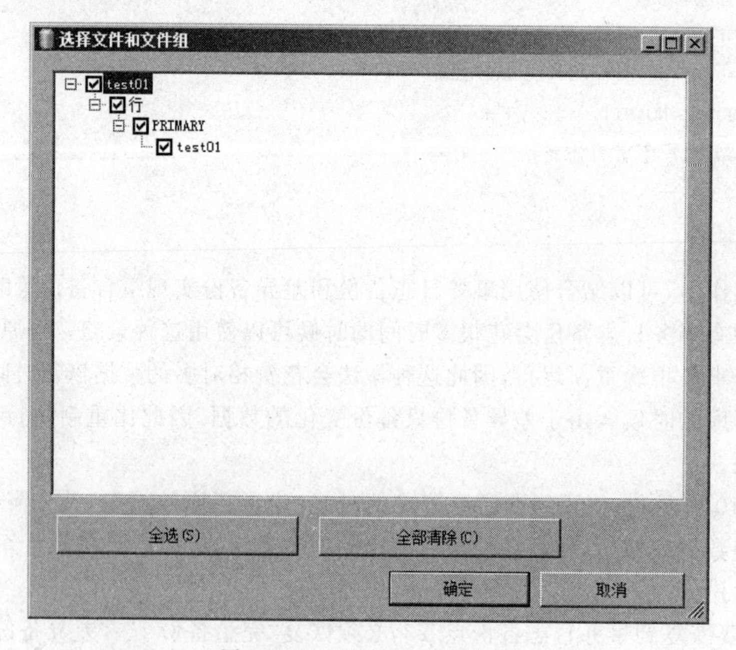

图 12-11　选择文件和文件组

(3) 在“备份集”选项区域中的“名称”文本框中输入“test01-完整文件组备份”，在“说明”文本框中输入备份集的说明。

(4) 指定备份集的过期时间。

(5) 选择备份目标的类型。若要选择包含单个媒体集的多个磁盘，则单击“添加”按钮，选择的路径将显示在“备份到”列表框中。在此选择 D:\sqlprogram\backup\nbac，如图 12-12 所示。

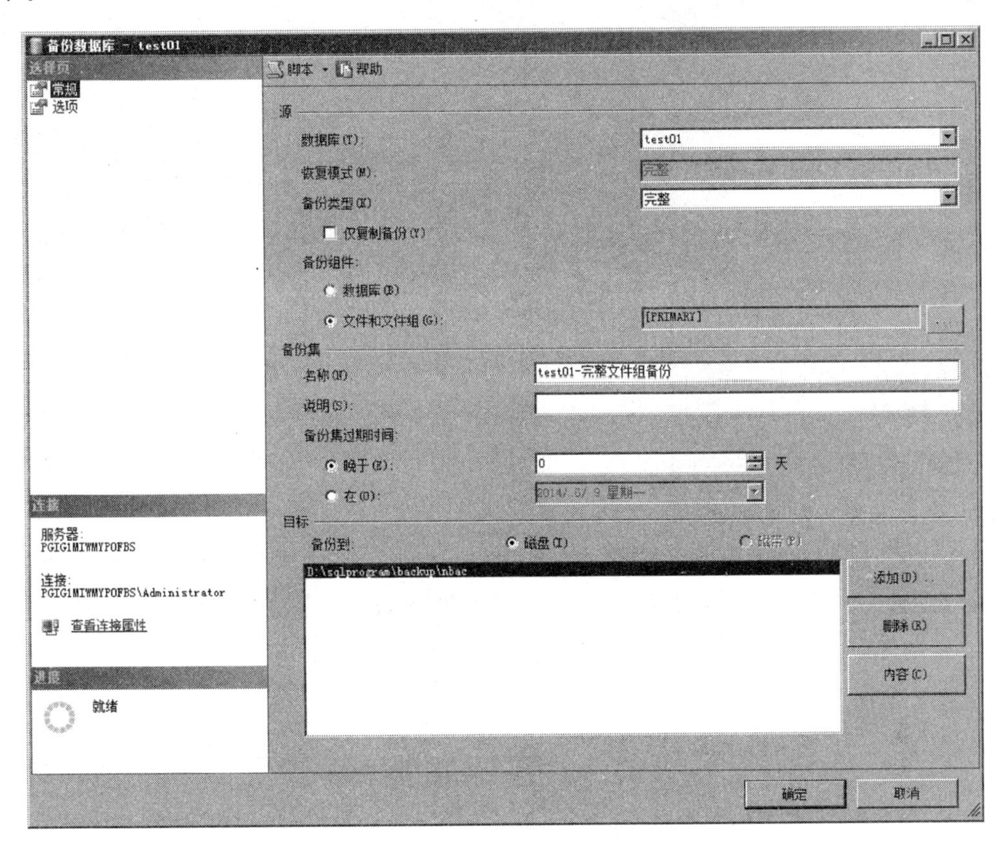

图 12-12　设置文件或文件组备份参数

(6) 若要查看或选择高级选项，则选择“选项”选项卡进行设置。

(7) 单击“确定”按钮，完成文件或文件组备份。

【例 12.5】 创建 teaching 数据库的文件组备份文件。

程序代码如下：

```
USE master
GO
BACKUP DATABASE teaching
FILEGROUP = 'PRIMARY' TO  device1
WITH NOFORMAT, NOINIT,
NAME = 'teaching - 完整文件组备份',
STATS = 10
GO
```

运行程序后，展开“备份设备”项，查看 device1 的属性，如图 12-13 所示。

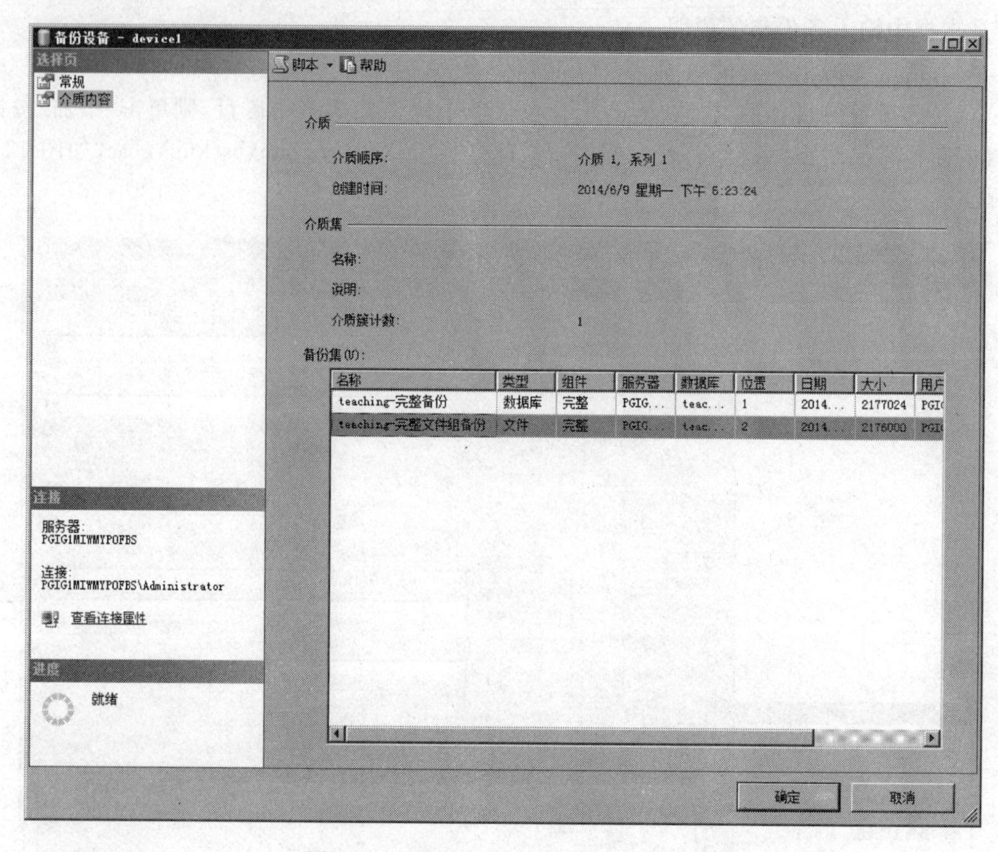

图 12-13　查看文件或文件组备份文件

12.3　还原数据库

还原 SQL Server 数据库的时候，必须要了解执行的备份方法的类型和备份是否存在，并且要确认备份文件包含要还原的备份，并确认备份是否有效，且包含完整的备份集。

SQL Server 2008 提供了两种恢复过程，即自动恢复过程和手动恢复过程。

(1) 自动恢复。自动恢复是指 SQL Server 数据库每次在出现错误或关机重启之后 SQL Server 会自动运行带有容错功能的特性。SQL Server 用事务日志来完成这项任务。它读取每个数据库事务日志的活动部分，并且检查所有自最新的检查点以来发生的事务。检查点就是最近一次从内存中把数据变化永久写入到数据库中的那个时间点。它标识所有已经提交的事务并回滚它们，即把它们重新应用于数据库，然后标识所有未提交的事务并回滚，这样保证删除了所有为完整写入数据库的未提交事务，保证了每个数据库逻辑上的一致性。

(2) 手动恢复。手动恢复数据库需要指定数据库恢复工作的应用程序和接下来按照创建顺序排列的事务日志的应用程序。完成这些之后，数据库就会处于和事务日志最后一次备份时一致的状态。

如果使用完整数据库备份来还原数据库，SQL Server 2008 重新创建这些数据库文件和所有的数据库对象。如果使用差异数据库备份来恢复，则可以恢复最近的差异数据库备份。

12.3.1 从完整数据库备份还原

通常，在整个数据库的物理磁盘受损或数据库受损或被删除的情况下，需从完整数据库备份中还原数据库。

从完整数据库备份中还原数据库时，SQL Server 2008 会重新创建数据库和所有与其相关的文件，并把它们放在原来的位置，所有的数据库对象也都被重新创建。

在实施完整数据库备份恢复时，可以没有任何事务日志或者差异备份，指定 RECOVERY 选项可以启动恢复过程，使数据库回到一致性状态。

1. 在 SQL Server Management Studio 中还原数据库

在 SQL Server Management Studio 中还原数据库的步骤如下：

(1) 启动 SQL Server Management Studio，在“对象资源管理器”窗口中右击“数据库”下的 test01 子目录，从弹出的快捷菜单中选择“任务”→“还原”→“数据库”命令，弹出图 12-14 所示“还原数据库”窗口。

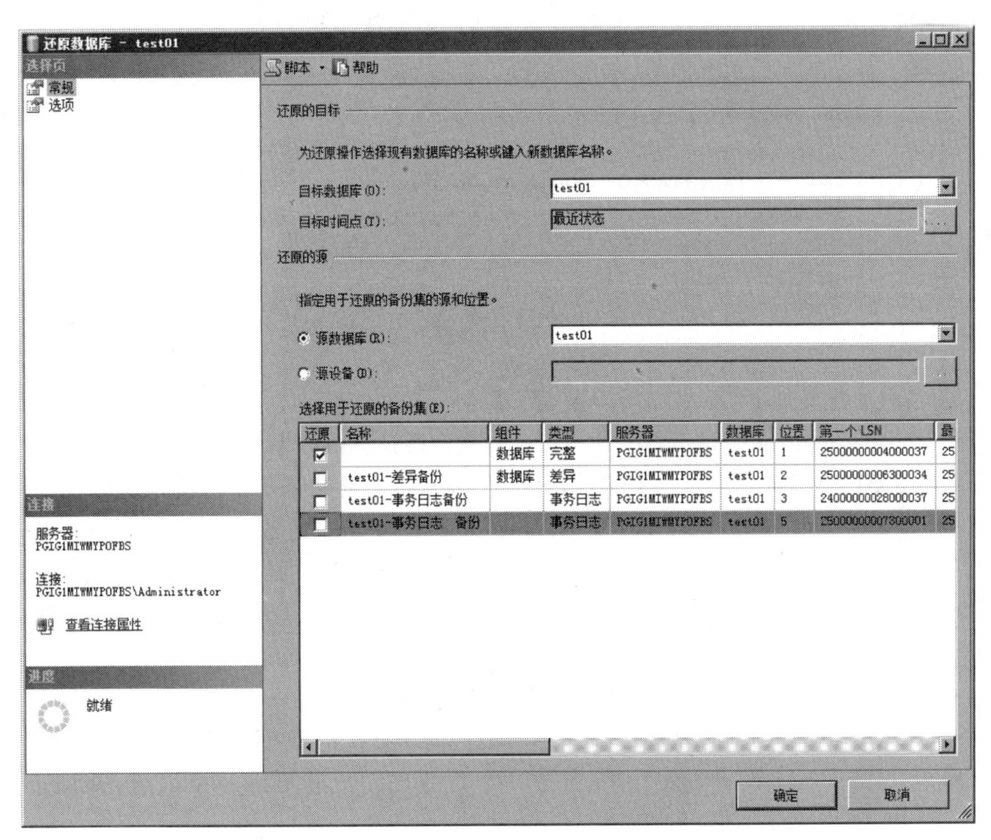

图 12-14 “还原数据库”窗口

(2) 在图 12-14 所示窗口中有很多选择项，不同的还原情况选择不同的选择项。

- 目标数据库：在该下拉列表中可以选择要还原的数据库，这里采用默认值。

- 目标时间点：如果备份文件或备份设备里的备份集很多，还可以选择“目标时间点”。只要有事务日志备份支持，可以还原到某个时间的数据库状态。这里采用默认值“最近状态”。
- 还原的源：在该区域里可以指定用于还原的备份集的源和位置。在“目标数据库”下拉列表中选择 test01。
- 选择用于还原的备份集：在该区域里列出的备份集中选择“test01 完整备份”。

(3) 设置完毕后，单击“脚本”按钮，可以得到参数丰富的代码。脚本代码如下：

```
RESTORE DATABASE [test01]
FROM DISK = N'D:\sqlprogram\backup\nbac'
WITH FILE = 1,
NOUNLOAD, STATS = 10
GO
```

(4) 单击“确定”按钮完成还原操作。

2. 使用 Transact-SQL 语句还原数据库

还原数据库可以通过脚本实现，通过查看脚本，可以更加灵活地对数据库进行还原处理。使用 Transact-SQL 语句还原完整数据库的简单语法结构如下：

```
RESTORE DATABASE { database_name | @database_name_var }
[ FROM <backup_device> [ ,…n ] ]
[ WITH
    [ [ , ] FILE = { file_number | @file_number } ]
    [ [ , ] PASSWORD = { password | @password_variable } ]
    [ [ , ] { RECOVERY | NORECOVERY }]
    [ [ , ] STATS [ = percentage ] ]
    [ [ , ] {STOPAT = { date_time | @date_time_var }} ]
]  [;]
```

其中，各参数的含义如下：

- {database_name | @database_name_var}：将日志或整个数据库还原到的数据库。
- FROM { <backup_device> [,…n]：通常指定要从哪些备份设备还原备份。
- FILE = {file_number| @file_number}：标识要还原的备份集。例如，file_number 为 1 指示备份媒体中的第一个备份集，file_number 为 2 指示备份第二个备份集。
- PASSWORD = { password | @password_variable }：提供备份集的密码。备份集密码是一个字符串。
- RECOVERY：指示还原操作回滚任何未提交的事务。
- NORECOVERY：指示还原操作不回滚任何未提交的事务。
- STATS [=percentage]：每当另一个百分比完成时显示一条消息，并用于测量进度。

其他还原类型的 Transact-SQL 语句语法结构类似，可以查看联机丛书的相关内容。

12.3.2 从差异数据库备份还原

从差异备份中还原数据库时，SQL Server 2008 只还原数据库中自最近的完整数据库备份以来的变化部分。在执行此种恢复时应注意以下几点：

（1）在执行从差异备份中恢复数据库之前，应先从完整数据库备份中恢复。

（2）执行从差异备份中恢复数据库和从完整数据库备份中恢复的语法相同，不同点在于FROM子句中指定的备份文件不同。

（3）当有事务日志需要还原时，可以指定NORECOVERY选项。

从差异备份中还原数据库时的步骤与从完整数据库备份还原数据库的步骤相近，只是要求先还原一个完整备份之后，才能进行差异数据库备份还原。

12.3.3 从事务日志备份还原

从事务日志备份恢复时，事务日志中记录的数据库更改都会被SQL Server还原，它可以将数据库还原到指定的时间点。在恢复事务日志备份之前，必须还原完整数据库备份。

从事务日志备份还原的Transact-SQL语句的简单语法形式如下：

```
RESTORE  LOG  {database_name|@database_name _var}
[FROM <backup_device>[, … n]]
[WITH
[{NORECOVERY|RECOVERY}]
[[,]STOPAT = {date_time| @date_time _var}]]
[[,]STOPBEFOREMARK = mark_name [AFTER date_time]]
```

【例12.6】 创建test01数据库的完整数据库备份、一次差异备份和一次事务日志备份，查询备份信息，然后还原数据库test01。

程序代码如下：

```
-- 恢复模式设置
ALTER DATABASE test01
SET RECOVERY FULL;
-- 创建完整备份
BACKUP DATABASE test01
TO DISK  =  'D:\sqlprogram\backup\ADVFULL.BAK'
WITH INIT;
-- 创建一个表
CREATE TABLE test01_table
(    [sno] [nchar](10) NOT NULL,
     [sname] [nchar](8) NOT NULL,
     [point] [smallint] NULL,)
GO
-- 插入记录
insert into test01_table VALUES('111222','aaaaaa',987)
-- 创建差异备份
BACKUP DATABASE test01
TO DISK  =  'D:\sqlprogram\backup\ADVDIFF.BAK'
WITH INIT,Differential;
-- 创建事务日志备份
BACKUP LOG test01
TO  DISK  =  'D:\sqlprogram\backup\ADVDIFF.BAK'
WITH NOFORMAT, NOINIT,
```

```
NAME = 'test01-事务日志备份',
STATS = 10
GO
--从数据库 msdb 中获取备份信息
USE msdb
GO
SELECT backup_start_date,type, physical_device_name,backup_set_id
FROM backupset bs inner join backupmediafamily bm
ON bs.media_set_id = bm.media_set_id
WHERE database_name = 'test01'
ORDER BY backup_start_date desc
--创建最近事务日志备份
USE MASTER
GO
BACKUP LOG test01
TO  DISK = 'D:\sqlprogram\backup\ADVDIFF.BAK'
WITH NOFORMAT, NOINIT,
NAME = 'test01-事务日志备份',
STATS = 10
GO
--还原完整备份
RESTORE DATABASE test01
FROM  DISK = 'D:\sqlprogram\backup\ADVFULL.BAK'
WITH  FILE = 1, NOUNLOAD,
STATS = 10
GO
--完整备份+日志备份
RESTORE DATABASE test01
FROM  DISK = 'D:\sqlprogram\backup\ADVFULL.BAK'
WITH  FILE = 1, NORECOVERY, NOUNLOAD,
STATS = 10
GO
RESTORE LOG test01
FROM  DISK = 'D:\sqlprogram\backup\ADVDIFF.BAK'
WITH  FILE = 2, NOUNLOAD,
STATS = 10,
STOPAT = N'06/09/2014 02:36:05'   --设置恢复时间点
GO
--获取受备份设备上所存备份所影响的数据文件和日志文件的有关信息
RESTORE FILELISTONLY FROM DISK = 'D:\sqlprogram\backup
    \ADVDIFF.BAK'
```

在程序运行过程中，由于 SQL Server 2008 会存储备份历史记录，在数据库中进行的每一次备份都将记录在 msdb 数据库中。可以通过查询 msdb 数据库找出所有的备份和还原记录，如图 12-15 所示。

在本例中，进行第一次完整备份的还原后查看数据库 test01，会发现表 test01_table 不存在，说明数据库的数据仅还原到创建表 test01_table 前的状态。进行第二次还原后，就会发现表 test01_table 存在，表明数据库的事务日志文件存取的内容已经得到还原。

在数据库还原过程中确保要还原的数据库没有打开的连接。因为在进行还原的时候不

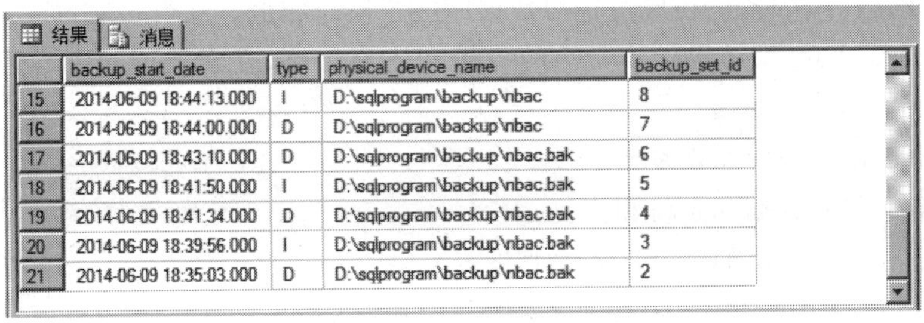

	backup_start_date	type	physical_device_name	backup_set_id
15	2014-06-09 18:44:13.000	I	D:\sqlprogram\backup\nbac	8
16	2014-06-09 18:44:00.000	D	D:\sqlprogram\backup\nbac	7
17	2014-06-09 18:43:10.000	D	D:\sqlprogram\backup\nbac.bak	6
18	2014-06-09 18:41:50.000	I	D:\sqlprogram\backup\nbac.bak	5
19	2014-06-09 18:41:34.000	D	D:\sqlprogram\backup\nbac.bak	4
20	2014-06-09 18:39:56.000	I	D:\sqlprogram\backup\nbac.bak	3
21	2014-06-09 18:35:03.000	D	D:\sqlprogram\backup\nbac.bak	2

图 12-15　获取备份信息

允许有连接到数据库的连接。可以看出，在进行数据库还原之前，不必首先删除数据库，数据库还原过程自动在第一步删除数据库。

数据库还原前，先要进行活动事务日志备份，即备份数据库的日志尾部，以免丢失信息。在备份时，先在“常规”选项卡选择“事务日志”类型，再选择“选项”选项卡，这时“事务日志”项的内容由禁用变为可用，如图 12-16 所示。

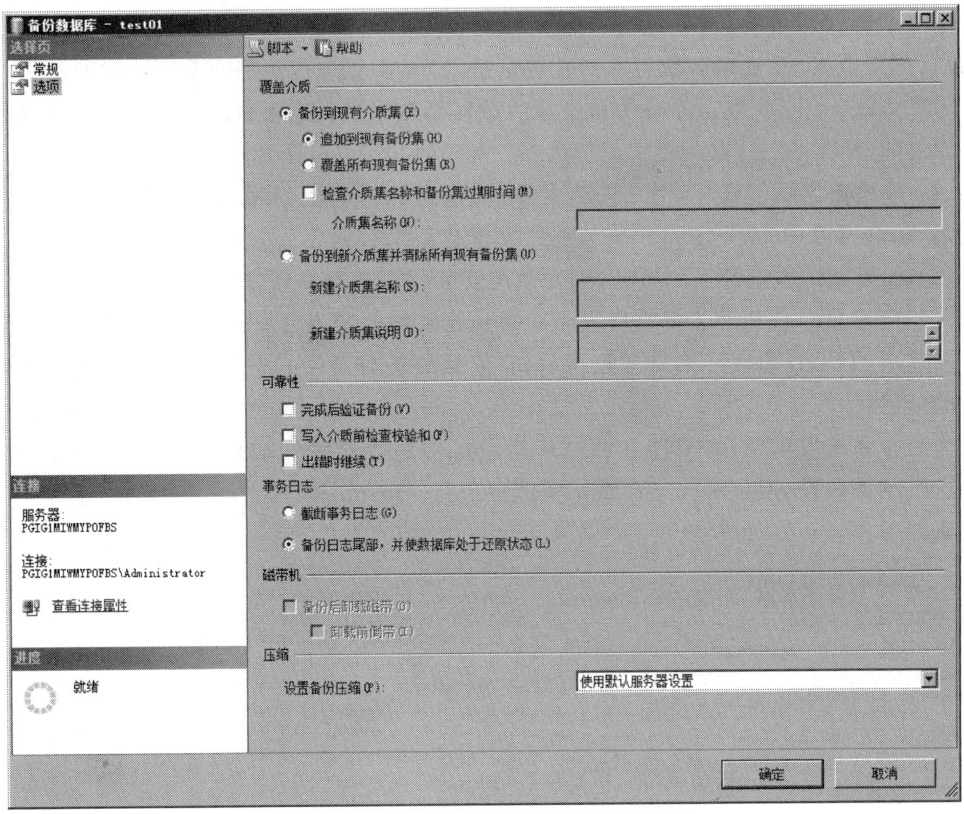

图 12-16　活动事务日志备份

选择“备份日志尾部，并使数据库处于还原状态”单选按钮，单击“确定”按钮，即可完成日志尾部的备份，而数据库进入还原状态。可以从“对象资源管理器”窗口中观察到数据库正在还原的状态。

从文件或文件组的备份还原过程与数据库还原操作相似。

SQL Server 2008 系统提供了灵活的备份和还原策略，在实践过程中常用如下一些组合实现数据库的备份和恢复。

(1) 完整数据库备份和恢复。

(2) 完整＋差异数据库备份和恢复。

(3) 完整＋事务日志的数据库备份和恢复。

(4) 文件或文件组＋事务日志的数据库备份和恢复。

12.4 还原受损的系统数据库

系统数据库 master、msdb 和 model 是 SQL Server 2008 的核心。系统数据库如果受损，则 SQL Server 系统便无法正常工作。尤其是 master 数据库被破坏了，SQL Server 就会崩溃。因此，将这些系统数据库进行备份以防系统错误是极其重要的。

系统数据库一般通过使用完整数据库备份的简单模式定期完成。由于这些数据库表中的数据一般都保持不变，因此这是一种高效的备份策略。然而，在对系统进行重大更新之后，包括创建数据库、登录名或者改变配置信息之后，需要进行额外的系统数据库备份。

SQL Server 2008 数据库备份和还原的过程都在联机状态下执行。因此，系统数据库在被还原之前，SQL Server 必须处于运行状态。有两种方式可以让 SQL Server 启动并运行。

(1) 如果数据库被破坏，但二进制文件(编译过的计算机程序或者执行文件)并没有受到影响，那么可以用 SQL Server 安装程序来重建系统数据库。

(2) 如果整个系统都遭到破坏，则要使用安装程序进行全新安装。同样，在系统故障之前安装的所有服务包和补丁都需要重新安装到新装的系统上。

安装后的 SQL Server 启动并运行后，它依然缺乏有关用户数据库、登录、作业、警告和配置的信息。

为防止系统发生错误，只能在测试环境中练习这个过程。如果发生了错误，数据会丢失。这个示例假设 SQL Server 在默认实例中进行。msdb 和 model 数据库的备份和还原参考代码如下：

```
--MSDB 数据库备份
BACKUP DATABASE MSDB
TO DISK = 'D:\sqlprogram\backup\msdb.bak'
WITH INIT
--MODEL 数据库备份
BACKUP DATABASE MODEL
TO DISK = 'D:\sqlprogram\backup\model.bak'
WITH INIT

--MSDB 数据库还原
RESTORE DATABASE MSDB
FROM DISK = 'D:\sqlprogram\backup\msdb.bak'
--MODEL 数据库还原
RESTORE DATABASE MODEL
FROM DISK = 'D:\sqlprogram\backup\model.bak'
WITH REPLACE
```

12.5 小　　结

SQL Server 2008 提供了不同备份和恢复策略。如何组合这些备份类型及如何规划这些不同类型备份的执行取决于能够满足系统性能和数据完整性需求的备份策略。需要注意的是，应该为所有数据库计划、实施和测试备份策略，不要等到数据损坏后再测试备份策略。

在学习过程中，需要重点掌握如下内容：

(1) 数据库发生故障的类型和处理方法。

(2) 备份和恢复的目的。

(3) 备份的类型和创建方法。

(4) 恢复的类型及其创建方法。

(5) 事务日志在恢复过程中的作用。

(6) 如何制订合适的备份和恢复策略。

习　题　12

1. 选择题

(1) 下面________选项表示要执行差异备份。

A. Recovery　　B. Norecovery　　C. Differential　　D. Noint

(2) 下面数据库中，________数据库不允许进行备份操作。

A. teaching　　B. model　　C. msdb　　D. tempdb

(3) 还原数据库时，首先要进行________操作。

A. 创建最近事务日志备份　　B. 创建完整数据库备份

C. 创建备份设备　　D. 删除最近事务日志备份

(4) 创建数据库文件或文件组备份时，首先要进行________操作。

A. 创建事务日志备份　　B. 创建完整数据库备份

C. 创建备份设备　　D. 删除差异备份

(5) 下面故障发生时，________需要数据库管理员进行手工操作恢复。

A. 停电　　B. 不小心删除表数据

C. 死锁　　D. 操作系统错误

2. 思考题

(1) 在备份数据库的时候，SQL Server 2008 需执行哪些操作？

(2) 什么是差异备份？什么情况下适合使用差异备份？

(3) 制订备份计划时应该考虑哪些因素？

(4) 进行数据库还原应该注意哪些问题？

(5) 发生介质故障的原因主要有哪些？如何处理？

3. 上机练习题(本题利用 teaching 数据库进行操作)

(1) 练习对数据库 teaching 创建完整数据库备份和差异备份。

(2) 练习通过上述完整数据库备份和差异备份对数据库 teaching 进行恢复。

(3) 练习为 SQL Server 2008 系统事务日志创建备份设备，并备份 teaching 数据库的事务日志。

(4) 如果有一个大小为 1024GB 的数据库，数据库中的表存储于一个单独的文件组。若要备份整个数据库，需要 22 个小时，如何才能最小化每天执行备份的时间，并能够保证良好的数据恢复能力？

第13章　系统自动化任务管理

SQL Server 2008 系统提供了多种自动化服务进行数据库管理，主要包括 SQL Server 代理、作业、维护计划、警报等功能，SQL Server 代理服务是负责系统警报、作业、操作员、调度、复制等任务管理的工具。由此，数据库管理员可以设置系统执行自动化操作任务，实现利用自动化技术管理数据库系统的部分功能，提高工作效率和服务质量。

学习本章的目的是了解自动化管理任务的必要性和组件的基本概念，掌握作业、操作员和警报管理技术。

13.1　SQL Server 代理

SQL Server 代理是数据库自动化技术的核心，它提供了系统的自动化机制与 SQL Server 2008 引擎紧密集成。SQL Server 代理实际上是一种 Windows 服务，可以帮助管理员完成很多事先预设好的作业，在规定的时间内自动完成。SQL Server 代理的服务处理结构如图 13-1 所示。由图可以看出，数据库引擎服务可以将重要事件写入系统的事务日志中，事务日志记录了 Windows 操作系统的所有系统级消息，这些消息在自动化结构中用于通知 SQL Server 代理。SQL Server 代理接收到通知后，将按照一定的计划执行数据库的相关脚本或应用程序。

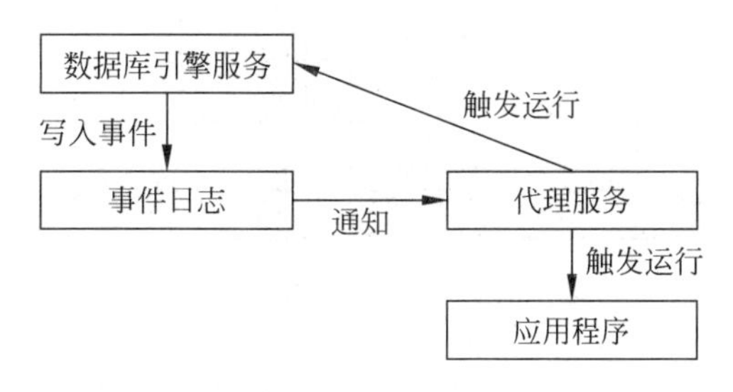

图 13-1　SQL Server 的自动化结构

当 SQL Server 代理服务启动时，就会在 Windows 的事件日志中注册并且连接到 Microsoft SQL Server，这样就允许 SQL Server 代理服务接收任何 Microsoft SQL Server 的事件通知。

当发生某个事件时，SQL Server 代理服务与 MSSQLServer 服务通信并且执行某种定义的动作。这些动作包括执行定义的作业、触发定义的警报、发送 E-mail 消息等。除此之外，SQL Server 代理服务还可以与其他应用程序通信。

SQL Server 代理将大部分配置信息存储在 msdb 系统数据库中。SQL Server 代理使用 SQL Server 凭据对象来存储代理的身份验证信息。

13.1.1 配置 SQL Server 代理

SQL Server 代理可以自动按照预定的方式完成规定的工作，可以看成是一个虚拟账户。当 SQL Server 代理服务进程要完成操作系统上的运行操作时，该账户和普通账户一样，需要以一定的身份去完成操作。

1. 服务启动账户

服务启动账户可以用于定义运行 SQL Server 代理的 Windows 账户及其网络权限。SQL Server 代理在指定的用户账户下运行。用户可以使用 SQL Server 配置管理器工具设置 SQL Server 代理服务启动账户，具体步骤如下：

(1) 选择“开始”→“所有程序”→ Microsoft SQL Server 2008 →“配置工具”→“Microsoft SQL Server 配置管理器”命令，打开 SQL Server 配置管理器。

(2) 在左边窗体中选择“SQL Serve 服务”，然后在右边窗体中右击要配置的“SQL Server 代理(MSSQLSERVER)”，从弹出的快捷菜单中选择“属性”命令，如图 13-2 所示。

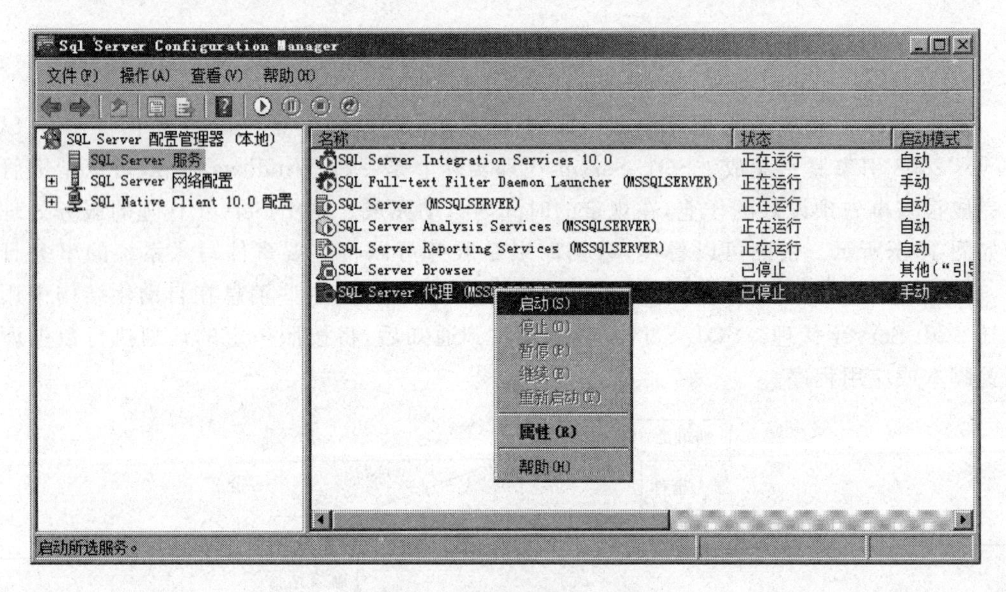

图 13-2 设置 SQL Server 代理

(3) 在弹出的“SQL Server Agent(MSSQLSERVER)属性”对话框中选择“登录”选项卡，选择“登录身份为”下的选项之一。

① 如果作业只需要访问本地服务器资源，则选择“内置账户”单选按钮。

② 如果作业需要网络资源，要将事件转发到其他 Windows 应用程序日志，或者要通过电子邮件或寻呼来通知操作员，则选择“本账户”单选按钮，然后输入账户名、密码并确认密码。也可以单击“浏览”按钮搜索用户和组，选择要使用的账户，如图 13-3 所示。

(4) 单击“启动”按钮可以启用该项服务，单击“确定”按钮完成配置。

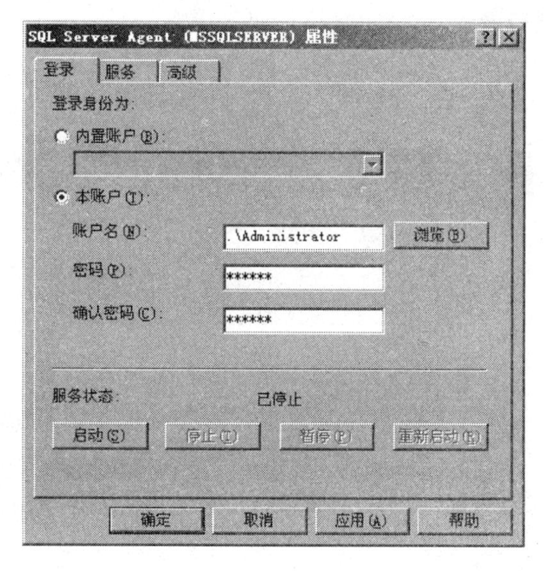

图 13-3　配置启动账户

2. 验证 Windows 权限

在 SQL Server 系统中,必须将 SQL Server 代理配置为使用 sysadmin 固定服务器角色的成员账户的凭据才能够执行其功能。该账户必须拥有"调整进程的内存配额"、"以操作系统方式操作"、"跳过遍历检查"、"作为批处理作业登录"、"作为服务登录"、"替换进程级记号"等权限。验证所设置的 Windows 权限的参考步骤如下:

(1) 选择"开始"→"本地安全策略"命令。

(2) 在弹出的"本地安全策略"窗口中展开"本地策略"子目录,然后单击"用户权限分配"节点,如图 13-4 所示。

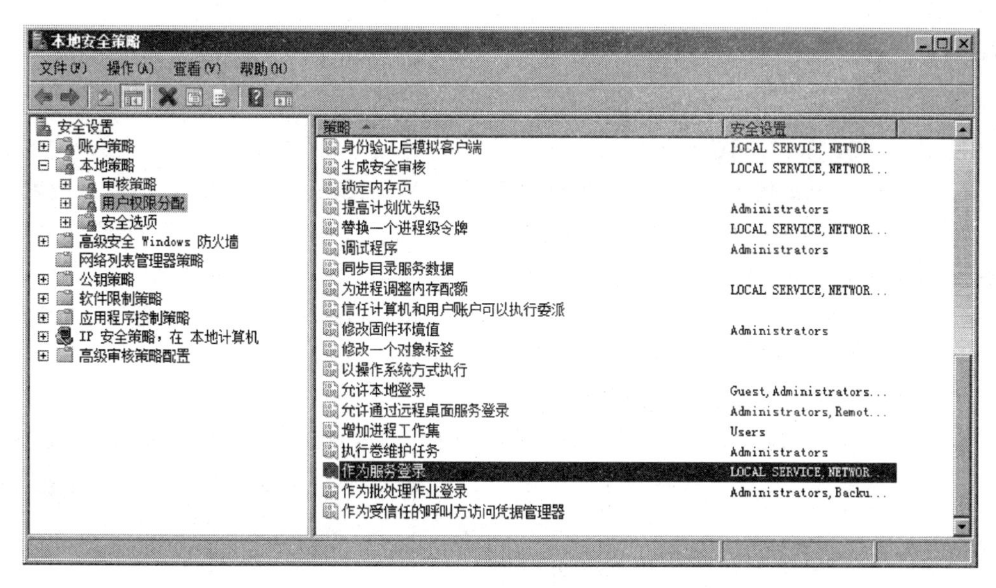

图 13-4　用户权限分配

(3) 对每个权限进行设置,可以重复执行如下步骤:

① 双击某个权限,如"作为服务登录",弹出"作为服务登录属性"对话框,如图 13-5 所示。

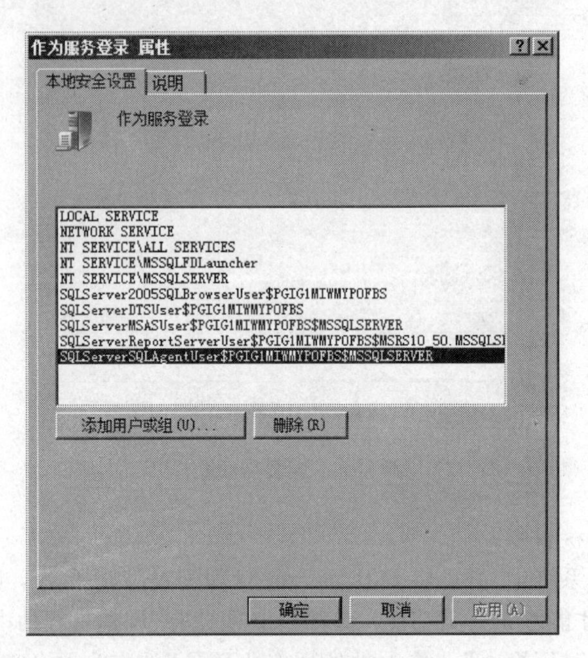

图 13-5 用户权限设置

② 在"作为服务登录 属性"对话框中验证运行的 SQL Server 代理的账户已经列出。如果没有列出,单击"添加用户或组"按钮,运行 SQL Server 代理的账户后,单击"确定"按钮即可完成设置。

13.1.2 启动和停止 SQL Server 代理

启动和停止 SQL Server 代理的方法有多种。

1. 启动 SQL Server 代理的方法

(1) SQL Server 代理在 Microsoft SQL Server Management Studio 中的默认设置为停止。可以在"对象资源管理器"窗口中右击"SQL Server 代理(已禁用代理 XP)"选项,然后从弹出的快捷菜单中选择"启动"命令,系统即可启动 SQL Server 代理,如图 13-6 所示。

(2) 如果要设为自动启动,有两种方法:一种是在"SQL Server 配置管理器"里设置,另一种是在"服务"里设置。

① 在"SQL Server 配置管理器"里设置。

在图 13-3 所示"SQL Server Agent(MSSQLSERVER)属性"对话框中切换到"服务"选项卡,在"启动模式"下拉列表中选择"自动"选项,如图 13-7 所示,然后单击"确定"按钮即可。

② 在"服务"里设置启动 SQL Server 代理。

步骤 1:选择"开始"→"系统和安全"→"管理工具"→"服务"命令。

步骤 2:右击"SQL Server 代理"项,从弹出的快捷菜单中选择"属性"命令。

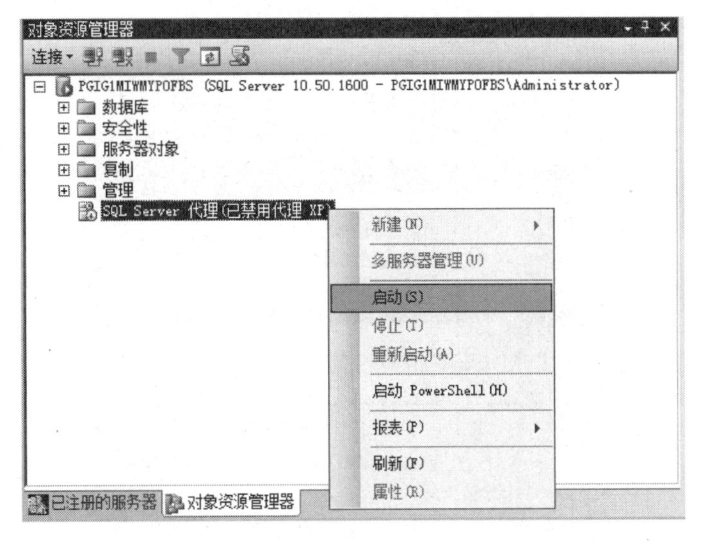

图 13-6 启动 SQL Server 代理

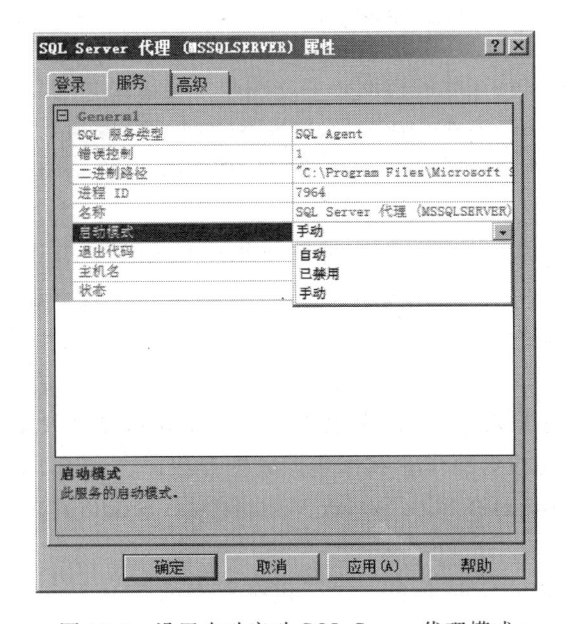

图 13-7 设置自动启动 SQL Server 代理模式

步骤 3：在弹出的“SQL Server 代理(MSSQLSERVER)的属性(本地计算机)”对话框中设置“启动类型”为“自动”，如图 13-8 所示。

2. 停止 SQL Server 代理的方法

按照启动的步骤，分别选择“停止”或“禁用”即可完成停止 SQL Server 代理的操作。

13.1.3 SQL Server 代理的安全性

1. 具有访问 SQL Server 代理的角色介绍

SQL Server 引入了下列系统数据库 msdb 的固定数据库角色，管理员利用这些角色可

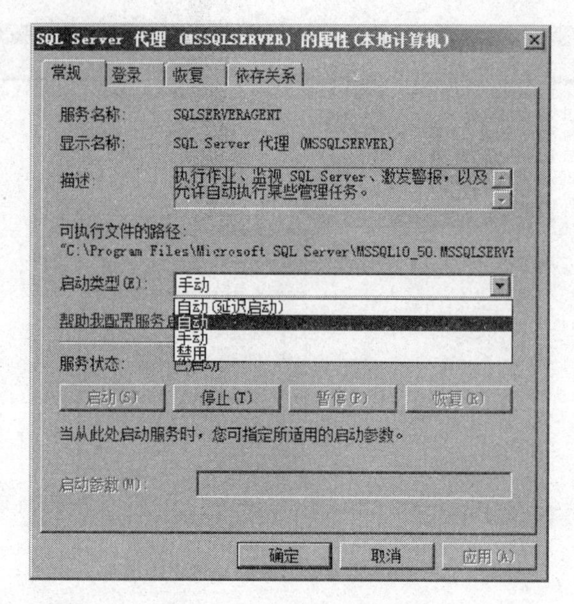

图 13-8　在“服务”里设置自动启动 SQL Server 代理

以更好地控制 SQL Server 代理的访问。如果用户不是某个角色的成员，连接到 Microsoft SQL Server Management Studio 中的 SQL Server 时，“对象资源管理器”窗口中的“SQL Server 代理”选项不可见。只有这些角色或固定服务器角色 sysadmin 的用户才能够使用 SQL Server 代理。

这些角色按照权限从低到高的顺序排列为 SQLAgentUserRole、SQLAgentReaderRole 和 SQLAgentOperatorRole。展开“对象资源管理器”窗口中数据库 msdb 的固定数据库角色就可以发现这三个角色。

(1) SQLAgentUserRole 角色。SQLAgentUserRole 是具有最低特权的 SQL Server 代理固定数据库角色。它只对运算符、本地作业和作业计划拥有权限。SQLAgentUserRole 的成员只对它们所拥有的本地作业和作业计划拥有权限。以 SQLAgentUserRole 角色的成员身份登录 SQL Server，在 SQL Server Management Studio 对象资源管理器中只能看到“作业”子目录。

(2) SQLAgentReaderRole 角色。除了包括所有的 SQLAgentUserRole 权限外，还具有查看可用的多服务器作业及其属性和历史记录的列表的权限。此角色的成员还可以查看所有可用作业和作业计划及它们的属性的列表，而不只是它们所拥有的那些作业和作业计划。SQLAgentReaderRole 成员不能通过更改作业所有权来获得对它们还没有拥有的作业的访问权限。以 SQLAgentUserRole 角色的成员身份登录 SQL Server，在“对象资源管理器”窗口中只能看到“作业”子目录。

SQLAgentReaderRole 的成员将自动成为 SQLAgentUserRole 的成员。即该角色成员可以访问已被授予 SQLAgentUserRole 的所有 SQL Server 代理，并且可以使用这些代理。

(3) SQLAgentOperatorRole 角色。具有最高特权的 SQL Server 代理固定数据库角色。该角色成员的权限包括 SQLAgentUserRole 和 SQLAgentReaderRole 的所有权限。还可以查看代理的属性，并且可以枚举服务器上的可用代理和警报。SQLAgentOperatorRole 的成员还拥有对本地作业和计划的其他权限。它们可以执行、停止或启动所有本地作业，还可以删除服务器上的任何本地作业的作业历史记录。它们还可以启用或禁用服务器上的所有本地作业和计划。

在 SQL Server Management Studio 对象资源管理器中，SQLAgentOperatorRole 的成员可以看到“作业”、“警报”、“操作员”和“代理”子目录。但此角色的成员看不到“错误日志”子目录。

2. 使用 SQL Server 代理的一般步骤

（1）确定管理任务内容、服务器事件定期执行，以及这些任务或事件是否可以通过编程方式进行管理。如果任务涉及一系列步骤并且在特定的时间或响应特定事件执行，则该任务适合使用 SQL Server 代理进行自动化处理。

（2）使用 Microsoft SQL Server Management Studio、Transact-SQL 脚本或 SQL 管理对象定义一组作业、计划、警报和操作员。

（3）在 SQL Server 代理中运行已经定义的作业。

13.2 作　　业

作业是由一系列 SQL Server 代理顺序执行的指定操作。作业包含一个或多个作业步骤，每个步骤都有自己的任务。作业包括运行 Transact-SQL 脚本、命令行应用程序、查询等任务。

作业管理包括创建作业、定义作业步骤、确定每一个作业步骤的动作流程逻辑、调度作业、创建将要通知的操作员，以及检查和配置作业的历史。

作业可以运行重复任务、可计划任务，并可以通过生成警报来自动通知作业状态，从而简化自动化任务的管理。用户可以手动执行作业，也可以将作业配置为根据计划或响应警报来运行。

13.2.1 创建作业

在 SQL Server 系统中，既可以使用 SQL Server Management Studio 创建作业，也可以使用系统存储过程创建作业。这里介绍利用 SQL Server Management Studio 创建作业的步骤。

（1）在“对象资源管理器”窗口中展开“SQL Server 代理”子目录，右击“作业”，从弹出的快捷菜单中选择“新建作业”命令，出现“新建作业”窗口。该窗口有“常规”、“步骤”等 6 个选项卡。

（2）在“常规”选项卡中，可以输入该作业的名称、所有者、类别、说明等信息，如图 13-9 所示。

① 在“名称”和“说明”文本框中可以分别输入作业的描述性名称和描述信息，如 testjob1。

② 单击“所有者”文本框后的“…”按钮，选择作业的所有者信息。也就是说，定义作业的用户不一定是作业的所有者。这里指定的所有者是登录账户。

③“类别”下拉列表框用于选择该作业的类别。如果在服务器上定义了许多作业，那么

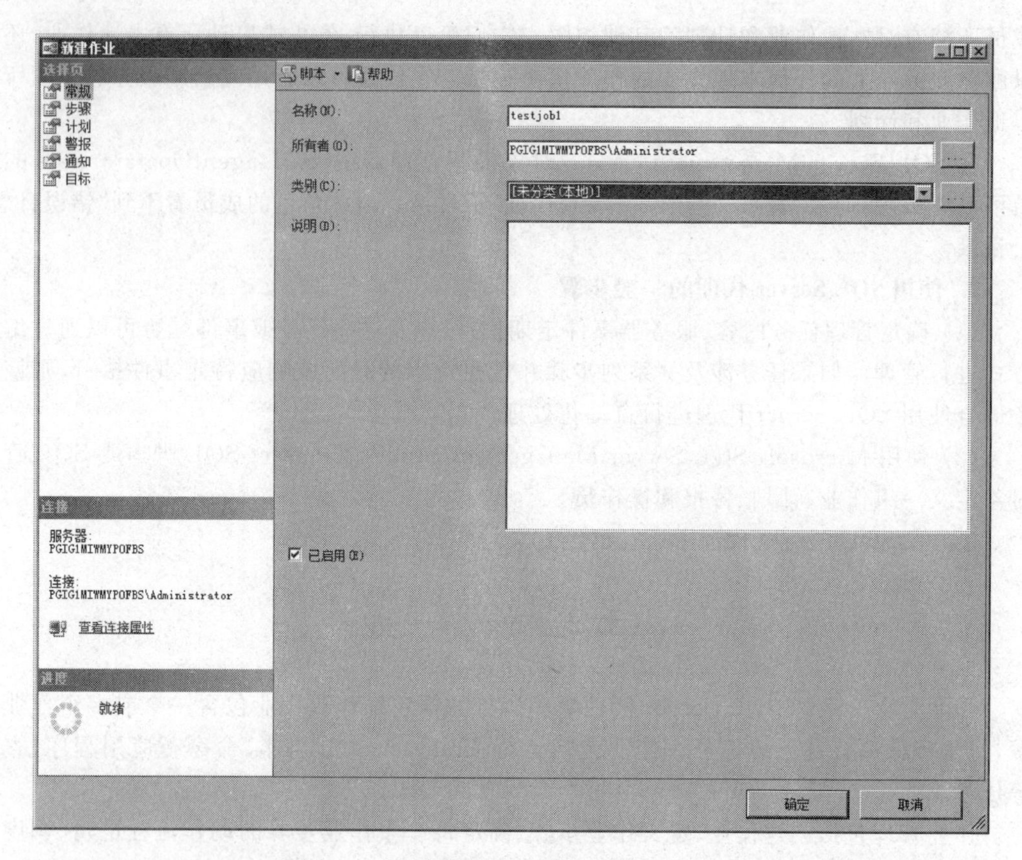

图 13-9 “新建作业”窗口中的“常规”选项卡

可以把这些作业进行分类管理。

④ 如果选中“已启用”复选框，那么允许系统执行该作业，否则不允许执行该作业。

(3) 第一次使用“步骤”选项卡时是空白的，单击“新建”按钮则出现“新建作业步骤”窗口。在该窗口中有“常规”和“高级”两个选项卡，可以在该窗口中定义作业步骤的详细信息。

① “常规”选项卡。该选项卡用于输入作业步骤的基本信息，如图 13-10 所示。

- “步骤名称”文本框用于输入作业步骤的名称。
- “类型”下拉列表框用于选择作业步骤的类型。如选择“Transact-SQL 脚本”。
- “数据库”下拉列表框用于选择该作业步骤执行时所在的数据库名称。选定数据库名称之后，表示所有的操作都是针对该数据库而言的。
- “运行身份”下拉列表框用于选择运行该步骤的用户名。
- “命令”列表框用于输入该作业步骤的命令。这里输入的命令是 BACKUP DATABASE test01 TO DISK = 'D:\sqlprogram\backup\ADVFULL.BAK'。
- 单击“打开”按钮可以打开一个包含 Transact-SQL 语句的脚本文件。
- 单击“分析”按钮则表示对“命令”列表框中的命令进行语法分析。

② “高级”选项卡。在该选项卡中可以设置该作业步骤执行成功或失败后的行为、重试次数、存放结果文件的位置、是否覆盖结果文件中原有的信息，以及作为哪一个用户账户运行等，如图 13-11 所示。

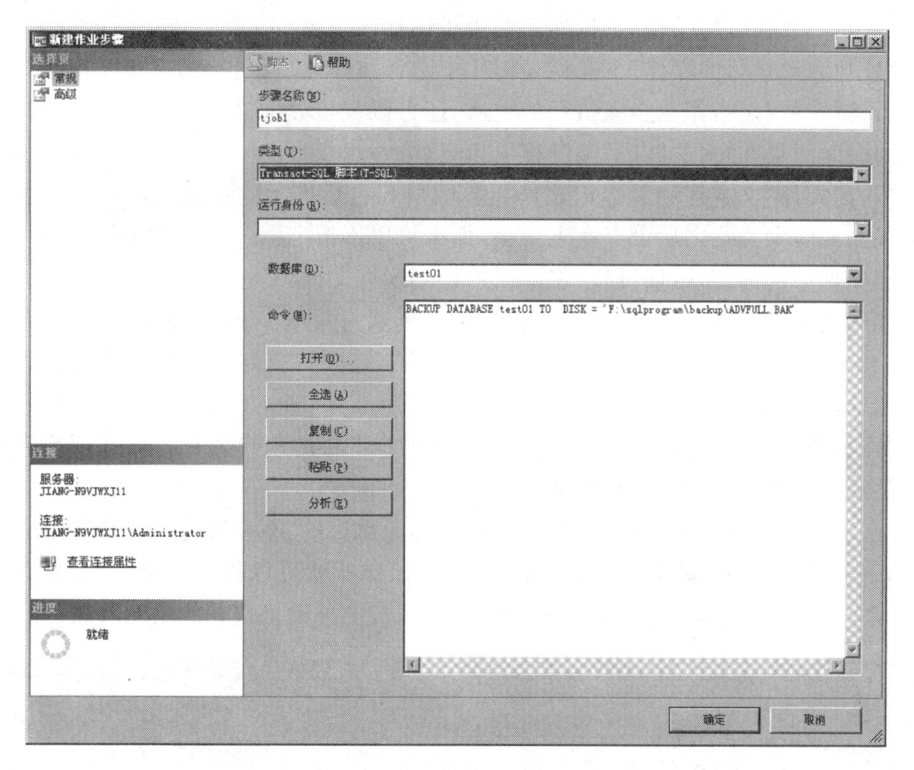

图 13-10 “新建作业步骤”窗口中的“常规”选项卡

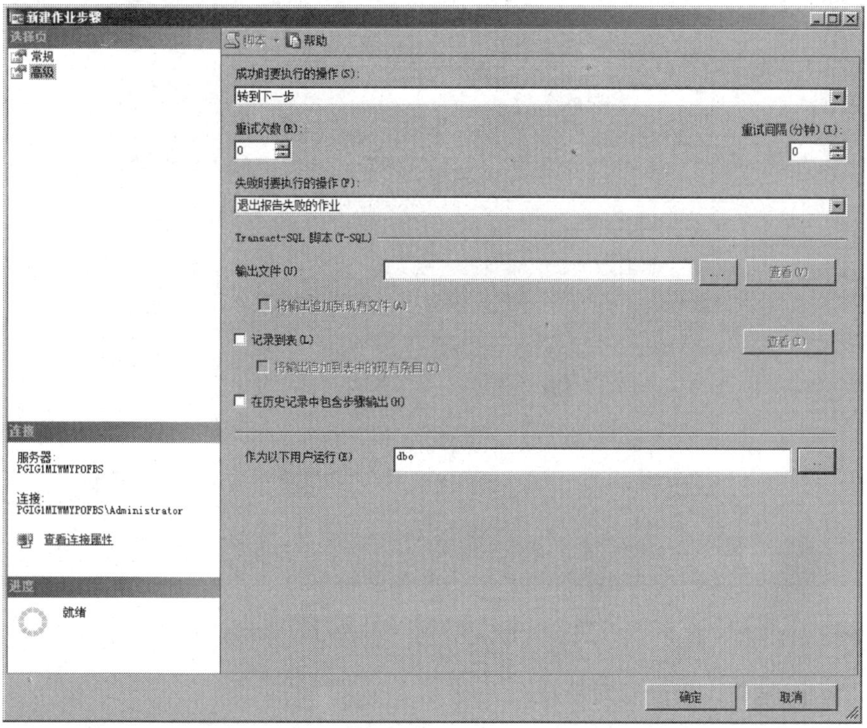

图 13-11 “新建作业步骤”窗口中的“高级”选项卡

- “成功时要执行的操作”下拉列表框用于选择该作业步骤执行成功后的行为。
- “失败时要执行的操作”下拉列表框用于选择该作业步骤执行失败时的行为。
- “重试次数”是指作业步骤执行失败后，还可以重新尝试执行的次数。两次执行之间的时间间隔在“重试间隔”微调框中指定(分钟)。
- “输出文件”文本框用于指定该作业步骤执行之后产生的结果文件所在的位置。如果作业步骤执行之后没有产生结果，那么可以不指定该位置。对于执行结果是否覆盖文件中的内容，可以设置“将输出追加到现有文件”复选框。
- 如果选中“记录到表”和“将输出追加到表中的现有条目”复选框，则表示把 Transact-SQL 语句的执行结果保存在表中。还可以指定是否在历史记录中包含步骤输出。
- “作为以下用户运行”文本框指定运行该作业步骤的用户名称。该选项为系统管理员充当另外一个用户运行作业步骤提供了一种方法。

(4) 在“计划”选项卡中，计划的设置是针对作业而言的，不是针对作业步骤的。一个作业可以设置多个计划，只要满足其中一个计划，则该作业就可以执行。单击“新建”按钮，则出现“新建作业计划”窗口，如图 13-12 所示，在该窗口中可设置作业的调度方式。

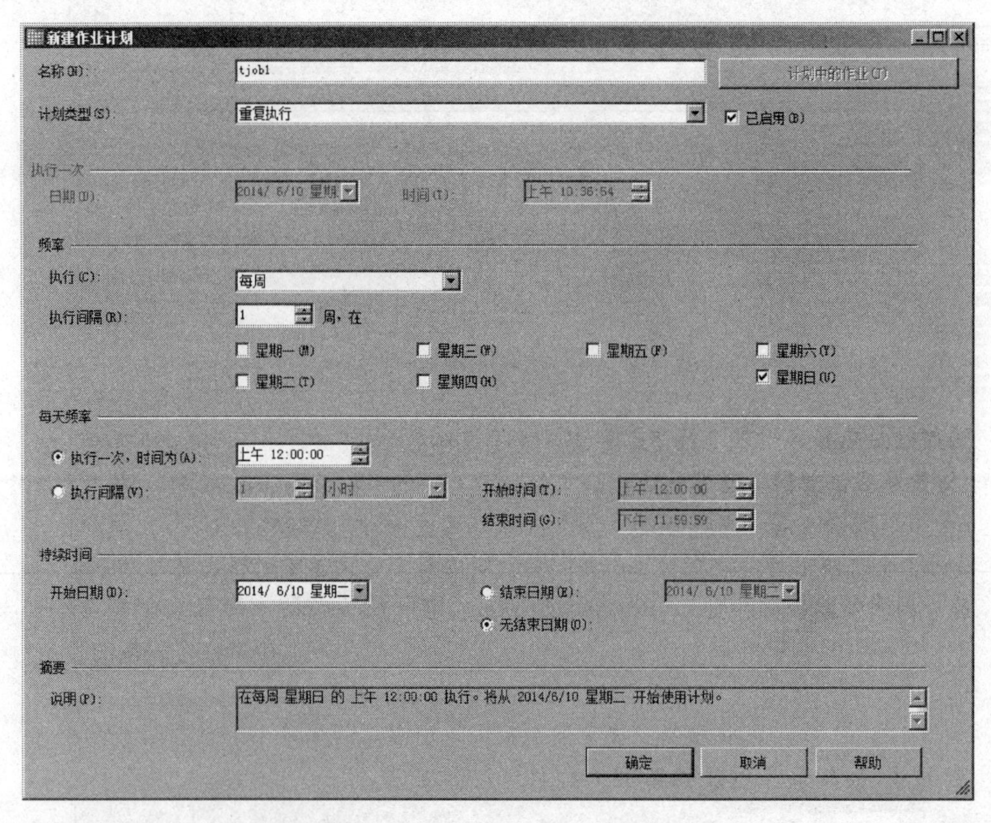

图 13-12 “新建作业计划”窗口

(5) “警报”选项卡用于管理警报。

(6) 在“通知”选项卡中，可以设置当该作业完成时系统可以采取的动作，这些动作包括使用电子邮件、使用呼叫、使用网络消息等方式通知操作员。还可以选择当该作业完成之后自动删除该作业。

(7) 在“目标”选项卡中，可以选择目标为本地服务器或多台服务器。单击“脚本”按钮，可以查看脚本代码。

(8) 单击“确定”按钮，完成作业的创建操作。

通过脚本化作业好处在于需要重新创建作业时，不必逐步地定义作业，直接打开作业的脚本文件和执行该脚本文件即可。

13.2.2 管理作业

下面主要介绍如何使用 SQL Server Management Studio 工具管理作业。

1. 利用快捷菜单管理作业

作业创建之后，除了按照其调度方式执行之外，还可以由用户手动执行。在 SQL Server Management Studio 主窗口中右击作业 testJob1，则弹出一个快捷菜单，如图 13-13 所示。

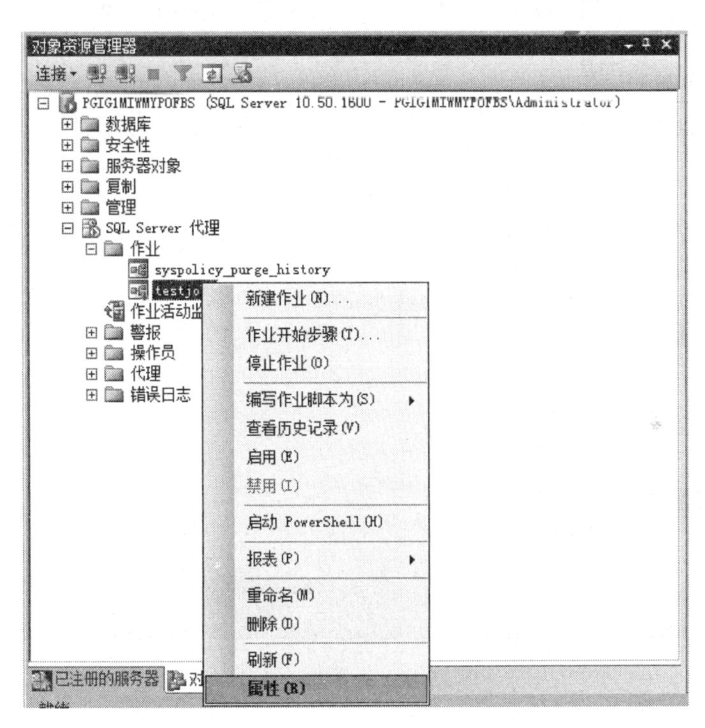

图 13-13 作业的快捷菜单

在该快捷菜单中，主要命令的作用如下：

- 新建作业：新建一个作业。
- 作业开始步骤：执行作业。这是手动执行作业的操作方式。
- 停止作业：终止作业的执行。在作业的执行过程中选择该命令，则终止作业的执行。
- 编写作业脚本为：将当前指定的作业生成脚本。
- 禁用：禁止作业执行。执行该命令之后作业的定义依然存在，但是不能执行。直到解除作业的禁止状态之后，才可以按照调度的方式执行作业。

- 属性：查看和修改作业的基本定义属性。

2. 作业活动的管理

管理作业活动的情况还可以通过“作业活动监视器”实现，具体步骤如下：

(1) 在“对象资源管理器”窗口中展开“SQL Server 代理”→“作业”子目录。

(2) 双击“作业活动监视器”选项，弹出“作业活动监视器”窗口。

(3) 在“作业活动监视器”窗口中可以查看为此服务器定义的作业的详细信息。

(4) 若要对一个或几个作业进行启动、停止、启用、禁用等操作，可以右击所选作业，通过弹出的快捷菜单进行操作，如图 13-14 所示。

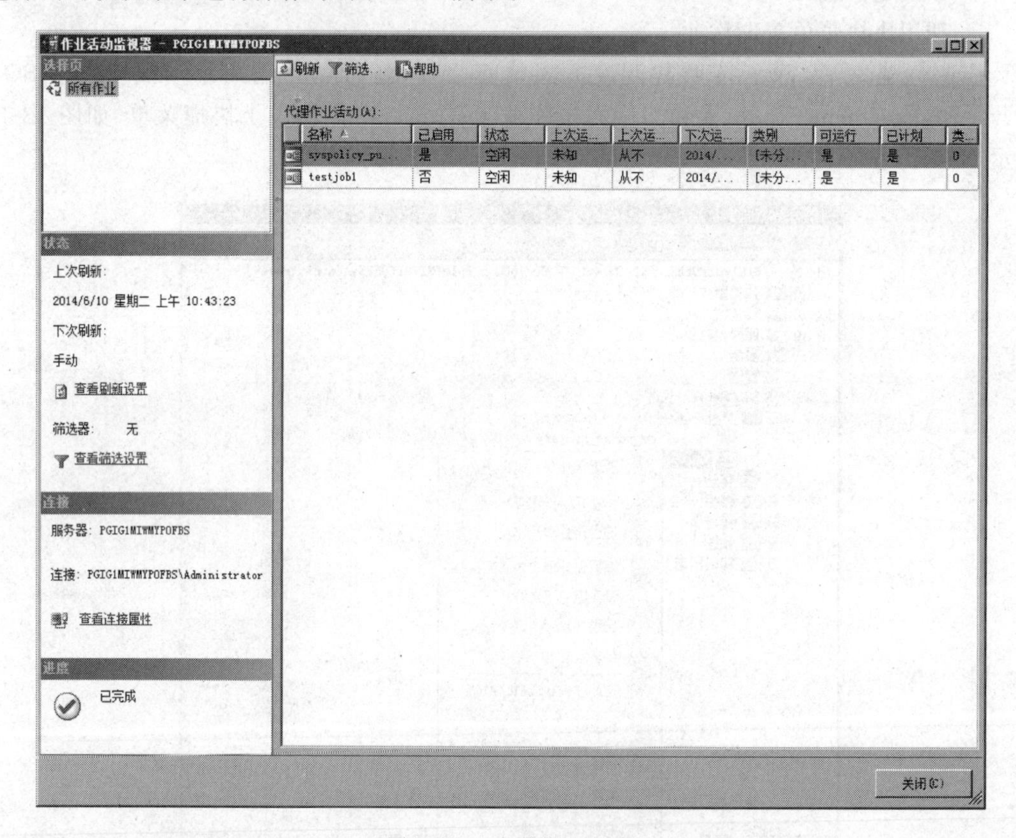

图 13-14　查看作业活动

(5) 单击“刷新”按钮，可以更新作业活动监视器。单击“筛选”按钮，可以输入筛选参数，显示指定的作业。

13.2.3　查看作业历史

用户可以使用 SQL Server Management Studio 查看作业运行的历史信息、调整作业日志记录大小，确保作业维护的可用性。

(1) 查看作业运行的历史信息。右击一个作业(如 testjob1)，从弹出的快捷菜单中选择“查看历史记录”命令，如图 13-15 所示。

(2) 调整作业历史记录日志大小。在“对象资源管理器”窗口中右击“SQL Server 代理”，从弹出的快捷菜单中选择“属性”命令，在弹出的“SQL Server 代理属性”窗口中选择“历史记录”选项卡，如图 13-16 所示。可以按照图中的选项调整作业历史记录日志大小，在此不再赘述。

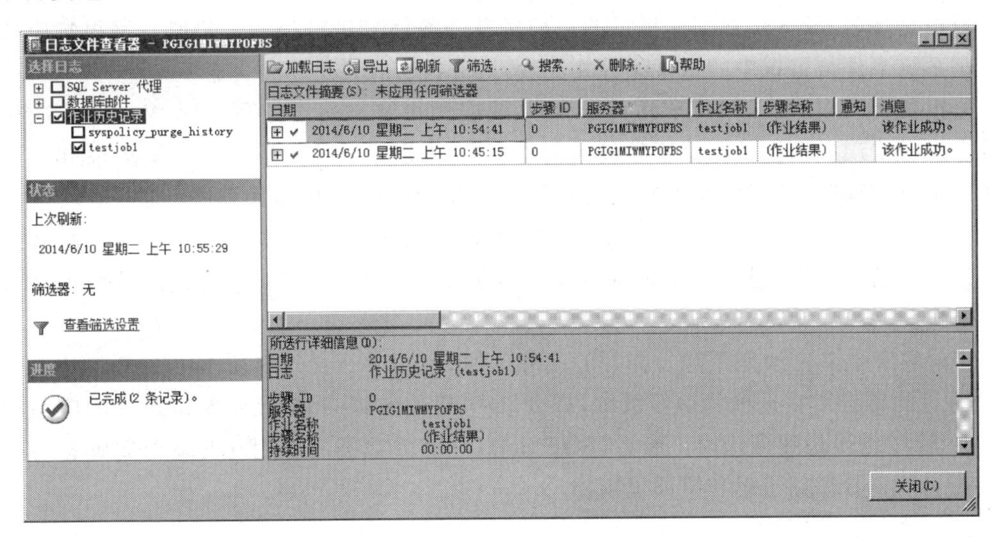

图 13-15　查看作业历史记录

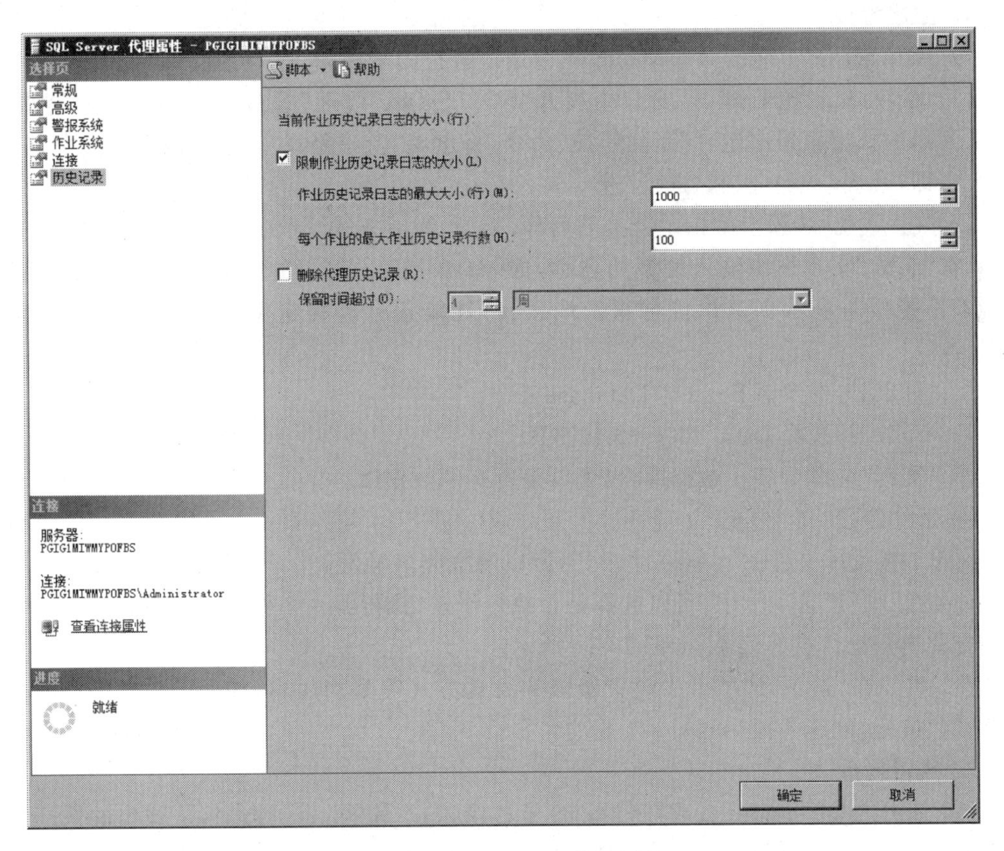

图 13-16　SQL Server 代理属性

13.3 警　报

警报是SQL Server数据库提供的一种对事件等信息进行检测的机制。警报响应的过程就是系统事件与警报中的定义条件相比较,对于符合条件的事件即触发响应。

警报负责回应Microsoft SQL Server系统或用户定义的已经写入到Windows应用程序日志中的错误或消息。警报管理包括创建警报、指定错误的代号和严重等级、提供错误消息的文本,以及确定是否将发生的错误或消息写入Windows的应用程序日志中。

在Microsoft SQL Server系统中,错误代号小于或等于50000的错误或消息是系统提供的错误使用的代号,用户定义的错误代号必须大于50000。错误代号是触发警报最常使用的方式。

错误等级也是错误是否触发警报的一种条件。在Microsoft SQL Server系统中提供了25个等级的错误。在这些错误等级中,19～25等级的错误自动写入Windows的应用程序日志中,这些错误是致命错误。参看《SQL Server 2008数据库应用与开发习题解答与上机指导》17.5.3节常见错误和错误级别。

13.3.1 创建警报响应SQL Server错误

1. 创建警报

在SQL Server Enterprise Manager中创建警报的步骤如下:

(1) 在"对象资源管理器"窗口中展开"SQL Server代理"子目录,然后右击"警报"选项,从弹出的快捷菜单中选择"新建警报"命令,将出现"新建警报"窗口。该窗口框中有三个选项卡,即"常规"、"响应"和"选项"选项卡。

(2) 在"常规"选项卡中指定警报的名称、类型、激活方式、所在的数据库等。如图13-17所示,在"名称"文本框中输入警报的名称,如testAlert1。警报的"类型"选择"SQL Server性能条件警报",表示创建性能警报。然后在"性能条件警报定义"选项区域中进行如下设置:

① "对象"选择SQLServer:Databases。

② "计数器"选择Data File(s)Size(KB)。

③ "实例"选择test01数据库,也可以是所有的数据库。

④ 条件选择"高于",值为77。

test01数据库文件的大小约为9MB,所以警报应该触发。

(3) 在"响应"选项卡中,可以选择是否执行作业、执行哪一个作业,是否通知操作员、以何种方式通知操作员等信息,如图13-18所示。

(4) 可以在"选项"选项卡中设置警报的发送方式等附加内容,如电子邮件等。然后单击"确定"按钮,创建警报testAlert1成功。

2. 执行警报

(1) 展开"SQL Server代理"→"警报"子目录,右击警报testAlert1,从弹出的快捷菜单中选择"启用"命令,警报testAlert1触发。

(2) 右击警报testAlert1,从弹出的快捷菜单中选择"属性"命令,执行结果示意图如

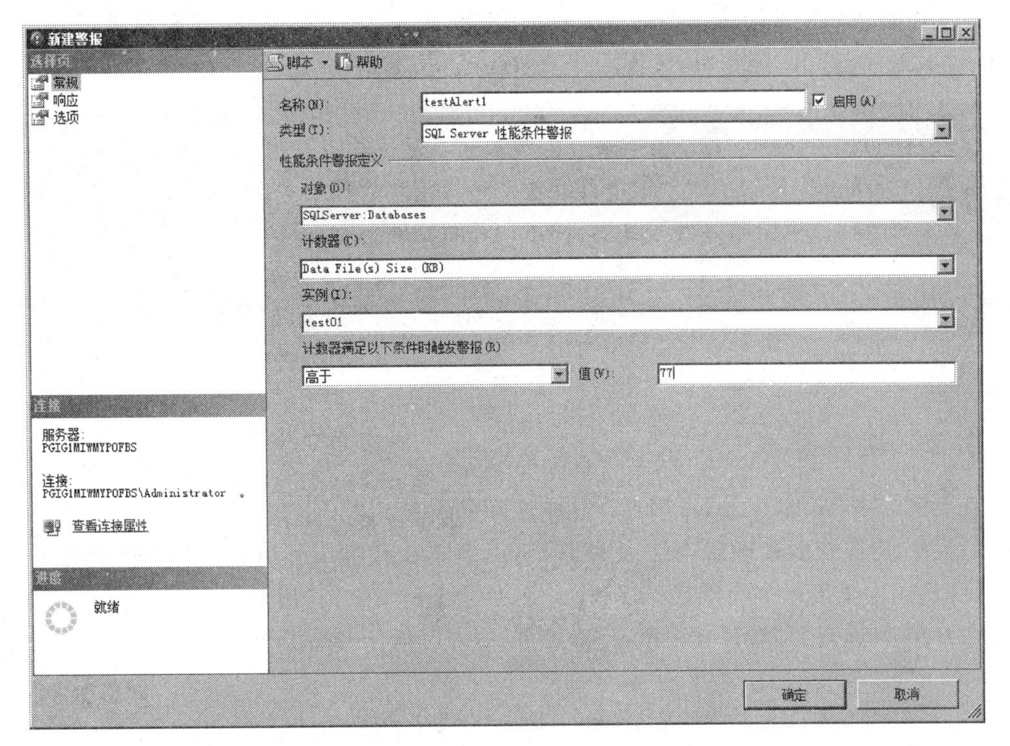

图 13-17 “新建警报”窗口中的“常规”选项卡

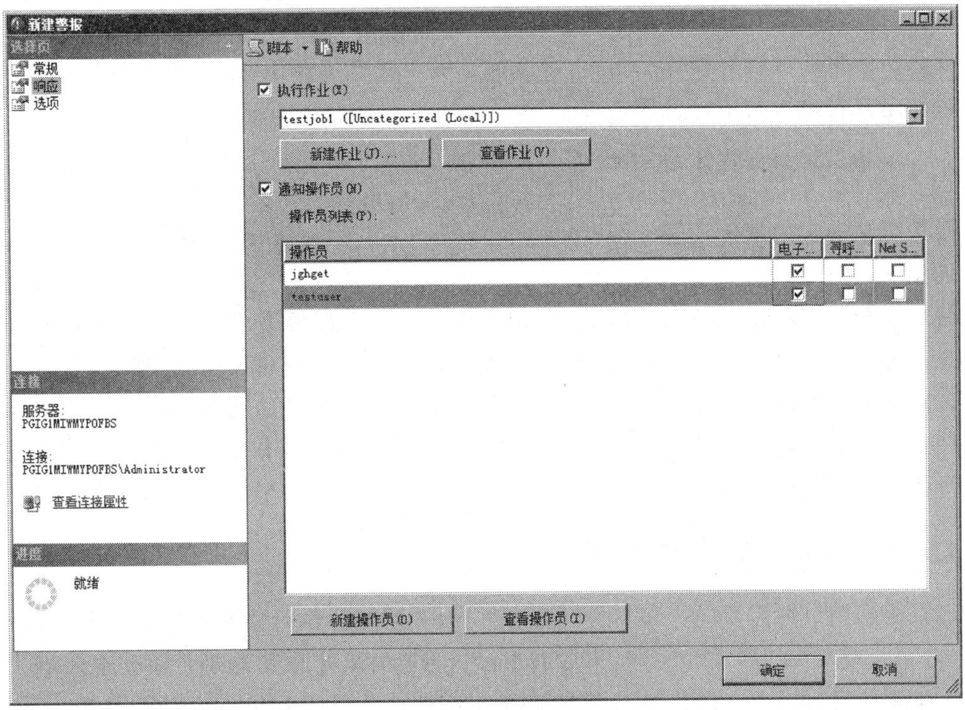

图 13-18 “响应”选项卡的设置

图 13-19 所示。如果发生了指定的触发错误，则触发 testAlert1 警报，该警报执行 testJob1 作业，并且通知 jghget 操作员。

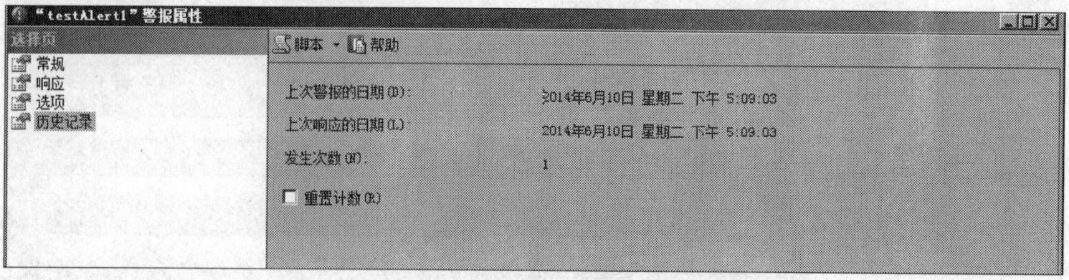

图 13-19　警报的执行

13.3.2　删除警报

在 SQL Server Enterprise Manager 中删除警报的参考步骤如下：

(1) 在“对象资源管理器”窗口中展开“SQL Server 代理”，然后右击“警报”中的一个警报，从弹出的快捷菜单中选择“删除”命令，将出现“删除对象”对话框。

(2) 在“删除对象”对话框中单击“确定”按钮即可执行删除操作。

13.4　操　作　员

操作员是在完成作业或出现警报时，可以接受电子通知的人员的别名。SQL Server 代理具有通过操作员通知数据库用户的功能。

操作员的主要属性有操作员名称、联系信息等。用户可以在定义警报之前定义操作员，也可以在定义警报过程中定义操作员。

13.4.1　创建操作员

操作员是指定的用户对象。可以使用 SQL Server Management Studio 创建操作员，具体步骤如下：

(1) 在 SQL Server Management Studio 中的“对象资源管理器”窗口中展开“SQL Server 代理”，右击“操作员”选项，从弹出的快捷菜单中选择“新建操作员”命令。

(2) 在弹出的新建操作员窗口中输入操作员名称 testuser，如图 13-20 所示。

(3) 输入操作员的“电子邮件名称”和“Net send 地址”及工作时间。单击“确定”按钮，完成操作员的创建。

13.4.2　为操作员分配警报

可以根据用户的需要向操作员分配警报种类，查看历史执行情况等。参考步骤如下：

(1) 在 SQL Server Management Studio 中的“对象资源管理器”窗口中展开“SQL Server 代理”子目录，右击操作员 jghget，在弹出的快捷菜单中选择“属性”命令。

(2) 在弹出的“属性”窗口中选择“通知”选项卡，如图 13-21 所示。

(3) 在“按以下方式查看发送给此用户的通知”下的“警报列表”中，通过选择复选框的

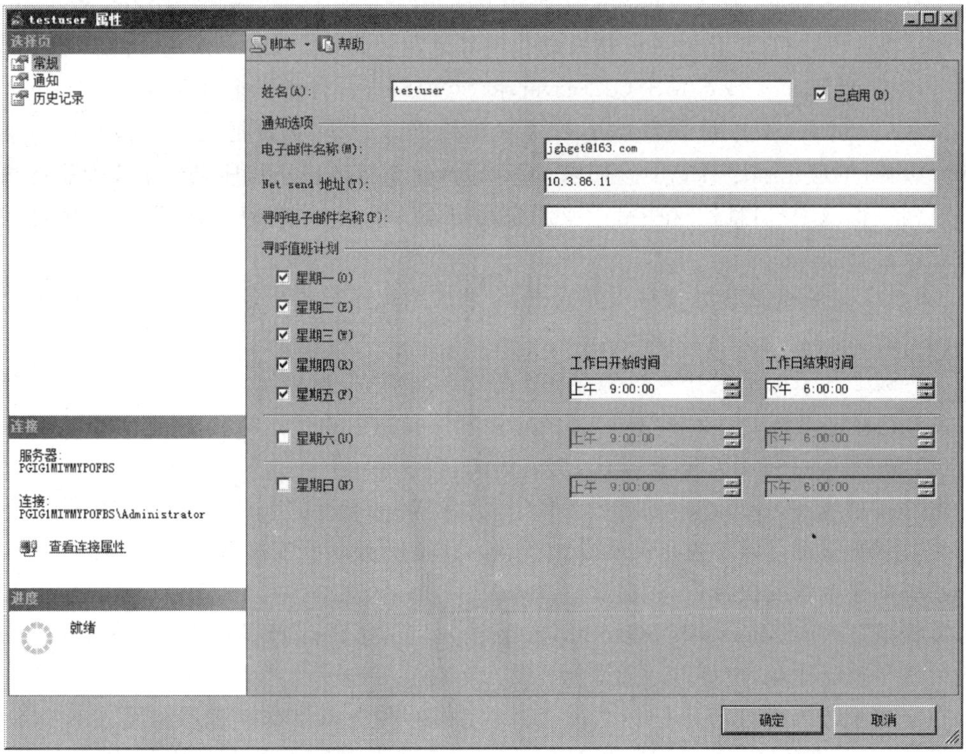

testuser 属性

选择页

常规

通知

历史记录

脚本 · 帮助

姓名(A): testuser　☑ 已启用(B)

通知选项

电子邮件名称(M): jghget@163.com

Net send 地址(T): 10.3.86.11

寻呼电子邮件名称(P):

寻呼值班计划

☑ 星期一(O)

☑ 星期二(E)

☑ 星期三(W)

☑ 星期四(R)　工作日开始时间 工作日结束时间

☑ 星期五(F)　上午 9:00:00　下午 6:00:00

☐ 星期六(U)　上午 9:00:00　下午 6:00:00

☐ 星期日(N)　上午 9:00:00　下午 6:00:00

连接

服务器:
PGIG1MIWMYPOFBS

连接:
PGIG1MIWMYPOFBS\Administrator

查看连接属性

进度

就绪

确定　取消

图 13-20　新建操作员

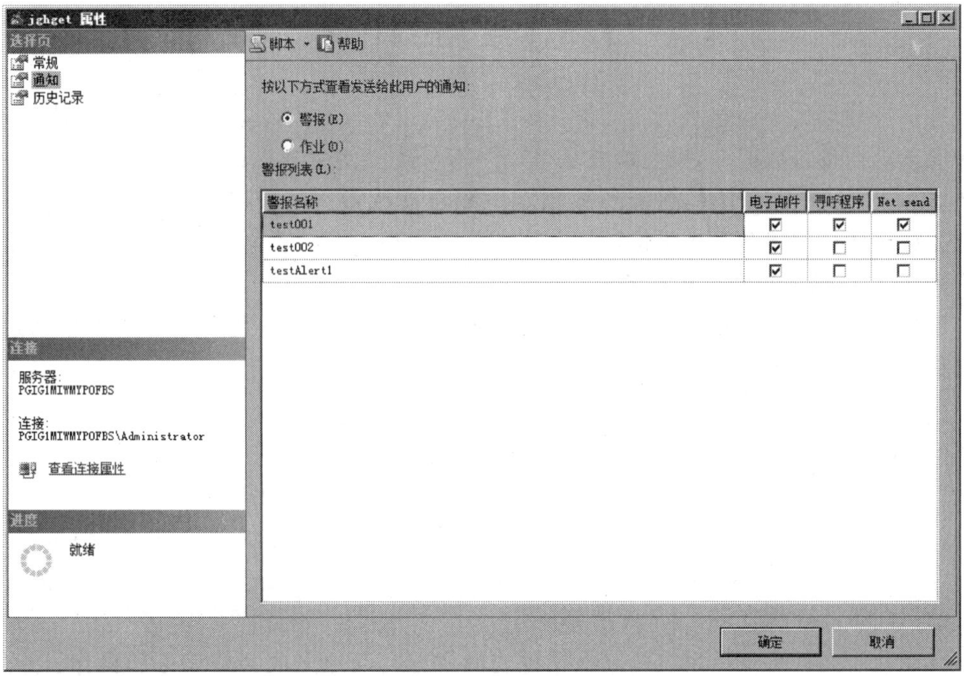

jghget 属性

选择页

常规

通知

历史记录

脚本 · 帮助

按以下方式查看发送给此用户的通知:

⊙ 警报(E)

○ 作业(O)

警报列表(L):

警报名称	电子邮件	寻呼程序	Net send
test001	☑	☑	☑
test002	☑	☐	☐
testAlert1	☑	☐	☐

连接

服务器:
PGIG1MIWMYPOFBS

连接:
PGIG1MIWMYPOFBS\Administrator

查看连接属性

进度

就绪

确定　取消

图 13-21　为操作员分配警报

方法给此操作员分配“警报”，同时定义通知方法为“电子邮件”、“寻呼程序”或 Net send。

SQL Server 的自动化任务依靠自动化组件来实现，SQL Server 系统中的自动化组件包括 Windows 的 Event Log、MSSQLServer 和 SQL Server 代理三个服务。

MSSQLServer 服务是 SQL Server 系统的数据库引擎，负责把发生的错误作为事件写入 Windows 的应用程序日志中。如果 SQL Server 系统或应用程序发生了需要引起用户注意的任何错误或消息，且把这些错误或消息写进了 Windows 的应用程序日志，则这些错误或消息就是日志。

Event Log 服务负责处理写入 Windows 的应用程序日志中的事件，这些事件可以包括下列内容：

(1) SQL Server 系统中严重等级在 19～25 之间的任何错误。

(2) 已经定义将要写入 Windows 的应用程序日志中的错误消息。

(3) 执行 RAISERROR WITH LOG 语句。

事件就是由 SQL Server 系统发生的、写入到 Windows 的事件日志中的错误或消息。

作业和警报都可以单独定义和单独执行。作业既可以手工执行，也可以调度执行，还可以由系统的警报触发执行。

警报负责回应 Microsoft SQL Server 系统发生的事件。警报由事件触发，其触发的结果既可以是执行作业，也可以是通知操作员。

在定义系统执行自动化任务之前，应该完成一些准备工作。这些准备工作包括确保 SQL Server 代理服务运行、验证 SQL Server 代理的服务账户具有相应的许可、配置 SQL Server 代理的邮件文件等。

13.5 维护计划

维护计划可用于创建所需的维护任务工作流，以确保数据库运行良好，在出现系统错误的情况下定期备份数据库，以及检查是否存在不一致。使用维护计划向导可以创建一个或多个 SQL Server 代理作业，并能够按预定间隔自动执行这些维护任务。只有是 sysadmin 角色的成员才能创建和管理维护任务。

1. 可以自动运行的维护任务

维护计划是可以自动运行的维护任务，SQL Server 2008 系统实现的可以自动运行的维护任务主要提供如下功能：

(1) 自动备份数据库和事务日志文件。

(2) 可以通过删除空数据库页压缩数据文件。

(3) 用新填充因子重新生成索引来重新组织数据和索引页上的数据。

(4) 更新索引统计信息，确保查询优化器含有关于表中数据值分布的最新信息。

(5) 对数据库内的数据和数据页执行内部一致性检查。

(6) 自动运行 SQL Server 代理作业。

自动化管理任务是指系统可以根据预先的设置自动地完成某些任务和操作。一般地，把可以自动完成的任务分成两大类：

(1) 执行正常调度的任务。执行正常调度的任务，例如在 SQL Server 系统中执行一些日常维护和管理的任务，可以包括备份数据库、传输和转换数据、维护索引、维护数据一致性等。

(2) 识别和回应可能遇到问题的任务。例如，可以定义一个任务来更正出现的问题。如果数据库事务满了，则该数据库就不能正常工作了，这时发生错误代号是1105的错误。可以定义一项使用 Transact-SQL 语句的任务，执行清除事务日志和备份数据库的操作。

2. 利用向导创建维护计划

创建维护计划可以使用维护计划向导或设计图面创建维护计划两种方法。向导是创建基本维护计划的常用方法，而使用设计图面创建计划允许使用增强的工作流。

需要注意的是，只有用户通过 Windows 身份验证进行连接才会显示维护计划。如果用户是通过 SQL Server 身份验证进行连接，则对象资源管理器不会显示维护计划。

在 SQL Server 2008 数据库引擎中，维护计划可创建一个作业以按预定间隔自动执行这些维护任务。下面通过使用向导来安排数据库备份任务计划来了解创建维护计划的步骤。

(1) 在"对象资源管理器"窗口中展开 SQL Server 实例的"管理"子目录，然后右击"维护计划"，从弹出的快捷菜单中选择"维护计划向导"命令。

(2) 在出现的一个起始页面中单击"下一步"按钮。

(3) 在"名称"文本框中输入维护计划的名字。在本例中使用"日常 teaching 数据库备份"作为维护计划名称。

(4) 选择"备份数据库(完整)"，如图 13-22 所示。单击"下一步"按钮后，在下一界面再单击"下一步"按钮。

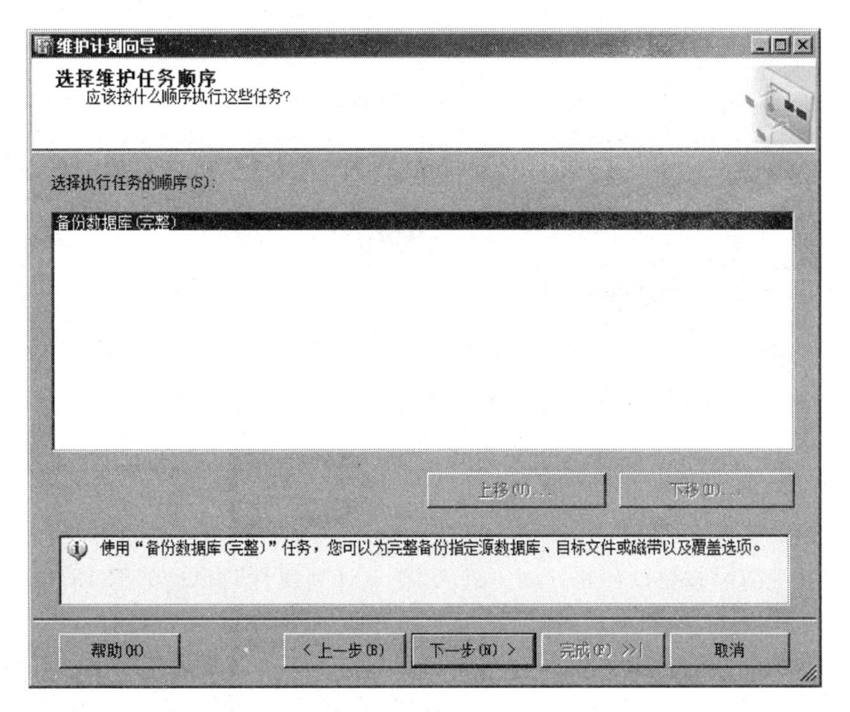

图 13-22　选择维护任务

(5) 在“数据库”下拉列表中选择 teaching 数据库，单击“确定”按钮。

(6) 选择“为每个数据库创建备份文件”单选按钮，然后再选择“为每个数据库创建子目录”复选框，并指定存储备份的文件夹的路径，如 D:\sqlprogram\backup，如图 13-23 所示。

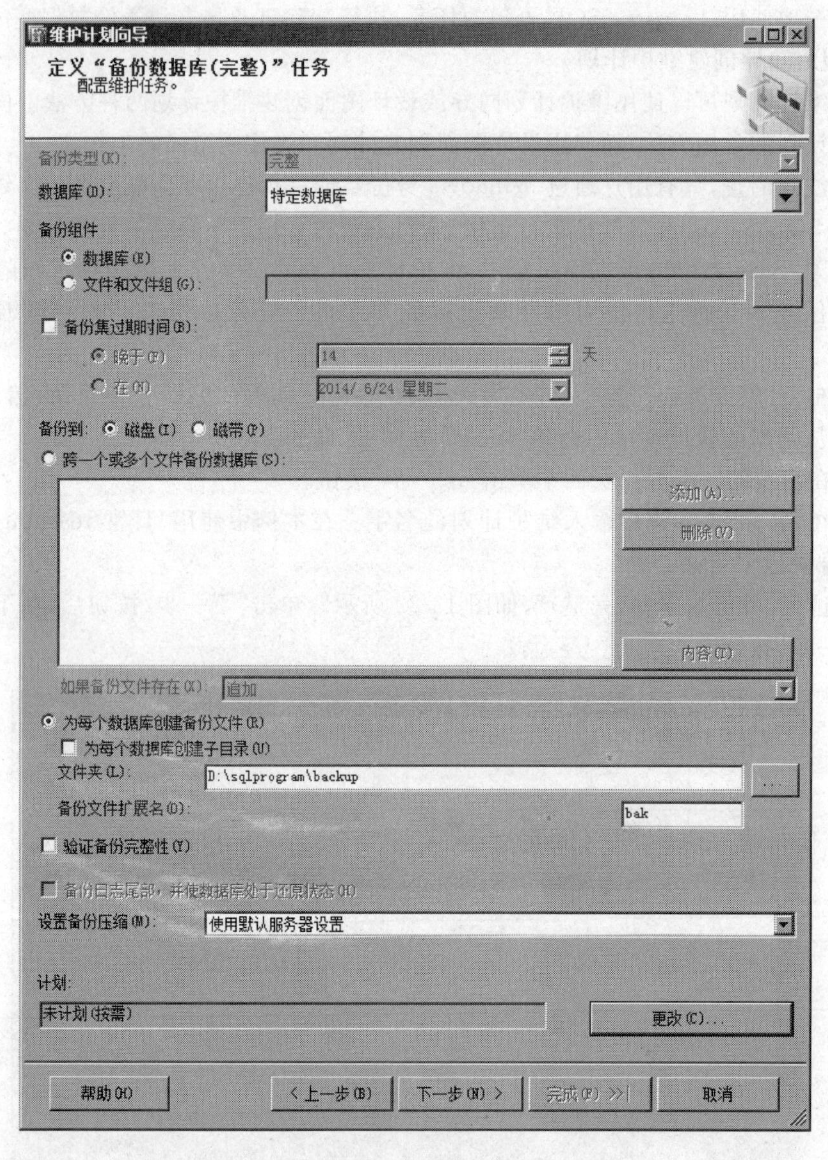

图 13-23 定义维护任务

(7) 单击“更改”按钮以创建计划。进入“作业计划属性”窗口，如图 13-24 所示。设置完成之后，单击“确定”按钮返回如图 13-22 所示界面，单击“下一步”按钮。

(8) 在随后显示的页面中，可以定义是将报告写入文本文件还是以电子邮件形式发送报告。根据自己的情况选择，单击“下一步”按钮，如图 13-25 所示。

(9) 单击“完成”按钮，进入完成进度窗口，进度完成后单击“关闭”按钮即可。

(10) 维护计划可以通过 SQL Server Management Studio 进行更改。展开“对象资源管

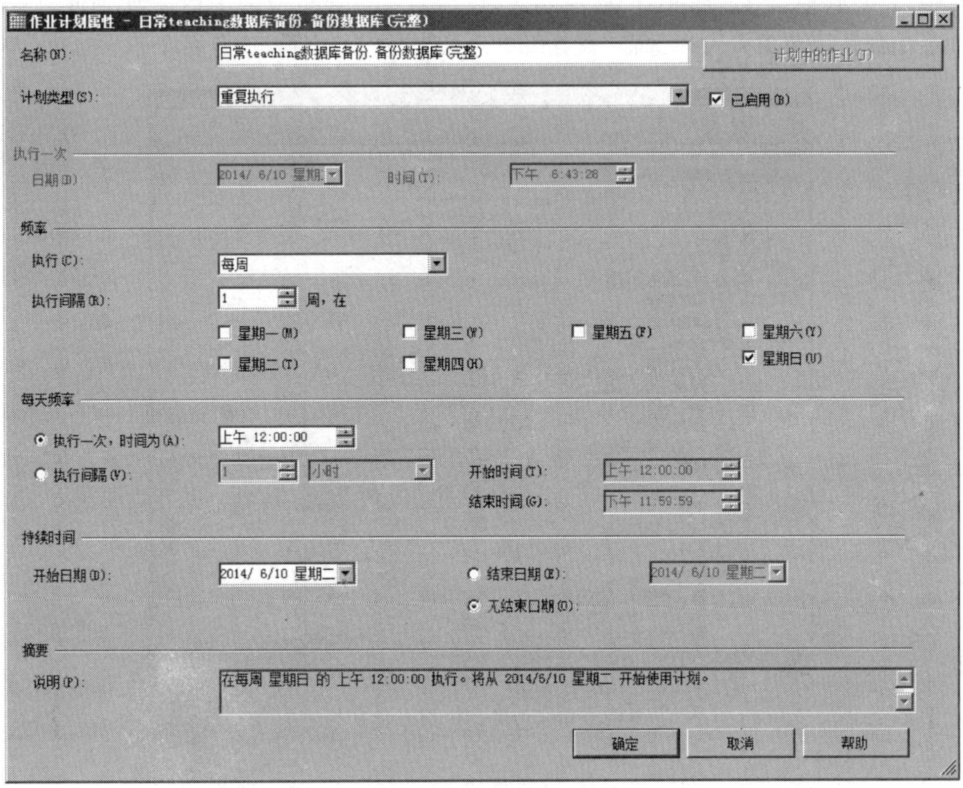

作业计划属性 - 日常teaching数据库备份.备份数据库(完整)

名称(N): 日常teaching数据库备份.备份数据库(完整)　计划中的作业(J)

计划类型(S): 重复执行　☑ 已启用(B)

执行一次

日期(D): 2014/ 6/10 星期二　时间(T): 下午 6:43:28

频率

执行(C): 每周

执行间隔(R): 1 周，在

☐ 星期一(M)　☐ 星期三(W)　☐ 星期五(F)　☐ 星期六(Y)

☐ 星期二(T)　☐ 星期四(H)　☑ 星期日(U)

每天频率

◉ 执行一次，时间为(A): 上午 12:00:00

○ 执行间隔(V): 1 小时　开始时间(T): 上午 12:00:00

结束时间(G): 下午 11:59:59

持续时间

开始日期(D): 2014/ 6/10 星期二　○ 结束日期(E): 2014/ 6/10 星期二

◉ 无结束日期(O):

摘要

说明(P): 在每周 星期日 的 上午 12:00:00 执行。将从 2014/6/10 星期二 开始使用计划。

确定　取消　帮助

图 13-24　设置作业计划

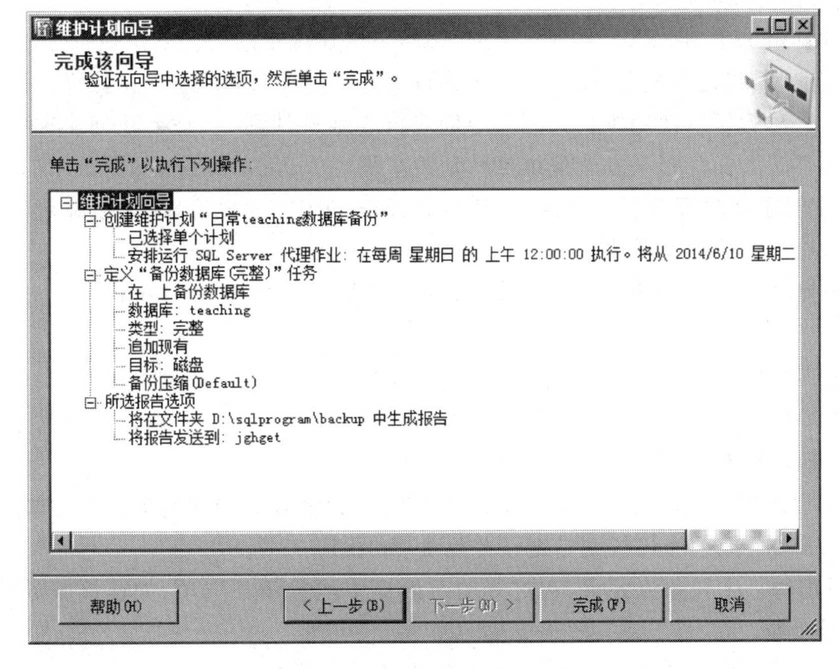

图 13-25　完成维护计划向导

理器”窗口中“管理”下的“维护计划”子目录，然后右击需要更改的维护计划，如图 13-26 所示，在弹出的快捷菜单中可以选择“查看历史记录”、“修改”、“执行”等命令。

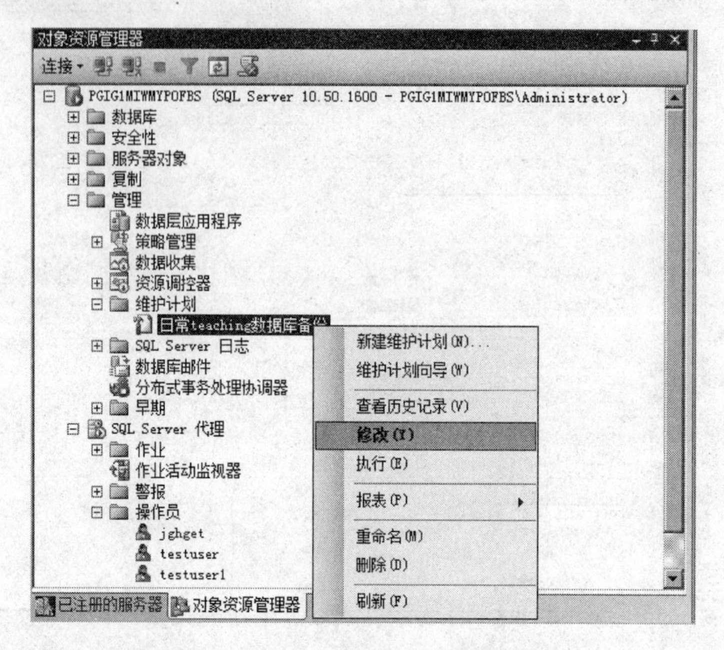

图 13-26 查看使用和维护计划

(11) 选择“修改”命令即可进行手动创建维护计划的过程。选择“执行”命令可以进行数据库备份，并在指定路径生成文档报告。

3. 手动创建维护计划

维护计划是一个用于执行常规任务的工具，可以在规定的时间安排执行 SQL Server 代理启动的作业，因此它依赖于 SQL Server 代理服务。因而，SQL Server 代理服务必须持续不断地运行。尽管可以使用维护计划向导创建核心维护计划，但是手动创建这些计划具有更大的灵活性。下面介绍手动创建维护计划的步骤：

(1) 在“对象资源管理器”窗口中展开 SQL Server 实例的“管理”子目录，然后右击“维护计划”，从弹出的快捷菜单中选择“新建维护计划”命令。

(2) 在弹出的“新建维护计划”对话框中输入维护计划名称 MaintenancePlan2，单击“确定”按钮。

(3) 进入“MaintenancePlan2[设计]”界面，选择“视图”→“工具箱”命令。

(4) 在“MaintenancePlan2[设计]”界面的“说明”列表框中输入该计划的描述，单击“计划”后的按钮设置作业计划。

(5) 将“工具箱”中的任务流元素拖到设计界面，以便定义要执行的任务，并定义任务之间工作流的操作：拖动连接线到指定任务元素，如图 13-27 所示。

(6) 双击每一个任务流元素，在打开的对话框中配置任务选项，如连接服务器、选择要操作的数据库等。

(7) 单击“管理连接”按钮，可以查看与创建该计划所在的服务器建立本地连接。

(8) 单击“报告和记录”按钮，可以指定生成报告的路径和文件名等。

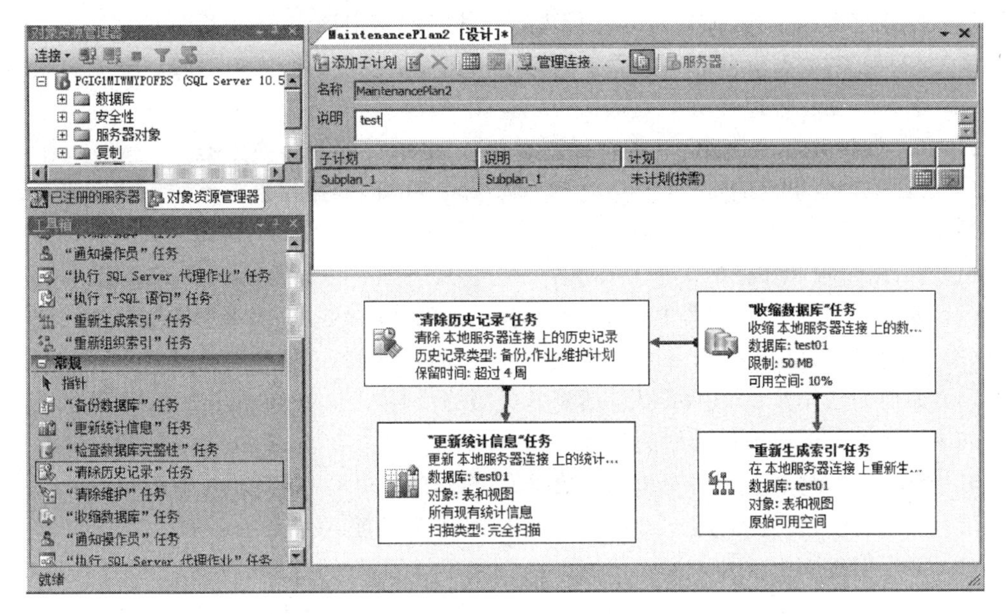

图 13-27　手动创建维护计划

13.6　小　　结

SQL Server 代理服务是负责系统警报、作业、操作员、调度等任务管理的工具，系统执行自动化操作可以管理数据库系统的部分功能，提高了服务器的工作效率和质量。学习本章的过程中，应该掌握如下主要内容：

(1) 自动化管理任务的必要性和组件的基本概念。

(2) 作业、操作员和警报管理技术之间的关系。

(3) SQL Server 代理服务的启动和停止。

(4) 作业、警报、操作员的创建和管理。

(5) 创建维护计划的目的和步骤。

习　题　13

1. 选择题

(1) 自动执行管理任务之前，首先要对 SQL Server 代理进行________操作。

A. 启动　　B. 配置　　C. 新建　　D. 更新

(2) SQL Server 2008 提供很多服务工具，主要用于自动执行管理任务的是________。

A. 备份　　B. 传输

C. SQL Server 代理　　D. 显示日志

(3) 下面________不是在警报发生时通知操作员的方法。

A. 电子邮件　　B. 使用呼叫

C. SQL Server 代理　　D. 发送网络消息

(4) 作业是由一系列 SQL Server 代理顺序执行的指定操作，不可以________。

A. 触发执行　　B. 手工执行　　C. 调度执行　　D. 触发警报执行

(5) 下列自动化管理任务中不是执行正常调度任务的是________。

A. 维护数据一致性　　B. 传输和转换数据

C. 维护索引　　D. 因数据库事务满了而清除事务日志

2. 思考题

(1) 事件、警报和作业的关系是什么？

(2) 如何通过"作业活动监视器"管理作业活动的情况？

(3) 如何创建警报？SQL Server 支持哪些类型的警报？

(4) 如何创建作业？作业可以包括哪些类型的步骤？

(5) 简述手工创建维护计划的步骤。

3. 上机练习题(本题利用 teaching 数据库进行操作)

(1) 练习启动、暂停和停止 SQL Server 2008 服务代理。

(2) 练习创建一个名为 student 的作业，并创建计划，使得该作业每周六上午 10：00 执行一次。

(3) 创建警报 alert1，当该警报发生时，利用电子邮件通知操作员。

(4) 创建操作员 operator，练习为该操作员分配警报。

(5) 创建一个维护计划 maintain1，实现每天对 teaching 数据库进行一次备份。

第14章 复制与性能监视

复制(Replication)是SQL Server 2008系统提供的一组技术,该技术可以将数据和数据库对象从一个数据库复制和分发到另一个数据库,然后在数据库间进行同步,以维持一致性的过程。

性能监视是在SQL Server数据库系统运行过程中,通过监视工具查看数据库系统的运行情况、对数据库进行优化、发现并修复错误的管理手段。

本章主要介绍实现复制的基本过程和使用监视工具的一般方法。

14.1 复制概述

复制可以在数据库之间实现订阅和分发数据和数据库对象,可以将数据通过各种网络分发到全球不同位置的服务器。

14.1.1 复制的发布模型

SQL Server复制的组件包括发布服务器、分发服务器、订阅服务器、项目、发布、订阅和复制代理。

在SQL Server中,复制的源数据对象所在的数据库引擎称为发布服务器,复制的目标数据对象所在的数据库引擎称为订阅服务器,把数据对象从发布服务器提供给订阅服务器的服务称为分发服务器。

发布服务器具有将增量更改的数据发送到发布项目中的功能,订阅服务器具有进行随之更新的功能,复制代理负责在发布服务器和订阅服务器之间复制和移动数据,如图14-1所示。

(1) 发布服务器。发布服务器是一种数据库实例,它通过复制向其他位置提供数据。发布服务器可以有一个或多个发布,每个发布定义一组要复制的具有逻辑关系的对象和数据。

(2) 分发服务器。分发服务器也是一种数据库实例,它起着存储区的作用,用于复制与一个或多个发布服务器相关联的特定数据。每个发布服务器都与分发服务器上的单个数据库相关联。分发数据库存储复制状态数据和有关发布的元数据,在某些情况下为从发布服务器向订阅服务器移动的数据起着排队的作用。

(3) 订阅服务器。订阅服务器是接收复制数据的数据库实例。一个订阅服务器可以从多个发布服务器接收数据。根据所选复制的类型,订阅服务器还可以将数据更改传递回发布服务器,或者将数据重新发布到其他订阅服务器。

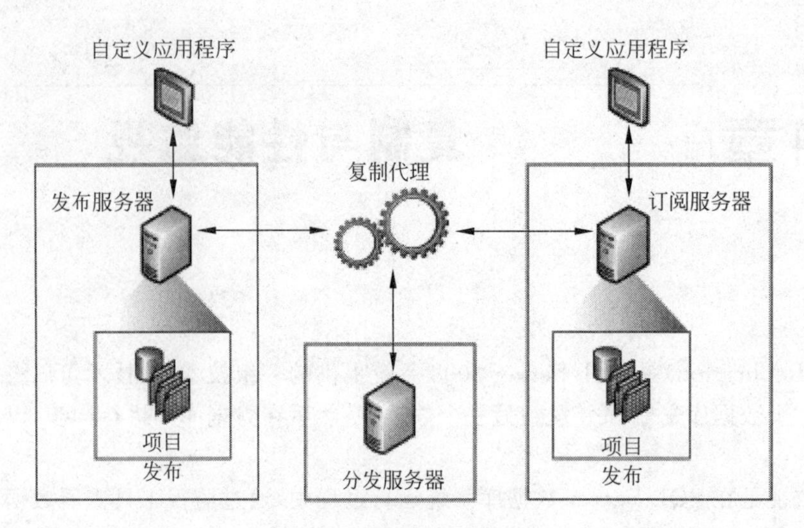

图 14-1 复制的发布模型

(4) 项目。项目用于识别发布中包含的数据库对象。一个发布可以包含不同类型的项目,包括表、视图、存储过程和其他对象。当把表作为项目发布时,可以用筛选器限制发送到订阅服务器的数据的列和行。

(5) 发布。发布是来自一个数据库的一个或多个项目的集合。将多个项目分组成一个发布使得更便于指定一组作为一个单元复制的、具有逻辑关系的数据库对象和数据。

(6) 订阅。订阅是把发布副本传递到订阅服务器的请求。订阅定义将接收的发布和接收的时间、地点。有两种类型的订阅:推送和请求。

14.1.2 复制类型

使用复制可以在局域网和广域网、拨号连接、无线连接和 Internet 上将数据分发到不同位置及分发给远程或移动用户。在 SQL Server 2008 系统中提供了下列可在分布式应用程序中使用的三种复制类型。

1. 事务复制

事务复制通常从发布数据库对象和数据的快照开始。创建了初始快照后,在发布服务器上所做的数据更改和架构修改通常在修改发生时便传递给订阅服务器。数据更改将按照其在发布服务器上发生的顺序和事务边界应用于订阅服务器,因此,在发布内部可以保证事务的一致性。

事务复制通常用于服务器到服务器环境中,在以下各种情况下适合采用事务复制:

(1) 希望发生增量更改时将其传播到订阅服务器。

(2) 从发布服务器上发生更改到更改到达订阅服务器,应用程序需要这两者之间的滞后时间较短。

(3) 应用程序需要访问中间数据状态。例如,表的某一行更改了三次,事务性复制将允许应用程序响应每次更改,而不是只响应该行最终的数据更改。

(4) 发布服务器有大量的插入、更新和删除活动。

(5) 发布服务器或订阅服务器不是 SQL Server 数据库(例如 Oracle)。

默认情况下，事务发布的订阅服务器应视为只读，因为更改将不会传播回发布服务器。但是，事务性复制确实提供了允许在订阅服务器上进行更新的选项。

事务复制由 SQL Server 快照代理、日志读取器代理和分发代理实现。快照代理准备快照文件，然后将这些文件存储在快照文件夹中，并在分发服务器的分发数据库中记录同步作业。

2. 合并复制

与事务复制相同，合并复制通常也是从发布数据库对象和数据的快照开始，并且用触发器跟踪在发布服务器和订阅服务器上所做的后续数据更改和架构修改。订阅服务器在连接到网络时将与发布服务器进行同步，并交换自上次同步以来发布服务器和订阅服务器之间发生更改的所有行。

合并复制通常用于服务器到客户端的环境中。合并复制适用于下列各种情况：

(1) 多个订阅服务器可能会在不同时间更新同一数据，并将其更改传播到发布服务器和其他订阅服务器。

(2) 订阅服务器需要接收数据，脱机更改数据，并在以后与发布服务器和其他订阅服务器同步更改。

(3) 每个订阅服务器都需要不同的数据分区。

(4) 可能会发生冲突，并且在冲突发生时需要具有检测和解决冲突的能力。

(5) 应用程序需要最终的数据更改结果，而不是访问中间数据状态。例如，如果在订阅服务器与发布服务器进行同步之前，订阅服务器上的行更改了 5 次，则该行在发布服务器上仅更改一次来反映最终数据更改(也就是第 5 次更改的值)。

(6) 合并复制允许不同站点自主工作，并在以后将更新合并成一个统一的结果。由于更新是在多个子目录上进行的，同一数据可能由发布服务器和多个订阅服务器进行了更新。因此，在合并更新时可能会产生冲突，合并复制提供了多种处理冲突的方法。

合并复制由 SQL Server 快照代理和合并代理实现。如果发布未经筛选或使用静态筛选器，快照代理将创建单个快照。如果发布使用参数化筛选器，则快照代理将为每个数据分区创建一个快照。合并代理将初始快照应用于订阅服务器。它还将合并自初始快照创建后发布服务器或订阅服务器上所发生的增量数据更改，并根据所配置的规则检测和解决任何冲突。

3. 快照复制

快照复制将数据以特定时刻的瞬时状态分发，而不监视对数据的更新。发生同步时，将生成完整的快照并将其发送到订阅服务器。

当符合以下一个或多个条件时，使用快照复制是最合适的。

(1) 很少更改数据。

(2) 在一段时间内允许具有相对发布服务器已过时的数据副本。

(3) 复制少量数据。

(4) 在短期内出现大量更改。

在数据更改量很大但很少发生时，快照复制是最合适的。发布服务器上快照复制的连续开销低于事务复制的开销，因为不用跟踪增量更改。但是，如果要复制的数据集非常大，那么若要生成和应用快照，将需要使用大量资源。评估是否使用快照复制时，需要考虑整个数据集的大小及数据的更改频率。例如，如果某一天在发布服务器上更新相对小的表，且能够接受一定的滞后，则可在夜间以快照形式传递更改。

默认情况下，以上三种复制都使用快照初始化订阅服务器。SQL Server 2008 快照代理始终生成快照文件，但传递文件的代理因使用的复制类型而异。快照复制和事务性复制使用分发代理传递文件，而合并复制使用 SQL Server 合并代理传递文件。快照代理在分发服务器上运行。对于推送订阅，分发代理和合并代理在分发服务器上运行；对于请求订阅，则在订阅服务器上运行。

14.1.3 SQL Server 2008 引入的新功能

1. 对等事务复制

对等复制在可用性和可管理性方面有如下重要改进：

(1) 能够在同步过程中检测冲突。此选项在默认情况下处于启用状态，它允许分发代理检测冲突并在受到影响的子目录上停止处理更改。

(2) 能够向复制拓扑中添加子目录，而不使拓扑静止。在 SQL Server 2008 中，不必使拓扑静止即可将新子目录连接到任意数量的现有节点。

(3) 能够使用配置对等拓扑向导以直观方式配置拓扑。该新增配置向导提供了一个拓扑查看器，使用它可以执行常见的配置任务，如添加新节点、删除节点及在现有节点之间添加新连接。该查看器是对网格的一个重大改进。使用该查看器，可以查看拓扑的确切配置方式，还可以方便地执行各种配置任务。例如，可以将节点 A、B 和 C 配置为全部相互连接，然后将节点 D 配置为仅连接到节点 A 和 B。由于网格要求将所有的节点相互连接，因此无法针对网格进行这一级别的控制。

2. 复制监视器

在大多数复制监视器网格中，现在可以执行如下操作：

(1) 选择要查看的列；按多个列排序；基于列值筛选网格中的行。若要访问此功能，则右击网格，从弹出的快捷菜单中依次选择“选择要显示的列”、“排序”、“筛选器”或“清除筛选器”命令。筛选设置是特定于每个网格的。列的选择和排序应用于同一类型的所有网格，如每个发布服务器的发布网格。

(2) 发布服务器子目录的“公共作业”选项卡已经重命名为“代理”。现在，可以在“代理”选项卡中集中查看与选定发布服务器上发布关联的所有代理和作业的相关信息。与发布关联的代理和作业包括快照代理、日志读取器代理、队列读取器代理、维护作业和分发代理、合并代理等。

(3) 发布子目录的“警告和代理”选项卡已经拆分为单独的“警告”和“代理”选项卡。拆分选项卡时重点放在管理性能警告和监视复制代理之间的差别上。“代理”选项卡会自动刷新，但“警告”选项卡不会自动刷新。

3. 对已分区表的增强事务复制支持

在 SQL Server 2008 中，使用事务复制可以对发布数据库执行 SWITCH PARTITION 命令，并可以选择在每个订阅服务器上复制并应用命令。

14.2 创建复制

创建复制可以通过复制向导或 Transact-SQL 命令实现，本节介绍利用向导创建复制及相关的操作，并通过示例进行说明。至于 Transact-SQL 命令方式可以通过输出脚本等方式进行了解。

下面介绍一下进行复制示例的环境。使用两个数据库实例，一个是默认实例，一个是命名实例 JIANGGH，两个实例的 SQL Server 代理都设置为“启动”状态。其中默认实例上存在数据库 test01，通过复制，使得命名实例 JIANGGH 上的数据库 test01 与之同步。

14.2.1 创建发布

所谓创建发布，就是将要进行复制的源数据库对象进行发布处理。用户通过使用“新建发布向导”创建发布和定义项目，具体参考步骤如下：

(1) 在 Microsoft SQL Server Management Studio 中连接到发布服务器，即默认示例。然后在“对象资源管理器”窗口中展开“复制”文件夹，右击“本地发布”文件夹。

(2) 从弹出的快捷菜单中选择“新建发布”命令。

(3) 弹出“新建发布向导”窗口，单击“下一步”按钮，选择发布数据库。本例选择数据库为 test01，如图 14-2 所示。

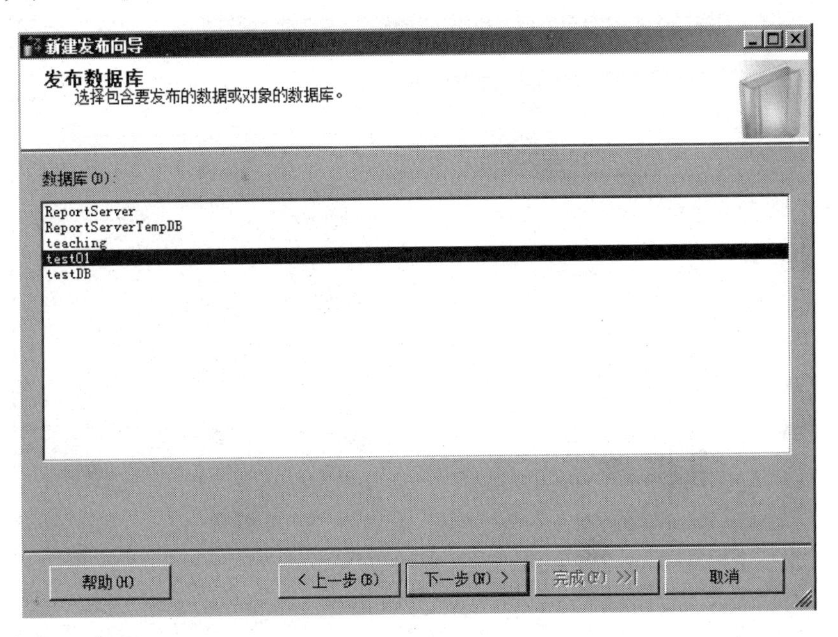

图 14-2 选择数据库

(4) 单击“下一步”按钮，选择发布类型。用户可以选择能够较好地支持应用程序要求的发布类型，本例选择“事务发布”，如图 14-3 所示。

(5) 单击“下一步”按钮，在“项目”窗口的“要发布的对象”列表框中选择所有表，如图 14-4 所示。

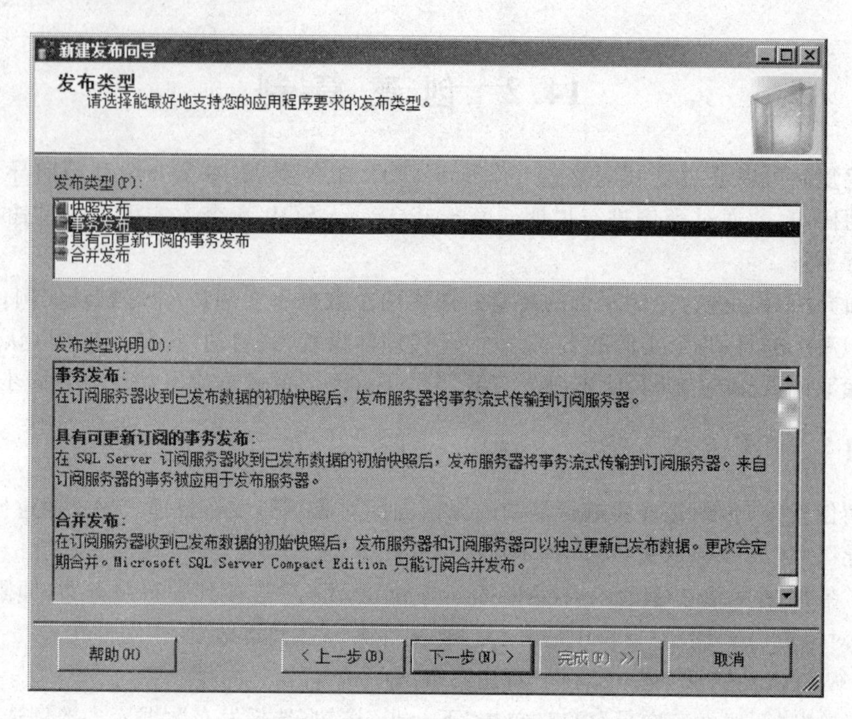

图 14-3　选择发布类型

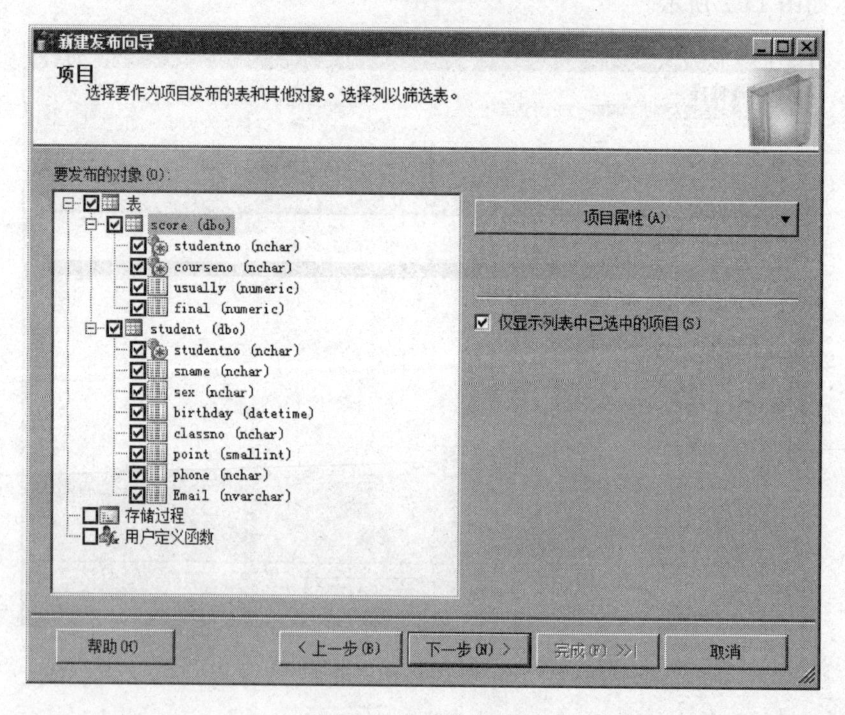

图 14-4　选择发布对象

(6) 单击“下一步”按钮，弹出“筛选表行”窗口，可以单击“添加”按钮，根据需要进行表中数据行的选择，本例选择所有行。然后直接单击“下一步”按钮，配置“快照代理”，如图 14-5 所示。

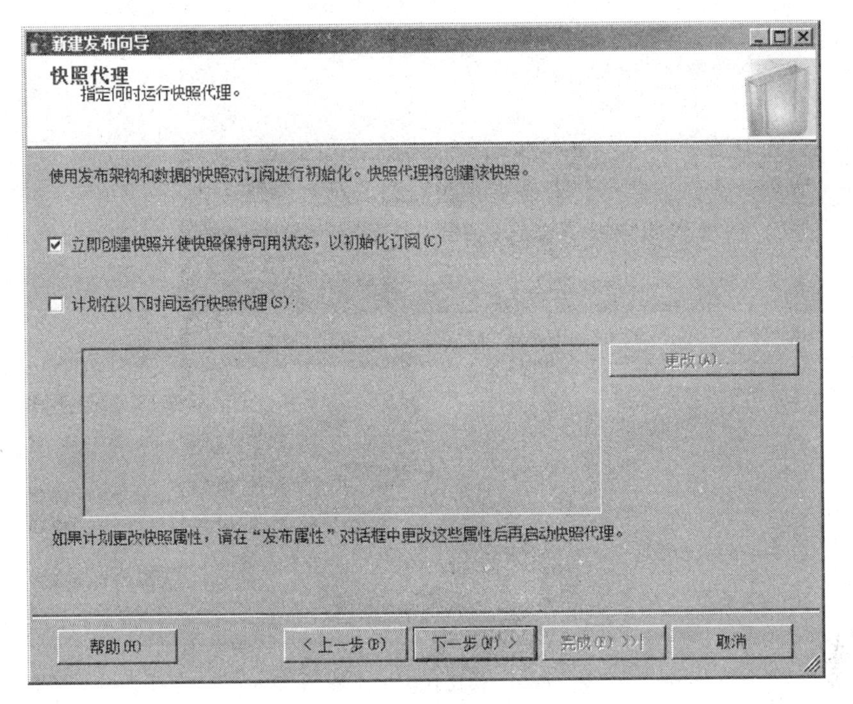

图 14-5 “快照代理”窗口

(7) 单击“下一步”按钮，用户可以设置代理的安全性。在创建复制的过程中，向导会建立一系列的 SQL Server 代理作业，以帮助完成复制的实现与维护工作，如图 14-6 所示。可以单击“安全设置”按钮，在弹出的图 14-7 所示“快照代理安全性”对话框中指定 SQL Server 代理账户，设置完成后单击“确定”按钮，返回图 14-6 所示“代理安全性”窗口。

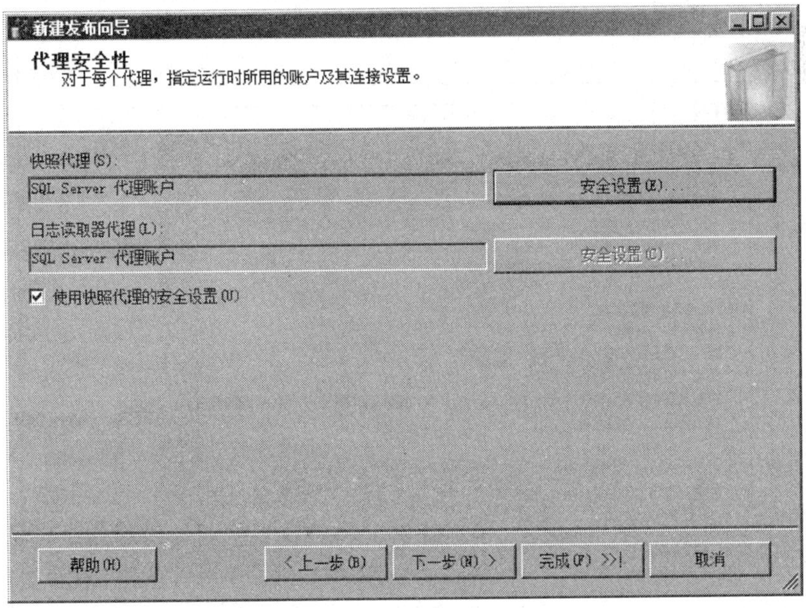

图 14-6 “代理安全性”页面

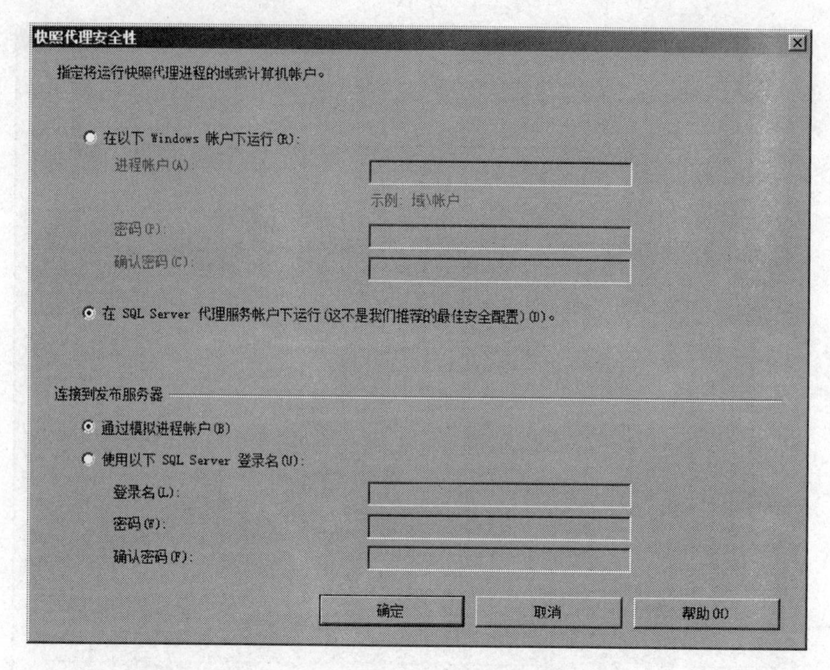

图 14-7 “快照代理安全性”对话框

(8) 单击“下一步”按钮,弹出“向导操作”对话框,本例选择默认项“在向导结束时一创建发布”。当然,也可以选择“生成包含创建发布的步骤和脚本文件”复选框。

(9) 单击“下一步”按钮,弹出“完成该向导”窗口。用户可以在这个界面中通过提示信息对前面的选择进行回顾,确认后单击“完成”按钮,发布才开始创建,如图 14-8 所示。

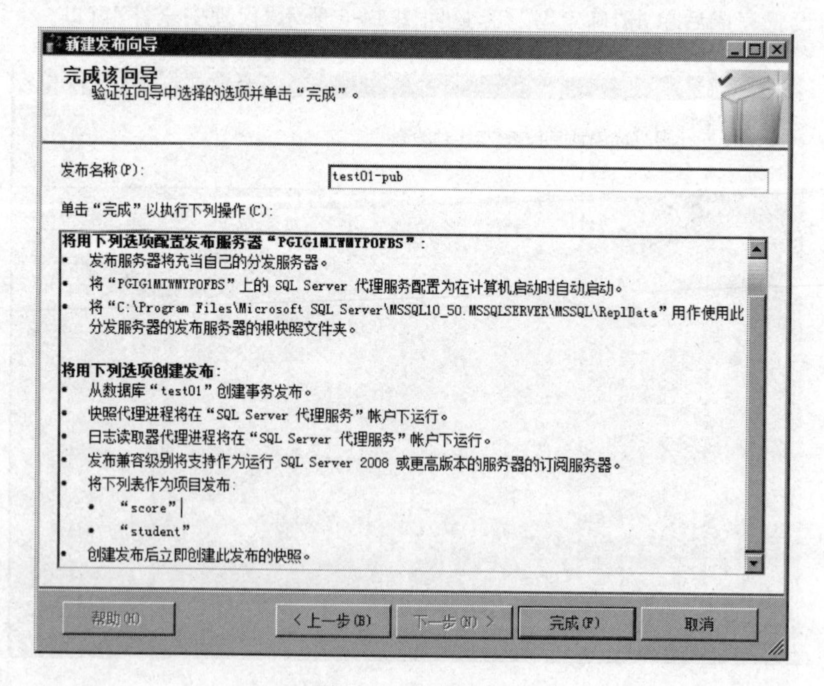

图 14-8 完成向导

(10) 系统显示“正在创建发布”的信息，全部显示成功后，单击“关闭”按钮，完成创建发布。在“对象资源管理器”窗口中可以查看新建的发布。

14.2.2 创建订阅

创建订阅可以通过使用“新建订阅向导”在发布服务器或订阅服务器中创建请求订阅。本例选择在命名实例 JIANGGH 中创建订阅，具体操作步骤如下：

(1) 在 SQL Server Management Studio 的命名实例 JIANGGH 中展开“复制”子目录。

(2) 右击“本地订阅”子目录，从弹出的快捷菜单中选择“新建订阅”命令，弹出“新建订阅向导”窗口。

(3) 在“新建订阅向导”的“发布”窗口中，在“发布服务器”下拉列表中选择“＜查找 SQL Server 发布服务器＞”。

(4) 在“连接到服务器”窗口中连接到发布服务器(默认实例)，然后在“发布”页上选择一个发布，如图 14-9 所示。

图 14-9 创建“发布”

(5) 单击“下一步”按钮，弹出“分发代理位置”窗口，选择分发代理位置，如图 14-10 所示。

(6) 单击“下一步”按钮，弹出“订阅服务器”窗口，选择“新建数据库”，创建目标数据库 test01，如图 14-11 所示。

(7) 单击“下一步”按钮，弹出“分发代理安全性”窗口，单击“…”按钮，在弹出的图 14-12 所示“分发代理安全性”对话框中设置分发代理安全性选项后，单击“确定”按钮。

(8) 返回图 14-13 所示窗口中，单击“下一步”按钮，弹出“同步计划”窗口，用户可以指定每个订阅的代理的同步计划如图 14-14 所示。

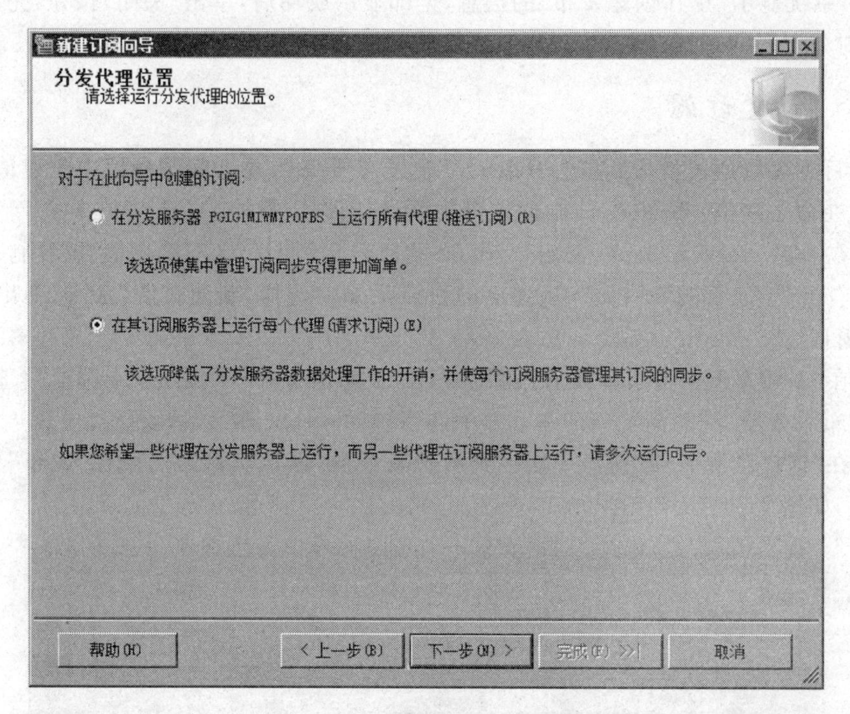

图 14-10 “分发代理位置”页面

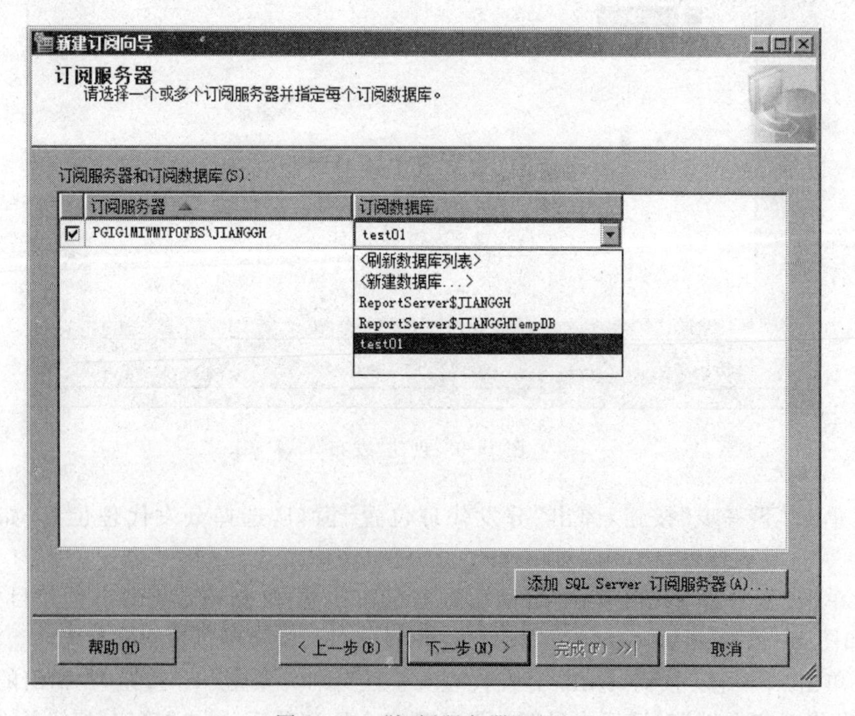

图 14-11 “订阅服务器”页面

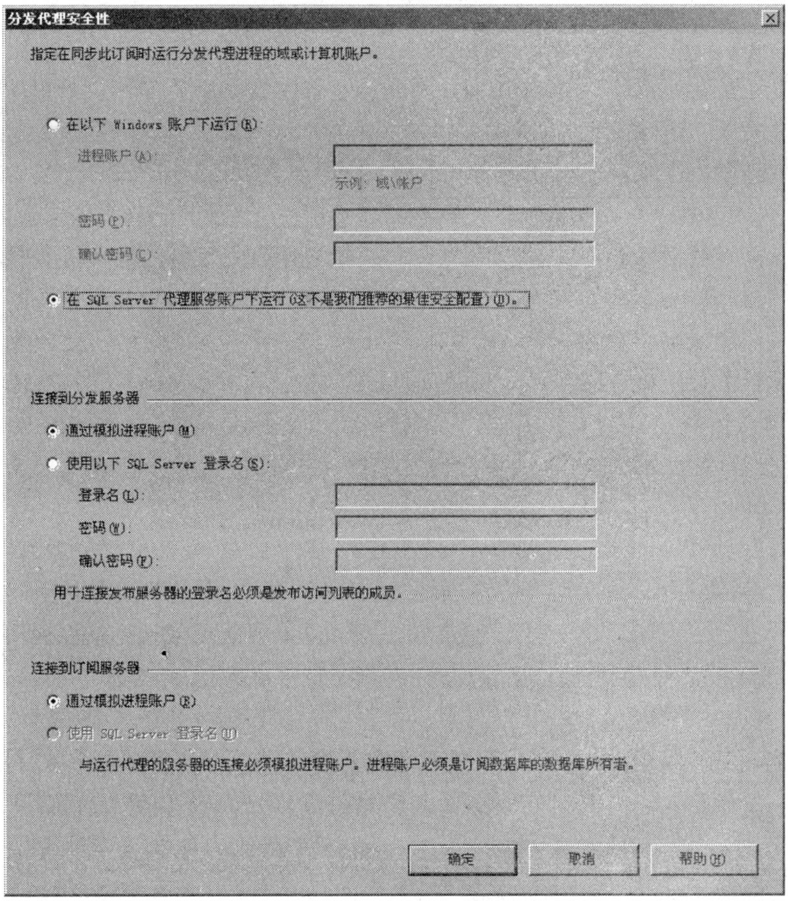

分发代理安全性

指定在同步此订阅时运行分发代理进程的域或计算机账户。

在以下 Windows 账户下运行(R):

进程账户(A):

示例: 域\账户

密码(P):

确认密码(C):

在 SQL Server 代理服务账户下运行(这不是我们推荐的最佳安全配置)(D)。

连接到分发服务器

通过模拟进程账户(M)

使用以下 SQL Server 登录名(S):

登录名(L):

密码(W):

确认密码(F):

用于连接发布服务器的登录名必须是发布访问列表的成员。

连接到订阅服务器

通过模拟进程账户(E)

使用 SQL Server 登录名(U)

与运行代理的服务器的连接必须模拟进程账户。进程账户必须是订阅数据库的数据库所有者。

确定　取消　帮助(H)

图 14-12　选择分发代理安全性

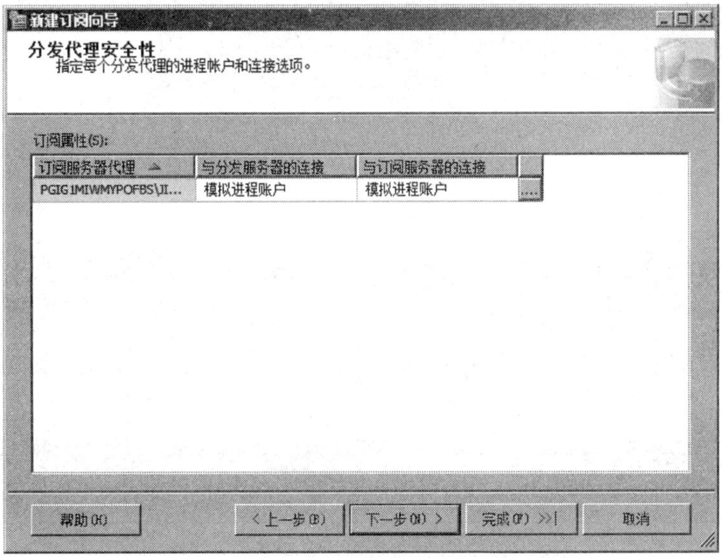

新建订阅向导

分发代理安全性

指定每个分发代理的进程帐户和连接选项。

订阅属性(S):

订阅服务器代理	与分发服务器的连接	与订阅服务器的连接
PGIG1MIWMYPOFBS\I...	模拟进程账户	模拟进程账户

帮助(H)　< 上一步(B)　下一步(N) >　完成(F) >>|　取消

图 14-13　“分发代理安全性”页面

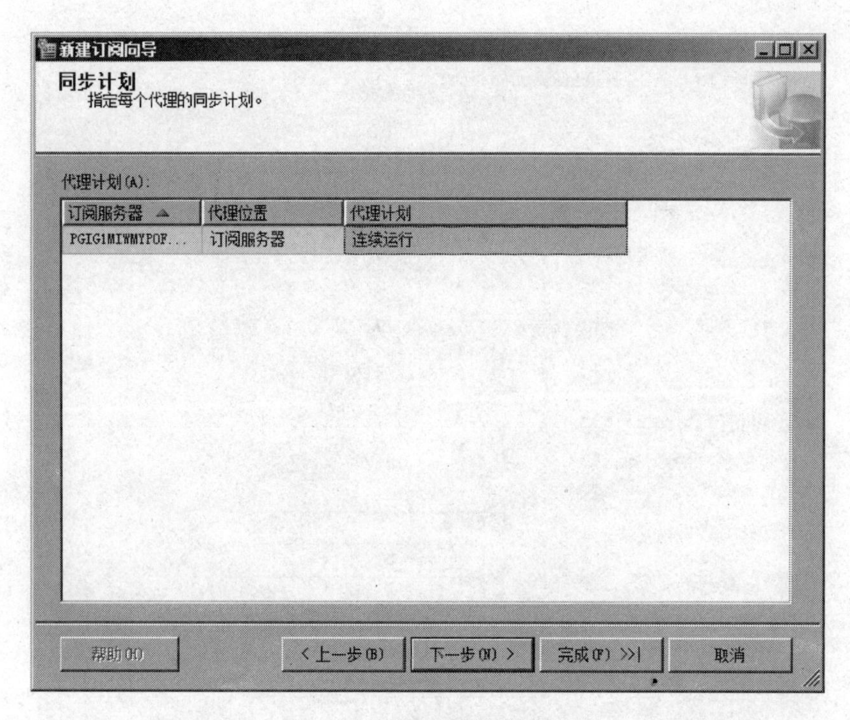

图 14-14 “同步计划”页面

(9) 单击“下一步”按钮,弹出“初始化订阅”窗口,用户可以指定“立即”的初始化选择,如图 14-15 所示。

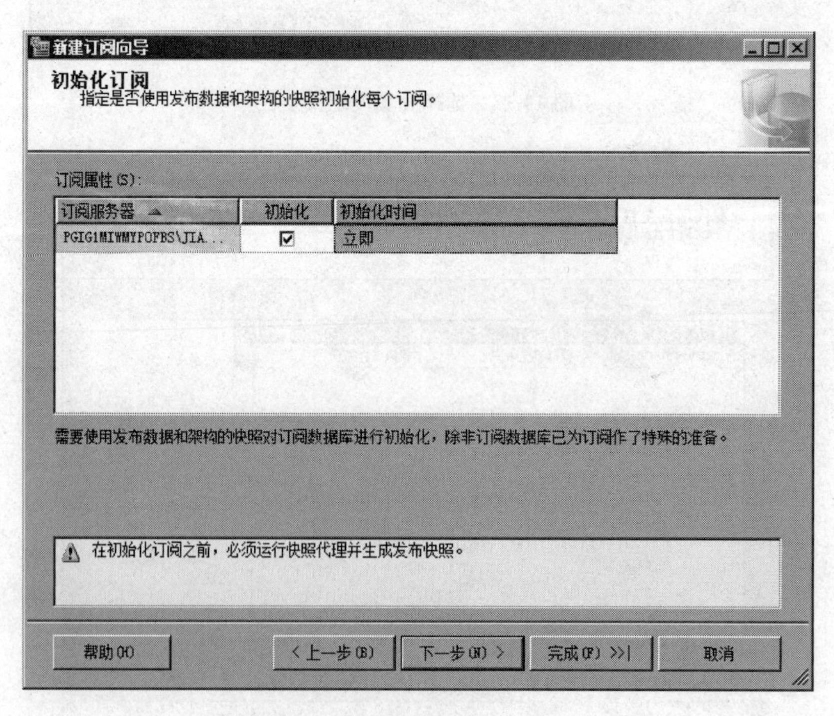

图 14-15 “初始化订阅”页面

(10) 单击“下一步”按钮，弹出“向导操作”窗口。本例选择默认项“创建订阅”。当然，也可以通过选择“生成包含创建订阅的步骤的脚本文件”复选框，如图 14-16 所示。

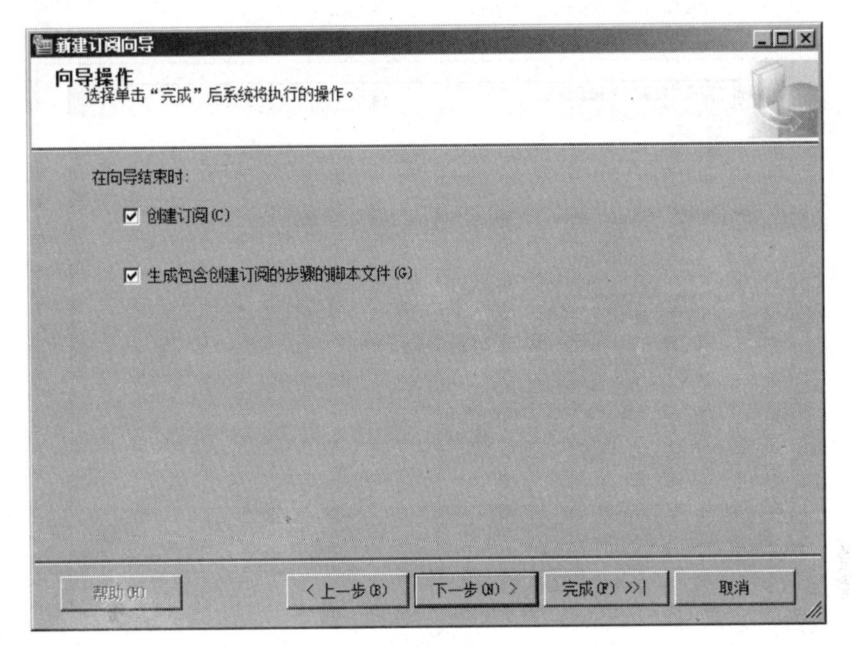

图 14-16 “向导操作”页面

(11) 单击“下一步”按钮，在“脚本文件属性”窗口中设置脚本文件存放位置等，如图 14-17 所示。单击“下一步”按钮，弹出“完成该向导”窗口，用户可以在这个界面中通过提示信息对前面的选择进行回顾，确认后单击“完成”按钮，订阅才开始创建，如图 14-18 所示。

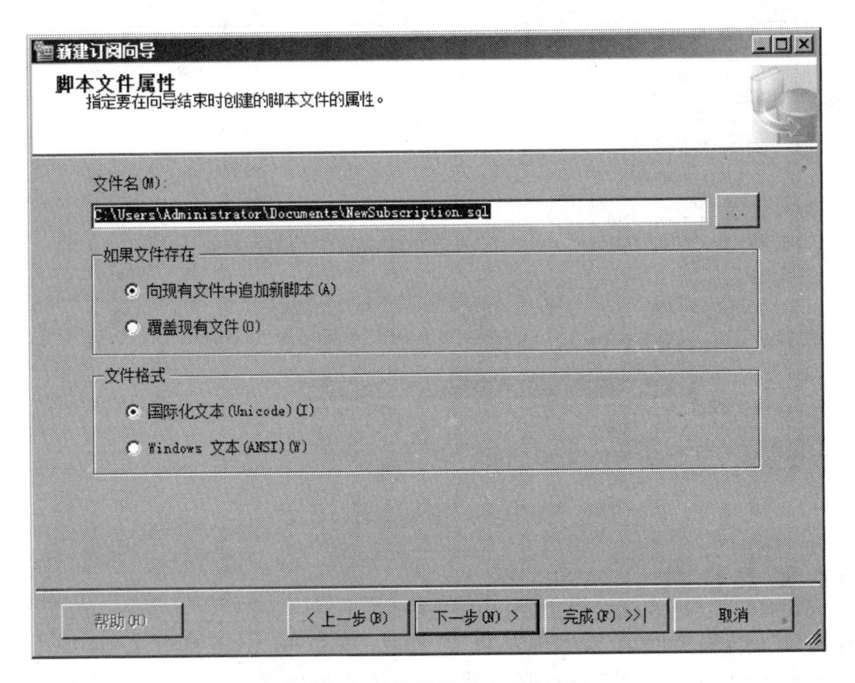

图 14-17 设置脚本文件属性

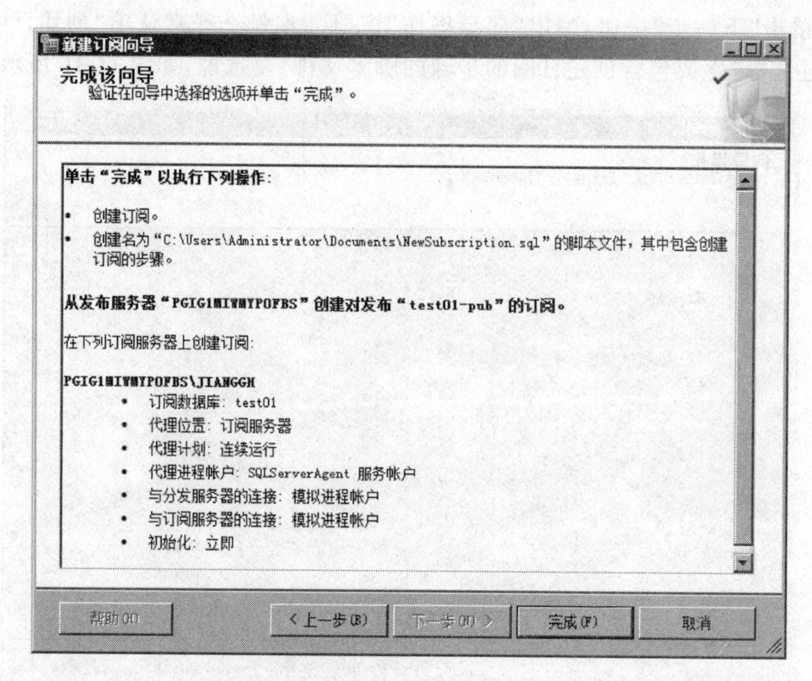

图 14-18 完成订阅向导

(12) 创建订阅后,用户可以在资源管理器中查看发布和订阅,如图 14-19 所示。此时用户可以在发布数据库中向数据库 test01 的表中插入数据,在订阅数据库 test01 的表中看到同步的结果。

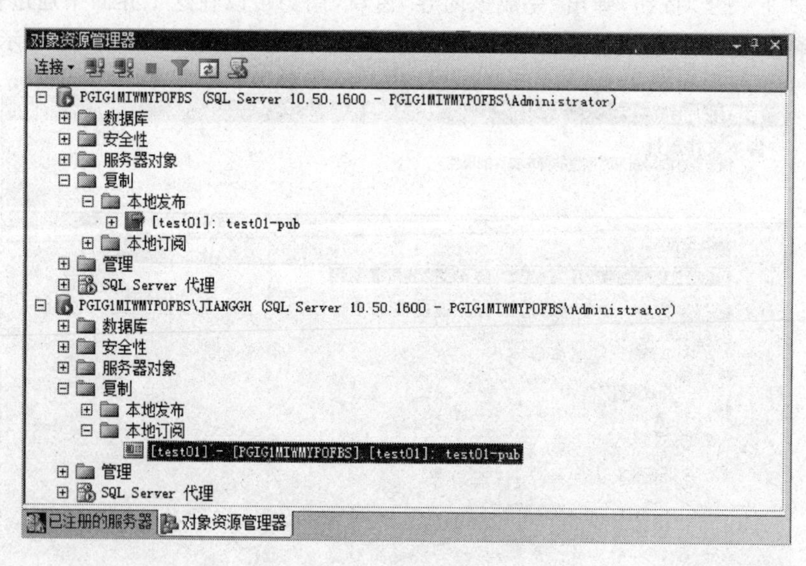

图 14-19 查看发布和订阅

14.2.3 配置分发

如果实例的 SQL Server 代理都设置为“停止”状态,在创建发布之前,如果尚未在服务器上配置分发,还可以先配置“分发服务器”。具体步骤如下:

(1) 在“对象资源管理器”窗口中右击“复制”，从弹出的快捷菜单中选择“配置分发”命令，弹出“配置分发向导”窗口，如图 14-20 所示。

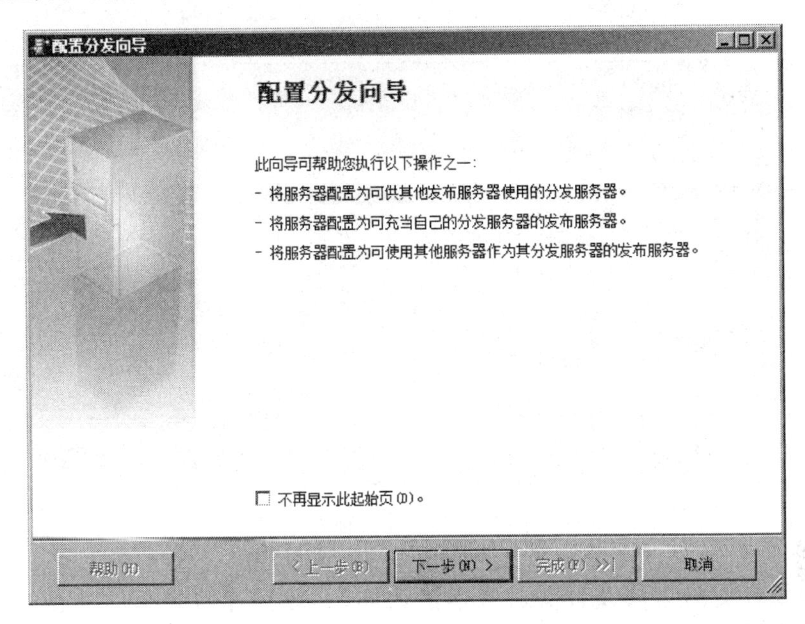

图 14-20 “配置分发向导”页面

(2) 单击“下一步”按钮，弹出“分发服务器”窗口，如图 14-21 所示。单击“下一步”按钮，进入“快照文件夹”窗口。

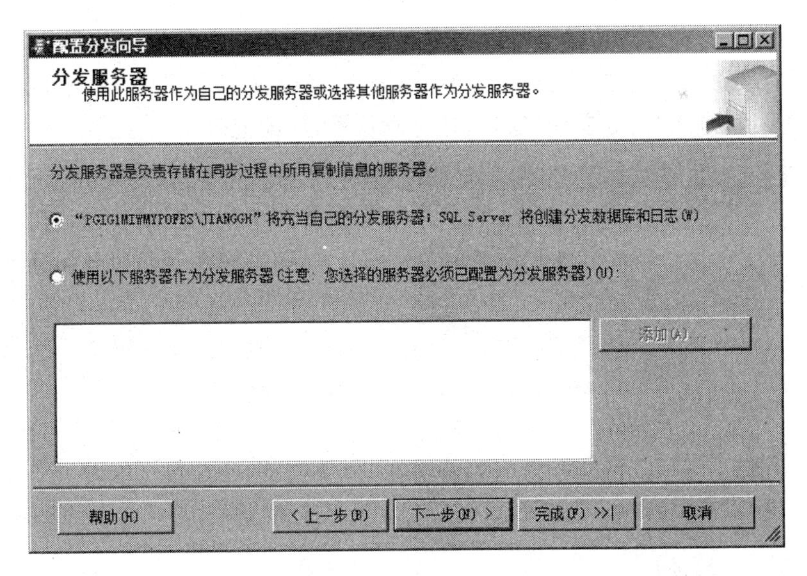

图 14-21 “分发服务器”页面

(3) 在“快照文件夹”窗口中指定分发服务器的快照文件夹。快照文件夹只是指定为共享的一个目录，对此文件夹中执行读写操作的代理必须对其具有足够的权限才能访问它，如图 14-22 所示。

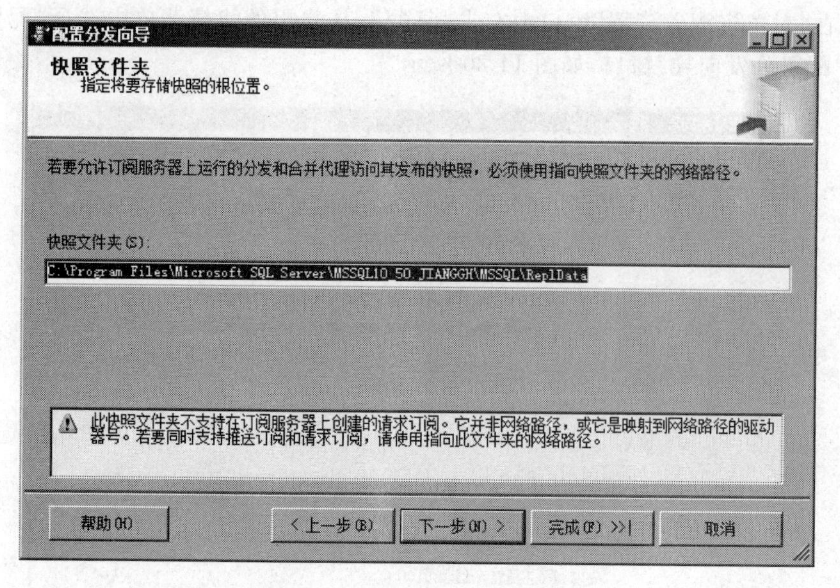

图 14-22 “快照文件夹”页面

该共享文件夹因为涉及订阅服务器的访问，一般推荐网络上的共享目录，如 IP 为 10.1.88.7，用户可以在本机 127.0.0.1 的地址上进行模拟。

如果指定另一台服务器作为分发服务器，则必须输入密码来连接发布服务器和分发服务器。此密码必须与在远程分发服务器上启用发布服务器时所指定的密码一致。选择发布数据库。

(4) 单击“下一步”按钮，弹出“分发数据库”窗口。设置分发数据库的文件名称和存放位置，如图 14-23 所示。直接单击“下一步”按钮，选择设置“发布服务器”的默认设置。再单击“下一步”按钮，进入“向导操作”窗口，选择默认设置“配置分发”。

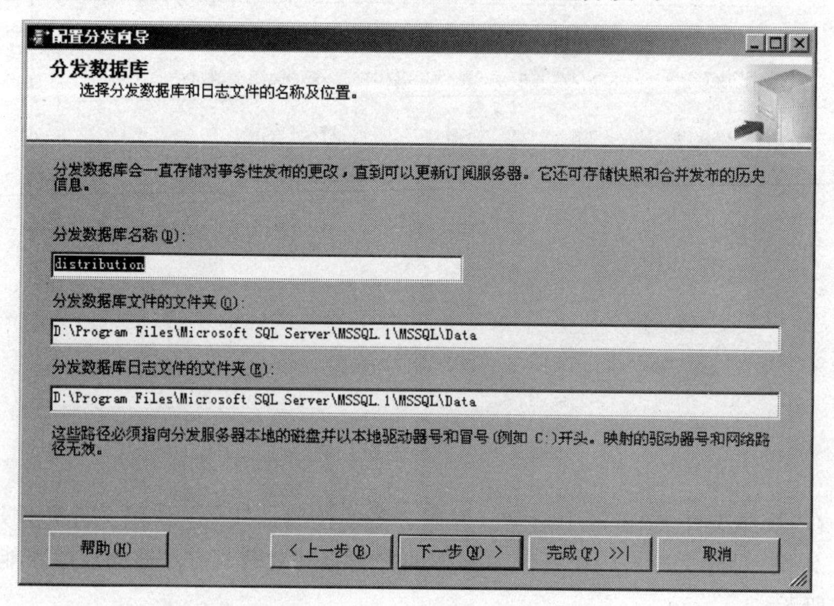

图 14-23 设置分发数据库名称和位置

(5) 单击“下一步”按钮，进入“完成该向导”窗口，如图 14-24 所示，单击“完成”按钮即可。

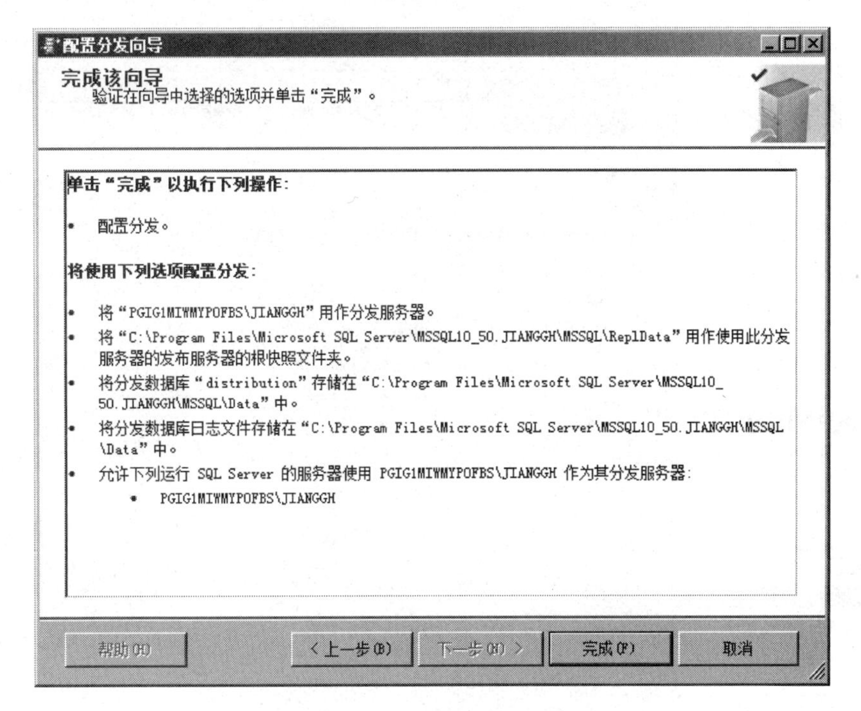

图 14-24　完成配置分发向导

14.3　管理复制

用户可以通过图形工具 Microsoft SQL Server Management Studio 管理“复制”，下面介绍几项通过使用图形工具查看和修改复制的相关操作，其他的相关操作可以依此类推。

14.3.1　查看和修改发布属性

用户可以在“资源管理器”窗口中通过图形工具查看和修改发布服务器属性，具体步骤如下：

(1) 在“对象资源管理器”窗口中展开实例，选择“复制”下的“本地发布”，右击发布 test01-pub，从弹出的快捷菜单中选择“属性”命令。

(2) 在弹出的“发布属性--test01-pub”窗口中可以查看和修改属性，如图 14-25 所示。

(3) 根据需要可以修改各个选项卡的属性，“发布属性--test01-pub”窗口中包含下列选项卡，具体说明如下：

① 常规。包含发布名称和说明、数据库名称、发布类型及订阅过期设置。

② 项目。可添加和删除项目，以及更改项目的属性和列筛选。

③ 筛选行。可添加、编辑和删除所有发布类型的静态行筛选器，以及添加、编辑和删除合并发布的参数化行筛选器和连接筛选器。

④ 快照。可以指定快照的格式和位置、快照是否压缩等。

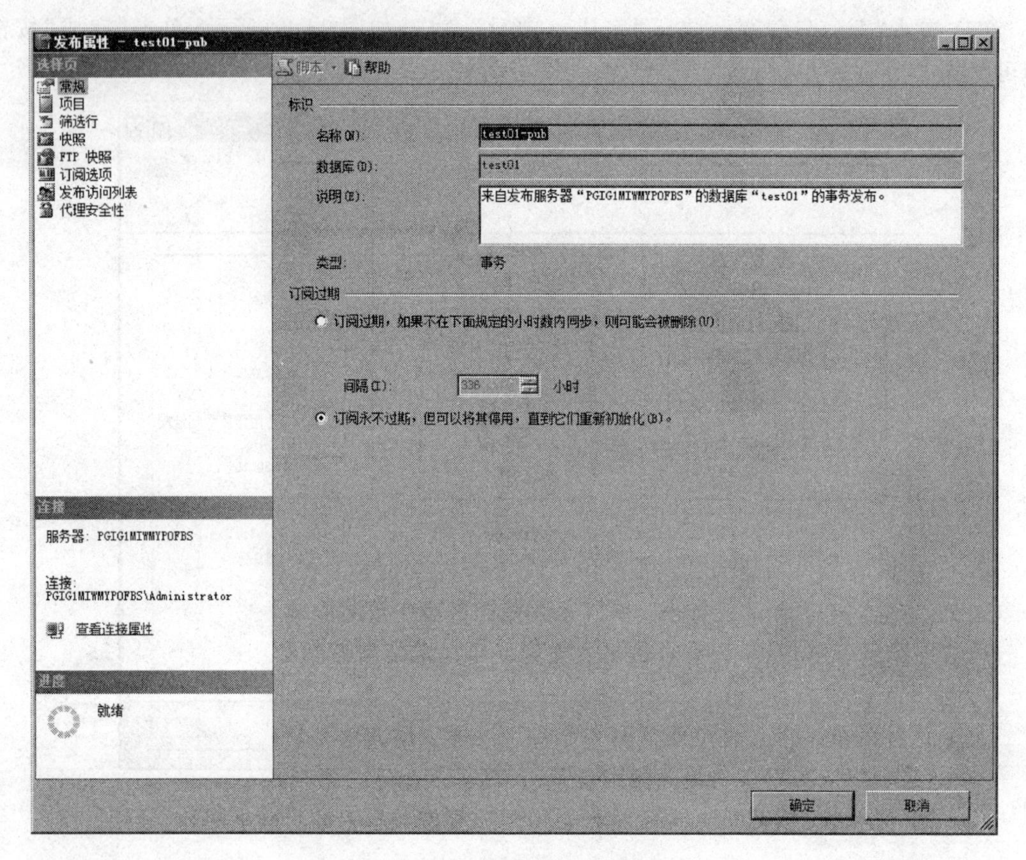

图 14-25　发布服务器属性

⑤ FTP快照。可以指定订阅服务器是否可以通过文件传输协议(FTP)下载快照文件。

⑥ 订阅选项。可以设置多个应用于所有订阅的选项。这些选项会随着发布类型而有所不同。

⑦ 发布访问列表。可以指定可以访问发布的登录名和组。

⑧ 代理安全性。可以访问用于运行下列代理并连接复制拓扑中计算机的账户设置：所有发布的快照代理、所有事务性发布的日志读取器代理及允许排队更新订阅的事务性发布的队列读取器代理。

需要注意的是，创建复制后，有些属性便不可以再进行修改，如果该发布存在订阅，则其他属性也无法再进行修改。不能进行修改的属性将显示为只读。

14.3.2　查看和修改项目属性

用户也可以通过图形工具查看和修改发布的项目属性，以保证复制的有效性。具体步骤如下：

(1) 在“对象资源管理器”窗口中展开实例，展开“复制”下的“本地发布”子目录，右击发布test01-pub，从弹出的快捷菜单中选择“属性”命令。

(2) 在弹出的“发布属性--test01-pub”窗口中选择“项目”选项卡，选择一个项目，如score表，然后单击“项目属性”，弹出“项目属性-score”窗口，如图14-26所示。

图 14-26　项目属性

(3) 根据需要修改属性，然后单击“确定”按钮即可。

(4) 在“发布属性--test01-pub”窗口中单击“确定”按钮。

14.3.3　设置历史记录保持期

历史记录保持期有时会影响服务器的运转效率，用户可以在“对象资源管理器”窗口中通过图形工具设置历史记录保持期，具体步骤如下：

(1) 在“对象资源管理器”窗口中展开实例，右击“复制”，从弹出的快捷菜单中选择“分发服务器属性”命令。

(2) 在弹出的“分发服务器属性”窗口中的“常规”选项卡中单击分发数据库的属性按钮“…”。

(3) 在弹出的“分发数据库属性”对话框中的“至少存储复制性能的历史记录”微调框中输入一个值，如图 14-27 所示，然后单击“确定”按钮。

同样的方法，也可以设置图 14-27 所示的“事务保持期”。即可以在“分发数据库属性”对话框中指定最小分发保持期和最大分发保持期：若要指定最小分发保持期，则在“至少”微调框中输入一个值；若要指定最大分发保持期，则在“但不超过”微调框中输入一个值。然后单击“确定”按钮。

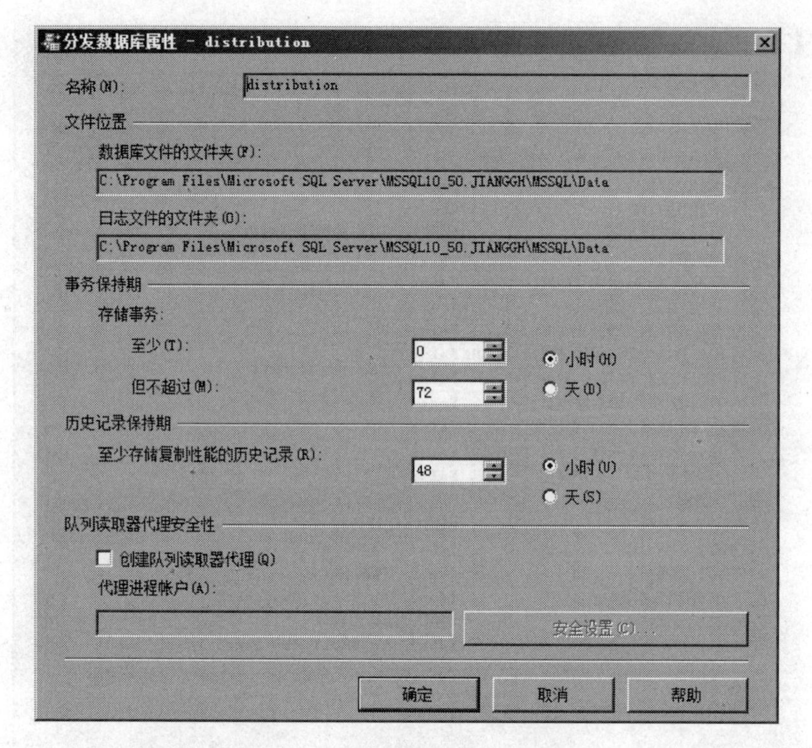

图 14-27 “分发数据库属性”对话框

14.4 系统性能监视器的使用

使用系统监视器可以监视系统资源的使用率。使用计数器形式收集和查看服务器资源和许多 SQL Server 资源的实时性能数据。

14.4.1 系统性能监视器的运行

系统监视器使用远程过程调用从 SQL Server 收集的信息，有运行系统监视器的 Microsoft Windows 权限的任何用户都可以使用系统监视器来监视 SQL Server。

与所有性能监视工具一样，使用系统监视器监视 SQL Server 时，性能方面会受到一些影响。特定实例中的实际影响取决于硬件平台、计数器数量及所选更新间隔。但是，将系统监视器与 SQL Server 集成可以尽量减少对性能的影响。

1. 系统监视器的启动

选择“开始”→“运行”命令，在弹出的“运行”对话框中输入 perfmon 命令，然后单击“确定”按钮，即可启动系统监视器，如图 14-28 所示。

2. 系统监视器的使用

SQL Server 提供了对象和计数器，系统监视器可以使用它们监视运行 SQL Server 实例的计算机中的活动。对象可以是任何 SQL Server 资源，例如 SQL Server 锁或 Windows 进程。每个对象有一个或多个计数器，用于确定所要监视对象的各方面信息。使用时可以按照如下的方法和思路进行设置：

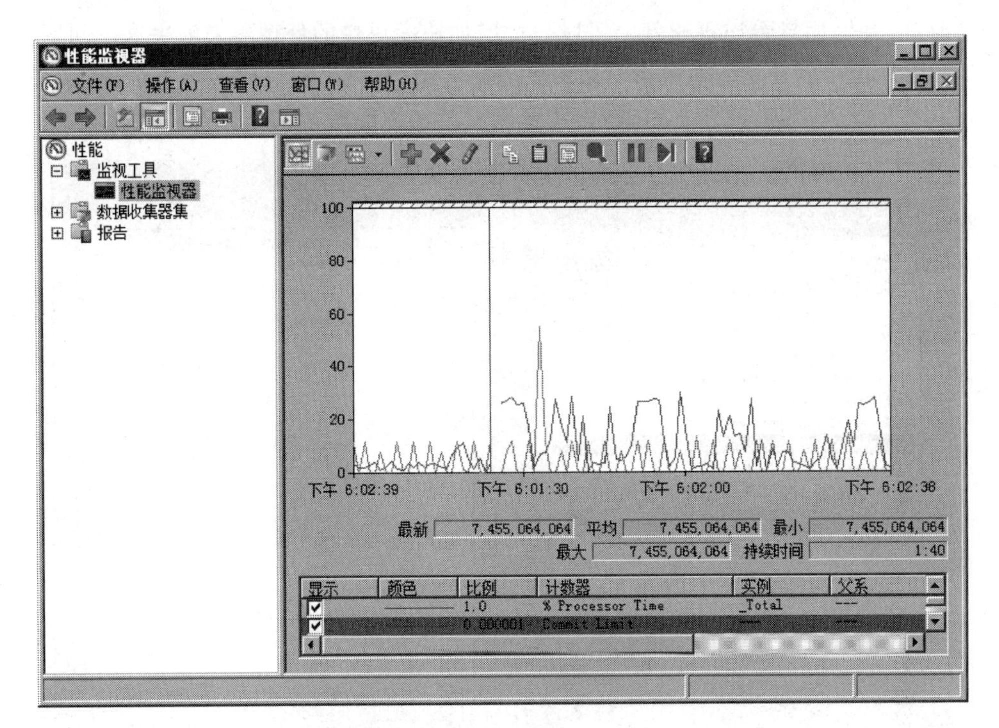

图 14-28　系统性能监视器

(1) 如果计算机上有某一个给定资源类型的多个资源,则一些对象会有几个实例。例如,如果一个系统有多个处理器,则 Processor 对象类型会有多个实例。对于 SQL Server 上的每个数据库,Databases 对象类型都有一个实例。

(2) 通过在图表中添加或删除计数器并保存图表设置,可以指定系统监视器启动后监视的 SQL Server 对象和计数器。

(3) 可以配置系统监视器显示任何 SQL Server 计数器中的统计信息。另外,可以为任何 SQL Server 计数器设置一个阈值,当计数器超过阈值时生成一个警报。

(4) 定期监视 SQL Server 实例可以确定 CPU 使用率是否在正常范围内。持续的高 CPU 使用率可能表明需要升级 CPU 或需要增加多个处理器。高 CPU 使用率也可能表明应用程序的调整或设计不良。优化应用程序可以降低 CPU 的使用率。

一个确定 CPU 使用率的有效方法是使用系统监视器中的 Processor:% Processor Time 计数器。该计数器监视 CPU 执行非闲置线程所用的时间。持续 80%到 90%的状态可能表明需要升级 CPU 或需要增加更多的处理器。

不同的磁盘控制器和驱动程序所用的内核处理时间不同。高效的控制器和驱动程序所用的特权时间较少,可留出更多的处理器时间给用户应用程序,从而提高总体的吞吐量。

(5) 检查处理器使用率时,需考虑 SQL Server 实例执行的工作类型。如果 SQL Server 正在做大量的运算,例如包含聚合的查询,或受内存限制但不需要磁盘 I/O 的查询,此时所用的处理器时间可能是 100%。如果这导致其他应用程序的性能降低,应尝试改变工作负荷。例如,让计算机只运行 SQL Server 实例。

若使用率为 100%左右(表示在处理大量的客户端请求),可能表示进程正在排队,等待处理器时间,并因而导致出现瓶颈。可以通过增加速度更快的处理器来解决这一问题。

(6) 用户还可以在系统监视器右边的区域内右击,从弹出的快捷菜单中选择“添加计数器”命令,然后加入 SQL 的进程监视,由此来监视其他性能指标,如图 14-29 所示。

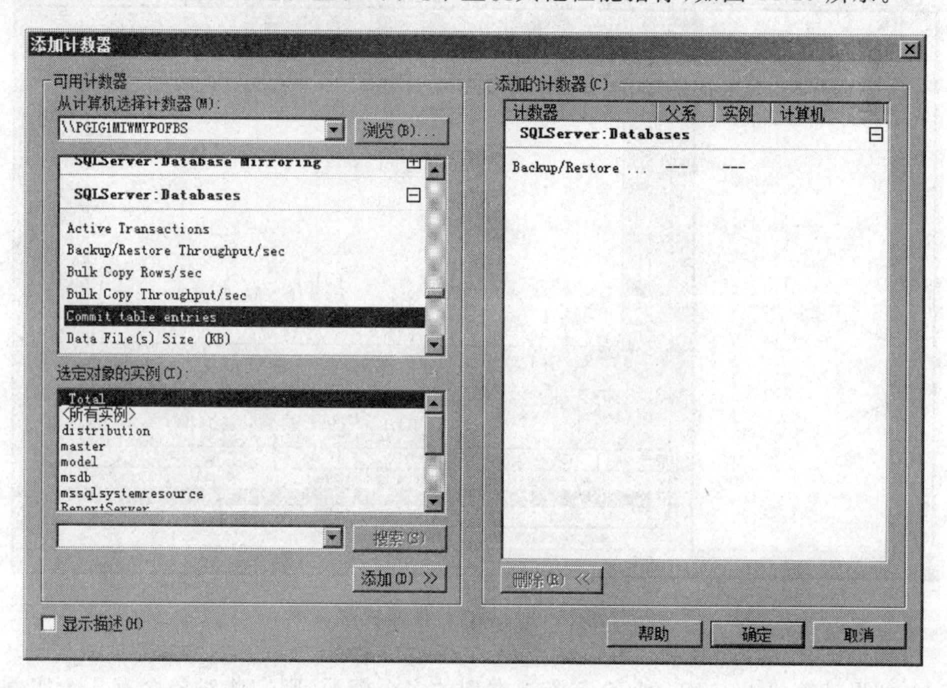

图 14-29 添加计数器

需要注意的是,运行系统监视器会轻微地影响计算机性能。因此,如果监视的计数器过多,将会增加监视过程中使用的资源开销,并影响所监视计算机的性能。

14.4.2 SQL Server 的性能对象

SQL Server 2008 数据库提供了一系列针对性能的数据对象,以供用户监视 SQL Server 的活动时使用。相关详细功能信息可以通过联机丛书的搜索操作进行了解。当用户需要监视 SQL Server 和 Microsoft Windows 操作系统以调查与性能有关的问题时,可以从磁盘活动、处理器使用率和内存使用三个方面进行考虑。

在实际工作过程中,同时监视 Windows 操作系统和 SQL Server 计数器以确定 SQL Server 性能与 Windows 性能之间可能存在的关联将会非常有用。例如,同时监视 Windows 磁盘输入输出(I/O)计数器和 SQL Server 缓冲区管理器计数器可以揭示整个系统的行为。

14.4.3 监视 SQL Server 的任务

在运行 Microsoft Windows 服务器操作系统时,可以使用系统监视器来测量 SQL Server 的性能。可以查看 SQL Server 性能对象、性能计数器及其他对象的行为,这些对象包括处理器、内存、缓存、线程和进程。每个对象都有一个相关的计数器集,用于测量设备使用情况、队列长度、延时情况,另外还有吞吐量及内部拥塞指示器。

监视 SQL Server 需要对一些关键区域进行分析,以消除物理瓶颈,使系统性能得到提升。下面将介绍监视 SQL Server 系统的主要指标任务。

1. 监视磁盘 I/O

SQL Server 使用 Windows 操作系统输入输出(I/O)调用对磁盘执行读写操作,而磁盘 I/O 是导致系统瓶颈的最常见原因。可以利用下面两个计数器进行监视以确定磁盘活动。

(1) PhysicalDisk: % Disk Time。该计数器监视磁盘忙于读/写活动所用时间的百分比。如果 PhysicalDisk: % Disk Time 计数器的值大于 90%,则需要检查 PhysicalDisk: Current Disk Queue Length 计数器,了解等待进行磁盘访问的系统请求数量。等待 I/O 请求的数量应该保持在不超过组成物理磁盘的轴数的 1.5~2 倍。

(2) PhysicalDisk: Current Disk Queue Length。可以使用 Current Disk Queue Length 和% Disk Time 计数器检测磁盘子系统中的瓶颈。如果这两个计数器的值一直很高,则考虑使用速度更快的磁盘驱动器,将某些文件移至其他磁盘或服务器。

2. 隔离 SQL Server 产生的磁盘活动

用户可以通过监视以确定由 SQL Server 组件生成的 I/O 活动量,使用计数器 SQL Server:Buffer Manager:Page reads/sec 从磁盘读取页,使用 SQL Server:Buffer Manager: Page writes/sec 向磁盘写入页。

如果这些计数器的值达到硬件 I/O 子系统的容量限制,则需要减小这些值,方法是调整应用程序或数据库以减少 I/O 操作,增加硬件的 I/O 容量或添加内存。

3. 监视 CPU

定期监视 Microsoft SQL Server 实例以确定 CPU 使用率是否在正常范围内。持续的高 CPU 使用率可能表明需要升级 CPU 或需要增加多个处理器。或者高 CPU 使用率也可能表明应用程序的调整或设计不良。优化应用程序可以降低 CPU 的使用率。

一个确定 CPU 使用率的有效方法是使用系统监视器中的 Processor:% Processor Time 计数器。该计数器监视 CPU 执行非闲置线程所用的时间。持续 80%到 90%的状态可能表明需要升级 CPU 或需要增加更多的处理器。

4. 监视处理器的使用率

检查处理器使用率时,需考虑 SQL Server 实例执行的工作类型。如果 SQL Server 正在做大量的运算,例如包含聚合的查询,或受内存限制但不需要磁盘 I/O 的查询,此时所用的处理器时间可能是 100%。如果这导致其他应用程序的性能降低,应尝试改变工作负荷。例如,让计算机只运行 SQL Server 实例。

若使用率为 100%左右,则表示在处理大量的客户端请求,可能表示进程正在排队,等待处理器时间,并因而导致出现瓶颈。可以通过增加速度更快的处理器来解决这一问题。

用户可以通过下列计数器来监视处理器的使用率:

(1) Processor: % Privileged Time。对应于处理器执行 Microsoft Windows 内核命令所用时间的百分比。如果 Physical Disk 计数器的值很高时该计数器的值也一直很高,则考虑安装速度更快或效率更高的磁盘子系统。

(2) Processor: %User Time。对应于处理器执行用户进程(例如 SQL Server)所用时间的百分比。

(3) System: Processor Queue Length。对应于等待处理器时间的线程数。当一个进程的线程需要的处理器循环数超过可获得的循环数时就产生了处理器瓶颈。

5. 监视内存

定期监视 SQL Server 的实例可以确认内存使用量在正常范围内。需要确保没有进程(包括 SQL Server)缺少或占用过多内存。

若要监视内存不足的情况，则使用下列对象计数器：

(1) Memory：Available Bytes。指示进程当前可用的内存字节数。Available Bytes 计数器的值低表示计算机总内存不足或应用程序没有释放内存。

(2) Memory：Pages/sec。指示由于页错误而从磁盘取回的页数，或由于页错误而写入磁盘以释放工作集空间的页数。Pages/sec 计数器的比率高表示分页过多。

默认情况下，SQL Server 将根据可用系统资源动态改变其内存要求。如果 SQL Server 需要更多内存，它会查询操作系统以确定是否有可用的空闲物理内存，然后使用可用内存。如果 SQL Server 当前不需要分配给它的内存，它会将内存释放给操作系统。若要监视 SQL Server 使用的内存量，则检查下列性能计数器：

(1) Process：Working Set。显示进程所用的内存量。

(2) SQL Server：Buffer Manager：Buffer Cache Hit Ratio。仅适用于应用程序。

(3) SQL Server：Buffer Manager：Total Pages。监视高速缓存中的总页数。

(4) SQL Server：Memory Manager：Total Server Memory (KB)。该计数器值相对于计算机的物理内存量而言一直很高，则可能表示需要更多内存。

14.4.4 利用 SQL Server Profiler 工具进行监视

SQL Server Profiler(分析器)是 SQL 跟踪的图形用户界面，用于监视、记录和检查 SQL Server 数据库引擎或 SQL Server 分析服务器的实例。可以捕获有关每个事件的数据并将其保存到文件或表中供以后分析。

对系统管理员来说，SQL Server Profiler 是一个连续实时地捕获用户活动情况的间谍。可以通过多种方法启动 SQL Server Profiler，以支持在各种情况下收集跟踪输出。例如，可以对生产环境进行监视，了解哪些存储过程由于执行速度太慢影响了性能。

1. SQL Server Profiler 的术语

若要使用 SQL Server Profiler，需要了解描述该工具工作方式的主要术语。

(1) 事件：在 SQL Server 数据库引擎实例中发生的操作。

(2) 事件类：可跟踪的事件类型。事件类包含所有可由事件报告的数据。

(3) 事件类别：一组相关的事件类，是定义 SQL Server Profiler 中的事件的分组方法。

(4) 数据列：在跟踪中捕获的事件类的属性。由于事件类决定了可收集的数据类型，因此并不是所有数据列都适用于所有事件类。

(5) 模板：定义跟踪的默认配置。具体包括使用 SQL Server Profiler 监视的事件类。

(6) 跟踪：基于选定的事件、数据列和筛选器而捕获数据的过程或文件。

(7) 筛选器：当创建跟踪或模板时，可以定义筛选由事件收集的数据的准则。

(8) 跟踪表：在 SQL Server Profiler 中将跟踪保存到表时创建的表。

SQL Server Profiler 可显示 SQL Server 如何在内部解析查询。这就使管理员能够准确查看提交到服务器的 Transact-SQL 语句或多维表达式，以及服务器是如何访问数据库或多维数据集以返回结果集的。

2. SQL Server Profiler 的操作

使用 SQL Server Profiler 可以执行下列操作：

(1) 创建基于可重用模板的跟踪。

(2) 当跟踪运行时监视跟踪结果。

(3) 将跟踪结果存储在表中。

(4) 根据需要启动、停止、暂停和修改跟踪结果。

(5) 重播跟踪结果。

使用 SQL Server Profiler 可以筛选监视的必要事件。如果跟踪变得太大，可以基于所需的信息进行筛选，以便只收集部分事件数据。

事件源可以是生成跟踪事件(例如 Transact-SQL 批处理)或 SQL Server 事件(例如死锁)的任何源。事件发生后，如果该事件类已经包含在跟踪定义中，则跟踪将收集该事件信息。如果已经在跟踪定义中为该事件类定义筛选器，则将应用这些筛选器并将跟踪事件信息传递到队列。在队列中，跟踪信息或者被写入文件，或者由应用程序(例如 SQL Server Profiler)中的 SQL Server 管理对象(SMO)使用。

3. 创建跟踪

用户可以使用 sp_trace_create、p_trace_setevent 等存储过程创建和操作跟踪，也可以使用 SQL Server Profiler 工具创建跟踪。利用 SQL Server Profiler 创建和运行跟踪的参考步骤如下：

(1) 选择"开始"→"所有程序"→Microsoft SQL Server 2008→"性能工具"→SQL Server Profiler 命令，启动 SQL Server Profiler 工具。

(2) 选择"文件"→"创建跟踪"命令，并连接到 SQL Server 实例。此时，系统将显示"跟踪属性"对话框，输入跟踪名称 trace01，如图 14-30 所示。

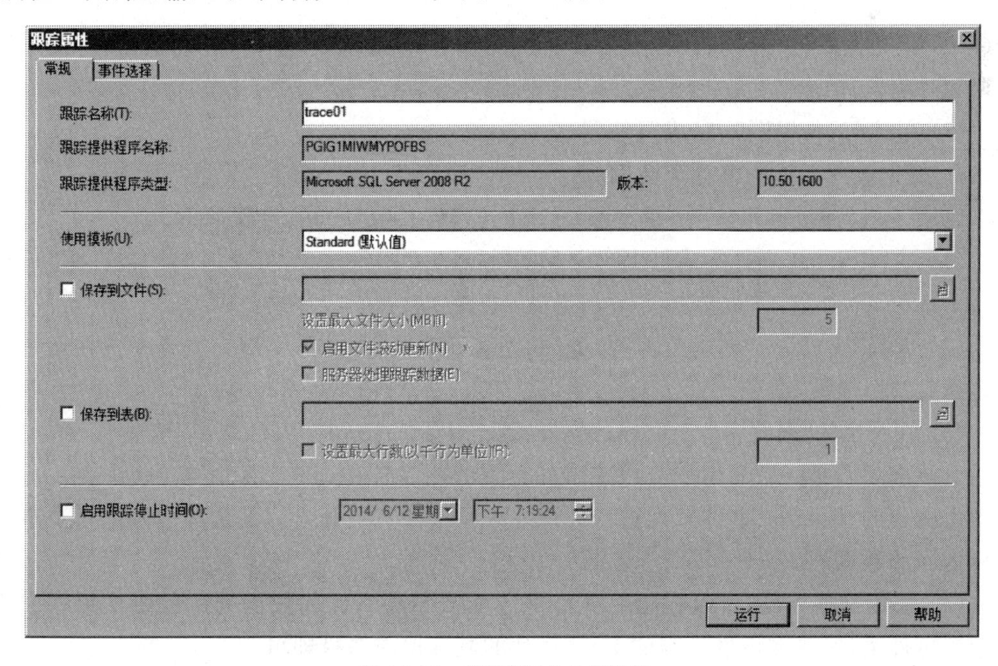

图 14-30 "跟踪属性"对话框

(3) 输入跟踪名称后,可以设置使用模板:为跟踪选择一个跟踪模板;每次都捕获相同的事件数据,并使用同一跟踪定义监视相同的事件。如果不想使用模板,则选择“空白”。

(4) 保存到指定文件。选中“保存到文件”复选框,将显示“另存为”对话框,指定路径和文件名,单击“保存”按钮。然后可以进行如下设置:

① 在“跟踪属性”对话框的“设置最大文件大小(MB)”文本框中输入最大文件大小,默认值为5MB。

② 选中“启用文件滚动更新”复选框,在达到最大文件大小后,使SQL Server Profiler立即创建新文件来存储跟踪数据。

③ 选中“服务器处理跟踪数据”复选框,以确保服务器记录每个跟踪事件。

(5) 保存到表。可以将跟踪捕获到数据库表中。单击“保存到表”右边的按钮,连接数据库引擎,可以选择指定表,如图14-31所示。还可以根据需要,选中“设置最大行数(以千行为单位)”复选框,并指定值。

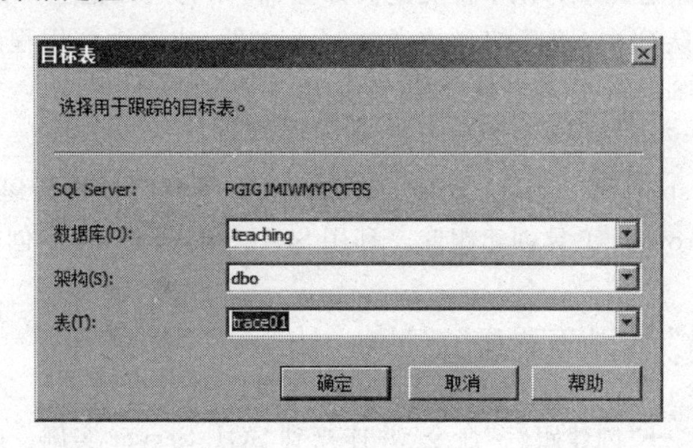

图14-31 跟踪目标表

(6) 启用跟踪停止时间。根据需要,可以选中“启用跟踪停止时间”复选框,再指定停止日期和时间。

(7) 单击“运行”按钮,完成跟踪创建。

4. 指定跟踪文件的事件和数据列

使用SQL Server Profiler指定跟踪文件的事件和数据列的步骤如下:

(1) 选择“开始”→“所有程序”→Microsoft SQL Server 2008→“性能工具”→SQL Server Profiler命令,启动SQL Server Profiler工具。

(2) 选择“文件”→“创建跟踪”命令,并连接到SQL Server实例。或者在正在运行跟踪时选择“文件|属性”命令。

(3) 在弹出的“跟踪属性”或“跟踪模板属性”对话框中选择“事件选择”选项卡,如图14-32所示。该选项卡是一个显示所有跟踪事件类表的网络控件,每个事件类在表中占一行。事件类由网格的“Events(事件)”列进行标识并按照事件类别分组。其余的列则是每个事件类可以返回的数据列。

(4) 使用网格控件,可以在跟踪文件中添加或删除事件和数据列。若要从跟踪中删除或包含事件类,只要在该事件类的Events列的复选框中选择即可。

(5) 选择完毕,单击“运行”按钮开始跟踪并设置完成。单击工具栏上的“停止所选跟

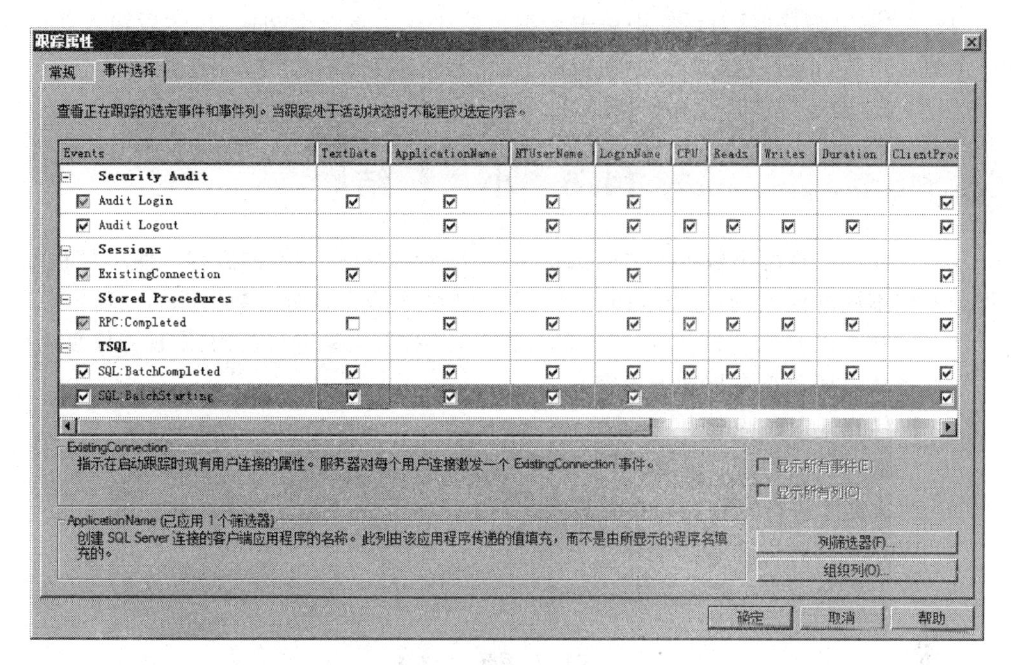

图 14-32 “跟踪属性”对话框中的“事件选择”选项卡

踪”可以结束跟踪。选择“文件”→“保存”命令可以保存设置到指定文件。

5. 筛选器的使用

使用 SQL Server Profiler 筛选器通过限制收集事件数来减少跟踪性能的影响。用户可以通过将筛选器添加到包含跟踪定义的跟踪模板来限制跟踪收集的事件数。如果用户已经设置了跟踪模板的筛选器，也可以对筛选器进行编辑。具体的操作步骤如下：

(1) 选择“开始”→“所有程序”→Microsoft SQL Server 2008→“性能工具”→SQL Server Profiler 命令，启动 SQL Server Profiler 工具。

(2) 选择“文件”→“模板”→“编辑模板”命令，在弹出的“跟踪模板属性”对话框中选择“常规”选项卡，在“选择模板名称”下拉列表中选择一个模板。

(3) 选择“事件选择”选项卡，单击“列筛选器”按钮，弹出“编辑筛选器”对话框，如图 14-33 所示。

图 14-33 “编辑筛选器”对话框

(4) 在"编辑筛选器"对话框中单击要编辑的比较运算符旁边的值,然后输入新值或删除一个值。当然,也可以添加其他筛选器。

(5) 单击"确定"按钮,保存模板即可。

14.5 小　　结

复制是能够实现两个数据库之间信息同步以获得数据一致性的进程。使用复制可以将数据分发到不同的位置,通过 Internet 等实现跨越多个服务器分布数据库的处理。

性能监视可以监控 SQL Server 的运行状态,以对数据库进行优化、发现并修复错误。

学习本章需要重点掌握如下内容:

(1) 复制的概念和特点。

(2) 复制的类型和适应情况。

(3) 对数据库进行复制和发布的步骤。

(4) Windows 性能监视器的使用方法。

(5) SQL Server Profiler 的使用方法。

习　题　14

1. 选择题

(1) 复制的类型有三种,不包括________。

A. 快照复制　　B. 事务复制　　C. 复制向导　　D. 合并复制

(2) 如果发布服务器有大量的插入、更新和删除数据的操作,适合采用________。

A. 快照复制　　B. 事务复制　　C. 复制向导　　D. 合并复制

(3) 如果数据库内很少更改数据,适合采用________。

A. 快照复制　　B. 事务复制　　C. 文件复制　　D. 合并复制

(4) 监视 SQL Server 的性能对象时,通常不关注________。

A. 磁盘读写　　B. CPU 使用率　　C. 内存用量　　D. 打印速度

(5) 用户可以利用系统性能监视器创建________监视数据库实例。

A. 函数　　B. 网络信息　　C. 计时器　　D. 图表

2. 思考题

(1) 简述 SQL Server Profiler 的主要功能。

(2) 简述对一个数据库创建发布和订阅的主要步骤。

(3) 简述复制的类型及各类型的作用。

(4) 说明如何使用系统监视器监视 SQL Server 的性能。

(5) 介绍监视 SQL Server 系统时,有哪些主要指标任务。

3. 上机练习题(本题利用 teaching 数据库进行操作)

(1) 练习对 teaching 数据库进行创建事务性发布。

(2) 练习创建订阅,实现对 teaching 数据库的复制。

(3) 练习使用 SQL Server Profiler 创建跟踪查找执行情况最差的查询。

(4) 练习使用 SQL Server Profiler 创建跟踪审核 SQL Server 活动。

第15章 SQL Server 数据库应用系统开发

SQL Server 2008 作为常用的企业级数据库，最终要服务于生产应用，以数据库为中心开发的软件被称为数据库应用系统。开发一个数据库应用系统，在设计和创建数据库的同时，还要设计和实现前台应用程序，由此实现对基本业务数据的处理和客户需求。

本章以一个 BBS 论坛的开发过程作为案例，按照软件工程的规范与流程详细介绍在 Visual C#.NET 2008 和 SQL Server 2008 平台上开发应用程序的方法和步骤。

15.1 常用软件开发的一般过程

常用软件开发需要熟悉程序设计与数据库设计的基本原则，如关系规范化理论和软件工程开发技术等。若从软件工程的角度来分析，开发一个规模较大的应用程序一般需要分为以下几个阶段。

1. 可行性研究

通过对项目的主要内容和配套条件，如市场要求、资源供应、建设规模、工艺路线、设备选型、环境影响、资金筹措、盈利能力等，从技术、经济、工程等方面进行调查研究和分析比较，并对项目建成以后可能取得的财务、经济效益及社会环境影响进行预测，从而提出该项目是否值得投资和如何进行开发的建议，为项目决策提供依据。一般来说，可以从以下几个方面研究可行性：

(1) 技术可行性。进行技术风险评估，从开发者的技术实力、工作基础、问题的复杂程度等几方面进行判断，利用现有的技术能否实现系统的功能要求。

(2) 经济可行性。进行成本与效益的核算分析，从经济角度判断开发该系统的预期经济效益能否超过它的开发成本。

(3) 法律可行性。确定系统开发不能导致知识产权方面的侵权行为和妨碍性后果，以及不可以与其他现行法律法规的内容相抵触。

(4) 方案可行性。评价系统或产品开发的几种方案，并进行系统分解，定义各个子系统的功能、性能和界面。

2. 需求分析

需求分析阶段的任务不是具体地解决问题，而是准确地定义问题，即确定“软件系统必须做什么”，确定软件系统的功能。

用户了解他们所面临的问题，知道需要软件系统做什么，但是通常不能完整、准确地表达出来，也不知道怎样用计算机解决这些问题。软件开发人员知道如何用软件完成用户提出的各种功能要求，但是对用户具体的业务和需求不能够准备的把握，这项工作是在需求分析阶段由需求分析师来完成。

需求分析师要和用户密切配合，充分交流，了解系统的业务流程，理解用户的要求，将需求完整、全面的收集和分析，从中确定用户对系统的功能要求和性能要求，并将其完整、准确地表达出来，最终形成软件需求规格说明书，作为后续所有阶段的基础和依据。

3. 设计

设计阶段可以再细分为概要设计和详细设计两个阶段。

(1) 概要设计阶段。开发人员要把确定的各项功能需求转换成需要的软件体系结构，在该结构中，每个成分都是意义明确的模块，即每个模块都和某些功能需求相对应。因此，概要设计的核心内容就是设计软件的结构，该结构由哪些模块构成，这些模块之间的层次结构是怎样的，每个模块的功能是什么。同时还要设计该项目的应用系统的总体数据结构和数据库结构，即应用系统要存储什么数据，这些数据是什么样的结构，它们之间有什么关系等。

(2) 详细设计阶段。为每个模块完成的功能进行具体描述，要把功能描述转变为精确的、结构化的过程描述。确定每个模块完整的算法描述，即该模块的控制结构是怎样的，先做什么，后做什么，有什么样的条件判定，有些什么重复处理等，并用相应的表示工具把这些控制结构表示出来。

4. 编码实现

编码过程把详细设计中每个模块的控制结构转换成计算机可以执行的程序代码，即使用选定的程序开发语言把设计的过程性描述翻译为源程序。这个阶段要求写出的程序应该是结构好、清晰易读，并且与设计保持一致的。

5. 程序测试

测试是保证软件质量的重要手段。测试过程的任务是尽可能多的发现系统中存在的错误和缺陷，并将其修复。其主要方式是在设计测试用例的基础上检验软件的各个组成部分。测试从级别上可以分为单元测试、组装测试、系统测试和确认测试。从不同层次上发现系统存在的各种错误和缺陷，并由开发人员对这些错误和缺陷进行修复，最后为用户提交满意的软件系统。

6. 运行和维护

软件维护是软件生存周期中时间最长的阶段。软件运行过程中可能由于各方面的原因，需要对它进行修改。其原因可能是运行中发现了软件隐含的错误而需要修改；也可能是为了适应变化了的软件工作环境而需要做适当变更；也可能是因为用户业务发生变化而需要扩充和增强软件的功能等。

软件系统的完整的开发过程被称为软件的生命周期，如图 15-1 所示。在软件生命周期的每个阶段，以阶段文档作为成果产物和结束的标志。在生命周期中，任何后一个阶段都是在前一阶段成果的基础上进行的，整个开发过程是一个持续性的，有计划、有组织、有依据的有条不紊的过程。

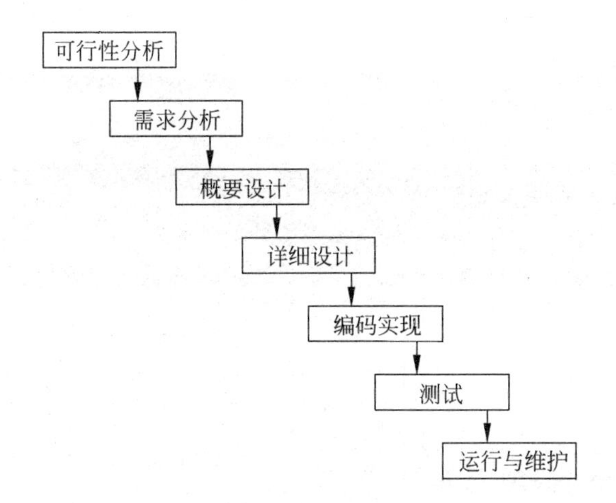

图 15-1 软件的生命周期模型

15.2 数据库应用系统的开发过程

15.2.1 Visual Studio .NET 简介

Visual Studio. NET 是 Microsoft 公司开发的一个集成开发环境（Integrated Development Environment,IDE),简称 VS. NET。IDE 是一种把代码的编写、程序的调试、编译、运行及其他的相关操作都集成在一起的编程工具。VS. NET 2008 可以用于创建高性能的桌面应用程序、XML Web 服务、移动应用程序和 Web 应用程序。

VS. NET 2008 不仅为各种类型的工具提供了通用的界面,还支持开发工具的扩展,并允许将外接程序、新的项目类型及新的设计器插入到开发环境中。利用 VS. NET 环境可以编写 Web 应用程序界面、处理金融事务的 Windows 服务等,还可以使用 IDE 调试所有的这些应用程序,管理企业服务及管理 SQL Server 等。

C# 是一种基于. NET 平台的面向对象的程序设计语言,也是目前最流行的高效编程语言。C# 遵循面向对象的基本特性,支持封装、继承及多态,也支持基本的数据类型,能够与 SQL Server 数据库一起完成各类复杂功能的数据库应用程序的开发。

15.2.2 利用 C# 开发数据库应用系统的一般过程

1. 启动 Visual Studio .NET 2008 的主界面

(1) 选择“开始”→“所有程序”→Microsoft Visual Studio 2008 命令,进入主界面窗体,如图 15-2 所示。

(2) 从主界面中可以看到起始页、解决方案资源管理器、工具箱、最近的项目等内容。可以在此新建或打开项目。

2. 创建空白网站

(1) 在主界面中选择“文件”→“新建”→“网站”命令,打开新建网站的向导页面,选择要建立的网站类型如 ASP. NET 网站,输入网站文件系统的文件夹名称“工业环境保护技术论坛”,如图 15-3 所示。

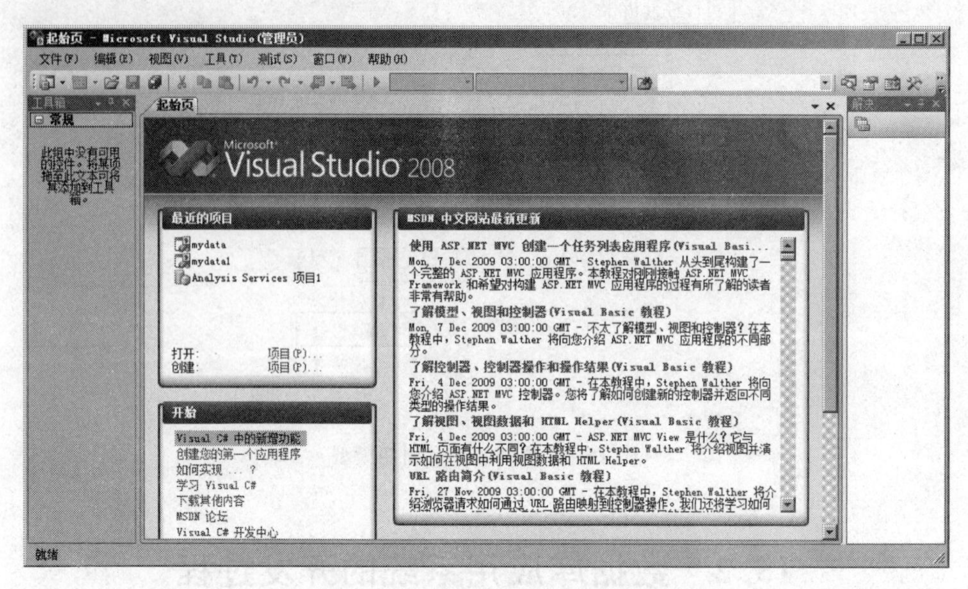

图 15-2　Visual Studio . NET 2008 主界面

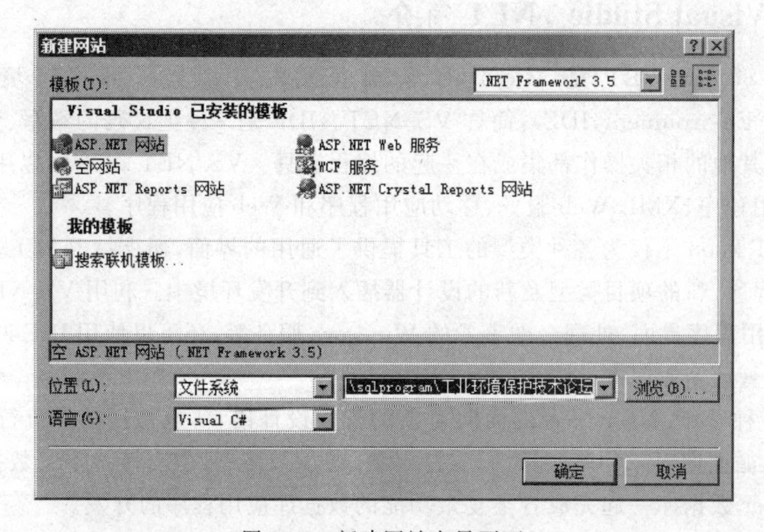

图 15-3　新建网站向导页面

(2) 单击“确定”按钮,. NET 配置向导将自动创建一个空的网站,如图 15-4 所示。

3. 解决方案组成项介绍

在解决方案资源管理器中可以看到网站的基本结构。初次创建的网站默认有三项组成:App_Data 文件夹、Default. aspx 文件和 web. config 文件。

(1) App_Data 文件夹。ASP. NET 是网站默认的文件夹,用来放置数据库文件。ASP. NET 网站默认的文件夹还有多个,可以通过右击解决方案,从弹出的快捷菜单中选择“添加 ASP. NET 文件夹”命令来添加。

(2) Default. aspx 文件。可以默认添加的 asp 页面文件,用于设计网站的界面,可以添加多个。

图 15-4　自动创建的空的 ASP.NET 网站

(3) web.config 文件。基于 xml 标签的格式配置文件,用于对网站的一些项目进行配置。例如,可以使用 web.config 文件配置数据库连接,设置数据库的连接字符串,如图 15-5 所示。

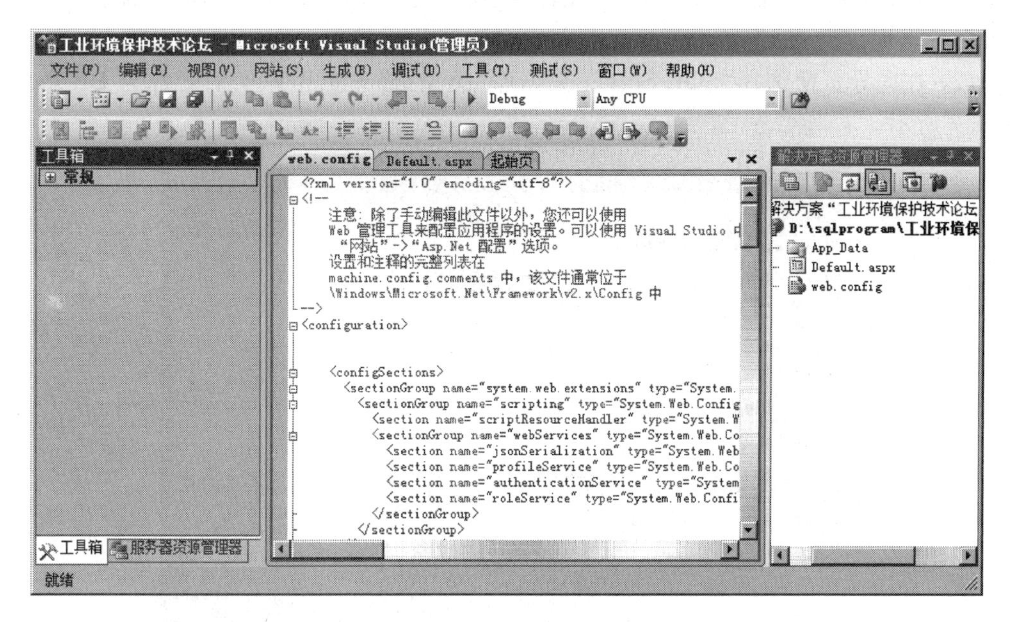

图 15-5　web.config 文件

4. 添加新项

在解决方案资源管理器中右击新建的网站解决方案,如"D:\sqlprogram\工业环境保护技术论坛",从弹出的快捷菜单中选择"添加新项"命令,打开向导页面,选择要添加的项目类型,修改项目名称为 main.aspx,单击"添加"按钮即可,如图 15-6 所示。在实际开发过程中，可以将不同类型的文件放在不同的文件夹以区分不同的层次。

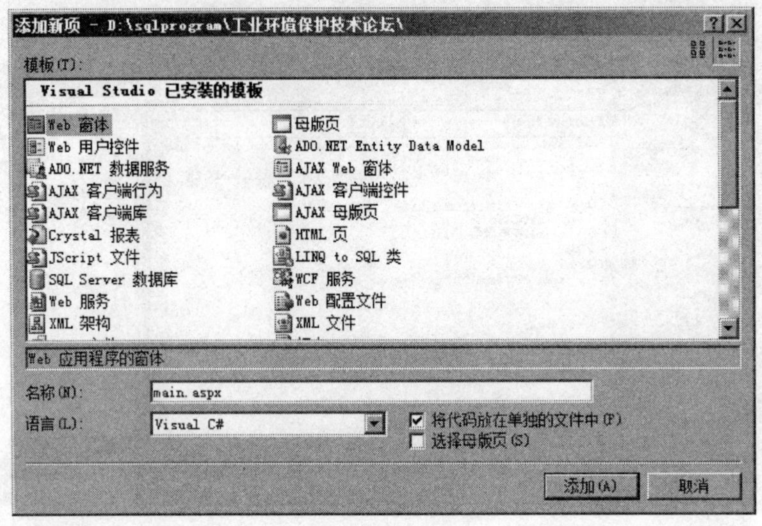

图 15-6　添加新项

5. 添加数据库

(1) 若使用与 Visual Studio 2008 集成的 SQL Server 2008，系统默认将数据库添加在 App_Data 文件夹下。右击 App_Data 文件夹，从弹出的快捷菜单中选择“添加新项”命令，打开向导页面。

(2) 在向导页面选择“SQL Server 数据库”类型，修改数据库实例名称为 DB_bbs，如图 15-7 所示。

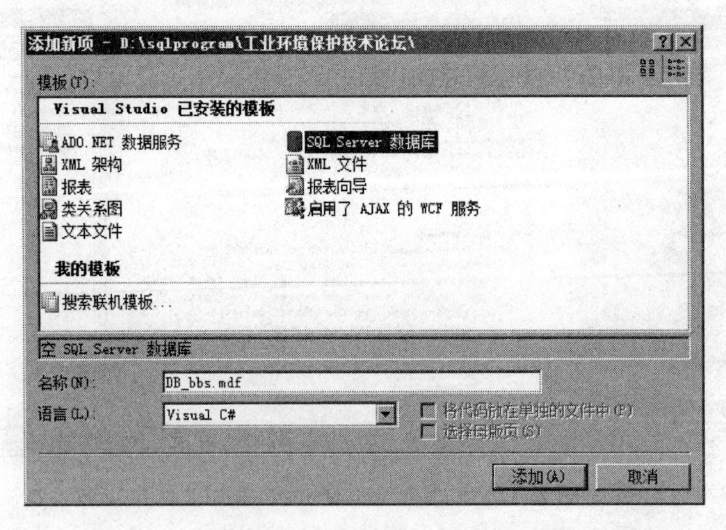

图 15-7　添加数据库文件

(3) 单击“添加”按钮，添加成功后，在 App_Data 文件夹下可看到该数据库文件。在服务器资源管理器窗口也可以看到服务器资源管理器中新添加的数据连接，如图 15-8 所示。

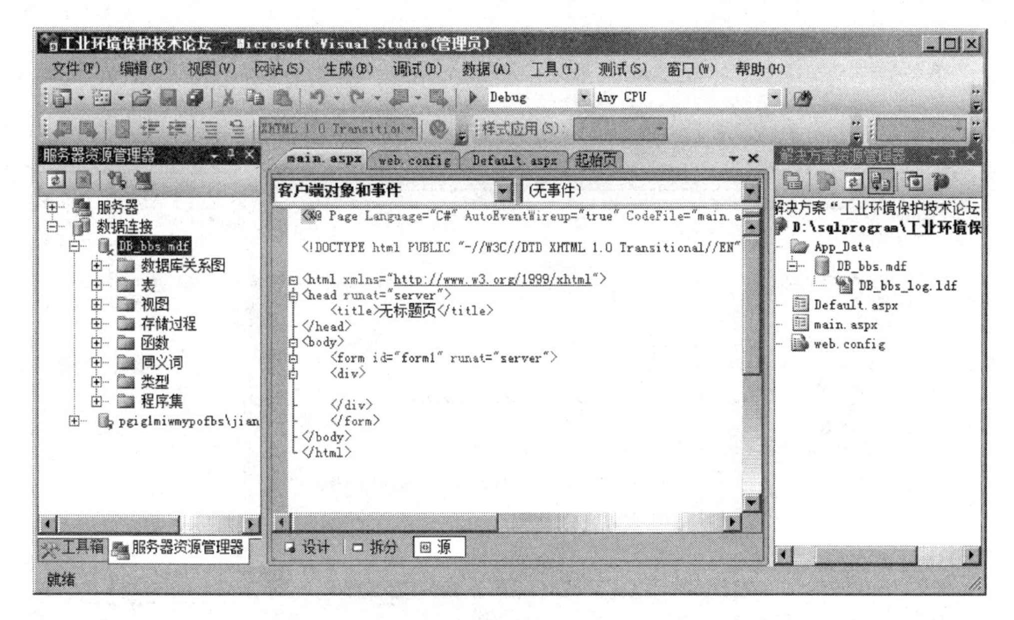

图 15-8　服务器资源管理器显示新添加的数据库

6. 界面设计

ASP.NET 的网站页面分为源页面和设计页面，其中设计页面为可视化开发界面，遵循“所见即所得”的开发理念，通过拖曳工具箱控件，直接布局界面。如果对 html 代码熟悉的话，可以在源页面编辑界面，界面设计视图如图 15-9 所示。

图 15-9　界面设计视图

7. 业务逻辑处理的设计编码

与页面关系紧密的业务逻辑代码通常在页面文件对应的.cs 文件中编写，图 15-10 所示是 Main.aspx 界面对应的 Main.aspx.cs 文件的编辑界面。

8. 后台业务逻辑

与数据库关系密切的处理过程可以在页面文件的.cs 文件中编写代码完成，也可以建

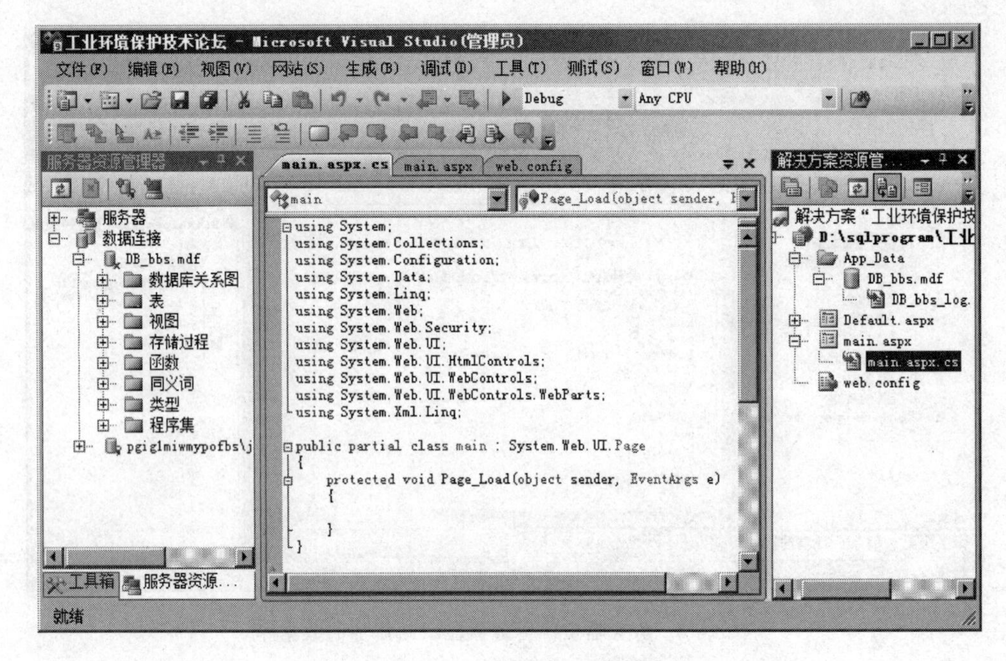

图 15-10 .aspx 的后台.cs 代码文件

立单独的业务逻辑类，通过传递消息的方式将前台业务逻辑处理过的数据传递过来，再通过该层业务逻辑类进行数据库的存取。

9. 数据库访问设计

对数据库的访问，如果数据库操作代码是在页面文件的.cs 文件，或者单独的业务逻辑类中编写，在每次进行数据库访问时，需要设置数据库连接参数，建立并打开数据库连接。另一种方法是建立单独的数据库访问类，该类中设置数据库连接参数，并返回一个数据库连接对象。其他类只要获取该对象即可直接使用，所以公共的数据库访问类一般为 static 类。

15.3 数据库应用系统的开发实例

在本案例的功能实现过程中涵盖了如下知识点：C#的 Web 程序设计常用控件的使用方法及开发技巧、SQL Server 2008 数据库中各类数据库对象的创建及使用方法、通过 ADO.NET 访问 SQL Server 数据库的技术等。

15.3.1 需求分析

近年来，中国环境保护产业一直呈高速发展态势，表明我国环境保护产业已开始走上健康发展的道路。创建属于环境保护技术方面的专业 BBS 论坛，可以充分发挥网络媒体的优势，为环境保护技术方面的专家、学者和工作人员提供一个技术交流的平台，也可以提高环保技术在不断发展的社会生活中的影响。

1. BBS 论坛的主题

工业环保技术 BBS 论坛的主要目标是供访问者发表意见和讨论问题。一般来说，它允许访问者发表主题，针对某个主题发表观点，查看主题列表和详细信息，查看其他用户详细信息及发表主题数。此外，还允许用户注册、登录等。

本案例从 BBS 的使用角度考虑，对系统功能提出以下要求：

(1) 用户注册。用户通过注册获得一个可登录系统的用户名。

(2) 用户登录。使用注册过程中得到的用户名及密码登录系统，或者使用系统预设的一个用户名和密码都为 Guest 的账号匿名登录系统。注册用户登录系统后操作不受限制，匿名用户登录系统后只能浏览主题，不能发表主题、回复主题及查看注册用户信息。

(3) 访问计数。统计网站的总访问量和当日访问量。

(4) 发表主题。注册用户以主题的形式发表自己的见解和想法，其他注册用户可看到该主题，并对该主题做回复操作。

(5) 回复主题。针对其他用户发表的某篇主题展开讨论。

(6) 主题搜索。用户通过主题搜索能够快速找到自己感兴趣的主题信息。

(7) 用户发表主题计数。对用户发表或回复主题数进行计数，根据该计数可以做一些限制工作。

(8) 主题阅读次数与回复次数计数。对每篇主题的阅读次数和回复次数进行计数。

(9) 开放性设计。系统应该有很好的扩展性，在已实现功能的基础上可以扩展其他功能。

2. BBS 系统的功能分解

根据需求分析，该 BBS 系统包括用户注册、用户登录、访问计数、发表主题、回复主题和主题搜索 6 个主要功能，系统模块结构图如图 15-11 所示。

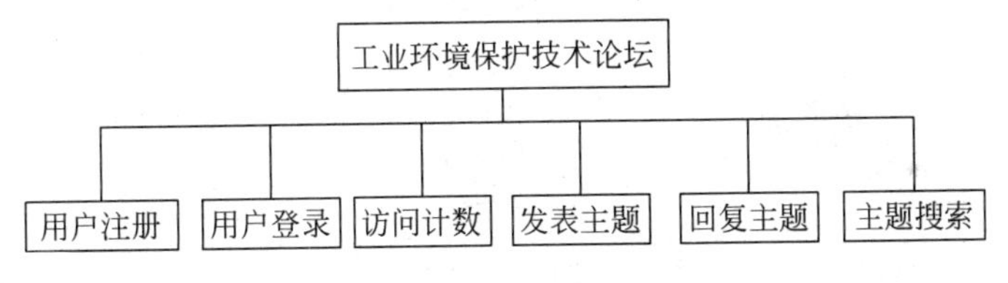

图 15-11 论坛系统模块结构图

(1) 用户注册。接收用户输入的注册信息，连接数据库，将用户填写的资料写入数据库，用户获得一个可登录系统的用户名和密码。

(2) 用户登录。用户登录给用户提供了登录页面，在该页面中输入用户名、密码和验证码，从数据库检索用户是否存在，若不存在，给予错误提示；若存在，允许用户访问论坛内容。

(3) 访问计数。访问计数在网站中被广泛使用，不同的网站其访问计数系统各不相同，从最简单的只记录总访问量到复杂的月平均、周平均及日平均的访问统计，功能差别较大。本系统只记录网站的总访问量和当日访问量。其他复杂的计数功能，读者可以在此基础上进行扩展。

(4) 发表主题。给注册用户提供接口，用于发表自己的见解和想法，同时为登录用户发表的主题进行计数。

(5) 回复主题。阅读主题时，需要给该主题的阅读次数加 1。注册用户可以针对该主题进行回复,回复主题时,需要给发表主题的回复次数加 1,同时为登录用户发表的主题进行计数。

(6) 搜索主题。用户通过主题搜索能够快速找到自己感兴趣的主题信息,对相应的主题信息进行查看或回复。

3. 数据流图和加工

本系统的功能根据上述分析可以归纳如下:新用户注册、登录,注册用户发表主题、回复主题,查看其他用户信息、搜索主题等。由此可绘制第 0 层 DFD 图如图 15-12 所示。

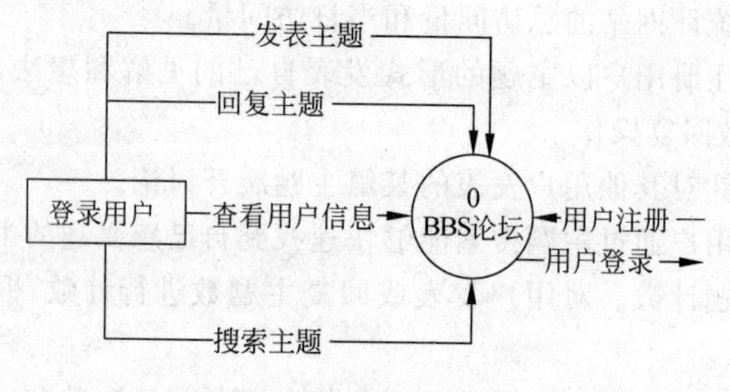

图 15-12 第 0 层 DFD 图

对第 0 层 DFD 图中的一个加工“BBS 论坛”进行展开,可绘制第 1 层 DFD 图如图 15-13 所示。

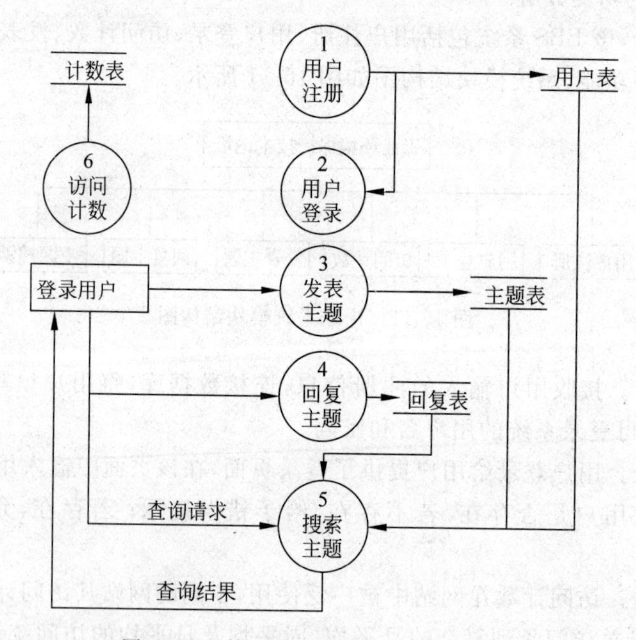

图 15-13 第 1 层 DFD 图——BBS 论坛

对第 1 层 DFD 图中的一个加工“用户注册”进行展开,可绘制第 2 层 DFD 图如图 15-14 所示。对“用户登录”进行展开,可绘制第 2 层 DFD 图如图 15-15 所示。

对“发表主题”进行展开,可绘制第 2 层 DFD 图如图 15-16 所示。对“回复主题”进行展开,可绘制第 2 层 DFD 图如图 15-17 所示。

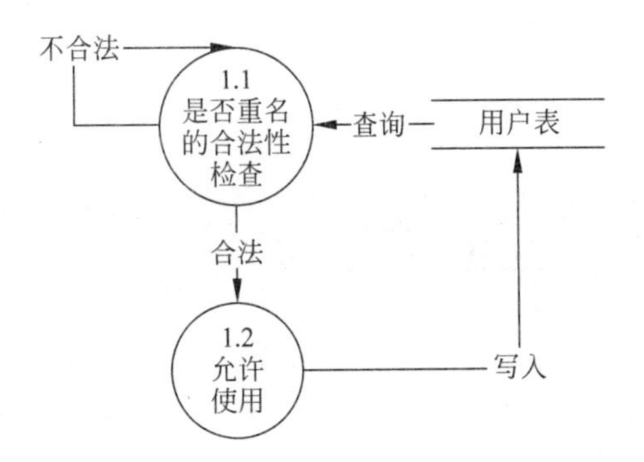

图 15-14　第 2 层 DFD 图——用户注册

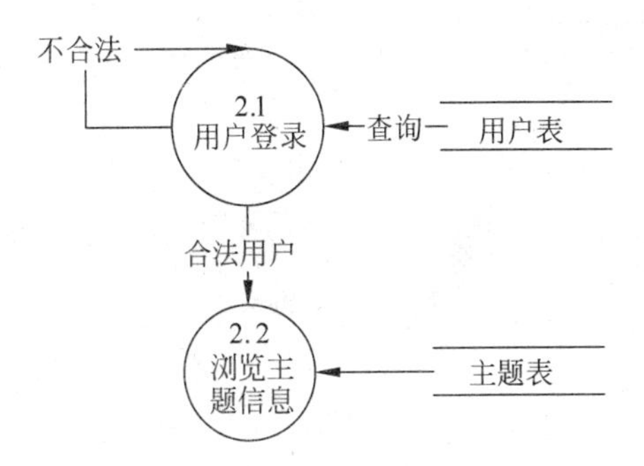

图 15-15　第 2 层 DFD 图——用户登录

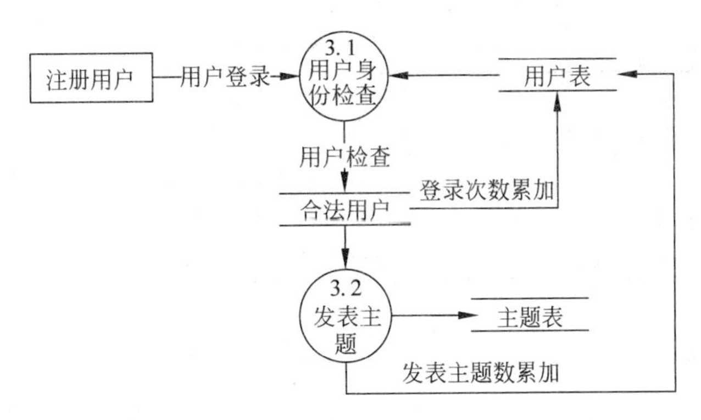

图 15-16　第 2 层 DFD 图——发表主题

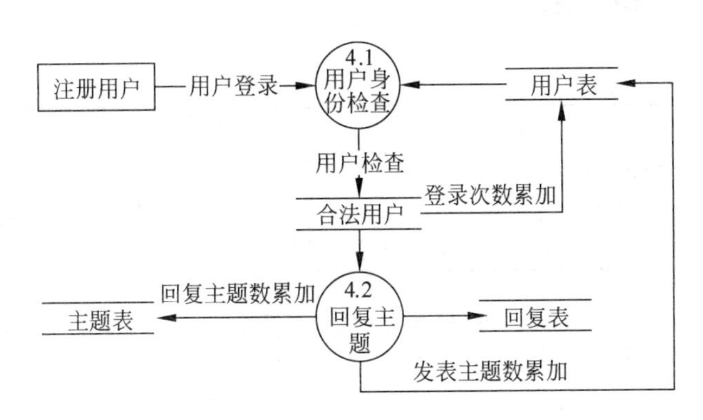

图 15-17　第 2 层 DFD 图——登记学生成绩

对“搜索主题”进行展开，可绘制第 2 层 DFD 图如图 15-18 所示。对“访问计数”进行展开，可绘制第 2 层 DFD 图如图 15-19 所示。

4. 数据字典

数据流图表达了数据和处理的关系，数据字典则是系统中各类数据描述的集合，是进行详细的数据收集和数据分析所获得的主要成果。通过上述数据流图可得到“BBS 论坛”的部分数据字典条目。本 BBS 的数据结构可以用表 15-1～表 15-4 来描述，数据存储结构可以用表 15-5 来描述。

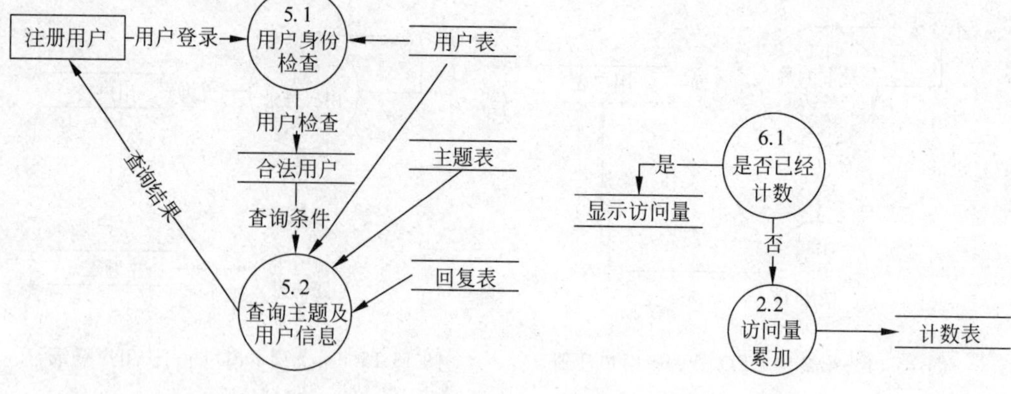

图 15-18　第 2 层 DFD 图——搜索主题　　　图 15-19　第 2 层 DFD 图——访问计数

表 15-1　用户表数据结构

数据结构名	用　户　表
描述	注册用户基本信息
组成	用户名＋用户密码＋真实姓名＋性别＋出生日期＋邮箱＋QQ 号码＋用户描述＋用户照片＋注册时间＋发表主题数＋登录次数
其他说明	在系统功能扩充时可能增加定义项

表 15-2　主题表数据结构

数据结构名	主　题　表
描述	包括讨论主题的相应内容及阅读次数、回复次数
组成	主题编号＋标题＋内容＋发表时间＋发表用户＋阅读次数＋回复次数＋表情图片
其他说明	在系统功能扩充时可能增加定义项

表 15-3　回复表数据结构

数据结构名	回　复　表
描述	包括回复主题的相应内容
定义	回复编号＋主题编号＋回复标题＋回复内容＋回复时间＋回复用户＋表情图片
其他说明	在系统功能扩充时可能增加定义项

表 15-4　计数表数据结构

数据结构名	计　数　表
描述	包括总访问量、当日访问量和时间
定义	日期＋当日访问量＋总访问量
其他说明	在系统功能扩充时可能增加定义项

表 15-5　BBS 论坛数据存储

数据存储名	输入的数据流	输出的数据流	组　成
用户表	用户注册		用户表
主题表	用户发表主题	主题列表、用户回复主题	主题表
回复表	主题列表	阅读主题、用户回复主题	主题表、回复表
计数表	访问计数累加	显示访问计数	计数表

15.3.2 利用UML进行系统建模

通过上面的需求分析，可以列出环保技术BBS论坛的用例包括用户注册、用户登录、发表主题、回复主题、搜索主题和访问计数，利用UML建立软件系统的模型。用例图用来描述系统与参与者之间的相互作用，也可以说是从用户角度出发对如何使用系统的描述。BBS论坛用例分析如图15-20所示。

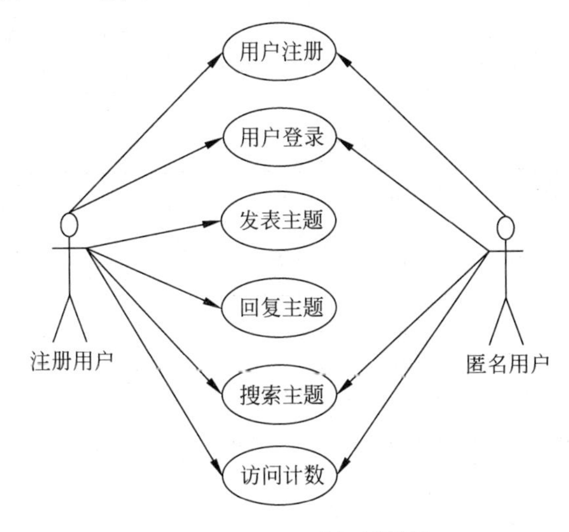

图 15-20 BBS论坛用例图

论坛的角色为注册用户和匿名用户。为了系统的安全，注册用户和匿名用户在进入系统时要核对用户名和密码，只有用户名和密码都正确才能进入系统进行相应的操作。

15.3.3 数据库设计

通过前面的需求分析，可以构造本论坛的E-R图如图15-21所示。

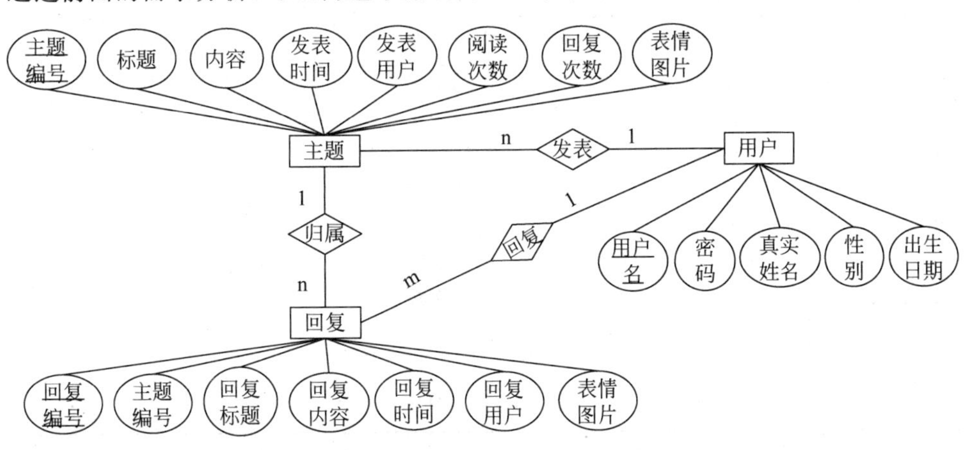

图 15-21 BBS论坛E-R图

由E-R图转换为关系模式，可得到以下三个数据库表：用户表、主题表和回复表。另外，由于系统有访问计数功能，为了能够存储访问计数的所有信息，系统还包含一个计数表，用来保存日期、当日访问量和总访问量。表 15-6 描述了数据库表及其用途，而数据库中各表的结构如表 15-7～表 15-10 所示。

表 15-6 数据库表及其用途

数据表名称	数据表用途
用户表	保存用户注册基本信息
主题表	保存用户发表意见和想法的主题信息
回复表	保存其他用户针对主题信息发表的回复信息
访问计数表	保存系统访问计数的当日访问量和总访问量

表 15-7 用户表

字段名	数据类型	字段说明	字段属性
username	varchar(20)	登录名	主键
userpwd	varchar(20)	登录密码	不许为空
truename	varchar(20)	真实姓名	
usersex	varchar(2)	性别	性别只能取“男”、“女”
userbirth	date	出生日期	
Email	varchar(40)	邮箱	
qqnumber	varchar(20)	QQ 号码	
userdescription	varchar(200)	用户描述	
userphoto	varchar(50)	用户照片	
regtime	datetime	注册时间	
pubcount	int	发表主题数	默认值为 0，每当用户发表主题或回复主题后，都要进行加 1 操作
logintimes	int	登录次数	默认值为 0，每当用户登录成功后，都要进行加 1 操作

表 15-8 主题表

字段名	数据类型	字段说明	字段属性
subjectid	varchar(20)	主题编码	主键
username	varchar(20)	发表用户	参照用户表中的“登录名”字段取值
title	varchar(200)	主题标题	
contents	text	主题内容	
pubtime	datetime	发表时间	
replycount	bigint	回复次数	默认值为 0
readcount	bigint	阅读次数	默认值为 0
emimage	varchar(20)	表情图片	

表 15-9 回复表

字段名	数据类型	字段说明	字段属性
replyid	varchar(20)	回复编码	主键
subjectid	varchar(20)	主题编码	参照主题表中的“主题编码”字段取值，代表该回复针对哪个主题
username	varchar(20)	回复用户	参照用户表中的“登录名”字段取值

续表

字段名	数据类型	字段说明	字段属性
title	varchar(200)	回复标题	
contents	text	回复内容	
replytime	datetime	回复时间	
emimage	varchar(20)	表情图片	

表 15-10　访问计数表

字 段 名	数 据 类 型	字 段 说 明	字 段 属 性
lastday	date	当前日期	主键
tdycnt	bigint	当日访问量	默认值为 0
ttlcnt	bigint	总访问量	默认值为 0

本系统后台数据库采用的是 SQL Server 2008，根据系统的功能描述及系统的详细设计，BBS 论坛中各种数据信息之间的关系如图 15-22 所示。

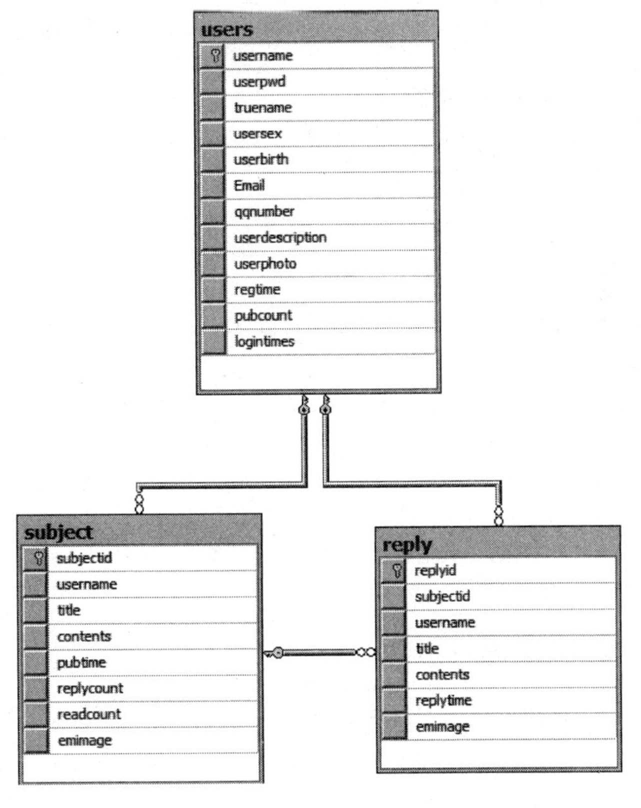

图 15-22　论坛后台数据库关系图

15.3.4　BBS 论坛的功能实现

考虑到整个网站中多个页面的很多位置都需要涉及数据库的访问操作，所以将数据库操作频繁使用的部分代码抽取出来，组合而成数据库通用类 DbConn，从而避免重复编写相同代码的工作。

1. 创建数据库通用类

常见的数据库访问操作主要有返回连接对象 SqlConnection、更新操作(包括插入数据、修改数据和删除数据)、查询操作(执行 SQL 语句返回 DataSet 或者执行 SQL 语句返回单个值,包括单字段值及聚集函数应用的值)等。

本系统的程序还提供了以下函数：为了自动生成数据库主键字段值,采用当前系统时间加三位流水号的形式形成主键,并在已有数据基础上累加 1,系统为了解决上述主键问题,添加了两个公有函数 Lsh 和 Lshid；为了记录程序执行过程中出现的错误,系统提供了日志功能,把所有程序执行过程中出现的错误信息记录到指定文件夹的文件中的函数；为了给用户显示友好的错误信息,系统提供了显示错误提示信息的显示函数。

首先创建一个网站项目 BBS,然后在网站项目中进行以下操作。添加一个类,将其中创建的类名 Class1. cs 重命名为 DbConn. cs。在该类中添加如下主要代码：

```
private SqlConnection con;
//构造函数。在构造函数中完成：给私有变量 con 赋数据库连接字符串,并打开数据库连接
public DbConn()
{
  con = new SqlConnection();
  //获取 web.config 文件中的配置参数 connstr
  con.ConnectionString = ConfigurationManager.
        ConnectionStrings["constr"].ToString();
  try
  {   con.Open();
  }
  catch (Exception ex)
  {   //出现错误,则调用写错误文件把相应的错误信息写入指定的文件中
     WriteToLog(ex.Message);
  }
  finally
  {    con.Close();
  }
}
//功能：返回数据库连接对象,供其他程序使用该连接对象
public   SqlConnection getConn()
{
   SqlConnection conn = new SqlConnection();
   conn.ConnectionString = ConfigurationManager.
       ConnectionStrings["constr"].ToString();
   return conn;
}
//功能：执行一条返回单个值的 SqlCommand 命令
public string getSingleValue(string sql)
{
  SqlCommand cmd = new SqlCommand(sql, con);
  string str = "";
  if (con.State == ConnectionState.Closed)
       con.Open();
```

```
        str = cmd.ExecuteScalar().ToString();
        return str;
}
//功能：执行一条返回 DataSet 的 SqlCommand 命令
public DataSet bindToGrid(string sql)
{
    SqlCommand cmd = new SqlCommand(sql, con);
    SqlDataAdapter da = new SqlDataAdapter(cmd);
    DataSet ds = new DataSet();
    da.Fill(ds);
    return ds;
}
//功能：数据库增删改操作,调用 Command 对象的 ExecuteNonQuery 方法完成
public bool dbedit(string sql)
{
      SqlCommand cmd = new SqlCommand(sql, con);
      int count = 0;
      if (con.State == ConnectionState.Closed)
           con.Open();
      count = cmd.ExecuteNonQuery();
      return true;
}
//功能：在一个事务内执行多条数据库修改语句
public bool dbedit_array(string[] sql)
{
      if (con.State == ConnectionState.Closed)
         con.Open();
      string mingling = "";
      SqlTransaction tran = con.BeginTransaction();
      SqlCommand command = new SqlCommand();
      command.Transaction = tran;
      command.Connection = con;
      command.CommandType = CommandType.Text;
      for (int i = 0; i < sql.Length; i++)
      {   if (sql[i].Trim() != "")
          { mingling += "\n" + sql[i];
            command.CommandText = sql[i];
            command.ExecuteNonQuery();
          }
      }
       tran.Commit();
       return true;
}
//功能：根据当前时间生成 17 位的流水号字符串
public string Lsh()
{ string lsh = DateTime.Now.Year.ToString();
    int m;
    m = DateTime.Now.Month;
    if (m < 10)
      lsh += "0" + m.ToString();
    else
```

```
        lsh += m.ToString();
    m = DateTime.Now.Day;
    if (m < 10)
        lsh += "0" + m.ToString();
    else
        lsh += m.ToString();
    m = DateTime.Now.Hour;
    if (m < 10)
        lsh += "0" + m.ToString();
    else
        lsh += m.ToString();
    m = DateTime.Now.Minute;
    if (m < 10)
        lsh += "0" + m.ToString();
    else
        lsh += m.ToString();
    m = DateTime.Now.Second;
    if (m < 10)
        lsh += "0" + m.ToString();
    else
        lsh += m.ToString();
    m = DateTime.Now.Millisecond;
    if (m < 10)
        lsh += "00" + m.ToString();
    else if (m < 100)
        lsh += "0" + m.ToString();
    else
        lsh += m.ToString();
    return lsh;
}
//功能: 在网站中显示错误信息
public static void ShowErr(string message)
{   message = "1、出错信息: " + message +
        "  \\n\\n2、处理意见: 具体信息请查看服务器上的【" +
        HttpContext.Current.Server.MapPath("../errorlog/") +
        "路径下的文件 ErrorLog" + DateTime.Now.ToString("yyyyMMdd") +
        ".txt】的最后部分,或将此文件反馈给开发者协助解决。";
    string newmessage = StringUtilCs.DeleteUnVisibleChar(message);
    string js = "<script language = 'JavaScript'> alert('" +
        newmessage + "');</script>";
    HttpContext.Current.Response.Write(js);
}
```

2. 访问计数系统

访问计数系统在网站中被广泛使用,本系统也实现了简单的总访问量和当天访问量的统计工作。实现访问计数的几种方案如下:

(1) 使用 Application 和 Session 对象实现。这时的计数数据保存在 Application 变量中,即数据是动态地存储在计算机内存中的。这样,一旦 Web 服务器关闭或重新启动后,所记录的访问数据将丢失,因此此方案不适合实用的网站系统。

(2) 使用数据文件记录访问数据。使用 StreamReader 对象读取文件中的数据,进行计数; 然后使用 StreamWriter 对象把计数过的数据写入文件中。这种方案对于很少的数据量来说是一个较好的选择。

(3) 使用数据库记录访问数据。把需要计数的数据以数据库表的形式存储在数据库中,然后对数据进行计数工作。

1) 计数流程设计

本系统选用数据库记录访问计数。具体的计数流程为：用一个 Session 变量来标识某一用户在和 Web 服务器的当次会话中是否已经累加了访问数,如果没有,连接数据库,判断当前访问计数表中是否存在记录,若不存在,代表该网站第一次使用,所以计数器置 1,最后访问时间置为当前系统日期,执行插入操作把当前的访问计数写入数据库；若存在,判断当前系统日期是否在数据库中存在,若不存在,说明是当天第一次访问,则读取总访问量加 1,当天访问量置 1,最后访问时间置为当前系统日期,执行插入操作把当前的访问计数写入数据库；若存在,则读取总访问量加 1,当天访问量加 1,最后访问时间置为当前系统日期,执行更新操作把访问计数写入数据库。最后把总访问量和当天访问量显示在页面上即可,其流程如图 15-23 所示。

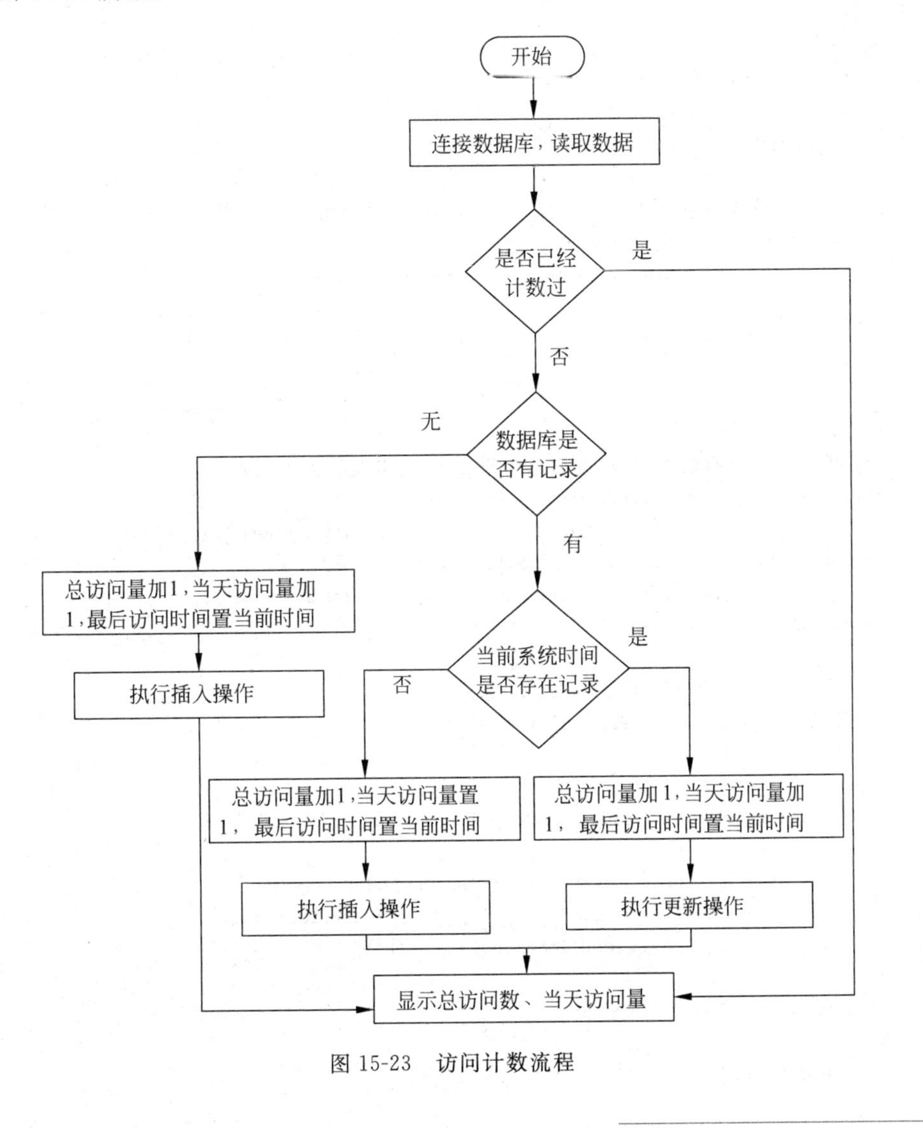

图 15-23　访问计数流程

2）代码实现

在BBS项目中添加一个文件夹counter，在该文件夹中添加用户控件webcnt.ascx，并在用户控件页面上添加两个Label控件lbCnt和lbTdy，分别用于显示网站总访问量和当天访问量。然后在该控件的后台代码Page_Load事件中编写如下代码：

```
db = new DbConn();
Int32 ttlcnt = 0, tdycnt = 0;
//获取系统当前日期
string nowdate = System.DateTime.Now.ToShortDateString();
string lastvisitdate = "";
//查找数据库中是否存在当前日期的记录
string sql = "select count(*)
     from counter   where lastday = '" + nowdate + "'";
if (db.getSingleValue("select count(*) from counter") == "0")
{
   //说明数据库中没有记录
   ttlcnt = 0;
   tdycnt = 0;
   lastvisitdate = nowdate;
 }
else if (db.getSingleValue(sql) == "0")
{
   //说明数据库中没有当天记录,读出总访问量1,把当天的访问人数置为0
   ttlcnt = Convert.ToInt32(db.getSingleValue(
      "select top 1 ttlcnt from counter order by lastday desc"));
   tdycnt = 0;
   lastvisitdate = nowdate;
}
else
{
   //说明数据库中有当天记录,读出总访问量,读出当天的访问人数
   ttlcnt = Convert.ToInt32(db.getSingleValue(
        "select top 1 ttlcnt from counter order by lastday desc"));
   tdycnt = Convert.ToInt32(db.getSingleValue(
        "select top 1 tdycnt from counter order by lastday desc"));
   lastvisitdate = nowdate;
}
//根据Session判断用户访问后是否计数过了
//若是计数过了,则只显示计数,否则,计数累加
if (Session["counted1"] == null)
{  ttlcnt = ttlcnt + 1;
   if(db.getSingleValue("select count(*) from counter") == "0")
   {  tdycnt = 1;
      if (db.dbedit("insert into counter(lastday,tdycnt,ttlcnt)
            values ('" + nowdate + "','" + tdycnt.ToString() +
             "','" + ttlcnt.ToString() + "')")) { }
   }
   else if (db.getSingleValue(sql) == "0")
   {
      tdycnt = 1;
```

```
        if (db.dbedit("insert into counter(lastday,tdycnt,ttlcnt)
                values ('" + nowdate + "','" + tdycnt.ToString() +
                "','" + ttlcnt.ToString() + "')")) { }
    }
    else
    {
        tdycnt = tdycnt + 1;
        if (db.dbedit("update counter set tdycnt = '" +
            tdycnt.ToString() + "',ttlcnt = '" + ttlcnt.ToString() +
            "'where lastday = '" + nowdate + "'")){}
    }
   //置 Session 的值,使刷新页面时不重复累加
   Session["counted1"] = true;
}
//Label 控件用于显示访问计数量
lbCnt.Text = "<p><font color = \"#FF6600\"><strong>您是该 BBS 论坛的第" + ttlcnt.
ToString() + "位访问者</strong></font></p>";
lbTdy.Text = "<p><font color = \"#996600\"><strong>本 BBS 论坛今日共有" + tdycnt.
ToString() + "位访问者</strong></font></p>";
```

3. 设计 BBS 论坛首页

该页面要实现两个功能。

(1) 在首页上显示访问计数信息。该功能只需要把用户控件 webcnt.ascx 的对象放置在首页的合适位置即可实现。

(2) 获取客户端存储的 Cookie 信息,通过该 Cookie 值判断用户是否已经登录过。若用户已经登录,则显示欢迎信息,并提供"进入论坛"和"注销登录"让用户选择操作;若用户没有登录,则提供登录输入框,要求用户输入用户名、密码和验证码,判断用户输入数据是否正确,若正确,则进入论坛显示论坛信息,否则提示错误。

1) 操作流程图

针对前面的功能描述绘制 BBS 论坛首页的操作流程图如图 15-24 所示。

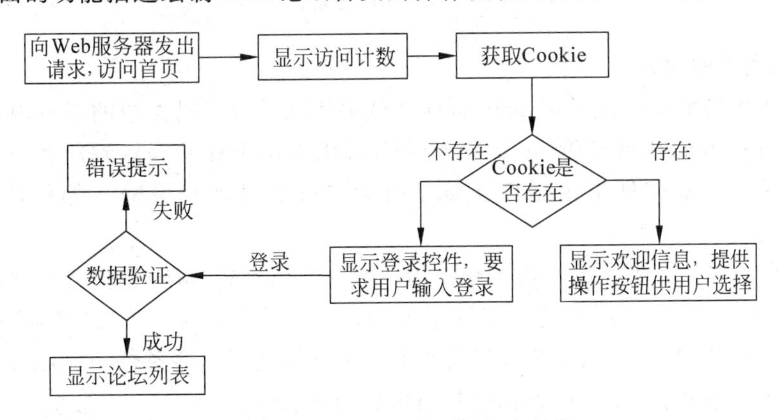

图 15-24　BBS 论坛首页操作流程图

2) 页面设计

在 BBS 项目中添加一个 Web 窗体,将窗体名称改为 index.aspx。在该窗体的"设计"状态下布局该窗体。

具体步骤如下：选择“布局”→“插入表”选项，在页面中插入一个7行2列的表格，调整表格，合并前三行的单元格列，第一行输入欢迎信息，第二行插入图片，第三行拖入显示访问计数的用户控件 webcnt.ascx，其他几行加入必要的控件并设置相关属性。整个程序的思路为：首先判断获取到的用户 Cookie 是否存在，若不存在，显示中间几行要求用户输入信息后登录；否则，直接显示最后一行的欢迎信息而隐藏输入框。具体设计界面的效果如图15-25所示。

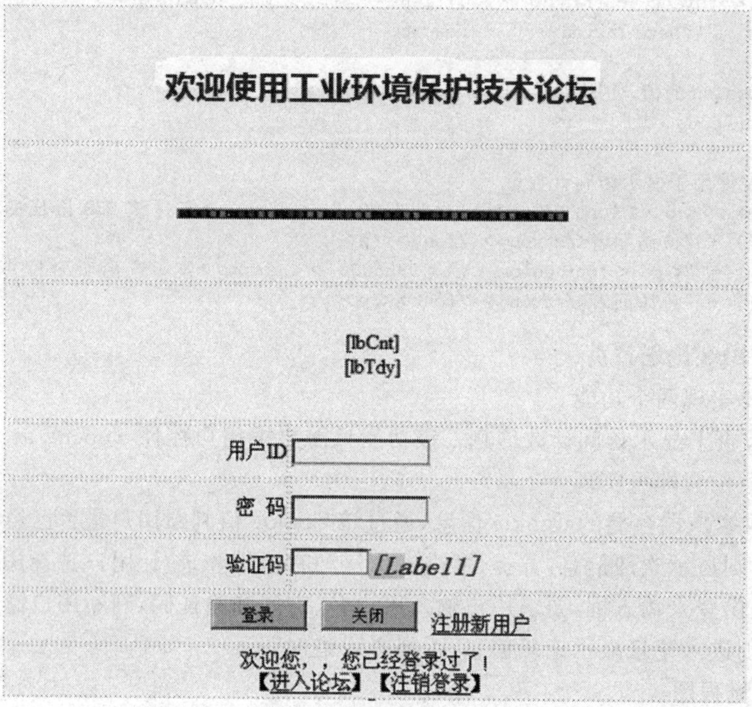

图 15-25　BBS 论坛首页

3）代码实现的说明

（1）后台代码实现。为了在 aspx 页面文件中使用后台代码类中的变量内容，需要声明一个保护(protected)成员变量 username，后台代码中用于存储获取到的客户端 Cookie 用户名称，在 aspx 页面文件中根据该变量是否为空决定显示登录输入控件还是显示欢迎信息。

（2）后台登录按钮的主要功能。根据用户输入的用户名、密码和验证码，验证用户是否合法，若验证通过，则允许用户进入该 BBS 论坛；否则提示错误。单击“登录”按钮后，首先要根据需要判断用户名、密码和验证码是否非空。如果违反这些条件，直接给出相应提示信息。如果具备这些条件，则查询数据库判断用户的合法性。

（3）aspx 页面文件代码实现。使用代码呈现块判断 username 是否为空，若为空，则显示登录输入框要求用户输入后登录，否则显示用户名并给出欢迎信息，并给用户提供“进入论坛”和“注销登录”的超链接，使用户方便进入系统。

（以下程序设计部分在此只作设计流程介绍，详细程序内容请参看清华大学出版社网站提供的本项目完整源程序）

4. 设计用户注册页面功能描述

注册页面要实现的功能如下：

(1) 后台用户输入用户名，系统验证用户名是否存在，若存在，则提示错误；否则，要求用户输入其他信息，完成用户注册信息的获取工作。

(2) 实现用户照片上传。通过 FileUpload 控件实现用户客户端浏览个人照片，上传至服务器并显示。

(3) 用户单击“注册”按钮，首先判断数据的合法性，如果数据合法，则将数据保存到数据库；否则根据错误情况给出相应的错误提示信息。

根据功能描述，可绘制用户注册页面的操作流程图如图 15-26 所示。

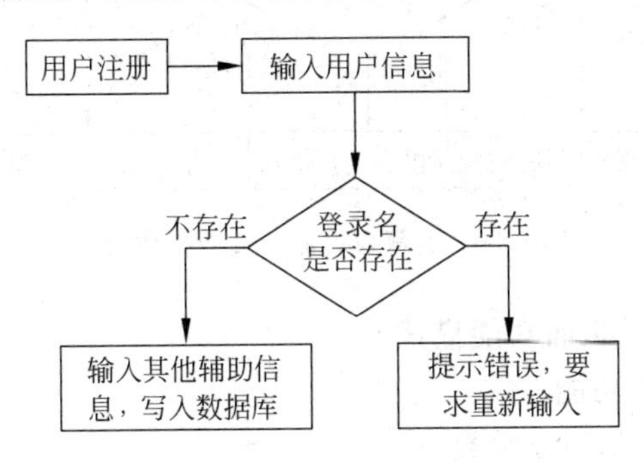

图 15-26　用户注册操作流程图

5. 设计显示用户信息页面功能描述

该页面要实现的功能如下：

页面加载时，首先根据 Cookie 信息决定是否有权限查看其他注册用户的信息，若有，则根据 show. aspx 页面的超级链接传递的用户名参数完成显示注册用户的相应资料；若没有，则提示错误。

根据上述功能描述，可绘制显示用户信息页面的操作流程图如图 15-27 所示。

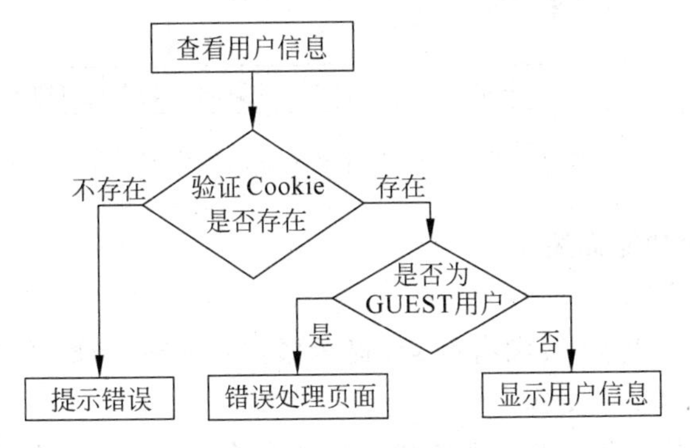

图 15-27　显示用户信息操作流程图

6. 设计主题列表显示页面功能描述

该页面要实现两个功能：

(1) 后台获取客户端存储的 Cookie 信息，通过该 Cookie 值判断用户是否为匿名用户，若是，显示来访时间及“注册”链接；否则，显示用户名、来访时间、来访次数及“注销登录”

链接。

(2) 用于显示论坛主题列表,同时提供“发表主题”及“搜索主题”超链接,用于方便用户发表新的主题及搜索主题。

针对上述功能描述,可绘制主题列表显示页面的操作流程图,如图 15-28 所示。

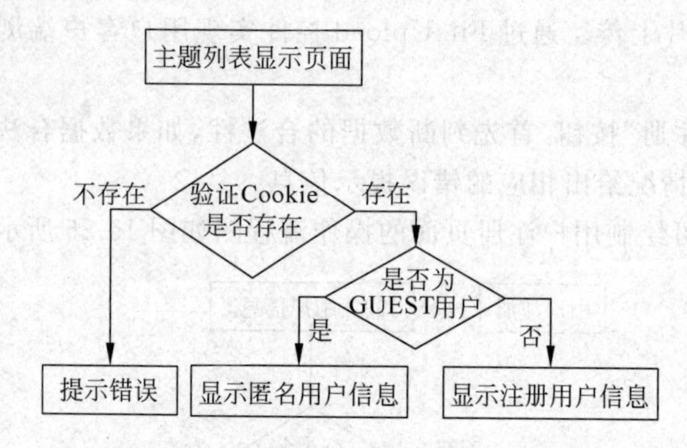

图 15-28　主题列表显示页面操作流程图

7. 设计主题内容显示页面功能描述

主题页面要实现如下功能:

(1) 显示主题被阅读和回复次数。

(2) 根据浏览器端传递过来的 subjectid 参数获取主题详细信息并显示。

(3) 根据浏览器端传递过来的 subjectid 参数获取主题回复信息并显示。

针对功能描述,可绘制主题内容显示页面的操作流程图如图 15-29 所示。

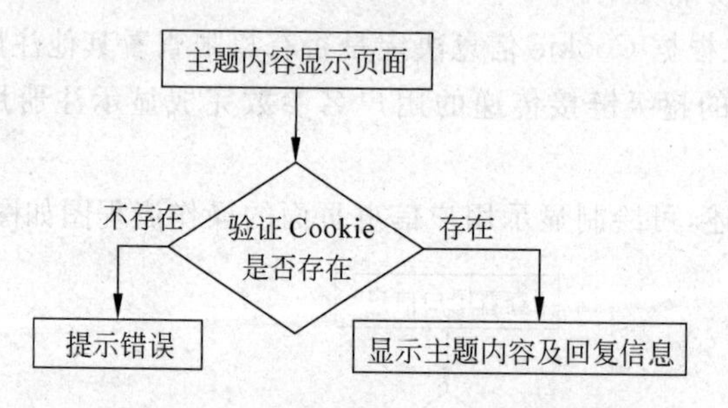

图 15-29　主题内容显示页面操作流程图

8. 发表主题页面功能描述

该页面要实现如下功能:

(1) 判断用户是否登录,若没有登录,提示错误;否则,判断用户是否为匿名用户,若是,提示错误,否则可以发表主题。

(2) 用户输入信息提交时需要检验用户输入信息的有效性,若有效,则可以提交,并写入数据库,否则提示错误。

针对功能描述,可绘制发表主题页面的操作流程图如图 15-30 所示。

9. 回复主题页面功能描述

该页面要实现如下功能:

(1) 判断用户是否登录,若没有登录,提示错误;否则,判断用户是否为匿名用户,若

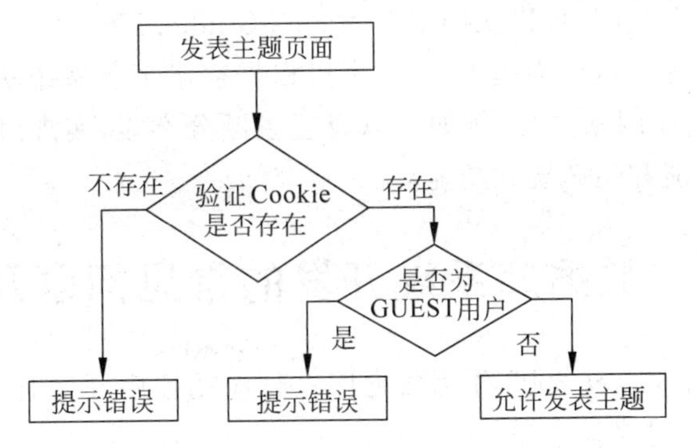

图 15-30　发表主题页面操作流程图

是,提示错误,否则可以回复主题。

(2) 用户输入信息提交时需要检验用户输入信息的有效性,若有效,则可以提交,并写入数据库,否则提示错误。

针对功能描述,可绘制回复主题页面的操作流程图如图 15-31 所示。

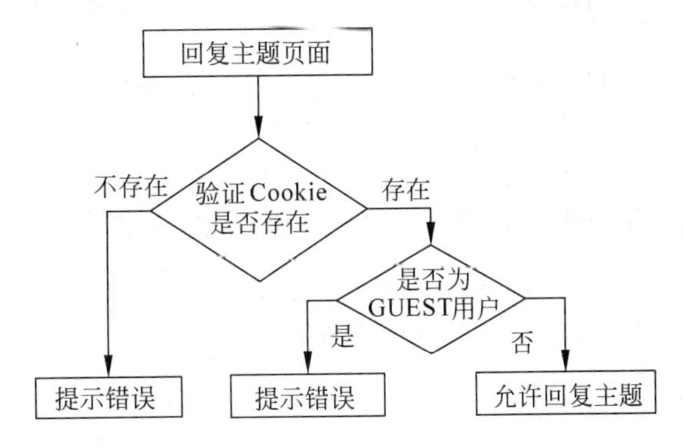

图 15-31　回复主题页面操作流程图

10. 搜索主题页面功能描述

该页面要实现如下功能:

(1) 判断用户是否登录,若没有登录,提示错误;否则,可以搜索主题。

(2) 用户输入信息搜索时需要检验用户输入信息的有效性,若有效,则可以搜索,查询数据库,把符合条件的信息显示出来,否则提示错误。

针对功能描述,可绘制回复主题页面的操作流程图,如图 15-32 所示。

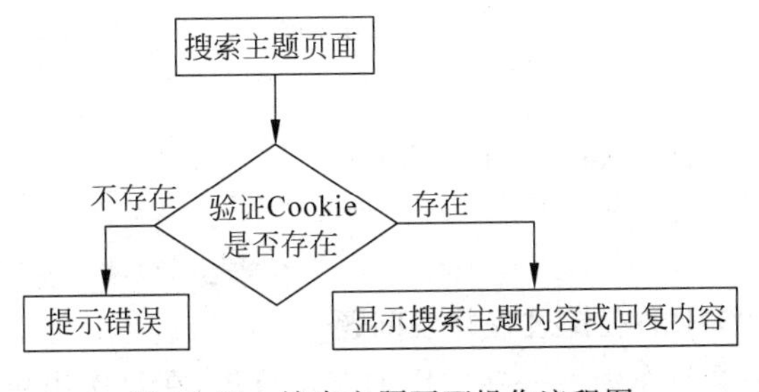

图 15-32　搜索主题页面操作流程图

通过该项目的开发过程,可以从中了解 Visual Studio. NET 2008 B/S 模式数据库系统开发的基本方法和步骤。以此为基础,用户可以根据需求拓展系统功能,开发功能更多、更完善的 BBS 系统和其他网站内容,例如可以设置主题分类表,实现对主题管理、用户管理、重要主题信息置顶功能和主题统计功能等。

15.4 数据库系统开发的常见问题及处理

本节对使用 SQL Server 2008 作为数据库进行应用程序开发时,经常遇到的一些问题进行总结,并给出处理建议。

1. 如何在一个存储过程中使用另一个存储过程的结果

只要存储过程只产生一个单个的结果,要在另外一个存储过程中使用这个存储过程产生的输出,这个技术是非常直接的。就是使用一个临时表来装载存储过程的结果,然后通过 INSERT EXEC 语句来执行这个过程并保存结果。一旦结果保留在临时表中,就可以像使用其他表数据一样来使用它了。

下面是复用的一个过程例子:

```
CREATE PROC usp_Demo_AllAuthors as
select * from pubs..authors
GO
```

现在有一个存储过程使用 usp_Demo_AllAuthors 的结果:

```
CREATE proc usp_Demo_SPUser as CREATE TABLE #Authors(
au_id varchar(11)NOT NULL PRIMARY KEY CLUSTERED,
au_lname varchar(40)NOT NULL,
au_fname varchar(20)NOT NULL,
phone char(12)NOT NULL,
address varchar(40)NULL,
city varchar (20) NULL,
state char(2)NULL,
zip char(5)NULL,
contract bit NOT NULL
) - Execute usp_Demo_AllAuthors storing the
- results in #Authors
insert into #Authors
exec usp_Demo_AllAuthors - Here we use the #Authors table. This example only
- only selects from the temp table but you could do much
- more such as use a cursor on the table or join with
- other data.
SELECT au_fName + '' + au_lname as[name]
,address + ',' + city + ',' + state + '' + zip[Addr]
from #AuthorsDROP TABLE #Authors
GO
```

2. SQL Server 2008 中的存储过程并发问题

假设一个场景:公共汽车上有一些空闲的座位待售,在每次出售车票之前,需要查看是否还有空闲的座位。存储过程如下:

```
CREATE PROCEDURE add_ticket — parameters
DECLARE free_seats int BEGIN TRANSACTION
   SELECT free_seats = COUNT( * )
   FROM tickets
   WHERE seat_is_not_taken
   IF free_seats <> 0 INSERT INTO tickets VALUES( … )
-- some other statements END TRANSACTION
```

存在的问题就是两个过程可以同时读取空闲票数，并且都可以预约一张票，即使那里已经没有空余的座位了。在另一个过程运行 add_ticket 程序时，需要一种方法来防止一个过程的运行。

通常处理并发问题是通过设置隔离级别来实现，但是更高的隔离级别也不会保证防止多个读者同时读取同一个数据行。然而，还有几种方法可以完成这项工作。例如，可以给每个座位分配一个唯一的标识符(即唯一键，不一定是 GUID)，并且创建一个描述哪些座位已经被预订了的表。在表上放一个 UNIQUE 约束，就可以确保同一个座位不会被插入两次了。

另一个更有趣的方法就是使用 SQL Service Broker。可以为每个公交建立一个会话，并且将这个会话的句柄存放在一个表中，读者在执行 RECEIVE 之前可以参考这个表。通过这种方式，读者就可以正确地过滤。公共汽车上的每个座位都插一个消息到队列中，读者就可以简单地 RECEIVE 到所需的消息(在这个过程中，预定公共汽车上的座位)。Service Broker 会确保没有消息会被接受两次，也就是说不会再遇到并发问题了。

15.5 小　结

本章结合实际案例介绍了 SQL Server 数据库应用系统开发的基本步骤和完整的开发过程。数据库应用系统开发的一般过程应该遵循软件的生命周期过程。通过对本章的学习，要求掌握如下内容：

(1) 开发基于 B/S 模式的数据库应用系统的步骤。

(2) Web 应用系统常用的开发工具和技术。

习　题　15

思考题

(1) 简述软件生命周期分为几个阶段，以及各阶段的主要工作是什么。

(2) 简述数据库应用系统开发的一般过程。

参考文献

1. 姜桂洪. SQL Server 2005 数据库应用与开发. 第2版. 北京：清华大学出版社，2014.
2. 张小志. SQL Server 2008 数据库应用教程. 北京：人民邮电出版社，2013.
3. 关敬敏. SQL Server 数据库应用教程. 第2版. 北京：清华大学出版社，2011.
4. 闪四清. SQL Server 2008 数据库应用实用教程. 北京：清华大学出版社，2010.
5. 刘旭. SQL Server 2008 项目教程. 北京：清华大学出版社，2013.

图书资源支持

感谢您一直以来对清华版图书的支持和爱护。为了配合本书的使用，本书提供配套的资源，有需求的读者请扫描下方的“书圈”微信公众号二维码，在图书专区下载，也可以拨打电话或发送电子邮件咨询。

如果您在使用本书的过程中遇到了什么问题，或者有相关图书出版计划，也请您发邮件告诉我们，以便我们更好地为您服务。

我们的联系方式：

地　　址：北京海淀区双清路学研大厦 A 座 707

邮　　编：100084

电　　话：010－62770175－4604

资源下载：http://www.tup.com.cn

电子邮件：weijj@tup.tsinghua.edu.cn

QQ：883604（请写明您的单位和姓名）

资源下载、样书申请

书圈

用微信扫一扫右边的二维码，即可关注清华大学出版社公众号“书圈”。